中国仿古建筑

构/造/与/设/计

徐锡玖 主编

化学工业出版社
·北京·

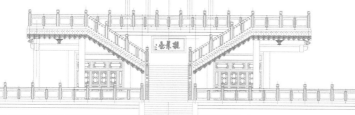

U0385250

本书以仿古建筑设计为主题，对古建筑的构造与设计进行剖析，并结合现代建筑材料及工艺，以文字描述、图纸和图片相结合的方式，详细阐述了仿古建筑设计与构造等相关内容。全书共分为八章。第一章主要介绍了传统古建筑和仿古建筑的形式和特征、传统古建筑构件的名称、建筑设计制图标准等内容；第二章介绍了台基和台明的设计；第三章讲述了硬山、悬山建筑的设计；第四章讲述了歇山、庑殿建筑的设计；第五章讲述了装饰装修设计；第六章讲述了油漆、彩画的设计与做法；第七章讲述了亭子和廊子的设计；第八章介绍了垂花门、牌楼的做法。为了使读者更好地掌握仿古建筑设计与做法方面的知识，本书既介绍了传统设计的做法，又给出了在传统工艺指导下的现代做法，有些章节还给出了部分实例图纸，使读者通过实例的示范，可以自行模仿练习，以加深对古建筑和仿古建筑设计方面相关知识的掌握。

本书可供古建筑设计人员使用，也可作为园林工作者、管理者、古建筑爱好者以及古建筑施工人员的参考书，还可作为古建筑专业大中专院校的教学用书。

图书在版编目（CIP）数据

中国仿古建筑构造与设计/徐锡玖主编. —北京：化学工业出版社，2017.4 （2024.4重印）
ISBN 978-7-122-29140-0

Ⅰ.①中… Ⅱ.①徐… Ⅲ.①仿古建筑-建筑构造-中国②仿古建筑-建筑设计-中国 Ⅳ.①TU29

中国版本图书馆 CIP 数据核字（2017）第 033990 号

责任编辑：彭明兰
责任校对：王　静 　　　　　　　　　　　装帧设计：刘丽华

出版发行：化学工业出版社（北京市东城区青年湖南街 13 号　邮政编码 100011）
印　　装：三河市延风印装有限公司
787mm×1092mm　1/16　印张 21½　字数 602 千字　2024 年 4 月北京第 1 版第 20 次印刷

购书咨询：010-64518888　　　　　　售后服务：010-64518899
网　　址：http://www.cip.com.cn
凡购买本书，如有缺损质量问题，本社销售中心负责调换。

定　　价：78.00 元　　　　　　　　　　　　　　　　版权所有　违者必究

序

　　徐锡玖先生撰写的《中国仿古建筑构造与设计》共分八个章节，系统地介绍了传统建筑的基本构造及设计等方面的内容。在继承传统建筑的基础上，介绍了现阶段利用新型材料进行仿古建筑设计的一些方法，使得传统建筑得到很好的传承。该书还结合大专院校学生的特点配置了一些图片和名称注释，以图文并茂的形式、通俗易懂的文字介绍了仿古建筑构造与设计相关知识。该书还穿插了一些地方古建筑的设计手法，通过官式做法与地方特色的比较，使读者对古建筑更深层次、更广泛的专业知识有比较系统全面的认知和提高。

　　此书不仅对传统古建筑的保护与维修起着积极的指导作用，而且对于其他地区古建筑的修缮也有着很好的参考价值，是一本传统建筑专业的必备读物，不仅是古建专业学生的教科书，还可作为古建筑设计人员、管理者参考的学术专著。

　　徐锡玖先生，高级工程师，全国二级注册建筑师，江苏建筑职业技术学院兼职教授，目前受聘于江苏建筑职业技术学院和江苏师范大学任教。徐锡玖先生是我的得意门生之一，他热衷于古建事业，事业心强，能把所学知识结合地方传统建筑的特点应用于实践，并取得了一定的成绩，他的古建筑作品——云龙山观景台曾获得江苏省优秀建筑设计一等奖。

　　令我欣慰的是中国的传统建筑在他这里得到了继承，更使我振奋的是由于他任教于两所大学，使得传统建筑得以继承和传播！我国的古建筑专业后继有人了！所以我愿意向读者推荐徐锡玖先生撰写的这本书籍，并期待徐锡玖先生能有更多的古建筑作品问世。

　　藉此，也祝贺该书顺利发行。

詹蜀辉

二〇一六年八月于北京

前言

FOREWORD

　　中国传统古建筑有着悠久的历史和文化传承，其独特的结构体系、精湛的工艺技术以及优美的造型和深厚的文化内涵，记载着中国历史的沿革，在世界建筑史上谱写了光辉灿烂的不朽篇章。

　　随着我国改革开放的不断深化，文物古迹、传统古建筑的保护与维修也日渐被重视。文物古迹的修缮保护需要专业知识，景区的园林景观设计以及现阶段新工艺、新型建筑材料的出现，也需要传统建筑做法的规范指导。而古建筑设计与施工这方面的专业人员奇缺，多数地方的仿古建筑的新建和维修都不能够遵循古建筑有关法则、则例进行设计与施工，使得很多仿古建筑实际上已脱离了传统建筑的传承，已没有了传统建筑的操作工艺，看不出传统建筑的烙印。

　　古建筑由于其建筑材料与构造技艺与现代工艺有较大差别，多数都是师徒传承，口传心授，且这方面的书籍和教材较少，致使有些构件的设计、制作、工艺流程都已失传，使得许多想从事古建筑设计与施工的专业人员得不到这方面的知识。为适应当前形势的需要，以利于古建筑的传承和发展，编者结合多年的古建筑设计与施工经验，特撰此书，以飨读者。

　　本书以仿古建筑设计为主题，对古建筑的构造与设计进行剖析，并结合现代建筑材料及工艺，以文字描述、图纸和图片相结合的方式，详细阐述了仿古建筑设计与构造等相关内容。全书共分为八章。第一章主要介绍了传统古建筑和仿古建筑的形式和特征、传统古建筑构件的名称、建筑设计制图标准等内容；第二章介绍了台基和台明的设计；第三章讲述了硬山、悬山建筑的设计；第四章讲述了歇山、庑殿建筑的设计；第五章讲述了装饰装修设计；第六章讲述了油漆、彩画的设计与做法；第七章讲述了亭子和廊子的设计；第八章介绍了垂花门、牌楼的做法。为了使读者更好地掌握仿古建筑设计与做法方面的知识，本书既介绍了传统设计的做法，又给出了在传统工艺指导下的现代做法，有些章节还给出了部分实例图纸，使读者通过实例的示范，可以自行模仿练习，以加深对古建筑和仿古建筑设计方面相关知识的掌握。古建筑中的零部件很多，名称叫法也与现代建筑有所区别，不好记忆，给设计人员带来一定难度。为此，本书中撰写了部分构配件名词解释并附图，图文并茂，读者很直观地就能够理解。

　　仿古建筑设计是一项规则性很强的工作，受古建筑法式、法规的制约，稍不注意，就会与古建筑传统不相吻合，因此，广大读者应重点掌握基础知识，在掌握原则的基础上再举一反三，把传统建筑做法和现阶段的新工艺、新材料结合好，才能应用自如。除要熟悉相关的法式、营造则例以外，还要吸取一些施工经验，不懂得施工程序、施工工艺、操作方法是很难做好设计工作的，建议初学者要多加强训练。

　　本书由徐锡玖主编。在本书编写过程中，曾得到恩师胥蜀辉老师、马炳坚老师的指导，在此深表感激。同时，也对在文字资料、绘图、照片、图片的收集、整理、编辑等方面给予过帮助的徐鑫、靳萱璇、徐恺、杜菲菲、吕宜兰、居中杰、蔡枫、张旭、姬晓敏、张秀菊、徐娇、李萌萌、李月梅、张骞、郝倩、高晴、张璐、张珊、田贺、杨柳、王峰、杜爽、贾伟、武雅琪、吴从越、汪坤等表示感谢！

本书封面照片为作者设计的徐州市云龙山观景台，该设计曾获江苏省优秀建筑设计一等奖，封面照片及本地区照片均由徐鑫摄制整理。

由于编写时间和水平有限，尽管编者尽心尽力，反复推敲核实，但难免有疏漏及不妥之处，恳请广大读者批评指正，以便做进一步的修改和完善。

目录
CONTENTS

第四章　歇山、庑殿建筑的设计

第五章 装饰装修设计

第六章 油漆、彩画

第七章 亭子和廊子

第八章 垂花门、牌楼

参考文献

第一章 ◀◀◀◀◀

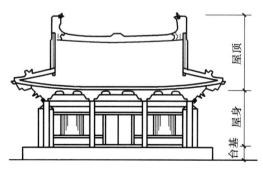

概述

第一节　传统古建筑的形式和特征

中国是世界文明古国，其古代建筑独具特色，具有悠久的历史和光辉的成就。中国传统建筑方正严整、宏伟气魄、庄重典雅、风格独特，在世界建筑史上自成体系，独树一帜，是我国古代灿烂文化的重要组成部分，是古代匠人留给后人的宝贵的物质财富和精神财富，它们像一部石刻的史书、永恒的雕塑，激励着我们，让我们重温祖国的历史文化，激发起我们的爱国热情和民族自信心，同时它也是一种可供人观赏的艺术精品，使人们陶醉其中，给人以美的享受。

我们在欣赏古建筑艺术美的同时，作为现阶段古建筑的设计者和施工者，除了要理解古建筑艺术的主要特征外，还要了解中国古代建筑艺术的一些重要特点，再通过比较典型的实例，进行具体的分析研究，才能真正掌握古建筑设计的精髓，在古建筑设计方面应用自如。中国古代建筑艺术的特点是多方面的，从规划、设计的角度，应对以下一些内容有所了解。

一、传统古建筑的基本形式

中国古代建筑的形式多种多样，建筑的平面以长方形为最普遍，一座长方形建筑，在平面上都有两种尺度，即它的宽与深。其中长边为宽，短边为深。如一栋三间北房，它的东西方向为宽，南北方向为深。单体建筑又是由最基本的单元"间"组成的；建筑的立面依据中国古代建筑的构造特点，通常为三段：即由屋顶、屋身和台基组成，参见图 1-1，多层建筑立面往往将柱身与屋面重复应用，构成多层屋檐的建筑形式。

传统建筑屋面（古称屋盖）又是古建筑有别于其他建筑的一个显著特征，常见的屋面形式有硬山、悬山、歇山、庑殿、攒尖五种形式。在这几种最基本的建筑形式中，硬山、悬山常见者既有一层，也有两层楼房；歇山有单檐歇山、重檐歇山、三滴水楼阁歇山、卷棚歇

图 1-1　古建筑立面构架组成

图1-2 硬山建筑

山；庑殿又有单檐庑殿、重檐庑殿；攒尖建筑则有三角、四角、五角、六角、八角、圆形、单檐、重檐、多层檐等多种形式。其中以重檐庑殿顶、重檐歇山顶级别最高，其次为单檐庑殿、单檐歇山顶。

（一）硬山顶

屋面双坡，两侧山墙同屋面齐平，或略高于屋面，如图1-2所示。

（二）悬山顶

屋面双坡，两侧伸出山墙之外，屋面上有一条正脊和四条垂脊，又称挑山顶，如图1-3所示。

（三）歇山顶

是庑殿顶和硬山顶的结合，即四面斜坡的屋面上部转折成垂直的三角形墙面，由一条正脊、四条垂脊、四条依脊组成，所以又称九脊顶，如图1-4所示。

图1-3 悬山建筑

图1-4 歇山建筑

（四）庑殿顶

四面斜坡，有一条正脊和四条斜脊，屋面稍有弧度，又称四阿顶，如图1-5所示。

（五）攒尖顶

平面为圆形或多边形，上为锥形的屋顶，没有正脊，有若干屋脊交于上端。一般亭、阁、塔常用此式屋顶（图1-6）。

二、传统古建筑的特征

（一）规划布局

古建筑把比较重要的建筑都安置在纵轴线上，次要房屋安置在它左右两侧的横轴线上，比如，宫殿建筑采取严格的中轴对称的布局方式。中轴线上的建筑高大华丽，轴线两侧的建筑矮小简单。之所以强调中轴对称，为的是表现君权受命于天和以皇权为核心的等级观念这种明显的反差，体现了皇权的至高无上；中轴线纵长深远，更显示了帝王宫殿的尊严华贵。古人云："匠人营国，方九里，旁三门，国中九经九纬，经涂九轨，左祖右社，面朝后市，市朝一夫。"

图 1-5 庑殿建筑

图 1-6 攒尖建筑

这是《周礼·考工记》里的一句话，意思是周朝建造城市的基本制度，都城九里见方，城共有四边，每边三门，按经纬线，城中有九条南北大道、九条东西大道，每条大道幅宽九轨，即每条大道可容九辆车并行。王宫居中，东侧为祖先的宗庙，西侧为祭天地的社稷坛，南面是举行朝会、议政之所，北面是市场。朝会处和市场的面积各为一夫（郑玄注：二方各百步。）。图 1-7 所示为《周礼·考工记》王城图。

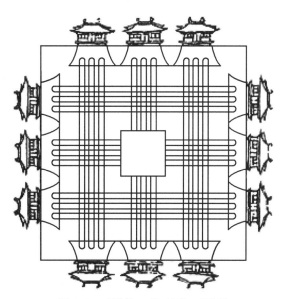

图 1-7 《周礼·考工记》王城图

从古代文献记载中的古建筑一直到现存的古建筑来看，中国古代建筑在平面布局方面都遵循《考工记》有关匠人营国的规律，根据具体情况加以变化的，每一处住宅、宫殿、官衙、寺庙等建筑，都是由若干单座建筑和一些围廊、围墙之类环绕成一个个庭院而组成的。一般地说，多数庭院都是前后串连起来，通过前院到达后院，这是中国封建社会"长幼有序，内外有别"的思想意识的产物。家中主要人物，或者应和外界隔绝的人物（如贵族家庭的少女），就往往生活在离外门很远的庭院里，这就形成一院又一院层层深入的空间组织。宋朝欧阳修《蝶恋花》词中有"庭院深深深几许？"的字句，古人曾以"侯门深似海"形容大官僚的居处，都形象地说明了中国建筑在布局上的重要特征。同时，这种庭院式的组群与布局，一般都采用均衡对称的方式，沿着纵轴线（也称前后轴线）与横轴线进行设计。

北京故宫的组群布局和北方的四合院（图 1-8）是最能体现这一组群布局原则的典型实例。这种布局是和中国封建社会的宗法和礼教制度密切相关的。它体现了封建的宗法和等级观念，使尊卑、长幼、男女、主仆之间在住房上也体现出明显的差别。

（二）建筑特征

建筑不仅仅是技术科学，而且是一种艺术。中国古代建筑的匠师们经过长期的努力，集建筑的实用功能、外观的舒适美观于一体，同时吸收了中国其他传统艺术，特别是绘画、雕刻、工艺美术等造型艺术的特点，创造了丰富多彩的艺术形象，并在这方面形成了不少特点。其中比较突出的，有以下四个方面。

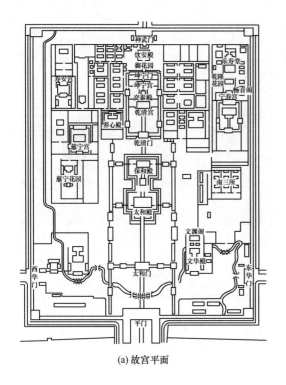

(a) 故宫平面

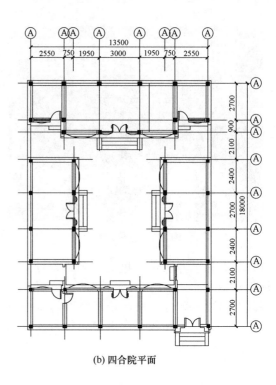

(b) 四合院平面

图 1-8　组群布局的四合院

图 1-9　起翘的屋面

1. 屋顶形式

中国古代建筑的屋顶形式对丰富建筑立面起着特别重要的作用。古代匠师充分运用木结构的特点，创造了屋顶举折和微微起翘的屋角（图 1-9）、出翘，形成如鸟翼伸展的檐角和屋顶各部分柔和优美的曲线，以及硬山、悬山、歇山、庑殿、攒尖、十字脊、盝顶、重檐等众多屋顶形式的变化（图 1-10），加上灿烂夺目的琉璃瓦，使建筑物产生独特而强烈的视觉效果和艺术感染力。通过对屋顶进行种种组合，又使建筑物的体形和轮廓线变得愈加丰富。而从高空俯视，屋顶效果更好，形成了独特的"第五立面"，也就是说中国建筑的"第五立面"是最具魅力的，成为中国古代建筑重要的特征之一。

2. 色彩与彩画

中国古代的匠师在建筑装饰中敢于使用色彩也善于使用色彩。由于中国古建筑主要构件是木结构，又因为木料怕水，不能经久耐用，所以，中国建筑很早就采用在木材上涂漆和桐油以保护木质，并增强其耐久性，同时增加美观，达到实用、坚固与美观相结合。例如在北方的宫殿、官衙建筑中，古人就善于运用鲜明色彩的对比与调和，使建筑美观耐用。房屋主体中经常可以照到阳光的部分，一般用暖色，特别是用朱红色；房檐下的阴影部分，如檐檩下的椽子、檩板枋三件等，则用蓝绿相配的冷色。这样就更强调了阳光的温暖和阴影的阴凉，形成一种悦目的对比。朱红色门窗部分和蓝、绿色的檐下部分往往还加上金线和金点，蓝、绿之间也间以

(a) 硬山

(b) 悬山

(c) 歇山

(d) 庑殿

(e) 攒尖

(f) 十字脊

(g) 盝顶

(h) 重檐歇山

(i) 重檐庑殿

图 1-10　几种屋面形式

少数红点，使得建筑上的彩画图案显得更加活泼，增强了装饰效果。在颜色的搭配上，一般的情况下，大红、大绿、大紫很难搭配，而中国古代匠人却把它们几种颜色运用得恰到好处（图1-11）。

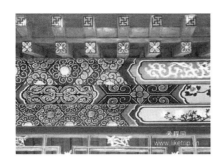

图 1-11　古建筑色彩应用

　　一些重要的皇家建筑，如北京的故宫，就能很好地运用颜色，整个建筑加上黄色、蓝色（如琉璃瓦），下面并衬以一层乃至好几层雪白的汉白玉台基和栏杆，在华北平原秋高气爽、万里无云的蔚蓝天空下，它的色彩效果是无比动人的（图1-12）。

　　当然这种色彩风格的形成，在很大程度上也是与北方的自然环境有关。因为在平坦广阔的

图 1-12　北京故宫

华北平原地区，冬季景色的色彩是很单调严肃的。在那样的自然环境中，这种对比鲜明的色彩就为建筑物带来活泼和生趣。基于相同原因，在山明水秀、四季常青的南方，建筑的色彩一方面受封建社会的建筑等级制度所局限，另一方面也是因为南方终年青绿、四季花开，为了使建筑的色彩与南方的自然环境相协调，它使用的色彩就比较淡雅，多用白墙、灰瓦和栗、黑、墨绿等色的梁柱，形成秀丽淡雅的格调，如图 1-13 所示。中国古建筑色彩的运用，除了上面提到的两种主要格调外，随着民族和地区的不同，也有一些差别。

图 1-13　南方建筑

3. 装饰与门窗

内部装饰的构件有各式屏风、屏门，挂落、花牙子、花罩等，门窗的种类也很多，如古式长窗、古式短窗等，如图 1-14 所示。

4. 衬托性建筑

衬托性建筑的应用，是中国古代宫殿、寺庙等高级建筑常用的艺术处理手法。它的作用是衬托主体建筑。最早应用的并且很有艺术特色的衬托性建筑是从春秋时代就已开始有的建于宫殿正门前的"阙"。到了汉代，除宫殿与陵墓外，祠庙和大中型坟墓也都使用。现存的四川雅安高颐墓阙，形制和雕刻十分精美，是汉代墓阙的典型作品。汉代以后的雕刻、壁画中常可以看到各种形式的阙，到了明清两代，阙就演变成了的故宫午门。其他常见的富有艺术性的衬托性建筑还有宫殿正门前的华表、牌坊、照壁、石狮等，如图 1-15 所示。

（三）结构特征

中国传统建筑最重要的结构特征，是以梁柱等木材（石材）构成的抬梁式承重结构，也可称之为木（石）结构的框架体系，屋顶与房檐的重量通过梁架传递到立柱上，墙壁只起隔断的作用，而不承担房屋的重量。图 1-16 所示为某木结构建筑的透视图。

这种结构类似于钢筋混凝土框架结构。木结构的框架体系一个很大的优点在于，它的节点是用木材制作的榫卯结构，当有荷载作用时，在节点处能释放一部分能量，"墙倒屋不塌"这句古老的谚语，概括地指出了中国古建筑这种框架结构最重要的特点。鉴于这种结构形式，派生出主要包括大木作、小木作、石作、瓦作、砖作、土作、油作、彩画作、搭材作、裱糊作等营造的专业分工。

(a) 屏风

(b) 门

(c) 屏门

(d) 花牙子

(e) 挂落

(f) 花罩

(g) 古式门窗

图 1-14 装饰与门窗

(a) 阙

(b) 华表

(c) 牌楼

(d) 照壁

(e) 石狮

图 1-15 衬托性建筑

框架结构中由于房屋的墙壁不负荷重量，隔墙与门窗的设置就有了极大的灵活性，可以根据使用要求、功能要求的不同而巧妙变化，此外，为了防止风、雨、雪对建筑的侵害，出檐就需挑出更多，也就形成了过去宫殿、寺庙及其他高级建筑才有的一种独特构件，即屋檐下的一束束的"斗栱"（图1-17）。它是由斗形木块和弓形的横木组成，纵横交错，逐层向外挑出，形成上大下小的托座，有效地把上部出挑的面荷载逐层传递到柱子上成集中荷载，这种构件既有支承荷载梁架的作用，又有装饰作用。只是到了明清以后，由于结构简化，将梁直接放在柱上，致使斗栱的结构作用几乎完全消失，变成了纯粹的装饰品。

图1-16　结构的透视图

图1-17　斗栱

中国匠师在几千年的营造过程中积累了丰富的技术工艺经验，在材料的合理选用、结构方式的确定、模数尺寸的权衡与计算、构件的加工与制作、节点及细部处理和施工安装等方面都有独特与系统的方法或技艺。这种营造技艺以师徒之间"言传身教"的方式世代相传，延承至今。鉴于这种传承方式，有关古建筑的资料几乎绝迹，大多靠现场考察取得，致使现阶段在设计方面的资料就所剩无几了。

第二节　仿古建筑的形式和特征

随着人们生活水平的日益提高，休闲设施、园林景观对人们越来越有吸引力，仿古建筑作为景区的设施就越来越显得重要了，它既是观景的最佳观察视点，又是被欣赏的景观。随着时代的发展、材料的更新，以及园林事业的发展，多数大小景区中都要设置一些园林建筑，而为了适应环境的需要，它们多数都沿袭传统建筑的形式，也就形成了中国独特的一种建筑形式——仿古建筑，且发展迅猛，已遍及全国。

仿古建筑是利用现代建筑材料或传统建筑材料，结合现代施工方法或传统营造技法，按照一定规律对古建筑形式进行符合传统文化特征的仿造、再创造。在园林风景中，既有使用功能，又能与环境组成景色供观赏游览的各类建筑物或构筑物、园林小品等，这些都可统称为园林仿古建筑。

仿古建筑是在中国建筑历史独特的条件下发展起来的，它由中国传统的古建筑中脱颖而出，必然带有其传统特征，而它又不拘于一般古建筑陈规戒律的束缚，有强烈的个性符号和灵活多变的外观特征，它功能多种、寓意深刻、常化整为零、以小见大、融于自然、立意有章，可谓是既能观景，本身又是景观。

既然是仿古建筑，主要突出个"仿"字，仿古建筑有以下几个方面的仿制方法：其一，形式上仿；其二，结构上仿；其三，材料上仿。这三种情况往往是同时出现，既需要利用现代技术，又要符合传统建筑的特色和神韵。

（1）从形式上仿　我们对传统建筑的认识是从外观形式开始的。传统建筑在造型上有丰富的轮廓线、多变的屋顶形式、寓意深刻的各种装饰构件，集富贵之相、儒雅之风于一身，既具有丰富的文化内涵，又有雕工精美的门窗以及体现在梁枋上博大精深的历史文化和韵味。而仿古建筑的特点最主要的是表现在屋面上，屋面能体现出地区、民族的特点及不同的造型风格。

（2）从结构上仿　仿古建筑是用现代建筑的结构处理方法代替传统建筑的结构，但其外观又采用相似的手法来表现传统建筑的形式。传统建筑的结构主要是木结构，这种结构的耐久性较差，且不利于现阶段的能源与环保的要求，所以仿古建筑就使用钢筋混凝土的框架结构或钢结构等新型结构替代传统建筑的结构，以满足其承受荷载的能力，延长建筑的使用寿命。

（3）从材料上仿　以现代建筑材料取代传统建筑材料的手法，如用钢筋混凝土代替承重结构的木材，用其他轻型材料取代不承重的木材、砖、瓦、石，以及用现代的防水材料置换传统建筑的防水材料（如锡背）等。

采用以上仿制方法的仿古建筑从外观上看，既继承了传统古建筑的特点，又加以提升和丰富，既美观又大方，既端庄又典雅，不落俗套，使人们穿插于景观之中，既能观景又能品味，乐在其中。

了解传统建筑的特性才能在做仿古建筑设计时借鉴并加以创新。下面就介绍一下仿古建筑的基本形式。

一、仿古建筑的基本形式

仿古建筑与传统建筑相同或相像，主要表现在外观与使用功能等诸方面。

（一）屋面形式

仿古建筑中的硬山、悬山、歇山、庑殿、攒尖五种屋面形式与传统建筑屋面形式基本相同，具体内容参见本章第一节相关内容。

（二）整体立面形式

1. 亭

亭是供游人休憩处，其精巧别致，是可以多面观景的点状小品建筑，如图1-18所示。最早的亭可能出现于南北朝时期，隋唐以后大型的亭已成为宫殿。其平面多为几何形式，如圆形、方形、长方形、多边形、菱形、扇面形、十字形等，有时还可组合成其他形式，如双菱形、双圆（即套方套圆）形等。亭的屋顶以攒尖顶为多，也可应用其他屋顶形式及其组合变化，

图1-18　云龙山观景台重檐六角亭

图1-19　北京长廊

如歇山顶、十字脊顶等。它们还有单檐与重檐之别。亭的外观艺术风格分南北派，北方的亭厚实、翼角和缓、体态端庄；南方的亭则显得轻灵、翼角飞翘、造型活泼秀丽。

2. 廊

廊是有顶的过道、房前避雨遮阳之处并与建筑组合起到维护作用的附属建筑，呈多面观景的一字长条形或曲线形建筑，通常又称作游廊，如图1-19所示。其又可按不同的标准分为以下几类。

（1）按其使用功能分　廊以其使用功能可分为抄手游廊、碑廊、暖廊。

① 抄手游廊（图1-20）是单独围成区域或与建筑组合围成院落，起到分割空间的作用并能组织观景路线，创造各种有趣味的空间环境，在宫殿、坛庙、寺观、园林、民居中均有使用。还有一种是结构上处理成交叉形式的也称为抄手廊。

图1-20　抄手游廊

② 碑廊（图1-21）是在廊子里镶嵌字碑，是供文人墨客等品墨、欣赏、交流的场所。

③ 暖廊（图1-22）是指用玻璃或窗户封闭起来的廊子，带有槅扇或槛墙半窗，可起到防风保暖的作用。

图1-21　戏马台碑廊　　　　　　　　　　　　图1-22　暖廊

（2）按其单体形式分　廊以其单体形式可分为单廊、复廊、半廊、崖廊、爬山廊等。

① 单廊是两侧开敞，两边都能观景的廊子。

② 有的复廊很宽，中间砌隔墙，形成两条平行的单廊，隔墙上多开窗或门，复廊一般应用在廊的两边都有景物可赏，而两边景物的特征又各不相同的园林空间中，用来划分和联系景区，如图1-23（a）所示。此外，通过墙的划分和廊的曲折变化，来延长景观线的长度，增加游廊观赏中的兴趣，以达到小中见大的目的。

复廊也有上下布置，如扬州何园的复廊就是上下结构，如图1-23（b）所示。

③ 半廊（图1-24），也称半壁廊，是一侧有墙，墙上常开窗，另一侧开敞，即依墙而建的

(a) 平面分布的复廊

(b) 立面设置的复廊

图 1-23　复廊

半边廊子，在唐宋时期的建筑群中使用较多。

（3）按其组合及构造方式分　廊按其组合及构造方式可分为廊庑和连廊。附在主体建筑外侧且与主体建筑长度方向连体的称为廊庑或檐廊（图 1-25）；廊子端头与建筑连接的称为连廊或围廊（图 1-26）。

图 1-24　半廊

图 1-25　檐廊

3. 榭

榭是中国古代建于水边的观景建筑（图 1-27），常设在花间水际或坡地架起，借以成景和观景的建筑。其平面常为长方形，一般多开敞或设窗扇，常与临水平台组合在一起，平台称为水榭，一部分架在岸上，一部分伸入水中，三面临水，四面敞开，以得取宽广的视野，以供人们在此游憩、眺望和戏水。

4. 舫

舫是运用联想手法，建于水中的船形建筑（图 1-28）。其犹如置身舟楫之中，整个体形以水平线条为主，其平面分为前、中、尾三段，一般前舱较高，中舱较低，尾舱则多为二层楼，以便登高眺望。

5. 楼

楼为中国古代建筑中的多层建筑物，亦称重屋（图 1-29）。一般多为二层及以上，正面为长窗或地坪窗，两侧是楼为砌山墙或开洞门，楼梯可放于室内，或由室外倚假山上二楼，造型多姿，如图 1-29 所示。

6. 阁

阁（图 1-30）是底层架空高悬，与楼或大型亭子相似的建筑，其造型较轻盈灵巧，重檐

图 1-26 各式围廊

图 1-27 榭 　　　　　　　　　　　图 1-28 舫

图 1-29 楼 　　　　　　　　　　　图 1-30 阁

四面开窗，但阁亦有一层，一般建于山上或水池、台之上。

楼与阁在早期是有区别的。楼是指重屋，山墙和后墙多为砌体封闭的建筑，平面多狭长；阁是指底层架空高悬，四周空透或由门和落地长窗封闭的建筑，平面近方形，有平坐。后期人们因其均为复层建筑，故常通称为楼阁。总之，楼阁是中国古代传统建筑之一，是用以游憩、远眺、供佛或藏书之用。楼阁中较著名的有黄鹤楼、岳阳楼、滕王阁、蓬莱阁、阅江楼、望江楼、越王楼、鹤鹊楼、真武阁、颐和园的佛香阁、独乐寺的观音阁、大同善化寺的普贤阁、文昌阁、文溯阁、五皇阁、紫光阁、万佛阁等。

图 1-31　华表

7. 华表柱

华表柱是一种汉族传统建筑形式（图 1-31）。相传华表是部落时代的一种图腾标志，古代设在宫殿、陵墓等大型建筑物前面作装饰的单独石柱，柱身多雕刻龙凤等图案，上部横插着雕花的石板。

8. 牌坊

牌坊（图 1-32），简称坊，类似于牌楼，是中国传统建筑中非常重要的一种建筑类型，由立柱和梁枋组成。其上没有斗栱及屋顶结构。

9. 牌楼

牌楼（图 1-33）与牌坊相似，在横梁之上有斗栱、屋檐或"挑起楼"，可用冲天柱或不用。

图 1-32　牌坊

图 1-33　牌楼

牌坊与牌楼的区别。牌坊与牌楼从构造上是有显著区别的，牌坊没有设斗栱和屋顶，也就没有"楼"的构造，而牌楼有屋顶，它更能烘托气氛，立面显得更加丰富。但是由于它们都是我国古代用于表彰、纪念、装饰、标识和导向的一种建筑物，而且又多建于宫苑、寺观、陵墓、祠堂、衙署和街道路口等地方，其建筑立面轮廓又相似，致使老百姓对"坊""楼"分不清，最终人们就把两者的称谓互通了。

（三）仿古建筑的作用

仿古建筑在园林造景中有各种用途，现以亭为例叙述其作用。

（1）观景　即能在此览景，饱览视觉范围内的景物，作为人们休憩观景的驻足之处，譬如，有可供人饱览山景的亭子，如河北承德避暑山庄中的"锤峰落照"［图 1-34（a）］、"南山积雪"［图 1-34（b）］、"北枕双峰"［图 1-34（c）］、"四面云山"［图 1-34（d）］等亭；有供游人欣赏城市风采、名胜风景区的徐州观景台重檐亭［图 1-34（e）］；西楚霸王戏马台重檐六角亭［图 1-34（f）］；也有的则可供人沐浴清风，如苏州园林中的"荷风四面"［图 1-34（g）］、"月到风来"［图 1-34（h）］等亭；也有供人欣赏水景，如"观瀑"、"听涛"、"饮绿"、"洗秋"等亭。

（2）景观（被观景）　亭能单独成景，它在提供观景最佳点的同时也是从其他景点被观赏的目标、欣赏的对象，其本身就是景观。

(a) 锤峰落照

(b) 南山积雪亭

(c) 北枕双峰亭

(d) 四面云山亭

(e) 徐州观景台重檐亭

(f) 戏马台重檐六角亭

(g) 荷风四面亭

(h) 月到风来亭

图 1-34　常见的观景亭子

（3）组景　就是亭与其他景观建筑、小品建筑结合在一起，更可形成别具一格的建筑形式（含借景），如亭与桥、亭与廊、亭与榭、亭与景石、亭与景观树等两两组合或多个组合都可组成绝佳的景观效果。以亭与廊、桥组合为例，如扬州瘦西湖的五亭桥［图 1-35（a）］、北京北海的五龙亭［图 1-35（b）］、广西三江的程阳桥［图 1-35（c）］、徐州小南湖景区的桥亭［图1-35（d）］等都是亭、廊、桥结合的佳作。以借景取胜的亭，譬如北京颐和园借景玉泉山的玉峰塔［图 1-35（e）］、苏州拙政园的塔影亭［图 1-35（f）］将报恩寺塔借入本园等。所以亭的位置特别重要。这里面有古代匠师留给我们的宝贵的物质财富和精神财富，也有现代大师创造的经典。

二、仿古建筑的特征

仿古建筑的特征与传统建筑的特征相似，相同之处不再赘述，不同之处主要体现在以下几个方面。

（一）规划方面

仿古建筑的规划布局较传统建筑的规划布局要灵活，不受传统建筑理念的约束，它与周围环境，当地人文地理、地方传说以及建设方的意图和要求，设计人员的构思有关，有时还要考

(a) 五亭桥

(b) 五龙亭

(c) 程阳桥

(d) 桥亭

(e) 玉峰塔

(f) 塔影亭

图 1-35　常见的景观亭子

虑到经济预算的控制和材料的取用。

（二）建筑方面

① 单体建筑的平面布局。古建筑通常都是长方形，在有特殊用途的情况下，也采取方形、八角形、圆形；仿古建筑除此之外还可以采取扇形、十字形、套环形等。

② 屋面的曲折不受传统建筑举架与步架的约束。各地区屋面的举折各不相同，有的地区屋面坡度自脊至檐口为一斜直线，屋面坡度根据当地的实际情况选择，如二八起架、三分之一起架、四分之一起架等，主要考虑屋面利于排水。

③ 墙体厚度。原来是里生外熟，比较厚，现在用现代材料就减薄许多。有的墙体外观效果是干摆或是丝缝处理，里面是背里做法，与现在建筑的砖砌体有着明显的区别。

④ 门窗与槛框连接。古建筑是通过门轴、套碗、连盈连接，封闭不好；现代建筑是用铰链或折页连接。

（三）结构方面

仿古建筑的结构形式可全部采用或部分采用传统建筑的木结构形式，传统建筑结构主要是木结构，这种结构形式又可细化为抬梁式、穿斗式、井干式结构，地方做法还有叉股式结构，它传递荷载的路径是，从屋面传下来的荷载经椽子、檩条传给叉手梁（斜置的梁架），再传到柱子。现分别介绍传统建筑的结构形式。

1. 抬梁式

是中国古代建筑木构架的主要形式，是在立柱上架梁，梁上又抬梁的一种形式，所以称为"抬梁式"，也称叠梁式。这种梁是沿房屋进深方向布置、叠架的，梁逐层按照步架缩短，层间垫短柱或木墩，最上层梁中间立童柱或三角撑，形成三角形屋架。房屋的屋面重量通过椽、檩、梁、柱传到基础（有铺作时，通过它传到柱上）。其使用范围广，在宫殿、坛庙、寺院等大型建筑物中常采用这种结构方式。抬梁式流行于北方，穿斗式流行于南方。

2. 穿斗式

又称立贴式。原作穿兜架，后简化为"穿逗架"和"穿斗架"，是古代汉族三大构架结构之一。其特点是沿房屋的进深方向按檩数立一排柱，每柱上架一檩，檩上布椽，屋面荷载直接由檩传至柱。每排柱子靠穿透柱身的穿枋横向贯穿起来，成一榀构架。每两榀架构之间使用斗枋和杆子连在一起，形成一间房间的空间构架。斗枋用在檐柱柱头之间，形如抬梁构架中的阑额；杆子用在内柱之间。斗枋、杆子往往兼作房屋阁楼的龙骨。根据房屋的大小，可使用"三檩三柱一穿""五檩五柱二穿""十一檩十一柱五穿"等不同构架。随着柱子的增多，穿的层数也增多。此法发展到较成熟阶段后，鉴于柱子过密会影响房屋使用，有时将穿斗架由原来的每根柱落地改为每隔一根落地，将不落地的柱子骑在穿枋上，而这些承柱穿枋的层数也相应增加。穿枋穿出檐柱后变成挑枋，承托挑檐。这时的穿枋也部分地兼有挑梁的作用。穿斗式构架（图1-36）房屋的屋顶，一般是平坡，不做成反凹曲面。有时以垫瓦或加大瓦的叠压长度，使接近屋脊的部位微微拱起，取得近似反凹屋面的效果。穿斗式构架以柱承檩的做法，可能和早期的纵架有一定渊源关系，已有悠久的历史。在汉代画像石中就可以看到汉代穿斗式构架房屋的形象。穿斗式构架用料较少，建造时先在地面上拼装成整榀屋架，然后竖立起来，具有省工、省料，便于施工和较经济的优点。同时，密列的立柱也便于安装壁板和筑夹泥墙。因此，在中国长江中下游各省，保留了大量明清时代采用穿斗式构架的民居。这些地区有的需要较大空间的建筑，采取将穿斗式构架与抬梁式构架相结合的办法，在山墙部分使用穿斗式构架，当中的几间用抬梁式构架，彼此配合、相得益彰。

图1-36　穿斗式构架

穿斗式构架是一种轻型构架，柱径一般为20～30cm，穿枋断面为（6cm×12cm）～（10cm×20cm），檩距一般在100cm以内，椽的用料也较细。椽上直接铺瓦，不加望板、望砖。屋顶重量较轻，有优良的防震性能。

3. 井干式结构

是一种不用立柱和大梁的房屋结构。这种结构以圆木或矩形、六角形木料平行向上层层叠置，在转角处木料端部交叉咬合，形成房屋四壁，形如古代井上的木围栏，再在左右两侧壁上立矮柱承脊檩构成房屋。

井干式结构需用大量木材，在绝对尺度和开设门窗上都受到很大的限制，因此通用程度不如抬梁式构架和穿斗式构架。中国目前只在东北林区、西南山区尚有个别使用这种结构建造的房屋。云南南华井干式结构民居是井干式结构房屋的实例。它有平房和二层楼，平面都是长方形，面阔两间，上覆悬山屋顶。屋顶做法是左右侧壁、顶部正中立短柱承脊檩，椽子搭在脊檩和前后檐墙顶的井干木上，房屋进深只有二椽。

4. 其他结构形式

（1）二八起架　用于民房大瓦屋面，前后檐口的水平长度尺寸乘以0.28就是举高（至屋脊）。

1/3起架用于民房小和瓦屋面的房屋，前后檐口的水平长度尺寸乘以0.3就是举高（至屋脊）。

民间常说的1/4起架是指前后檐口长度与举高的关系，按照直角三角形的理论则是1/2的比例，即水平每延长1m，升高0.5m。

（2）发戗　发戗屋角做成飞檐翼角翘起，这是中国古代木构建筑显著特点之一，也是古代工匠为解决四坡顶屋面檐口转角问题而创造的特殊构造形式，并专称为戗角之构造，简称"发戗"。它直接决定了屋角的造型和建筑艺术形象特征。一般来讲翼角起翘北式厚重，南式纤秀玲珑，岭南简洁而柔和轻盈。起翘发戗制有以下几种形式。

① 北式水戗发戗（图1-37）。它是由两根梁上下叠合而成，上面一根称仔角梁，下面一根称老角梁。起翘平缓持重、雅逸，由仔角梁叠加于老角梁上而成，挺括、浑厚有力且舒展。

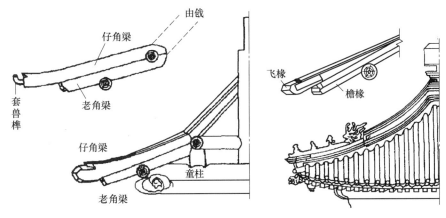

图 1-37　北式水戗发戗结构

② 南式嫩戗发戗（图 1-38）。它是由沿角梁方向下延伸的老戗和坐于其斜上方的嫩戗插接而成，夹角常在 $120°\sim130°$ 之间。

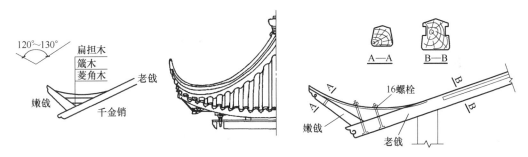

图 1-38　南式嫩戗发戗

③ 南式水戗（有时带有小嫩戗）发戗（图 1-39）。它由老戗，有时外加斜坐于戗端的小嫩戗插接而成，但夹角较大，呈 $160°$ 左右。老戗本身不起翘，小嫩戗所起作用不明显，另在屋面戗脊端部上筑小脊，该脊利用铁板和筒瓦泥灰等做成。其势随戗脊的曲度而变化，戗端逐皮起翘上弯，形如弯弓状，其曲线优美，但屋檐平直。类似这种形式，南方建筑中也称为假嫩戗发戗（图 1-40）。其构造下为戗座，上为滚筒，做二路出线，再盖筒瓦粉刷即成。

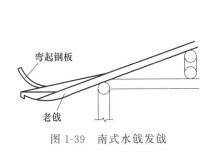

图 1-39　南式水戗发戗

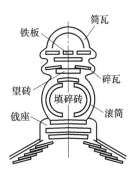

图 1-40　假嫩戗发戗

④ 南式老戗发戗（图 1-41）。角梁只有老戗，尽端不做嫩戗，而在老戗端头做成微微起翘。起翘较水戗发戗大，一如嫩戗，实质上是老戗与嫩戗合二为一，又形如大刀（称大刀发戗），其上戗脊做法仍按水戗做法。戗梁截面尺寸一般为$(120\sim150)mm\times(120\sim200)mm$，为带小圆角的多边形截面。

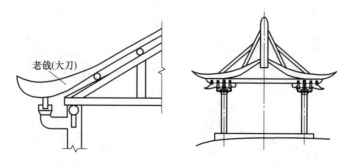

图 1-41　南式老戗发戗

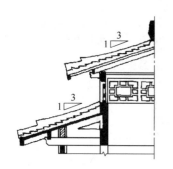

图 1-42　无角梁水戗发戗

⑤无角梁水戗发戗（图 1-42）。其构造简单，由戗脊直接起翘，形似水戗，外形轻快柔和稳定。它与南式老戗发戗相似，多见于岭南、闽南园林建筑之中。施工时多用混凝土一次浇捣而成。闽北也有无角梁翘角上翻发戗，其做法更简单，仅将亭角部上翻而成。

⑥递角梁式发戗（图 1-43）。此类发戗形式多见于湘西黔东，是结合少数民族地区的原有穿斗吊角楼形式构造发展而成。具体做法是选择微弯弓形之材，锯刨成板梁截面，将其放置于屋角转角递角梁的位置，让其尾端插入图 1-43 中的 A 柱中，以 B 柱为支点悬出上挑，使与转角 C 处屋面斜脊木相连，组成檐口 aCb；再用微弯薄板斜铺封檐，并在其上铺钉密肋木条，以取代斗栱，于是一座具有少数民族地区建筑风格与特色的屋角起翘便完成了。既简化了传统的一些做法，又独具川湘黔民族特色，与吊角楼（楼角飞檐翘角，两面有走廊和悬出的木质栏杆，嵌有多种多样象征吉祥如意的图案；悬柱 B、D、E 等有八棱形、四方形或圆柱形；下垂柱端常雕绣球、金瓜等各种形体；窗棂雕刻飞禽走兽花卉，工艺精湛，栩栩如生；苗家妇女常于楼边绣花、挑纱、晾纱、晾衣、观花望月，是少数民族苗乡充满风情民俗的特色建筑）也是相互呼应协调一致的。在构造手法上它与穿斗式的吊角楼也是源出一脉，又别具一格的。

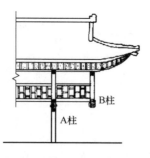

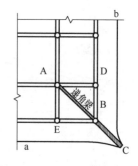

图 1-43　递角梁式发戗

　　老戗与嫩戗的出挑长度，与屋面出檐大小有关系。一般地说，老戗与嫩戗自角柱中心算起的水平总投影长度 L 一般为角柱高的 33%～40%。

第三节 传统古建筑构件的名称

一、砖瓦石结构

（一）基座部分

1. 台基

台基是所有建筑物的基础，其构造是四面砖墙，内中填土，上有墁砖的台子，如图1-44所示。

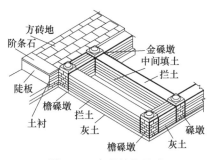

图1-44 台基结构示意

2. 台明、阶条石（图1-45）

中国古建筑都是建在台基之上的，台基露出地面部分称为台明，小式房座台明高为柱高的1/5或柱径的2倍。台明由檐柱中向外延出的部分为台明出沿，对应屋顶的上出檐，又称为"下出"。下出尺寸，小式做法定为上出檐的4/5或檐柱径的2倍；大式做法的台明高为台明上皮至桃尖梁下皮高的1/4。大式台明出沿为上出檐的3/4。

3. 台阶（踏跺石）

古代建筑的台阶又称踏跺石或踏道，是上下台基的阶梯，通常有阶梯形踏步和坡道两种类型，如图1-46所示。这两种类型根据形式和组合的不同又可分为以下3种。

图1-45 台明、阶条石

图1-46 台阶（踏跺石）

（1）御路踏跺 斜道又称辇道、御路、陛石，是坡度很缓用来行车的坡道，通常与台阶形踏步组合在一起使用，称为御路踏跺。一般用于宫殿与寺庙建筑。

（2）垂带踏跺 在踏跺的两旁设置垂带石的踏道，最早见于东汉的画像砖。

（3）如意踏跺 不带垂带石的踏跺做法称为如意踏跺，一般用于住宅和园林建筑。

（4）坡道或慢道 斜坡道可以有效地防滑，一般用于室外高差较小的地方。《营造法式》中规定：城市慢道高与长之比为1：5，厅堂慢道为1：4。

从等级上看，御路踏跺高于非御路踏跺，垂带踏跺高于如意踏跺。

4. 须弥座

须弥座（图1-47）通身高度按台基露明高度可分为51份，分配如下：圭脚高10份、下枋

(a) 带角柱石的须弥座

(b) 不带角柱石的须弥座

图1-47 须弥座

高 8 份、下枭高 7 份、束腰高 10 份、上枭高 7 份、上枋高 9 份。

图 1-48　柱顶石

5. 柱顶石（图 1-48）

柱顶石又叫柱础，是一种中国建筑石制构件，安装在柱脚的位置上（柱下）。柱顶石顶端上有孔，叫"海眼"，与木柱下端的榫相配合，使柱子得到固定。有的柱顶石上面刻有图案，如巴拿马纹饰。

6. 角柱石

角柱石是台基的拐角处立置的石构件，如图 1-47（a）所示。宋代的《营造法式》中规定："造角柱之制，其长视阶高，每长一尺则方四寸柱；柱随加长，至方一尺六止。其柱首接角石处合缝，令与角石通平"。这个规定不但确定了角柱石的尺寸与比例，而且还说明它位于角石之下。清代时建筑台基变矮，所以角柱直接放置在阶条石下面。

（二）屋身部分

1. 砖墙

我国古建筑中全用青灰色陶砖，施于墙体的有空心砖、条砖、楔形砖、饰面砖等。

（1）空心砖墙［图 1-49（a）］　空心砖墙见于战国晚期至东汉中期的墓中。它的体型较大，以河南郑州二里岗战国木盖空心砖壁墓为例，其空心砖长约 1.1m、宽 0.4m、厚 0.15m，也有断面为方形或带有企口的。砌时干摆，侧放以为墓壁，平置以为墓底，在砖对外的一面常模印几何纹样作装饰。

（2）条砖墙［图 1-49（b）］　条砖（即长方形砖）又称为小砖，用于体小量轻的建筑墙体，其使用灵活，所以应用较广。西汉晚期以后，已大量应用于陵墓，也有用于仓、窑、井、水沟的不少实物。汉代条砖的质量和尺寸与现代的已相仿佛，它的长、宽、厚的比例约为 4：2：1，这表明在砌体中已具有模数的性质。

（3）楔形砖墙［图 1-49（c）］　多用于拱券。

（4）贴面砖墙［图 1-49（d）］　多用于传统建筑的现代做法当中。贴面砖墙的砌砖方式已有半砖顺砌平砖丁砌、侧砖顺砌、顺砖丁砌、立砖顺砌、立砖丁砌等多种。前两种多用于实体砌墙，后面几种多用于空斗墙或墓中。在砌法上，除前述秦始皇陵兵马俑坑壁用平砖顺砌、上下对缝外，绝大多数都是错缝的。砖间一般无砂浆或用黏土胶结，仅极少数例子如河北望都二号墓及定县王庄汉墓才使用石灰胶泥。一般来说，宋朝以前多用黄泥浆，宋朝及以后石灰浆才逐渐普及。明清建筑墙体多用三顺一丁、二顺一丁或一顺一丁，考究的在砂浆中还掺入糯米汁。

2. 石墙

石墙（图 1-50）是采用大小和形状不规则的乱毛石或形状规则的料石砌筑而成。石墙具有坚固耐用、可就地取材、砌筑方便、造价低廉等优点。古建筑应用较多。

3. 槛墙

槛墙（图 1-51）是前檐木装修槛窗木榻板下面的墙体，槛墙厚一般不小于柱径即可。

4. 腰线

墙身设有角柱石（龟背角柱）的，其上面一般都安置压面石（龟背压面石），中间连接部分即为腰线石，简称腰线［图 1-52（a）］，也是下碱与上碱的分界处。

(a) 空心砖墙

(b) 条砖墙

(c) 楔形砖

图 1-49　各式砖墙

(d) 贴面砖

(a)

(b)

图 1-50　石墙

5. 下碱

下碱 ［图 1-52 (b)］又叫下肩或裙肩，其高度可按檐柱高的 3/10 定。里皮靠柱子的砖要砍成六方八字形状，两块八字砖之间叫"柱门"，柱门最宽处应与柱径同宽。下碱应使用最好的材料和采用最细致的做法，并常带有石活。下碱砖的层数应为单数。

（三）屋面部分

1. 正脊

正脊 ［图 1-53 (a)］为前后两坡顶相交最高处的屋脊，其做法有大式做法的大脊，小式做法的清水脊、过垄脊、鞍子脊等。

图 1-51　槛墙

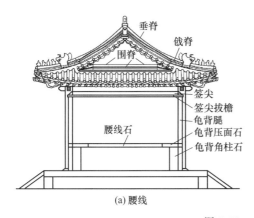

垂脊
戗脊
围脊
签尖
签尖拔檐
龟背腿
龟背压面石
龟背角柱石
腰线石

(a) 腰线

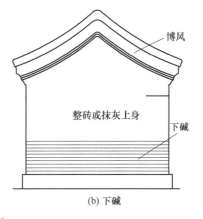

博风
整砖或抹灰上身
下碱

(b) 下碱

图 1-52　山面构造

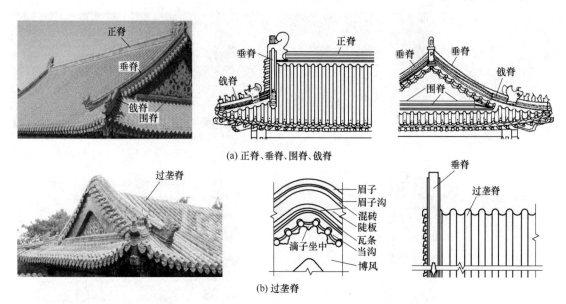

图 1-53　部分屋脊

2. 垂脊
垂脊［图 1-53（a）］为在屋顶与正脊相交且向下垂的屋脊。

3. 戗脊
戗脊（亦称岔脊、角脊）［图 1-53（a）］为歇山的四个檐角处斜向屋脊，在平面上与垂脊成 45°，以戗兽为界分兽前兽后，兽前安置仙人、走兽。

4. 博脊
博脊（亦称围脊）［图 1-53（a）］为斜坡屋顶上端与建筑垂直面相交部分的水平脊、重檐屋顶的下层水平脊。

5. 清水脊
清水脊（又称蝎子尾）（图 1-54）是用砖瓦垒砌线脚，两端有翘起的鼻子，下有花草砖和盘子、圭角等构件组成，多用于小式做法的硬山、悬山、有正脊无垂脊。屋面瓦垄有高坡垄和低坡垄，低坡垄布置在位于两山端的四条边垄，其最高点与高坡垄在正脊根部最低点相同，檐口高度是一致的。

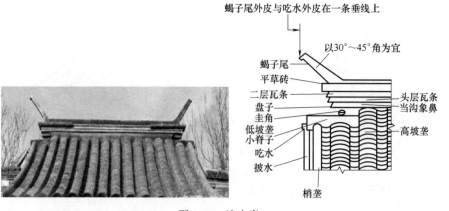

图 1-54　清水脊

6. 皮条脊
其做法与清水脊基本一致，但两端无"蝎子尾"，只在脊砖外安一件勾头称为皮条脊，多用于北方民居。

7. 鞍子脊

在屋面上采用阴阳合瓦时，其正脊如马鞍形，故名鞍子脊。多用于北方民居。

8. 甘蔗脊

是在正脊中部用板瓦直立排脊，脊顶刷盖头灰，脊端做简单的方形回纹，多用于江南民居。

9. 空花脊

是用砖或瓦垒砌成透空脊，多用于江南民居，用于北方官式建筑时加各种雕饰图案。

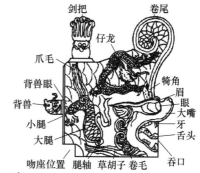

图 1-55　宝顶

10. 宝顶

宝顶（也称绝脊）（图 1-55）在攒尖屋面的顶端，其下部为多层砖砌线脚，一般与须弥座做法相同，由上下枋、枭及束腰、圭角等构成，上部为圆形中空的宝珠，内部包有雷公柱伸出屋面的通心木。

11. 正吻

正吻（亦称大吻、龙吻、鳞尾、鸱尾、鸱吻、吞脊兽、望兽）（图 1-56）是安装在正脊两端，山面有吻座的龙形装饰物，其造型由半月形、鱼尾、龙尾演变成口吞正脊，尾上翘，背插剑靶，后面加背兽的正吻，较大规格的正吻多由数块吻件组合砌筑而成。

图 1-56　正吻

12. 合角吻

合角吻（合角兽）（图 1-57）是安装在盝顶转角或重檐下层博脊转角处两个互成 90°的龙形装饰构件，起防水并封护角柱作用，根据转角的阴阳角可分为阳合角吻与阴合角吻。

图 1-57　合角吻

13. 垂兽

安装在屋顶垂脊端头的兽头装饰构件为垂兽，如图 1-58（a）所示。

14. 戗兽

安装在屋顶戗脊脊端的兽头装饰构件为戗兽，如图 1-58（b）所示。

15. 套兽

套在檐角仔角梁头上的兽头构件为套兽，如图 1-58（c）所示。

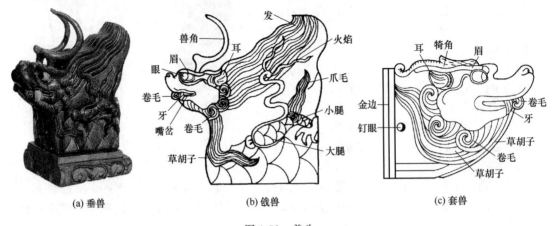

(a) 垂兽　　　　　　　　　(b) 戗兽　　　　　　　　　(c) 套兽

图 1-58　兽头

16. 仙人、走兽

仙人、走兽（小兽、小跑、跑兽）（图 1-59）是安装在屋顶角脊脊端的装饰构件，仙人的造型是一位仙人骑在一只昂首的鸡上，布置在檐角端头，其后的走兽亦称小兽、小跑，其排列次序是：龙、凤、狮子、天马、海马、狻猊、押鱼（鱼）、獬豸（獬）、斗牛（吼牛）、行什（猴，因排行第十故名）。

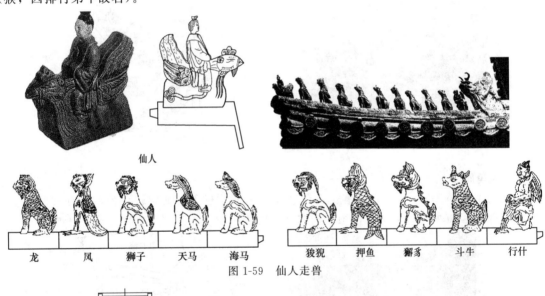

仙人

龙　　　凤　　　狮子　　　天马　　　海马　　　　狻猊　　押鱼　　獬豸　　斗牛　　行什

图 1-59　仙人走兽

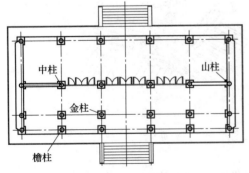

图 1-60　柱子平面布置

二、木作、木构架

古建筑柱类构件在正身部分除部分卷棚以外基本相同，不同的是山面的构件。

（一）柱类

柱类构件在平面图中的位置见图 1-60。

1. 檐柱（廊柱）

檐下最外一列柱均称檐柱，即指檐廊外侧的柱子。

2. 金柱（步柱、老檐柱）

檐柱以内的各柱，又称老檐柱，分为单檐金柱、重檐金柱（宋称殿身檐柱）和里金柱（宋称殿身内柱）。

3. 山柱

位于山墙正中处一直到屋脊的柱称为山柱。

4. 中柱

在纵向正中轴线上，同时又不在山墙之内顶着屋脊的柱为中柱。

5. 童柱

童柱下端不着地，立于梁上，作用同柱。南方建筑梁架上的童柱，则常做成上下不等截面的梭杀，如瓜状，又称瓜柱。童柱和瓜柱的区别在于童柱的柱脚多与墩斗连接，但瓜柱则不同。

6. 瓜柱

瓜柱（蜀柱、柁墩、侏儒柱、童柱、雷公柱、矮柱）是设在屋架梁之间所需要的垂直传力构件，清《工程做法则例》称这种构件为"瓜柱"，矮的为"柁墩"；宋《营造法式》称为"侏儒柱"或"蜀柱"；《营造法原》称为"童柱"或"矮柱"。瓜柱依其位置分为脊瓜柱和金瓜柱。正身部分构架名称如图 1-61 所示。

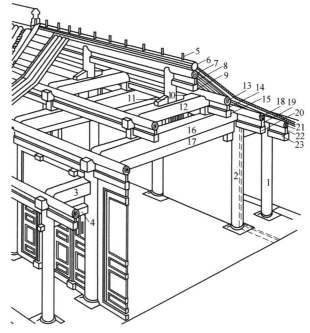

图 1-61　正身木构架

1—檐柱；2—老檐柱（金柱）；3—抱头梁；4—穿插枋；5—脊桩；6—扶脊木；7—脊檩；8—脊垫板；9—脊枋；
10—脊瓜柱；11—角背；12—三架梁；13—上金檩；14—上金垫板；15—上金枋（金枋）；16—五架梁；
17—随梁枋；18—老檐檩（下金檩）；19—老檐垫板；20—老檐枋；21—檐檩；22—檐垫板；23—檐枋

雷公柱是因推山而加长脊檩的承托构件（与瓜柱区分于推山不推山），庑殿建筑的木构架名称如图 1-62 所示。

歇山建筑木构架名称如图 1-63 所示。

7. 常见柱截面

（1）圆柱

① 直柱，即整个柱径均为圆形。

② 梭柱。在 2/3 柱长处开始逐渐向上收拢即"杀梭"，以增加美感，也符合木材生长的自然形态。

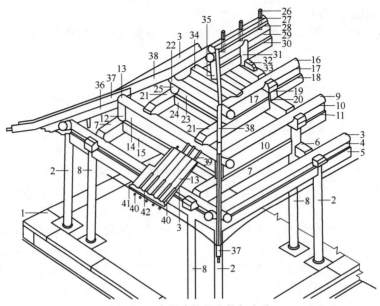

图 1-62 庑殿建筑的木构架名称

1—台基；2—檐柱；3—檐檩；4—檐垫板；5—檐枋；6—抱头梁；7—下顺扒梁；8—金柱；9—下金檩；10—下金垫板；11—下金枋；12—下交金瓜柱；13—两山下金檩；14—两山下金垫板；15—两山下金檩；16—上金檩；17—上金垫板；18—上金枋；19—柁墩；20—五架梁；21—上顺扒梁；22—两山上金檩；23—两山上金垫板；24—两山上金枋；25—上交金瓜柱；26—脊桩；27—扶脊木；28—脊檩；29—脊垫板；30—脊枋；31—脊瓜柱；32—角背；33—三架梁；34—太平梁；35—雷公柱；36—老角梁；37—仔角梁；38—由戗；39—檐椽；40—飞檐椽；41—连檐；42—瓦口

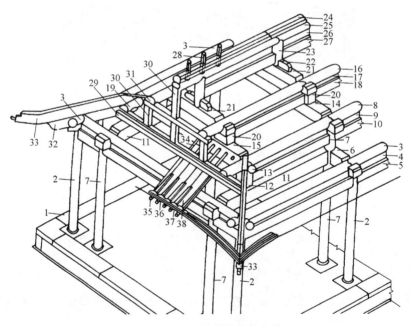

图 1-63 歇山建筑木构架名称

1—台基；2—檐柱；3—檐檩；4—檐垫板；5—檐枋；6—抱头梁；7—金柱；8—下金檩；9—下金垫板；10—下金枋；11—顺扒梁；12—交金墩；13—假桁头；14—五架梁；15—踩步金；16—上金檩；17—上金垫板；18—上金枋；19—挑山；20—柁墩；21—三架梁；22—角背；23—脊瓜柱；24—扶脊木；25—脊檩；26—脊垫板；27—脊枋；28—脊桩；29—踏脚木；30—草架柱子；31—穿梁；32—老角梁；33—仔角梁；34—檐椽；35—飞檐椽；36—连檐；37—瓦口；38—望板

③ 拼贴组合柱。

④ 空心柱和盘龙柱。

自古以来，多数柱子的截面为圆柱，既符合力学要求，又便于加工和使用。

（2）方柱

① 海棠柱。方形截面四角加工成内凹圆角深 15mm，成海棠形，既增美感又不伤游人。

② 长方柱。

③ 正方柱。

④ 空心柱。

方柱多见于唐代及其以后的建筑，如五台山南禅寺大殿柱。

（3）切角柱

① 正八角柱。

② 小八角柱。

（4）其他形式

① 梅花柱。

② 瓜楞柱。

③ 多段合柱。

④ 包镶柱。

⑤ 拼贴梭柱。

⑥ 花篮悬柱。

常见柱截面如图 1-64 所示。

(a) 包镶柱做法

(b) 拼合梁做法
1—披麻捉灰；
2—铁箍；
3—铁钉

原木　两段组合

三段组合　四段组合

瓜楞柱　贴梭柱　四拼贴梭柱

原木　拼合(一)　组合

小八角　拼合(二)　空心圆柱

空心方柱　正八角
(c) 拼合柱截面

图 1-64　常见柱截面图

（二）梁类

1. 顺梁

顺梁是指顺面阔方向的横梁。梁头下面由柱支承，并顺着正身檩子方向（即平行于面宽方向）架梁的一种方法。所架的梁称顺梁，其外端落于檐柱的柱头之上，内端则榫交承托于金柱（第二排柱）上，梁背上还可承接交金墩或瓜柱。当做歇山顶时，踩步金即安放于交金墩上（图 1-63）。

2. 趴梁

趴梁法指梁头下面不搁置在柱子上，而是趴搭在桁檩上来架梁的一种方法。所架的梁称趴梁，其外端和内端分别由桁檩和正身梁架承托，即扒扣在桁檩之上（顺梁是用在桁檩之下），它与顺梁的位置正好一正一反。

3. 架梁

架梁是以其上所架设的檩木根数（也称架）而命名，如在本梁以上有三根檩木就称为"三架梁"，有五根檩木就称为"五架梁"，如此类推，分为三架梁、五架梁、七架梁等，参看图

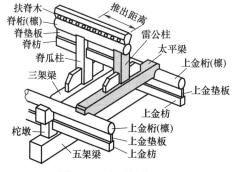
图 1-65　太平梁位置图

1-61～图 1-63。而宋式称架梁为"椽栿"，是以博木（桁檩）之间搁置椽子的空当数而命名，如在本椽栿以上有四个空当（清式五架梁）就称为"四椽栿"，分为四椽栿、六椽栿、八椽栿、十椽栿等，其中，对有三根博木的横梁不称为二椽栿，宋《营造法式》对此给予一个专门名称，称为"平梁"。南方把架梁称为"界梁"，是以两桁木之间的空当（简称"界"）而命名，分为四界梁、五界梁、六界梁等，其中对最下面的一根界梁称为"大梁"，对

有二界的横梁不称为二界梁，《营造法原》称为"山界梁"（相当于"平梁"）。

4. 太平梁

因推山而加长脊檩的承托构件，如图1-62及图1-65所示。当把庑殿木构架的脊桁（檩）向外推长一个距离后，就可使庑殿山面的坡屋顶变得更为陡峻，借以增添屋面的曲线美。太平梁与三架梁相似。

5. 抱头梁、乳栿、川

抱头梁是指梁的外端端头上承接有桁檩木（俗称抱头）的檐（廊）步横梁，它位于檐柱与金柱之间，承接檐（廊）步屋顶上檩木所传荷重的横梁。

清《工程做法则例》依其端头形式不同，分为素方抱头梁（一般简称抱头梁，用于无斗栱建筑）和桃尖梁（用于有斗栱建筑）。如果其上有多根檩木，将廊步分成多步而设置梁者，分别称为单步梁、双步梁、三步梁等。抱头梁和桃尖梁的形式参看图1-61～图1-63以及图1-66。

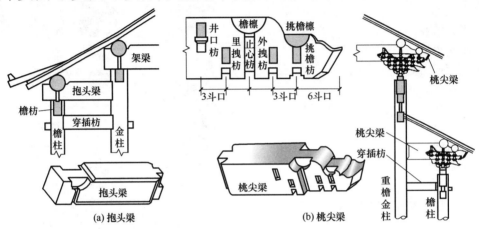

(a) 抱头梁　　　　　　(b) 桃尖梁

图1-66　抱头梁和挑尖梁

宋《营造法式》称抱头梁为乳栿、剳（zhá）牵（相当于单步梁）。《营造法原》称抱头梁为"川"，在廊步的称为"廊川"，在双步上的称为"眉川"，如图1-67所示。双步即指双步梁，"步"即指桁条间的水平投影距离。双步梁多用于前、后廊上的梁。当廊步有两个桁距时就称为双步，三个桁距时就称为三步，一般廊步上的梁最多只有三步梁，最少为一步，但不称为一步梁，而改称为"川"。"川"是指界梁以外，将廊柱与步柱穿连起来的横梁，对双步、三步梁上面的一步梁，称为"川步"。

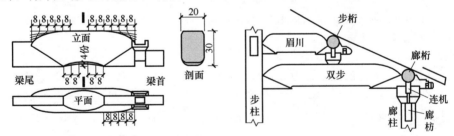

图1-67　乳栿、剳牵

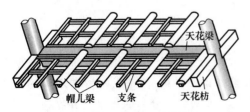

图1-68　天花梁、天花枋

6. 天花梁

天花梁是指在天花吊顶中，处于进深方向的主梁，在天棚吊顶中起到骨架作用。与天花梁垂直方向的为天花枋，如同间枋一样，其截面尺寸与间枋相同，如图1-68所示。

7. 老角梁、仔角梁

正身檐步与山面檐步屋面交角处的斜木构件

称为角梁，清制分为"老角梁"和"仔角梁"；宋制分为"大角梁"和"仔角梁"；《营造法原》分为"老戗"和"嫩戗"，如图1-69所示。

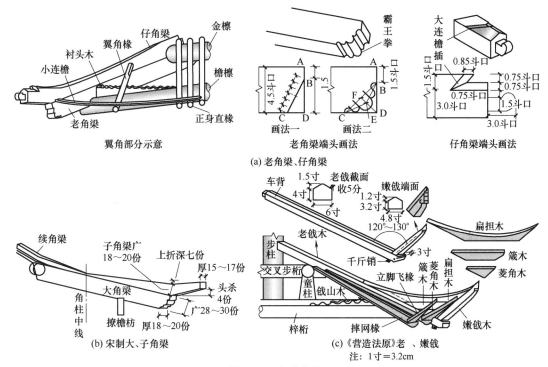

(a) 老角梁、仔角梁

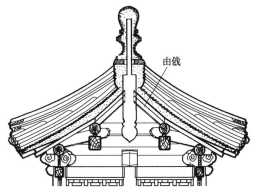

(b) 宋制大、子角梁

(c)《营造法原》老、嫩戗
注：1寸＝3.2cm

图 1-69　各式角梁

8. 由戗（隐角梁、续角梁）

角梁后面的延续，清称为"由戗"，宋称"隐角梁"或"续角梁"，《营造法原》无延续，直接布椽。由戗的截面同角梁一样，其长按每步架安装，直至脊檩，如图1-70所示。

9. 递角梁

宋称递角栿，是房屋结构中转角处的斜梁，水平放置的45°。其作用是将里外角柱连接在一起，并将屋顶荷载传递向下，其做法与正身梁架一样，只是长度不同而已。递角梁也有七架、五架、二架或六架、四架、顶梁的区分，如图1-71所示。

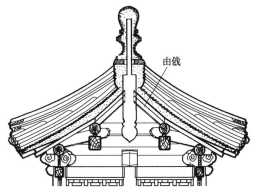

图 1-70　由戗

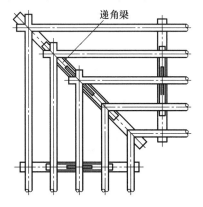

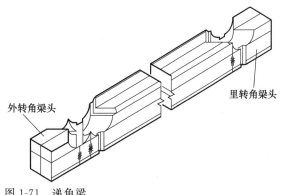

图 1-71　递角梁

10. 轩梁

轩梁是指轩步的承载弯弧形顶篷的承重梁，有圆形截面和扁形截面两种，扁形截面做法与界梁相同，如图 1-72 所示。

11. 荷包梁

荷包梁是《营造法原》用于美化并代替月梁用以承托桁条的弧面梁，梁背中间隆起如荷包形状，如图 1-72 所示，它多用于船篷轩顶和脊尖下的回顶，一般为矩形截面。

（三）枋类

1. 额枋（大额枋、小额枋、阑额、由额）

额枋是指在面阔方向连接排架檐柱的横向木，是加强柱与柱之间连系，并能承重的构件，因多在迎面大门之上，故称为"额"，为矩形截面。清制在大式建筑中称为大额枋、小额枋；宋称为阑额、由额；吴制称为廊（步）枋。为强化联系，有时两根枋叠用，上面的叫大额枋，下面的叫小额枋，如图 1-73 所示，上下间用垫板封填。《营造法原》的廊（步）枋，起连接廊柱或步柱的作用。

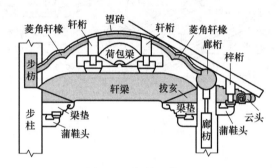

图 1-72　轩梁、荷包梁

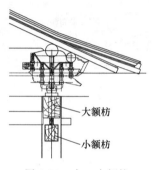

图 1-73　大、小额枋

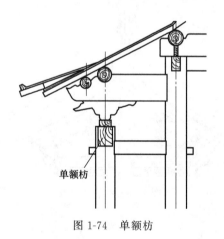

图 1-74　单额枋

2. 单额枋（阑额、廊枋）

单额枋即指檐枋，因为在清制无斗拱建筑中，它是檐柱之间的唯一联系枋木，所以称为"单额"，以便与大额枋相区别，宋为阑额，吴为廊枋，如图 1-74 所示。

3. 平板枋（斗盘枋、普柏枋）

平板枋位于额枋之上，是承托斗拱之横梁，其下为额枋，相互间用暗销连接。平板枋为清制称呼，《营造法原》称斗盘枋，宋《营造法式》一般以阑额兼用，但在楼房平座中宋采用"普柏枋"，是专门用来承托斗拱的厚平板木，如图 1-75 所示。在板上置木销与斗拱连接，在板下凿销孔与枋木连接。

4. 棋枋

棋枋是清制重檐建筑中金柱轴线上设有门窗时，于门窗框之上所设的辅助枋木，它是为固定门窗框而设的根基木，如图 1-76（a）所示。

5. 围脊枋

围脊枋是指重檐建筑中上下层交界处，遮挡下层屋面围脊的枋木，截面规格与承椽枋同，如图 1-76（a）所示。

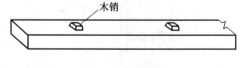

图 1-75　平板枋

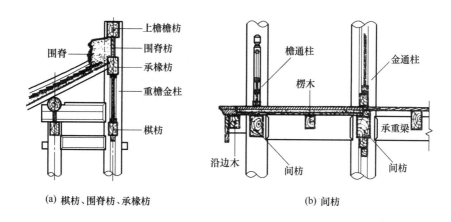

(a) 棋枋、围脊枋、承椽枋　　　　　　　(b) 间枋

图 1-76　棋枋、围脊枋、承椽枋、间枋

6. 间枋

间枋是指楼房建筑中，每个开间的面宽方向，连接柱与柱并承接楼板的枋木，如图 1-76（b）所示。由于在进深方向的柱子之间有"承重"作为承接楼板荷重的主梁，所以面宽方向柱子之间的间枋，可算是作为承重梁上的"次梁"。

7. 承椽枋

承椽枋是指重檐建筑中上下层交界处，承托下层檐椽后端的枋木，在枋木外侧，安装椽子位置处剔凿有椽窝，如图 1-76（a）及图 1-77 所示。

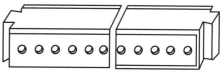

图 1-77　承椽枋轴测图

8. 天花枋

天花枋是指有天花棚顶建筑中作为天棚次梁的枋木，与进深方向的主梁天花梁垂直搁置，将荷载传给天花梁，如图 1-78 所示。

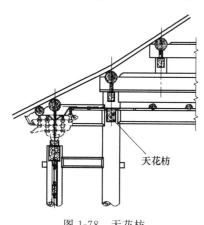

图 1-78　天花枋

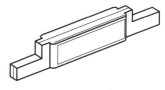

图 1-79　穿插枋

9. 随梁枋（跨空枋、顺栿串）

随梁枋是指顺横梁方向的枋木。它是为保证木构架的整体安全稳定性，设在受力梁下面，将柱串联起来的构造性横枋。

10. 穿插枋（夹底）

穿插枋是设在抱头（或桃尖）梁下面，将檐（廊）柱和金（步柱）柱串联起来，保证抱头梁的稳固安全，如图 1-79 所示。《营造法原》称为"夹底"，是指加强双步或三步梁的横向拉结木，用于廊步安置在双步梁或三步梁之下。《营造法式》不设此构件。

（四）桁（檩、槫）类

1. 桁（檩）

桁（檩）（图1-80）是搁置在屋架梁的两端，起到承托屋面木基层的作用，并将其荷重传递给梁柱的构件。宋称"槫"，清大式称"桁"，小式称"檩"，《营造法原》通称"桁"。依不同位置分别称为：挑檐桁（宋称牛脊槫，吴称为梓桁）；檐檩（桁）（宋称下平槫）；金檩（桁）（宋称上、中平槫）；脊檩（桁、槫）等。

2. 桁（檩）三件

为加强各个木排架之间的纵向整体稳定性，清制构件在桁（檩）木之下，设有垫板和枋木，因为这三件总是连在一起制作安装，清制简称为"桁（檩）三件"，如图1-80（a）所示。在宋制木构架未设置此三连做法，而它是在各根槫木下，采用替木和斗栱作独立支撑。在《营造法原》中只在桁木下设置"机"木。

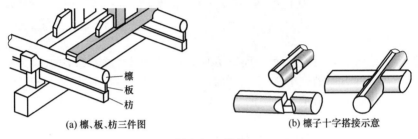

(a) 檩、板、枋三件图　　　　　　　(b) 檩子十字搭接示意

图 1-80　檩条

3. 梁与枋的定义与区别

一般来说，顺面阔方向的横向构件应称为额或枋，主要起联系各排架柱的连接作用，很少起承重梁的作用，故一般不称为梁。而顺梁，虽也是顺面阔方向，但它起承重作用，为了与额、枋相区别，故称它为顺梁。踏脚木和踩步金是山面的承重构件，它们的荷载都传递到顺梁上，再由顺梁传递到柱上。

（五）门、窗类

1. 实榻门

将门板的外面做成光平无缝无线脚，犹如镜面，背后打眼穿销或横向钉起。实塌门是各种板门中型制最高、体量最大、防卫性最强的大门，专门用于宫殿、坛庙、府邸及城垣建筑，如图1-81所示。

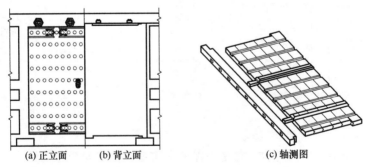

(a) 正立面　　(b) 背立面　　　　　　(c) 轴测图

图 1-81　实榻门

2. 攒边门

攒边门又称棋盘板门，是用于一般府邸民宅的大门，四边用较厚的边抹攒起外框，门心装薄板穿带，故称攒边门。该门从外观看呈棋盘状而又得名棋盘门，如图1-82所示。

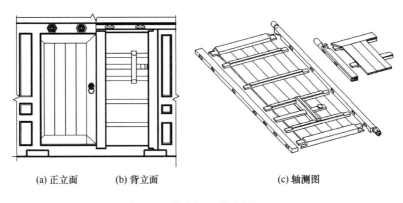

(a) 正立面　　　　(b) 背立面　　　　　　　(c) 轴测图

图 1-82　攒边门（棋盘门）

3. 撒带门

撒带门是街门的一种，常用作木场、作坊等一类买卖厂家的街门。在北方农舍中，也常用它作居室屋门，如图 1-83 所示。

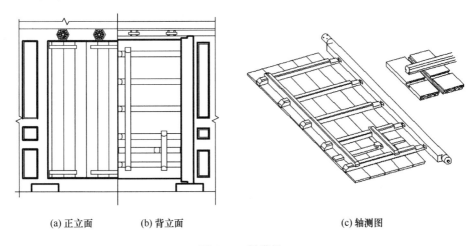

(a) 正立面　　　　(b) 背立面　　　　　　　(c) 轴测图

图 1-83　撒带门

4. 屏门

屏门是一种用较薄的木板拼攒的镜面板门，因其类似屏风而得名，即在整个格门框架上用小板钉上，表面光平如镜，它的作用主要是遮挡视线、分隔空间，多用于垂花门的后檐柱、间或院子内隔墙的随墙门上，园林中常见的月洞门、瓶子门、八角门、室外屏风上也常安装这种屏门。有的正面作镜面而背面作格门式则为讲究的屏门。屏门多为四扇一组，由于门扇体量较小，一般没有门边，门轴，凭鹅项、碰铁等铁件做开关启合的枢纽。门涂刷绿色油饰，上面常书刻"吉祥如意""四季平安""福寿绵长"一类吉辞，如图 1-84 所示。

5. 隔扇（长窗）

隔扇在宋代称为格子门或格门，是安装于建筑物金柱或檐柱间，为可脱卸之门，用于分隔室内外的一种装修。此门分成上下两段。上段叫格心，隔扇心是安装于外框上部的仔屉，通常有菱花和棂条花心两种；下段用木板镶起叫裙板，裙板与格心之比，宋式为 1∶2，清式为 4∶6，实际上也不严格规定。当全部用格心而不用裙板的整个隔扇称为"落地明造"，玲珑剔透、美不胜收。但结构不大牢固，故尺寸不宜做大。隔扇的样式根据其尺寸大小，受力情况又分为六抹、五抹、四抹、二抹（落地明造），如图 1-85 所示。

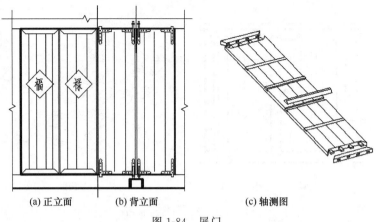

| (a) 正立面 | (b) 背立面 | (c) 轴测图 |

图 1-84 屏门

| (a) 三交六椀六抹隔扇 | (b) 五抹隔扇 | (c) 四抹隔扇 | (d) 二抹隔扇(落地明造) |

图 1-85 隔扇

6. 风门

风门是专门用于住宅居室的单扇格子门,安装在明间隔扇外侧的帘架内,如图 1-86 所示。

7. 隔扇隔断

隔扇隔断又称碧纱橱(图 1-87),可移动,以视需要灵活调整房屋的平面布置。这是中国传统建筑装修的一大特色。

8. 窗类

由于中国建筑特点是木构框架,窗和门都不承重,其大小和形式都可自由设计安排,不受力学上的制约,窗门形式尺寸也就更五花八门了。图 1-88 所示为格栅窗。

9. 窗花式样

各类门窗的花格式样又可加以变化，参照图 1-89 所示。

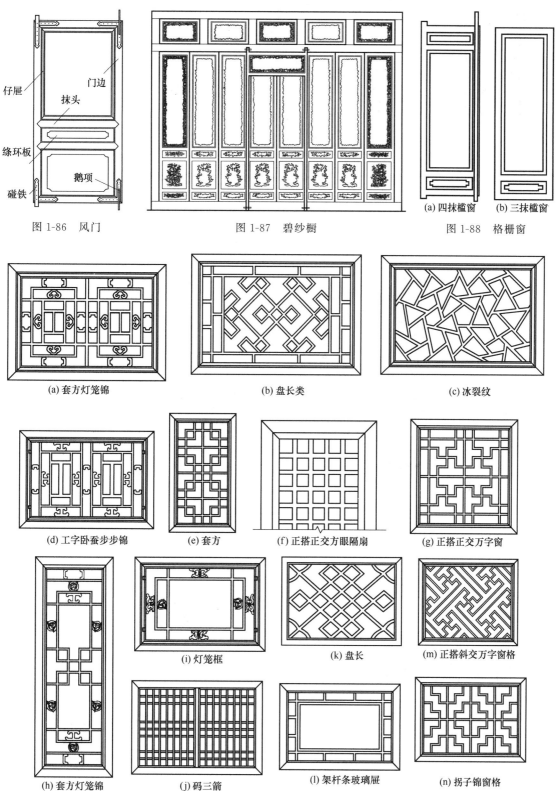

图 1-86 风门

图 1-87 碧纱橱

(a) 四抹槛窗   (b) 三抹槛窗

图 1-88 格栅窗

(a) 套方灯笼锦

(b) 盘长类

(c) 冰裂纹

(d) 工字卧蚕步步锦

(e) 套方

(f) 正搭正交方眼隔扇

(g) 正搭正交万字窗

(h) 套方灯笼锦

(i) 灯笼框

(j) 码三箭

(k) 盘长

(l) 架杆条玻璃屉

(m) 正搭斜交万字窗格

(n) 拐子锦窗格

图 1-89

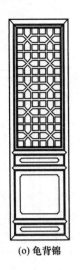

(o) 龟背锦

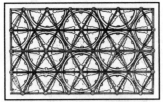

(p) 三交六椀带毯纹菱花

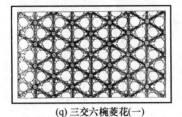

(q) 三交六椀菱花(一)

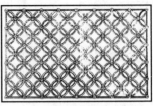

(r) 白毯纹菱花

(s) 三交六椀菱花(二)

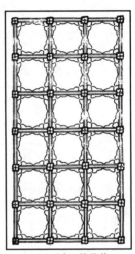

(t) 正交四椀菱花

图 1-89　各式窗花

（六）斗栱

（1）大斗　最下层的斗状方形托座，由栌演变而来。

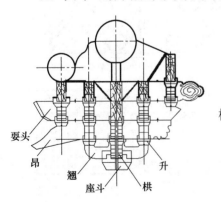

图 1-90　斗栱

（2）斗　立方块上井十字口，位于昂与翘之间。

（3）栱　形状略呈弓形的横向构件，与枋平行。

（4）翘　大斗上面的纵向构件，与枋垂直。

（5）耍头　放于昂上面的头部呈蚂蚱头似的纵向构件。

（6）昂　位于翘的上面，头部向斜前方下垂的纵向构件。

（7）升　立块上仅开横向口，位于栱头之端部。

斗栱各组成要件见图 1-90。

（七）其他类

1. 雀替

放在柱顶作为柱头与梁枋之间如牛腿式的支撑，并向左右两边有较大的伸延，其长为面阔的1/4，高度与檐枋相同，厚度为柱径的3/10，再在其上画上华丽的彩画，如图1-91所示。

图 1-91　雀替

2. 骑马雀替

柱间间距较小，以致两端的雀替碰接在一起，多见于垂花门上，可将其处理成一整片的人字形变截面装饰板。

3. 花牙子

模仿雀替形状的一种通花装饰，如同中断的挂落，设计随意，如图1-92所示。

4. 挂落

挂落是额枋下的一种构件，常用镂空的木格或雕花板做成，也可由细小的木条搭接而成，用作装饰和划分室内空间，如图1-93所示。挂落在建筑中常为装饰的重点，常做透雕或彩绘。在建筑外廊中，挂落与栏杆从外立面上看是位于同一层面，并且纹样相近，有着上下呼应的装饰作用。而自建筑中向外观望，则在屋檐、地面和廊柱组成的景物图框中，挂落有如装饰花边，使图画空阔的上部产生了变化，出现了层次，具有很强的装饰效果。

图 1-92　花牙子

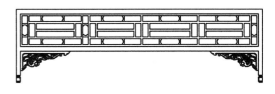

图 1-93　挂落

5. 檩垫板

檩垫板是清式建筑中填补檩木与枋木之间空隙的木板，起装饰作用。檩垫板依其位置分为檐垫板、金垫板、脊垫板等。

6. 檩枋木（机）

檩枋木（机）是建筑中连接檩（桁）木下，瓜柱与瓜柱之间的联系木，《营造法原》称为"机"。依檩（桁）位置分为檐枋（连机）、金枋（金机）和脊枋（脊机），其为矩形截面。

7. 角云（花梁头、捧梁云）

它是清制亭子建筑用于转角部位的柱顶上承托两个方向横梁交叉搭接或桁檩交叉搭接的垫木，一般在该垫木外侧雕刻有云状花纹，所以称为角云，如图1-94所示。

图 1-94　角云

8. 檐椽

椽子在檐（廊）步距上的称为檐椽。

9. 脊椽（脑椽、头停椽）

在脊步步距上的在宋朝称为脊椽，清朝称为脑椽，《营造法原》称为头停椽。

10. 花架椽（直椽）

在屋顶正身部分的椽子，搁置在檩桁（槫）木上用来承托望板（或望砖）的条木，在庑殿建筑中多为圆形截面，《营造法原》也有用半圆截面的。为简单起见，除檐椽和脊椽之外都简称为直椽。

11. 翼角椽（转角椽、摔网椽）

从起翘点至角梁部分的椽子，清制称为翼角椽，宋称为转角椽，《营造法原》称为摔网椽。

12. 飞椽（飞子）

飞椽（飞子）是铺钉在檐口望板（或檐椽）上增加屋檐冲出和起翘的檐口正身椽子，与下面的檐椽成双配对，多为方形截面，也有圆形截面的。清与《营造法原》称为飞椽，宋《营造法式》称为飞子。

13. 翘飞椽（转角飞子、立脚飞椽）

从起翘点至角梁部分的异角部分飞椽，清称为翘飞椽，宋称为转角飞子，吴称为立脚飞椽。

屋面部分构件关系如图 1-95 所示。

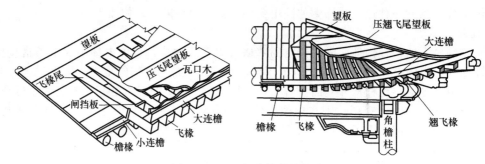

图 1-95　屋面部分构件关系图

14. 衬头木（戗山木）

衬头木是指装钉在檐檩上，承托翼角椽使其上翘的垫枕木，呈锯齿三角形，《营造法原》称为"戗山木"，如图 1-96 所示。

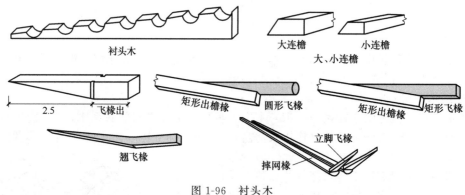

图 1-96　衬头木

15. 大小连檐（飞魁、遮檐板）

大连檐是用来连接固定飞椽端头的木条，为梯形截面。宋《营造法式》称大连檐为"飞魁"，《营造法原》以遮檐板代替大连檐，钉在飞椽端头用以遮盖。

16. 小连檐

小连檐是固定檐椽端头的木条，为扁形截面。《营造法原》用里口木代替小连檐。

17. 椽椀板

椽椀板是用于固定檐椽的卡固板，它是用一块木板按椽径大小和椽子间距，挖凿出若干椀洞而成，如图 1-97（a）所示，将它钉在檐桁檩上，让檐椽穿洞而过。根据椽子截面形式分为圆椽椽椀、方椽椽椀。其多用在高规格建筑上，一般建筑可以不用。

18. 隔椽板

隔椽板是用于固定除檐椽之外（上行步架）的其他直椽的卡固板，其作用与椽椀板相同，但不用长板、条板挖凿椽椀，只用简易板块代替椽椀板，在每个椽子空隙置一块。

19. 闸挡板

闸挡板是清制堵塞檐口飞椽之间空隙的挡板。因为飞椽钉在直椽的望板上，而在飞椽之上还钉有一层"压飞望板"，在这两层望板之间的空隙，雀鸟很容易进入做巢，因此用闸挡板加以堵塞，可以阻止雀鸟钻入。

20. 里口木

里口木是《营造法原》填补飞椽之间空隙的牙齿形填补板，如图 1-97（b）所示。其凹槽是嵌飞椽，钉在檐椽或望板之上。

21. 瓦口板

瓦口板是钉在大连檐上用来承托檐口瓦的木件，是按屋面瓦的弧形做成波浪形木板条，如图 1-97（c）所示。

(a) 椽椀板　　　　　　　　(b) 里口木　　　　　　　　(c) 瓦口板

图 1-97　零星构件

22. 菱角木、扁担木和箴木

菱角木、扁担木和箴木是《营造法原》老、嫩戗夹角之间用于戗角加固的构件，是填补其交角的拉扯木，如图 1-98（a）所示。其中将扁担木和箴木合称为龙径木。

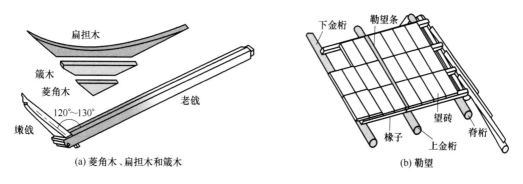

(a) 菱角木、扁担木和箴木　　　　　　　　(b) 勒望

图 1-98　翼角部分构件

23. 硬木千斤销

即指硬木木销，它是用于老、嫩戗连接处，由老戗端头底下穿入，用于固定嫩戗的木销子，一般用比较结实的硬杂木制作，故称为硬木千斤销。

24. 眠檐勒望

勒望［图 1-98（b）］是《营造法原》中所指的横勒拦望条，因为《营造法原》屋顶木基层一般是在椽子上铺筑望砖来代替木望板，为了防止望砖下滑，采用由脊至檐口按每一界深距离在椽子上横钉一木条，最檐口一条称为"眠檐勒望"。

25. 踏脚木

踏脚木是承托几根草架柱的横向受力构件，在其背上做有卯口，以便栽立草架柱榫；底皮为斜面，压在山面檐椽上。

26. 草架柱

草架柱是支承歇山部分檩木的支柱，每个檩木一根，在柱顶凿剔梳槽，以承接脊檩和上金檩，柱脚做榫插入踏脚木卯口内。

27. 横穿

横穿是连接并稳定草架柱的横撑。

山面构件如图 1-99 所示。

28. 山花板

在歇山屋顶的两端，前后博风所夹的三角形空间，由草架柱、横穿、踏脚木等形成歇山山面的骨架，用以封堵屋架的木板构件称为山花板（图 1-100），在山花板上雕刻花纹或绘彩画称为山花。明代歇山一般用砖砌山花，有的博风用砖砌或做琉璃博风。清代歇山山花成为屋顶上的主要装饰部位，不做悬鱼、惹草，在博风板檩子的部位钉梅花钉，有的做贴金装饰，在重要的歇山宫殿上做沥粉山花绶带贴金花饰更显其尊贵。

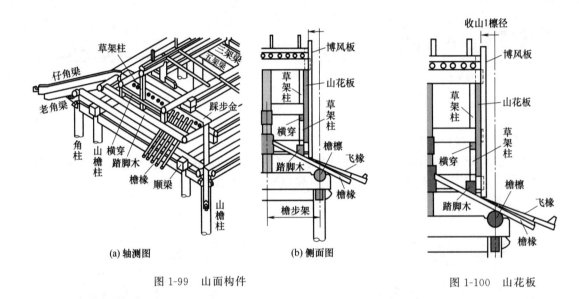

(a) 轴测图　　　　　　(b) 侧面图

图 1-99　山面构件　　　　　　　图 1-100　山花板

29. 踩步金

踩步金（图 1-101）是相当于三架梁之下五架梁的木构件，但它的作用又较五架梁多一项功能，即起搭承山面檐椽的檩木作用。因此，在它的外侧面剔凿有若干个承接山面檐椽的椽窝。因一木两用，故特取名为"踩步金"。

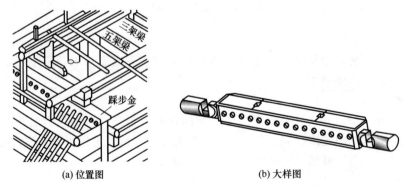

(a) 位置图　　　　　　(b) 大样图

图 1-101　踩步金

30. 悬鱼、惹草

早期的歇山屋顶仅有博风板不做山花板，是透空的，在博风板中间安装悬鱼，沿着檩的位置安装惹草，如图1-102所示。

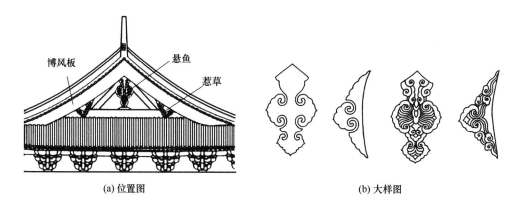

(a) 位置图　　　　　　　　　　　　　(b) 大样图

图1-102　悬鱼、惹草

31. 蒲鞋头

蒲鞋头（图1-103）即为半个栱件，是指在柱梁接头处，由柱端伸出的丁字栱，在轩中用得较多。

32. 山雾云

山雾云（图1-104）是指屋架山尖部分置于山界梁上的装饰板。这种装饰一般用于比较豪华的大厅房屋，它的脊桁是由坐在山界梁上一斗六升栱作为支撑，然后用三角形的木板斜插在坐斗上，在该板的观赏面雕刻流云飞鹤等图案。

33. 抱梁云

抱梁云（图1-104）是山雾云的陪衬装饰板，其长、宽、高都约小于山雾云的1/2，它与山雾云同向，斜插在一斗六升的最上面一个升口中，板上雕刻有行云图案，陪衬山雾云的立体感。

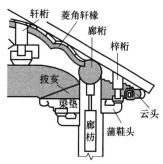

图1-103　蒲鞋头

34. 棹木

棹木（图1-104）是大梁两端梁头底部的装饰木板，斜插在蒲鞋头（即丁字栱）的升口上，好像丁字栱的两翼。

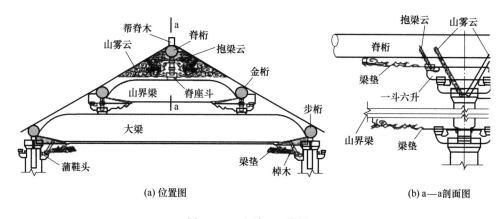

(a) 位置图　　　　　　　　　　　　　(b) a—a剖面图

图1-104　山雾云、抱梁云

第四节　建筑设计制图标准

图纸是工程师的"语言"。有了图纸，工地管理人员就可以根据图纸要求进行现场施工组织，合理安排工序及其施工方法；有了图纸，就可以根据图纸内容把虚拟的构思变为现实。相反，没有图纸，完成工程建设任务就是一句空话。不论是古建筑还是一般建筑的建设，都要从制图开始。古建筑制图也和一般工业与民用建筑制图的方法基本一致，《房屋建筑制图统一标准》（GB 50001—2010）也适用于古建筑制图，只是有些地方的习惯做法有所不同，后面会有所介绍。

一、建筑工程图的分类

一套完整的建筑工程图除了图纸目录、设计总说明等外，应包括以下图纸。

（一）建筑施工图（简称建施图）

建筑施工图只要表明建筑物的外部形状、内部布置、装饰、构造、施工要求等。它包括首页图，建筑总平面图，建筑平面图、立面图、剖面图和建筑详图（楼梯、墙身、门窗详图，节点大样图）。

（二）结构施工图（简称结施图）

结构施工图只要表明建筑物的承重结构构件的布置和构造情况。它包括基础结构图、楼（屋）盖结构图、构件详图等。

（三）设备施工图（简称设施图）

设备施工图包括给、排水施工图，电气照明（设备）施工图等。一般都由平面图、系统图和详图等组成。

一套完整的建筑工程图按图纸目录、设计总说明、建施图、结施图、设施图的顺序编排。一般是全局性图纸在前，表明局部的图纸在后；先施工的在前，后施工的在后；重要的在前，次要的在后。

二、房屋建筑制图国家标准

为了确保图面质量，提高制图和识图的效率，在绘制施工图时，必须严格遵守国家标准中的有关规定。我国现行的建筑制图国家标准是《房屋建筑制图统一标准》（GB 50001—2010），现摘选说明建筑制图中的部分规定和表示方法。

（一）图线

① 图线的宽度 b，宜从 1.4mm、1.0mm、0.7mm、0.5mm、0.35mm、0.25mm、0.18mm、0.13mm 线宽系列中选取。图线宽度不应小于 0.1mm。每个图样应根据复杂程度与比例大小，先选定基本线宽 b，再选用表 1-1 中相应的线宽组。

表 1-1　线宽组　　　　　　　　　　　　　　　　　　单位：mm

线宽比	线宽组			
b	1.4	1.0	0.7	0.5
$0.7b$	1.0	0.7	0.5	0.35
$0.5b$	0.7	0.5	0.35	0.25
$0.25b$	0.35	0.25	0.18	0.13

注：1. 需要缩微的图纸，不宜采用 0.18mm 及更细的线宽。

2. 同一张图纸内，各不同线宽中的细线，可统一采用较细的线宽组的细线。

② 工程建设制图应选用表 1-2 所示的图线。

表 1-2　图线

名称		线型	线宽	一般用途
实线	粗		b	主要可见轮廓线
	中粗		$0.7b$	可见轮廓线
	中		$0.5b$	可见轮廓线、尺寸线、变更云线
	细		$0.25b$	图例填充线、家具线
虚线	粗		b	见各有关专业制图标准
	中粗		$0.7b$	不可见轮廓线
	中		$0.5b$	不可见轮廓线、图例线
	细		$0.25b$	图例填充线、家具线
单点长划线	粗		b	见各有关专业制图标准
	中		$0.5b$	见各有关专业制图标准
	细		$0.25b$	中心线、对称线、轴线等
双点长划线	粗		b	见各有关专业制图标准
	中		$0.5b$	见各有关专业制图标准
	细		$0.25b$	假想轮廓线、成形前原始轮廓线

③ 同一张图纸内，相同比例的各图样，应选用相同的线宽组。

④ 图纸的图框和标题栏线，可采用表 1-3 的线宽。

表 1-3　图框和标题栏线的宽度　　　　　　　　　　　　　　　　单位：mm

幅面代号	图框线	标题栏外框线	标题栏分格线
A0、A1	b	$0.5b$	$0.25b$
A2、A3、A4	b	$0.7b$	$0.35b$

⑤ 相互平行的图例线，其净间隙或线中间隙不宜小于 0.2mm。

⑥ 虚线、单点长划线或双点长划线的线段长度和间隔，宜各自相等。

⑦ 单点长划线或双点长划线，当在较小图形中绘制有困难时，可用实线代替。

⑧ 单点长划线或双点长划线的两端，不应是点。点划线与点划线交接点或点划线与其他图线交接时，应是线段交接。

⑨ 虚线与虚线交接或虚线与其他图线交接时，应是线段交接。虚线为实线的延长线时，不得与实线相接。

⑩ 图线不得与文字、数字或符号重叠、混淆，不可避免时，应首先保证文字的清晰。

（二）景观园林中常用的图形线

根据图纸内容及其复杂程度要选用合适的线型及线宽来区分图纸内容的主次。为统一整套图纸的风格，对图中所使用的线宽及线型作出规定参见表 1-4。

1. 线宽

一般线宽应按如下要求采用：特粗线为 0.70mm；粗线为 0.50mm；中线为 0.25mm；细线为 0.18mm。

2. 常用线型及用途

常用线型及用途见表 1-4。

表 1-4　常用线型及用途

名称	线型	线宽/mm	用途
特粗实线	——————	0.70	建筑剖面、立面中的地坪线,大比例断面图中的剖切线
粗实线	——————	0.50	平、剖面图中被剖切的主要建筑构造(包括构配件)的轮廓线 建筑立面图的外轮廓线 构配件详图中的构配件轮廓线
中实线	——————	0.25	平、剖面图中被剖切到的次要建筑构造(包括构配件)的轮廓线 建筑平立剖面图中建筑构配件的轮廓线 构造详图中被剖切的主要部分的轮廓线 植物外轮廓线
细实线	——————	0.18	图中应小于中实线的图形线、尺寸线、尺寸界线、图例线、索引符号、标高符号
中虚线	- - - - - - -	0.25	建筑构造及建筑构配件不可见的轮廓线
细虚线	- - - - - - -	0.18	图例线,应小于中虚线的不可见轮廓线
点划线	—·—·—·—	0.18	中心线、对称线
折断线	—⌇—	0.18	断开界线
波浪线	∿∿	0.18	断开界线

3. 图纸幅面

国家标准工程图图纸幅面及图框尺寸见表 1-5。

表 1-5　图纸幅面及图框尺寸　　　　　　　　　　　　单位:mm

幅面代号 尺寸代号	A0	A1	A2	A3	A4
$B \times L$	841×1189	594×841	420×594	297×420	210×297
C	10			5	
A	25				

注:加长图幅为标准图框根据图纸内容需要在长向(L 边)加长 $L/4$ 的整数倍,A4 图一般无加长图幅。现有 A3～A0 幅面的标准图框及加长图框,可直接调用。

考虑到施工过程中翻阅图纸的方便,除总图部分采用 A2～A0 图幅(视图纸内容需要,同套图纸统一)外,其他详图图纸采用 A3 图幅。根据图纸量可分册装订。

(三)图纸标题栏

图纸标题栏简称图标。

1. 图标包括的内容

(1)公司名称　为中文公司名称。

(2)业主、工程名称　填写业主名称和工程名称。

(3)图纸签发参考　填写图纸签发的序号、说明、日期。

(4)版权　中英文注明的版式归属权。

(5)设计阶段　填写本套图所处的设计阶段。

(6)签名区　签名区包括如下内容。

① 设计人。由项目设计人签字。

② 复核人。由本张图的设计者签字。

③ 项目负责人。由本张图的绘制者签字。

④ 室主任。由本张图纸的校对者签字。

⑤ 审核人。由本张图的审核者签字。

⑥ 院长（经理）。由本院院长签字。

2. 标准图标示例

标准图标示例见图 1-105。

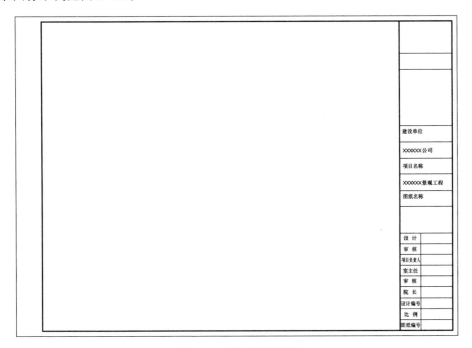

建设单位

XXXXXX公司

项目名称

XXXXXX景观工程

图纸名称

设 计
审 核
项目负责人
室主任
审 核
院 长
设计编号
比 例
图纸编号

图 1-105　标准图标示例

（四）字体

① 图纸上所需书写的文字、数字或符号等，均应笔画清晰、字体端正、排列整齐；标点符号应清楚正确。

② 文字的字高应从表 1-6 中选用。字高大于 10mm 的文字宜采用 TRUETYPE 字体，如需书写更大的字，其高度应按 $\sqrt{2}$ 的倍数递增。

表 1-6　文字的字高　　　　　　　　　　　　　　单位：mm

字体种类	中文矢量字体	TRUETYPE 字体及非中文矢量字体
字高	3.5、5、7、10、14、20	3、4、6、8、10、14、20

③ 图样及说明中的汉字，宜采用长仿宋体（矢量字体）或黑体，同一图纸字体种类不应超过两种。长仿宋体的宽度与高度的关系应符合表 1-7 的规定，黑体字的宽度与高度应相同。大标题、图册封面、地形图等的汉字，也可书写成其他字体，但应易于辨认。

表 1-7　长仿宋字高宽关系　　　　　　　　　　　单位：mm

字高	20	14	10	7	5	3.5
字宽	14	10	7	5	3.5	2.5

④ 汉字的简化字书写应符合国家有关汉字简化方案的规定。

⑤ 图样及说明中的拉丁字母、阿拉伯数字与罗马数字，宜采用单线简体或 ROMAN 字体。拉丁字母、阿拉伯数字与罗马数字的书写规则，应符合表 1-8 的规定。

表 1-8 拉丁字母、阿拉伯数字与罗马数字的书写规则

书写格式	字体	窄字体
大写字母高度	h	h
小写字母高度(上下均无延伸)	$7/10h$	$10/14h$
小写字母伸出的头部或尾部	$3/10h$	$4/14h$
笔画宽度	$1/10h$	$1/14h$
字母间距	$2/10h$	$2/14h$
上下行基准线的最小间距	$15/10h$	$21/14h$
词间距	$6/10h$	$6/14h$

⑥ 拉丁字母、阿拉伯数字与罗马数字,如需写成斜体字,其斜度应是从字的底线逆时针向上倾斜 75°。斜体字的高度和宽度应与相应的直体字相等。

⑦ 拉丁字母、阿拉伯数字与罗马数字的字高,不应小于 2.5mm。

⑧ 数量的数值注写,应采用正体阿拉伯数字。各种计量单位凡前面有量值的,均应采用国家颁布的单位符号注写。单位符号应采用正体字母。

⑨ 分数、百分数和比例数的注写,应采用阿拉伯数字和数学符号。

⑩ 当注写的数字小于 1 时,应写出个位的 "0",小数点应采用圆点,齐基准线书写。

⑪ 长仿宋汉字、拉丁字母、阿拉伯数字与罗马数字示例应符合国家现行标准《技术制图——字体》(GB/T 14691—1993) 的有关规定。

(五) 比例

① 图样的比例,应为图形与实物相对应的线性尺寸之比。

② 比例的符号为 ":",比例应以阿拉伯数字表示。

③ 比例宜注写在图名的右侧,字的基准线应取平;比例的字高宜比图名的字高小一号或两号 (图 1-106)。

平面图 1:100 ⑥ 1:20

图 1-106 比例的注写

④ 绘图所用的比例应根据图样的用途与被绘对象的复杂程度,从表 1-9 中选用,并应优先采用表中常用比例。

表 1-9 绘图所用的比例

常用比例	1:1、1:2、1:5、1:10、1:20、1:30、1:50、1:100、1:150、1:200、1:500、1:1000、1:2000
可用比例	1:3、1:4、1:6、1:15、1:25、1:40、1:60、1:80、1:250、1:300、1:400、1:600、1:5000、1:10000、1:20000、1:50000、1:100000、1:200000

⑤ 一般情况下,一个图样应选用一种比例。根据专业制图需要,同一图样可选用两种比例。

⑥ 特殊情况下也可自选比例,这时除应注出绘图比例外,还必须在适当位置绘制出相应的比例尺。

(六) 符号

1. 剖切符号

(1) 剖视的剖切符号 剖视的剖切符号应由剖切位置线及剖视方向线组成,均应以粗实线绘制。剖视的剖切符号应符合以下规定。

① 剖切位置线的长度宜为 6~10mm;剖视方向线应垂直于剖切位置线,长度应短于剖切位置线,宜为 4~6mm [图 1-107 (a)],也可采用国际统一和常用的剖视方法,如图 1-107 (b) 所示。绘制时,剖视剖切符号不应与其他图线相接触。

② 剖视剖切符号的编号宜采用粗阿拉伯数字,按剖切顺序由左至右、由下向上连续编排,并应注写在剖视方向线的端部。

③ 需要转折的剖切位置线,应在转角的外侧加注与该符号相同的编号。

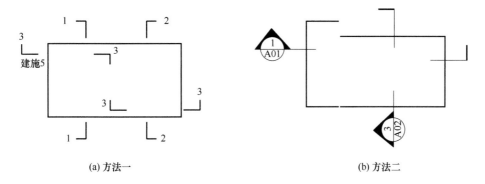

(a) 方法一 (b) 方法二

图 1-107 剖切位置线的表示方法

④ 建（构）筑物剖面图的剖切符号应注在±0.000标高的平面图或首层平面图上。

⑤ 局部剖面图（不含首层）的剖切符号应注在包含剖切部位的最下面一层的平面图上。

（2）断面的剖切符号应符合的规定

① 断面的剖切符号应只用剖切位置线表示，并应以粗实线绘制，长度宜为6～10mm。

② 断面剖切符号的编号宜采用阿拉伯数字，按顺序连续编排，并应注写在剖切位置线的一侧；编号所在的一侧应为该断面的剖视方向（图1-108）。

③ 剖面图或断面图如与被剖切图样不在同一张图内，应在剖切位置线的另一侧注明其所在图纸的编号，也可以在图上集中说明。

2. 索引符号与详图符号

① 图样中的某一局部或构件，如需另见详图，应以索引符号索引［图1-109（a）］。索引符号是由直径为8～10mm的圆和水平直径组成，圆及水平直径应以细实线绘制。索引符号应按下列规定编写。

图 1-108 断面剖切符号的位置

a. 索引出的详图如与被索引的详图同在一张图纸内，应在索引符号的上半圆中用阿拉伯数字注明该详图的编号，并在下半圆中间画一段水平细实线［图1-109（b）］。

b. 索引出的详图如与被索引的详图不在同一张图纸内，应在索引符号的上半圆中用阿拉伯数字注明该详图的编号，在索引符号的下半圆用阿拉伯数字注明该详图所在图纸的编号［图1-109（c）］。数字较多时，可加文字标注。

c. 索引出的详图如采用标准图，应在索引符号水平直径的延长线上加注该标准图册的编号［图1-109（d）］。需要标注比例时，文字在索引符号右侧或延长线下方，与符号下对齐。

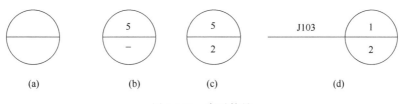

(a) (b) (c) (d)

图 1-109 索引符号

② 索引符号如用于索引剖视详图，应在被剖切的部位绘制剖切位置线，并以引出线引出索引符号，引出线所在的一侧应为剖视方向。索引符号的编写同索引符号与详图符号的规定（图1-110）。

③ 零件、钢筋、杆件、设备等的编号直径宜以5～6mm的细实线圆表示，同一图样应保

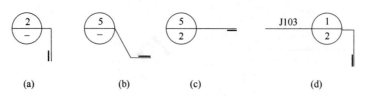

图 1-110　用于索引剖面详图的索引符号

持一致，其编号应用阿拉伯数字按顺序编写（图 1-111）。消火栓、配电箱、管井等的索引符号，直径宜以 4～6mm 为宜。

④ 详图的位置和编号应以详图符号表示。详图符号的圆应以直径为 14mm 粗实线绘制。详图应按下列规定编号。

a. 详图与被索引的图样同在一张图纸内时，应在详图符号内用阿拉伯数字注明详图的编号［图 1-112（a)］。

b. 详图与被索引的图样不在同一张图纸内时，应用细实线在详图符号内画一水平直径，在上半圆中注明详图编号，在下半圆中注明被索引的图纸的编号［图 1-112（b)］。

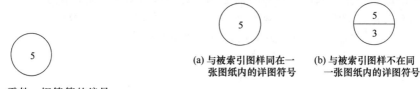

图 1-111　零件、钢筋等的编号

(a) 与被索引图样同在一张图纸内的详图符号　(b) 与被索引图样不在同一张图纸内的详图符号

图 1-112　详图与被索引图样的表示

3. 引出线

① 引出线应以细实线绘制，宜采用水平方向的直线，与水平方向成 30°、45°、60°、90°的直线，或经上述角度再折为水平线。文字说明宜注写在水平线的上方，也可注写在水平线的端部，索引详图的引出线，应与水平直径线相连接，如图 1-113（a）所示。

② 同时引出的几个相同部分的引出线，宜互相平行，也可画成集中于一点的放射线，如图 1-113（b）所示。

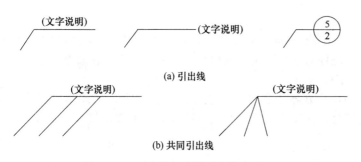

图 1-113　引出线与共同引出线表示法

③ 多层构造或多层管道共用引出线，应通过被引出的各层，并用圆点示意对应各层次。文字说明宜注写在水平线的上方，或注写在水平线的端部，说明的顺序应由上至下，并应与被说明的层次对应一致；如层次为横向排序，则由上至下的说明顺序应与由左至右的层次对应一致（图 1-114）。

4. 其他符号

① 对称符号由对称线和两端的两对平行线组成。对称线用细单点长划线绘制；平行线用细实线绘制，其长度宜为 6～10mm，每对的间距宜为 2～3mm；对称线垂直平分于两对平行线，两端超出平行线宜为 2～3mm（图 1-115)。

② 连接符号应以折断线表示需连接的部位。两部位相距过远时，折断线两端靠图样一侧应标注大写拉丁字母表示连接编号。两个被连接的图样应用相同的字母编号（图 1-116)。

③ 指北针的形状应符合图 1-117 的规定，其圆的直径宜为 24mm，用细实线绘制；指针尾

部的宽度宜为 3mm，指针头部应注"北"或"N"字。需用较大直径绘制指北针时，指针尾部的宽度宜为直径的 1/8。

④ 对图纸中局部变更部分宜采用云线，并宜注明修改版次（图 1-118）。

（七）定位轴线

① 定位轴线应用细单点长划线绘制。

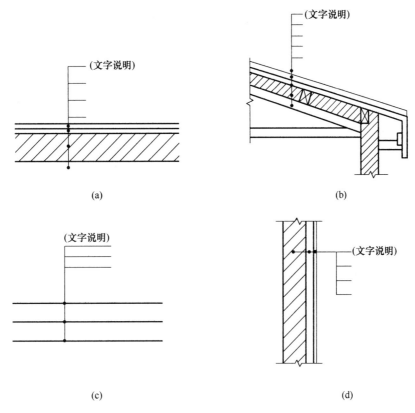

图 1-114　多层共用引出线

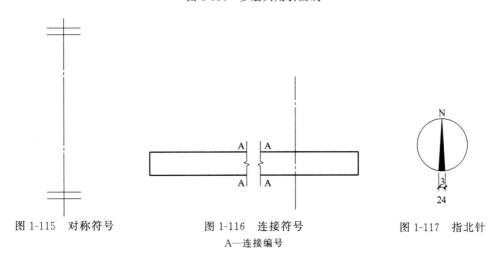

图 1-115　对称符号　　　图 1-116　连接符号　　　图 1-117　指北针
A—连接编号

② 定位轴线应编号，编号应注写在轴线端部的圆内。圆应用细实线绘制，直径为 8～10mm。定位轴线圆的圆心应在定位轴线的延长线或延长线的折线上。

③ 除较复杂需采用分区编号或圆形、折线形外，一般平面上定位轴线的编号宜标注在图

样的下方或左侧。横向编号应用阿拉伯数字，从左至右顺序编写；竖向编号应用大写拉丁字母，从下至上顺序编写（图 1-119）。

④ 拉丁字母作为轴线号时，应全部采用大写字母，不应用同一个字母的大小写来区分轴线号。拉丁字母的 I、O、Z 不得用做轴线编号。当字母数量不够使用，可增用双字母或单字母加数字注脚。

⑤ 组合较复杂的平面图中定位轴线也可采用分区编号（图 1-120）。编号的注写形式应为"分区号-该分区编号"。"分区号-该分区编号"采用阿拉伯数字或大写拉丁字母表示。

图 1-118 变更云线（注：1 为修改次数）

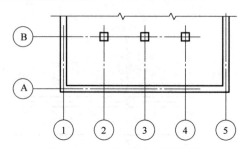

图 1-119 定位轴线的编号顺序

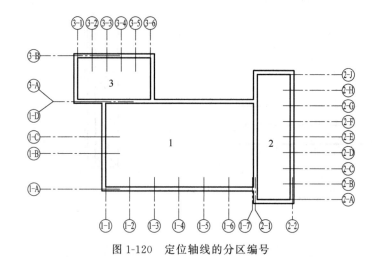

图 1-120 定位轴线的分区编号

⑥ 附加定位轴线的编号，应以分数形式表示，并应符合下列规定。

a. 两根轴线的附加轴线，应以分母表示前一轴线的编号，分子表示附加轴线的编号。编号宜用阿拉伯数字顺序编写。

b. 1 号轴线或 A 号轴线之前的附加轴线的分母应以 01 或 0A 表示。

⑦ 一个详图适用于几根轴线时，应同时注明各有关轴线的编号（图 1-121）。

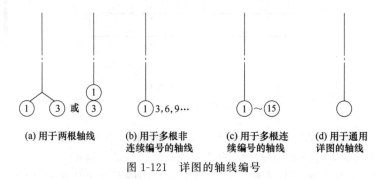

(a) 用于两根轴线　　(b) 用于多根非　　(c) 用于多根连　　(d) 用于通用
　　　　　　　　　　连续编号的轴线　　续编号的轴线　　　详图的轴线

图 1-121 详图的轴线编号

⑧ 通用详图中的定位轴线，应只画圆，不注写轴线编号（图 1-121）。

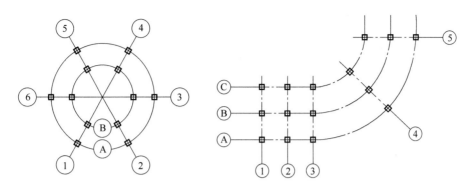

(a) 圆形平面定位轴线的编号　　　　　　　(b) 弧形平面定位轴线的编号

图 1-122　圆形平面与弧形平面定位轴线的编号

⑨ 圆形与弧形平面图中的定位轴线，其径向轴线应以角度进行定位，其编号宜用阿拉伯数字表示，从左下角或−90°（若径向轴线很密，角度间隔很小）开始，按逆时针顺序编写；其环向轴线宜用大写拉丁字母表示，从外向内顺序编写（图 1-122）。

⑩ 折线形平面图中定位轴线的编号可按图 1-123 的形式编写。

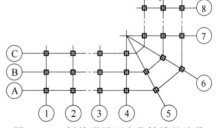

图 1-123　折线形平面定位轴线的编号

（八）常用图例

1. 总平面图中的常用图例

总平面图中的常用图例见表 1-10。

表 1-10　总平面图中的常用图例

名　称	图　例	说　明
新建的建筑物		1. 上图为不画出入口图例,下图为画出入口图例 2. 需要时,可在图形内右上角以点数或数字(高层宜用数字)表示层数 3. 用粗实线表示
原有的建筑物		1. 应注明拟利用者 2. 用细实线表示
计划扩建的预留地或建筑物		用中虚线表示
拆除的建筑物		用细实线表示

名　称	图　例	说　明
新建的地下建筑物或构筑物	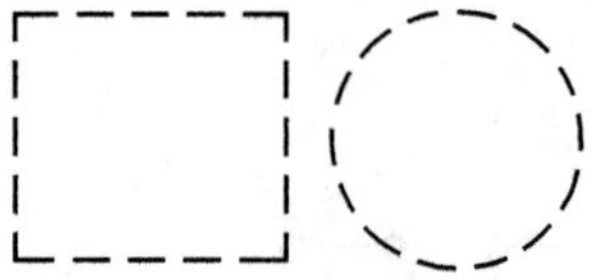	用粗虚线表示
敞棚或敞廊	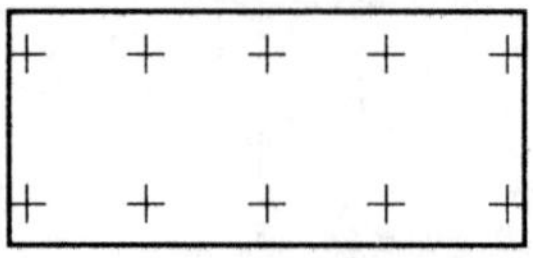	
围墙及大门	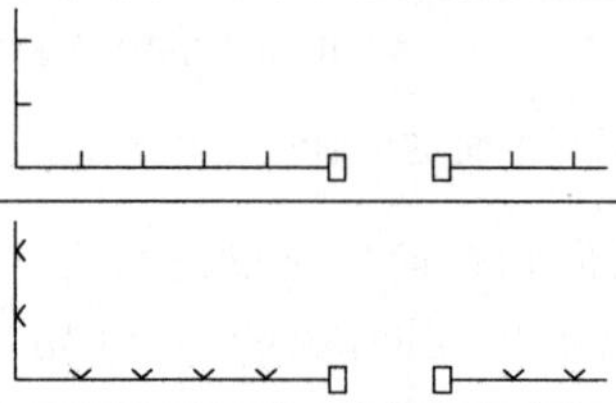	上图为砖石、混凝土或金属材料的围墙 下图为镀锌铁丝网、篱笆等围墙 如仅表示围墙时,不画大门
坐标	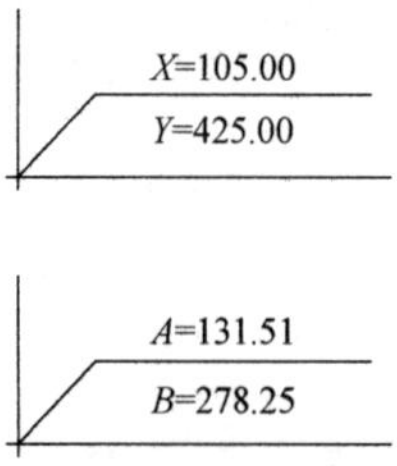 X=105.00 Y=425.00 A=131.51 B=278.25	上图表示测量坐标,下图表示施工坐标
填挖边坡	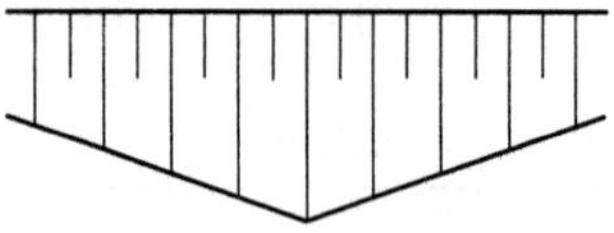	边坡较长时,可一端或两端局部表示
护坡	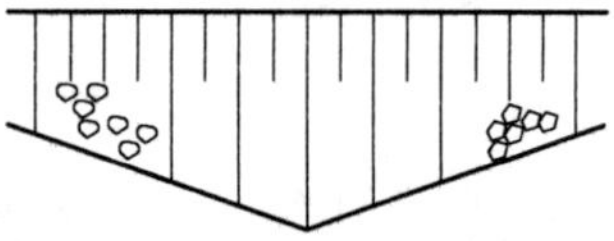	
室内标高	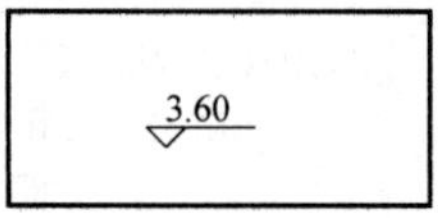 3.60	
室外标高	 ▼143.00	
新建的道路	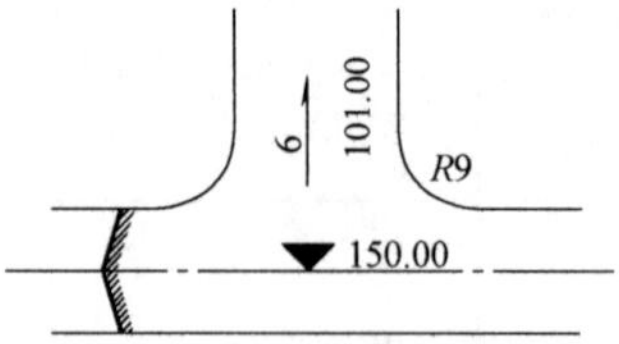 6 101.00 R9 ▼150.00	1."R9"表示道路转弯半径为 9m,"150.00"为路面中心的标高,"6"表示 6％,为纵向坡度,"101.00"表示变坡点间距离 2. 图中斜线为道路断面示意,根据实际需要绘制
原有的道路	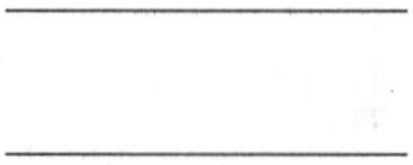	
计划扩建的道路		

名　称	图　例	说　明
人行道	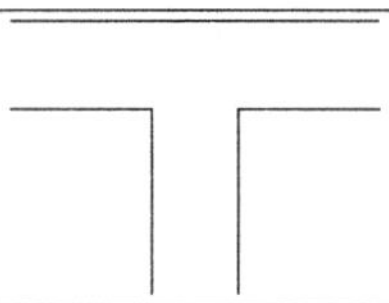	
桥梁（公路桥）	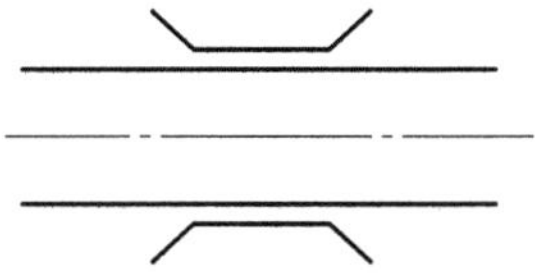	用于旱桥时应注明
雨水井与消火栓井		上图表示雨水井,下图表示消火栓井
针叶乔木	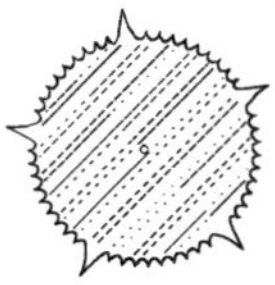	
阔叶乔木	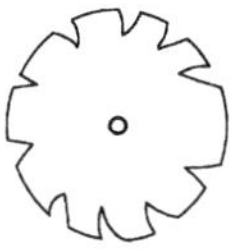	
针叶灌木		
阔叶灌木	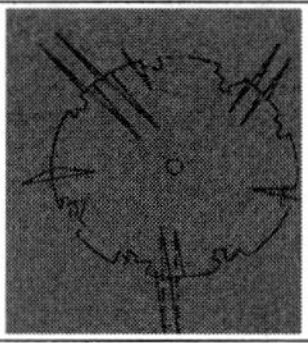	
修剪的树篱		
草地	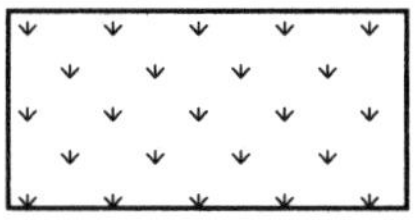	
花坛		

2. 常用建筑材料图例

① 一般规定。本标准只规定常用建筑材料的图例画法，对其尺度比例不做具体规定。使用时，应根据图样大小而定，并应注意下列事项。

a. 图例线应间隔均匀、疏密适度、做到图例正确、表示清楚。

b. 不同品种的同类材料使用同一图例时（如某些特定部位的石膏板必须注明是防水石膏板时），应在图上附加必要的说明。

c. 两个相同的图例相接时，图例线宜错开或使倾斜方向相反（图 1-124）。

d. 两个相邻的涂黑图例间应留有空隙。其净宽度不得小于 0.5mm（图 1-125）。

第一章　概述　53

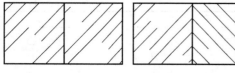

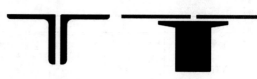

图 1-124　相同图例相接时的画法　　　　　　图 1-125　相邻涂黑图例的画法

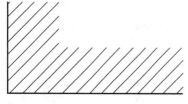

图 1-126　局部表示图例

② 下列情况可不加图例，但应加文字说明：

a. 一张图纸内的图样只用一种图例时；

b. 图形较小无法画出建筑材料图例时。

③ 需画出的建筑材料图例面积过大时，可在断面轮廓线内，沿轮廓线作局部表示（图 1-126）。

④ 当选用本标准中未包括的建筑材料时，可自编图例。但不得与本标准所列的图例重复。绘制时，应在适当位置画出该材料图例，并加以说明。

⑤ 常用建筑材料图例。常用建筑材料应按表 1-11 所示图例画法绘制。

表 1-11　常用建筑材料图例

序号	名称	图例	备　注
1	自然土壤		包括各种自然土壤
2	夯实土壤		
3	砂、灰土		
4	砂砾石、碎砖三合土		
5	石材		
6	毛石		
7	普通砖		包括实心砖、多孔砖、砌块等砌体。断面较窄不易绘出图例线时,可涂红,并在图纸备注中加注说明,画出该材料图例
8	耐火砖		包括耐酸砖等砌体
9	空心砖		指非承重砖砌体
10	饰面砖		包括铺地砖、马赛克、陶瓷锦砖、人造大理石等
11	焦渣、矿渣		包括与水泥、石灰等混合而成的材料
12	混凝土		1. 本图例指能承重的混凝土 2. 包括各种强度等级、骨料、添加剂的混凝土 3. 在剖面图上画出钢筋时，不画图例线 4. 断面图形小，不易画出图例线时，可涂黑
13	钢筋混凝土		
14	多孔材料		包括水泥珍珠岩、沥青珍珠岩、泡沫混凝土、非承重加气混凝土、软木、蛭石制品等

序号	名称	图例	备注
15	纤维材料		包括矿棉、岩棉、玻璃棉、麻丝、木丝板、纤维板等
16	泡沫塑料材料		包括聚苯乙烯、聚乙烯、聚氨酯等多孔聚合物类材料
17	木材		1. 上图为横断面，左上图为垫木、木砖或木龙骨 2. 下图为纵断面
18	胶合板		应注明为×层胶合板
19	石膏板		包括圆孔、方孔石膏板、防水石膏板、硅钙板、防火板等
20	金属		1. 包括各种金属 2. 图形小时，可涂黑
21	网状材料		1. 包括金属、塑料网状材料 2. 应注明具体材料名称
22	液体		应注明具体液体名称
23	玻璃		包括平板玻璃、磨砂玻璃、夹丝玻璃、钢化玻璃、中空玻璃、夹层玻璃、镀膜玻璃等
24	橡胶		
25	塑料		包括各种软、硬塑料及有机玻璃等
26	防水材料		构造层次多或比例大时，采用上面图例
27	粉刷		本图例采用较稀的点

注：序号1、2、5、7、8、13、14、16、17、18图例中的斜线、短斜线、交叉斜线均为45°。

（九）尺寸标注

1. 尺寸界线、尺寸线及尺寸起止符号

① 图样上的尺寸，包括尺寸界线、尺寸线、尺寸起止符号和尺寸数字，如图 1-127 所示。

② 尺寸界线应用细实线绘制，一般应与被注长度垂直，其一端应离开图样轮廓线不应小于 2mm，另一端宜超出尺寸线 2～3mm。图样轮廓线可用作尺寸界线（图 1-128）。

③ 尺寸线应用细实线绘制，应与被注长度平行。图样本身的任何图线均不得用作尺寸线。

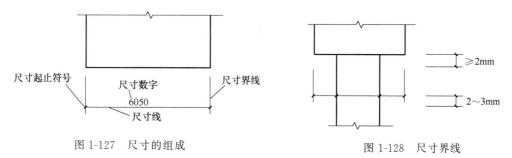

图 1-127　尺寸的组成　　　　　　　　图 1-128　尺寸界线

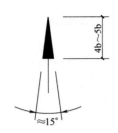

图 1-129　箭头尺寸
起止符号

④ 尺寸起止符号一般用中粗斜短线绘制，其倾斜方向应与尺寸界线成顺时针 45°，长度宜为 2～3mm。半径、直径、角度与弧长的尺寸起止符号，宜用箭头表示（图 1-129）。

2. 尺寸数字

① 图样上的尺寸，应以尺寸数字为准，不得从图上直接量取。

② 图样上的尺寸单位，除标高及总平面以米为单位外，其他必须以毫米为单位。

③ 尺寸数字的方向，应按图 1-130（a）的规定注写。若尺寸数字在 30°斜线区内，也可按图 1-130（b）的形式注写。

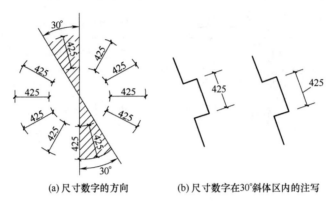

(a)尺寸数字的方向　　(b)尺寸数字在30°斜体区内的注写

图 1-130　尺寸数字的注写方向

④ 尺寸数字一般应依据其方向注写在靠近尺寸线的上方中部。如没有足够的注写位置，最外边的尺寸数字可注写在尺寸界线的外侧，中间相邻的尺寸数字可上下错开注写，引出线端部用圆点表示标注尺寸的位置，如图 1-131 所示。

图 1-131　尺寸数字的注写位置

3. 尺寸的排列与布置

① 尺寸宜标注在图样轮廓以外，不宜与图线、文字及符号等相交，如图 1-132 所示。

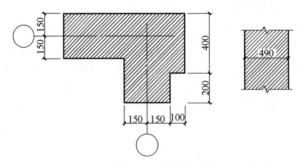

图 1-132　尺寸数字的注写

② 互相平行的尺寸线，应从被注写的图样轮廓线由近向远整齐排列，较小尺寸应离轮廓线较近，较大尺寸应离轮廓线较远，如图 1-133 所示。

③ 图样轮廓线以外的尺寸界线，距图样最外轮廓之间的距离，不宜小于 10mm。平行排

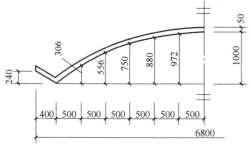

图 1-145 坐标法标注曲线尺寸

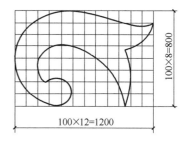

图 1-146 网格法标注曲线尺寸

7. 尺寸的简化标注

① 杆件或管线的长度,在单线图(桁架简图、钢筋简图、管线简图)上,可直接将尺寸数字沿杆件或管线的一侧注写(图 1-147)。

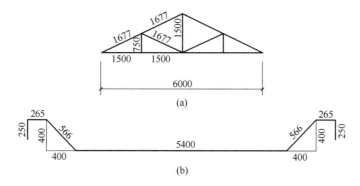

图 1-147 单线图尺寸标注方法

② 连续排列的等长尺寸,可用"等长尺寸×个数=总长"的形式标注(图 1-148)。

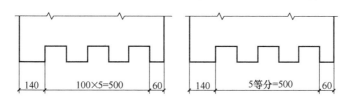

图 1-148 等长尺寸简化标注方法

8. 标高

① 标高符号应以直角等腰三角形表示,按图 1-149(a)所示形式用细实线绘制,如标注位置不够,也可按图 1-149(b)所示形式绘制。标高符号的具体画法如图 1-149(c)、(d)所示。

② 总平面图室外地坪标高符号,宜用涂黑的三角形表示,具体画法如图 1-150 所示。

③ 标高符号的尖端应指至被注高度的位置。尖端宜向下,也可向上。标高数字应注写在标高符号的上侧或下侧(图 1-151)。

④ 标高数字应以米为单位,注写到小数点以后第三位。在总平面图中,可注写到小数字点以后第二位。

⑤ 零点标高应注写成±0.000,正数标高不注"+",负数标高应注"一",例如 3.000、一0.600。

⑥ 在图样的同一位置需表示几个不同标高时,标高数字可按图 1-152 的形式注写。

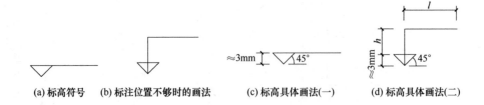

(a) 标高符号　　(b) 标注位置不够时的画法　　(c) 标高具体画法(一)　　(d) 标高具体画法(二)

图 1-149　标高符号

l—取适当长度注写标高数字；*h*—根据需要取适当高度

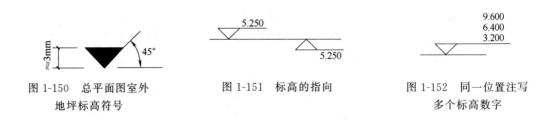

图 1-150　总平面图室外
地坪标高符号

图 1-151　标高的指向

图 1-152　同一位置注写
多个标高数字

第五节　古建筑图纸设计要点

建筑平面图、建筑立面图与建筑剖面图是建筑施工图的基本图纸，它们所表达的内容既有明确的分工，又有紧密的联系，它们是相互配合，缺一不可的。

古建筑设计图绘制时，有些地方由于构件与一般工业与民用建筑有所区别，故局部的绘制习惯不同，应引起我们的注意。

一、建筑平面图

（一）轴线位置

现代建筑轴线一般均布置在墙中，古建筑轴线位置除此外，在柱中与墙中不重合时，往往布置在柱中位置。

（二）墙体

墙体一般比现代建筑的厚度要大，且有时不在轴线上，柱子处常设有柱门。外墙有时还设有下槛，那么，墙体下身与上身的厚度不同，此时要注意轴线位置。有时古建筑修缮图纸要注意，有的墙体在厚度方向上分别有不同砌体材料或做法，比如里生外熟、里皮砖是混水，外皮砖是丝缝或干摆等。

（三）门窗

古建筑门窗与现代建筑的门窗布置存在差异，由于古建筑的门窗结构的特点和形式，一般门窗扇在框内侧，靠轴和盈连接支撑，包括窗户的开启方向在画图时的起止点，不同于现代建筑靠铰链连接的门窗。

（四）台明、台阶、地栿

在台明上面有栏杆的建筑，如有地栿，且在台阶处转弯时，应在注意轴线位置的前提下，关注转弯处在台明上和台阶上的位置形状与具体尺寸。

（五）平面图尺寸标注

在建筑平面图中的尺寸标注有外部尺寸和内部尺寸两种。通过尺寸的标注，可反映建筑中房间的开间、进深、门窗及室内陈列装修、雕塑的大小和位置。

外部尺寸一般均标注三道，靠墙第一道尺寸是细部尺寸，即建筑物构配件的详细尺寸，如门窗洞口及中间墙的尺寸；中间一道是定位尺寸，即轴线尺寸，也是房屋的面阔（两条横轴线间的距离）或进深（两条纵轴线间的距离）尺寸；最外一道是总尺寸，即建筑物的总面阔和总进深。此外对室外的台明、台阶、垂带、散水等处可另外标注局部外尺寸。

内部尺寸一般标注室内门窗洞、墙厚、柱、砖垛和内部陈设（如雕像、供台、展柜等）的大小、位置以及墙、柱与轴线之间的尺寸等。

仿古建筑设计或古建筑修缮设计时，不同于一般建筑，基本上都是整数，而古建筑的尺寸要与公制尺寸换算时就不可避免的出现小数，要尽量权衡好。古建筑权衡尺寸用的是营造尺进行度量。本书中未注明尺寸单位的部分均按所述年代的营造尺进行度量和换算。

唐代：1营造尺＝29.5～29.6cm；

辽代：1营造尺＝29.54cm，或长于唐；

宋代：1营造尺＝31.20cm；

明清时代：1营造尺＝32cm；

1鲁班尺＝27.50cm。

（六）排水

对于一殿一卷建筑，要注意排水方向、坡度、檐沟、泛水、雨水口等的位置、尺寸、材料以及构造等情况。

（七）油漆彩画

彩画要按照古建筑彩画的要求规矩绘制。

（八）新建建筑物平面位置的确定

处于城市周围或远郊的仿古建筑，对于单体古建筑、简单的组合建筑或简单四合院，一般根据原有房屋、围墙、道路来确定其位置并标注出定位尺寸（以米为单位）。对于大中型工程，如一组寺庙或古建筑群，往往根据环境、地势、风水等因素影响，定位通常用测量坐标或建筑坐标来确定其位置。

二、建筑立面图

（一）建筑立面图的图名、比例、图例和定位轴线

建筑立面图的图名称呼一般有三种情况：一是按立面图所表明的朝向称呼，如南立面图，东立面图等；二是按立面图中的建筑两端的定位轴线编号称呼的，如①～⑧轴立面图，Ⓐ～Ⓑ轴立面图等；三是通常把反映建筑物主要出入口或反映建筑物外貌特征的立面图称为正立面图，其余的立面图相应称为背立面图和侧立面图等。

建筑立面图的比例和建筑平面图的比例一致。

建筑立面图一般只画出最左、最右两端的轴线及其编号，以便与平面图对照来确定立面图的观看方向。

（二）建筑物的外形和墙上构造物情况

通过立面图可以显示建筑物的外貌以及屋顶、台明、台阶、出檐、挑檐、斗栱、腰线、窗台、雨水管、雨水斗等的位置、尺寸及外形构造等情况，根据比例尺寸注意粗细线条的使用。

（三）外墙面上门窗

在建筑立面图中，可以直接表现建筑物外墙上的门窗位置、高度尺寸、数量及立面样式等情况，尤其门窗上的细部构件，如门钉、门拔、隔扇窗的样式等，可以在立面图中示意，具体

的细部尺寸在详图、大样图中体现。

（四）屋顶

屋面图绘制时应注意标高问题，由于屋面结构层的层数、做法、厚度不同，其屋脊及坡屋面的高度就不一样。尤其注意两组单体建筑距离很近时，一组屋檐挑出与另一屋面的关系。

由于屋顶部位和建筑构造的专业性，在绘制吻兽时要注意结合建筑形式、施工工艺手法及结构层来定其具体位置。

（五）尺寸标注

在建筑立面图中标注详细尺寸较少，但也可标注三道尺寸，里面尺寸为门窗洞高、窗下墙高、室内外地面高差等，中间尺寸为层高尺寸，外面尺寸为总高度尺寸。标高标注在室内外地面、台明、各层的窗台、窗顶、檐口、屋脊、吻等处。

三、建筑剖面图

建筑剖面图是假设用一个垂直的剖切平面剖切房屋，移去剖面前面的部分，向其余部分作投射所得的投影图。剖切位置应选择在房屋内部结构和构造比较复杂或有代表性的部位，并应通过门窗洞口的位置，楼、阁还应通过楼梯间，如图1-153。

在建筑剖面图中，被剖到的墙身、楼板、屋面板、楼梯段、楼梯平台等轮廓线用粗实线表示，没有被剖到但投影时仍能见到的门窗洞、梁架、楼梯段、楼梯平台及扶手、内外墙的轮廓线等用中实线表示，门窗扇及其分格线，雨水管等用细实线表示。室内外地坪线仍用特粗实线表示。钢筋混凝土圈梁、过梁、楼梯段等可涂黑表示。

（一）建筑剖面图的图名、比例、图例和定位轴线

建筑剖面图的图名一般与它们的剖切符号名称相同，表示剖面图的剖切位置和投射方向的剖切符号在底层平面图上，参看图1-153。

建筑剖面图的比例应和建筑平面图、建筑立面图一致。

建筑剖面图一般只画出两端的轴线及其编号，并标注其轴线间的距离，以便与平面图对照，有时也画出被剖切到的墙或柱的定位轴线及其轴线间的距离。

（二）剖切面构造的表现形式

在建筑剖面图中可以看到剖切到的室内外地面、台明、台阶、散水、明沟、楼板层、屋顶、内外墙，门窗及梁架等的位置、构造及相互关系。地面以下的基础一般不画出，剖切面与其他线按照线宽要求分别绘出。

（三）建筑物室内的装修装饰和陈列布置

在建筑剖面图中可以看到室内的墙面、天花藻井、古式隔断、楼地面等的装修情况和陈列布置以及雕塑的配置情况，剖切面要找最能说明问题的位置。

（四）尺寸标注

在建筑剖面图中必须标注高度尺寸。标注的外墙高度尺寸一般也有三道，与建筑立面图相同。此外，还应标注室内的局部尺寸，如室内内墙上的门窗洞口高度、槛墙高度等。标高应标注在室内外地面、楼面、楼梯平台面、槛墙上平面、屋顶檐口顶面等处。

（五）大样图的索引

建筑剖面图上要加上详图索引符号，以便查阅另外画出的详图。

四、建筑详图

建筑平面图、立面图和剖面图虽然能够表达建筑物的外部形状、平面布置、内部构造和主

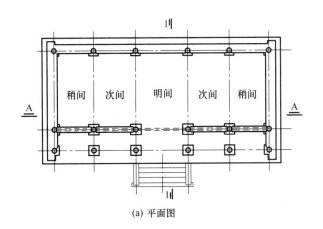

(a) 平面图

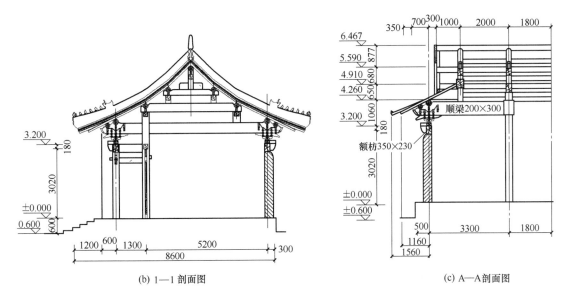

(b) 1—1 剖面图　　　　　　　　　　　　　(c) A—A 剖面图

图 1-153　建筑平面图和剖面图

要尺寸，但由于比例较小，许多细部构造、尺寸、材料和做法等内容无法表达清楚。为了满足施工要求，通常用较大的比例，如 1：50、1：20、1：10、1：5 等画出建筑物的细部构造的详细图样，这种另外放大画出的图样成为建筑详图。

（一）外墙部件

对古建筑物外墙面的各部位，如屋面瓦件、墙面、檐口、腰线、窗台、柱梁枋油漆彩画等处的装饰要求一般都用详图或文字表明，要标明详图所在建筑物中的具体位置。

外墙的下碱、散水及防潮层的构造做法，如下碱、上身、签尖的高度是多少，散水的宽度及坡度是多少，防潮层的位置及材料做法等。

内、外墙面的具体装修做法，如山墙外皮的立面形式是五花山墙还是海棠池等。

墙身的细部尺寸，各部位的标高和高度尺寸，如外墙的厚度、外墙与定位轴线的关系等，尤其注意廊心墙的细部尺寸。

楼板、梁架、窗台的位置，与墙身的关系，如楼板与墙身是平行还是搁置搭接，外窗台板的宽度和厚度，内窗台的材料做法等。

（二）屋面、楼面、地面详图

屋面、楼面和地面的构造层次和做法，应用多层构造引出线的文字说明，作出各构造层次的厚度、材料及做法。

檐口构造及排水方式，屋顶的望板、苫背、保温隔热层、屋面瓦的施工构造做法。

（三）楼梯详图

楼梯详图主要表示楼梯的类型、结构形式、在建筑平面图中的位置及有关轴线的布置、栏杆等装修做法，以及楼梯踏步的宽度和踏步数，构造情况和用料说明。楼梯详图一般包括楼梯平面图、剖面图及踏步、栏杆、扶手等节点详图。

在这里还要注意楼梯的竖向尺寸、进深方向的尺寸和有关标高。常用比例有 1：10，1：5，1：2 等。

（四）门窗详图

在建筑施工图中，如果设计有采用现代建筑的标准图集，可采用标准图，则只需在门窗统计表中注明该详图所在标准图集中的编号，不必另画详图。古建筑的门窗大多数没有标准图，就一定要画出门窗详图。

门窗详图是主要表示门窗的外形、尺寸、开启方向、构造、用料等情况的图纸。门窗详图一般由立面图、节点详图及文字说明等组成。门窗立面图是其外立面的投影图，它主要表明门窗的外形、尺寸、开启方式和方向、节点详图的索引标志等内容。立面图上的开启方向用相交细斜线表示，两斜线的交点即安装门窗扇铰链的一侧，斜线为实线表示外开，虚线表示内开。

门窗的主要尺寸，立面图上通常注有三道外尺寸，最外一道为门窗洞口尺寸，也是建筑平、立、剖面图上标注的洞口尺寸，中间一道为门窗框的尺寸，最里面一道为门窗扇尺寸。

应注明门窗的开启形式，是内开还是外开；门窗框和门窗扇的断面形状、尺寸、材料以及互相的构造关系；门窗框与墙体的连接方式和相对位置，有关五金零件等。

（五）室内装饰的要求

在建筑平面图中对室内楼地面、墙面、装修隔断等处的材料做法一般直接用文字标明，较复杂的如屏风、落地罩等常采用明细表及材料做法表或另用详图表示。

（六）其他

另外还有一些节点大样如各个梁架的榫卯结构、榫卯形式，细部尺寸，斗栱的细部构造、连接方式，具体尺寸，相互位置等。

五、结构施工图

建筑施工图表达了房屋的外观形式、平面布置、建筑构造和内、外装修等内容。以往的古建筑设计基本上都属于建筑设计，细部也就是有些榫卯大样图罢了，施工主要是有经验的施工师傅，他们大多是口传心教，看了建筑图的大概样式和大尺寸，就根据自己的经验进行施工了。现在，这样的情况已经有所改变了，必须有图才能施工，所以，除了进行建筑设计，画出建筑施工图外，还要进行结构设计，画出结构施工图。

古建筑的结构施工图，一般都是沿用《营造法原》、《清工部〈工程做法则例〉图解》直接按相应比例套用即可，而现阶段，用现代材料替代古建筑材料的情况时常发生，目前广泛使用的是钢筋混凝土承重构件替代木结构等情况，那么，钢筋混凝土部分就必须进行结构计算。结构施工图是施工放线，挖基坑，支模板，绑扎钢筋，设置预埋件，浇捣混凝土，安装梁架，楼板等构件，编制预算和施工组织计划的重要依据。

结构施工图通常由结构设计说明、基础结构图、楼（屋）盖结构图和结构构件（如梁、板、柱、楼梯等）详图组成。

结构设计说明中应有：工程概况，结构设计的主要依据，设计所采用的现行国家规范、标准及规程（包括标准的名称、编号、年号和版本号）；建筑物所在场地的岩土工程勘察报告；

场地地震安全性评价报告及风洞试验报告（必要时提供）；建设单位提出的与结构有关的符合相关标准、法规的书面要求；初步设计的审查、批复文件；建筑的分类等级、建筑结构的安全等级和设计使用年限，混凝土结构构件的环境类别和耐久性要求，砌体结构的施工质量控制等级；建筑的抗震设防类别、抗震设防烈度（设计基本地震加速度、设计地震分组、场地土类别及结构阻尼比）和钢筋混凝土结构的抗震等级；建筑的耐火等级和构件的耐火极限；设计采用的荷载（作用）、楼（屋）面均布荷载标准值（面层荷载、活荷载等）及墙体荷载等；风荷载（基本荷载及地面粗糙度、体型系数、风振系数等）；雪荷载（基本雪压及积雪分布系数等）；地震作用、温度作用及防空地下室结构各部位的等效静荷载标准值等；结构所采用的材料，如混凝土、钢筋（包括预应力钢筋）、砌体的块材和砌筑砂浆等结构材料，应说明其品种、规格、强度等级、特殊性能要求、自重及相应的产品标准。

基础结构施工图主要是表示建筑物在相对标高±0.000以下基础结构的图纸。它一般包括基础平面图、基础剖（断）面详图和文字说明三个部分。它是施工时放灰线、开挖基坑、砌筑基础的依据。

第二章 ◀◀◀◀◀

台基和台明的设计

仿古建筑及传统古建筑包括宫殿、寺庙、住宅等，往往是由若干单体建筑结合配置成组群。无论单体建筑规模大小，依据中国古代建筑的构造特点，其外观轮廓均由台基、屋身、屋顶三部分组成，如图2-1所示。

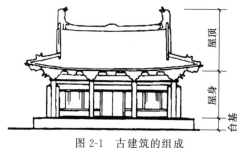

图 2-1　古建筑的组成

（1）屋顶　上面是用木结构屋架造成的屋顶，屋面做成柔和雅致的曲线，四周均伸展出屋身以外，上面覆盖着青灰瓦或琉璃瓦。

（2）屋身　立在台基上的是屋身，由木结构或砖石结构组成构架，多为木制柱额枋做骨架，其间或空或用木、砖、石等材质做隔断维护成间的区段，且安装门窗隔扇。

（3）台基　古人也称之为台明。此处所说的台基不只是单独意义上的基础，是指地下基础及地坪以上由砖石砌体砌筑用来承托上部整个建筑物的承台基座。为了把仿古建筑与现代建筑设计接轨，不妨把台基的外部面层结构归纳为台明（相当于建筑设计），把内部承重结构以及其他与之有关的部分称为台基（相当于结构设计）。

第一节　台基的设计

一、台基的定义

台基是承托建筑物荷载的地下基础部分以及高出室外地坪以上，台明内部的结构部分，其构造是以石或砖包面的夯土平台，地下部分亦称埋深或埋头。

二、台基的组成

台基的构造依其使用部位分为柱下结构、柱间结构、台帮结构三大部分，在此之外的空隙部分填土夯实。

（一）磉墩

磉墩（图2-2）是支承柱顶石的独立基础砌体，是主要的建筑结构之承重结构。金柱下的

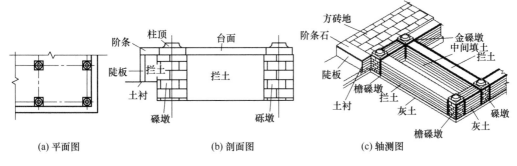

| (a) 平面图 | (b) 剖面图 | (c) 轴测图 |

图 2-2　磉墩

叫"金磉墩"，檐柱下的叫"檐磉墩"。

如果两个或四个磉墩相邻很近（如金柱和檐柱下筑磉墩），常连成一体，叫"连二磉墩"或"连四磉墩"。与连磉墩相区别的是"单磉墩"。磉墩常用砖砌体作为承力基座，在我国南方地区的磉墩，是在底部铺设碎石，并夯实作为垫层，称为"领夯石"，在领夯石上再砌筑片石或砖墩，称为"叠石"，按所铺设层次多少（即磉墩之高低），分为"一领一叠石"、"一领二叠石"（图 2-3）、"一领三叠石"。

"磉墩"其大小，宋制没有明确规定，一般以包住柱顶石为原则。清《工程做法则例》卷四十三述，大式建筑"凡码单磉墩，以柱顶石见方尺寸定见方，如柱径八寸四分，得柱顶石见方一尺六寸八分，四围各出金边二寸，得见方二尺八寸。金柱顶下照檐柱顶加二寸。高随台基除柱顶石之厚，外加地皮以下埋头尺寸"。其意是

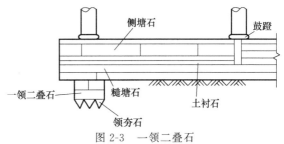

图 2-3　一领二叠石

说，凡砌单磉墩，均按柱顶石直径做成方形，如柱径 0.84 尺❶，则柱顶石直径 1.68 尺，四周各加 0.2 尺，得磉墩见方尺寸 2.08 尺。金柱下的磉墩按檐柱下磉墩加 2 寸。磉墩高随台基高除柱顶石厚外，另加地下埋头尺寸。

清《工程做法则例》卷四十六述，小式建筑"凡码单磉墩，以柱顶石尺寸定见方，如柱径五寸，得柱顶石见方八寸，再四围各出金边一寸五分，得单磉墩见方一尺一寸。金柱下单磉墩照檐柱磉墩亦加金边一寸五分。高随台基除柱顶石之厚，外加地皮以下之埋头尺寸"。即若檐柱径 0.5 尺，则柱顶石按 0.8 尺，加金边 0.15 尺，得磉墩见方尺寸 1.10 尺。金柱磉墩按檐柱磉墩再加 0.15 尺，得 1.40 尺。磉墩下部的碎石和叠石，相当于现代建筑的基础垫层，其平面尺寸同磉墩，高度根据地质情况可分别选择"一领一叠石""一领二叠石"或"一领三叠石"。

（二）柱间拦土结构

磉墩之间砌筑的墙体即为"拦土"（图 2-2）。房屋构架以各柱为承重构件，在柱之间一般没有大的承重，只需用砖砌体将柱顶石下的磉墩连起来，并起到支戗作用。磉墩和拦土各为独立的砌体，以通缝相接，但也有少数小式建筑的基础将磉墩和拦土连在一起，一次砌成，这种做法叫做"跑马柱顶"。拦土规格尺度，宋制没有规定，清《工程做法则例》卷四十三述"凡拦土，按进深、面阔得长，如五檩除山檐柱单磉墩分位定长短，如有金柱，随面阔之宽，除磉墩分位定掐挡。高随台基，除墁地砖分位，外加埋头尺寸。如檐磉墩小，金磉墩大，宽随金磉墩"。即拦土长分别按进深面阔尺寸，除去磉墩后确定。如五檩建筑，按除去山檐柱磉墩后即

---

❶　本书中关于尺寸单位的换算规定见第一章第五节中相关规定。

得拦土长，如其中还遇有金柱，再除去其磉墩后即为其净长。拦土高按台基高减去地面砖厚，另加埋头尺寸。磉墩厚一般同拦土，如遇檐柱磉墩小，金柱磉墩大时，拦土厚按金柱磉墩。

（三）台帮背里结构

台明周边的围护，一般有两层，里层的砖砌体，称为"背里"，填充在台帮与磉墩、拦土之间，与陡板石共同组成台帮，如图 2-4 所示。"背里"属于"金刚墙"的范畴，"背里"和"金刚墙"都是指某砌体外观面之后的砖砌体，但"背里"一般是专对房屋外墙背后的砌砖而言，称为"背里砖"。而"金刚墙"是通指各种砌体背后作为加固强度的隐藏墙体。环绕台明台帮内四周的拦土（不包括柱间拦土），一般称为"背里砖"。背里砖的厚度没有严格规定，取决于台帮、磉墩、拦土、阶条石以及土衬石之间的尺寸，一般多为 1～3 倍砖厚。

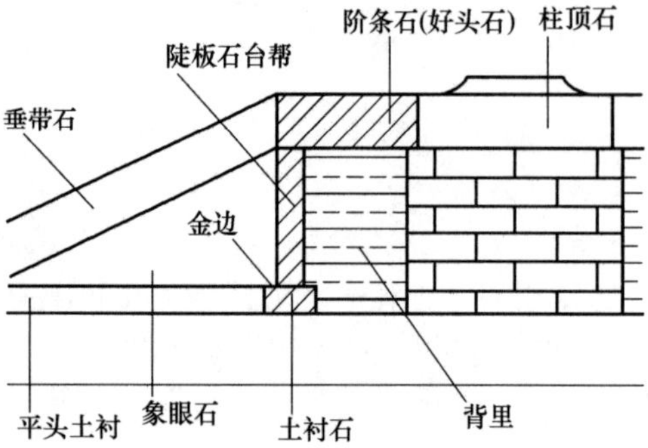

图 2-4　台帮结构

（四）古建筑的地基基础的处理

1. 宋制基础处理

《营造法式》卷三述"凡开基址须相视地脉虚实，其深不过一丈，浅止于四尺或五尺，并用碎砖瓦石扎等，每土三分内添碎砖瓦等一分"。即选择房屋地基，应了解地质的虚实情况，开挖基础，最深不超过一丈，最浅四五尺，并用 3 份土，1 份砖瓦石的混合物做垫层。

其具体做法《营造法式》中述"筑基之制，每方一尺用土两担，隔层用碎砖瓦及石扎等亦两担。每次布土厚五寸，先打六杵，次打四杵，次打二杵，以上各打平土头。然后随用杵碾蹑，令平，再攒杵扇补，重细碾蹑。每布土厚五寸，筑实厚三寸，每布碎砖瓦石扎等厚三寸，筑实厚一寸五分"。即筑基础所用土和隔层碎砖瓦石，每平方尺各为 2 担（即十斗）。铺土厚 5 寸，分三次用木杵（即圆木夯）筑打 6 遍、4 遍、2 遍，然后用木碾子压平。对漏空处补打，再碾平。要求每层布土厚 5 寸，夯实为 3 寸。每层布碎砖瓦石厚 3 寸，夯实为 1.5 寸。

2. 清制基础处理

清制开挖基础，基槽挖深称为"刨槽"，槽宽称为"压槽"。《工程做法则例》卷四十七，对夯筑灰土述"凡夯筑灰土，每步虚土七寸，夯实五寸。素土每步虚土一尺，夯实七寸"。对刨槽述"凡刨槽以步数定深，如夯筑灰土一步，得深五寸，外加埋头尺寸，如埋头六寸，应刨深一尺一寸，素土应刨深一尺三寸"。即基槽挖深＝每层灰土厚＋埋头高；素土刨深＝灰土 7 寸＋埋头 6 寸＝1.3 尺。

对压槽述"凡压槽，如墙厚一尺以内者，里外各出五寸。一尺五寸以内者，里外各出八寸。二尺以内者，里外各出一尺。其余里外各出一尺二寸。如通面阔三丈，即长三丈，外加两山墙外出尺寸，如山墙外出一尺，再加压槽各宽一尺，得通长三丈四尺"。即：基槽宽＝通面阔（通进深）＋墙厚＋压槽宽（墙厚 1 尺，槽里外宽 0.5 尺；墙厚 1.5 尺，槽里外宽 0.8 尺；墙厚 2 尺，槽里外宽 1 尺；其余里外宽出 1.2 尺）。

3. 夯筑素土

夯筑素土就是用纯土不掺灰，夯筑 5 遍。清《工程做法则例》卷四十七述"凡夯筑素土，每槽用夯五把，头夯充开海窝宽六寸，每窝筑打四夯头。二夯筑银锭，亦筑打四夯头，其余皆随充沟。每槽宽一丈，充剁大埂小埂十七道。第二次与头次相同。每三遍取平，落水，撒碴子，雁别翅筑打四夯头一遍，后起高硪一遍，至顶步平串硪一遍"。即素土只需夯筑 5 遍（即头夯充开海窝、二夯筑银锭、二夯取平、四夯雁别翅、五夯起高硪）。海窝间距为 6 寸，每夯

4 次即可。

第二节　台明的设计

中国古建筑都是建在台基之上。建筑物的下部高出地面的承台称为台明。有承托建筑物和防水隔潮的功能，其长、宽、高除实际功能作用要求外，在封建社会也具有等级制度的特征。

一、台明的分类

台明按其建筑物大小及档次可分为以下几种形式。

（一）普通形式

单体建筑的平面通常都是长方形，是普通房屋建筑台基的通用形式。在有特殊用途的情况下，也采取方形、八角形、圆形等，如图 2-5 所示。

图 2-5　普通形式

园林中观赏用的建筑，则可以采取扇形、十字形、套环形等平面，如图 2-6 所示。

图 2-6　园林中常用形式

（二）高级形式

高级形式包括须弥座形台明、带勾栏的台明和复合型台明等。

（1）须弥座形式的台明　须弥座形式的台明是宫殿、坛庙建筑台基的常见形式。其形式有带雕刻或素面（不带雕刻）的、带角柱或不带角柱，常见的须弥座形式和须弥座的变体形式如图 2-7 所示。

（2）带勾栏的台明　带勾栏的台明是普通台明或须弥座式台明与勾栏形式的结合型，在这两者中，以须弥座台明加勾栏形式居多。其勾栏部分以石制的栏板柱子形式较多见，但也可用砖墙代替，又尤以花砖墙做法为多。宫殿建筑的花砖墙多用琉璃砖摆成。带勾栏的台明多用于宫殿或坛庙建筑。

（3）复合型台明　复合型台明即上述三种台明的重叠复合型，可用于较重要的宫殿、坛庙建筑。这类台明的组合形式有双层或三层须弥座、双层普通台明、带勾栏的台明与不带勾栏的台明的组合等。如图 2-8 所示。

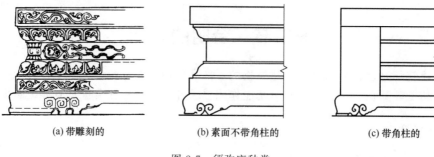

(a) 带雕刻的   (b) 素面不带角柱的   (c) 带角柱的

图 2-7 须弥座种类

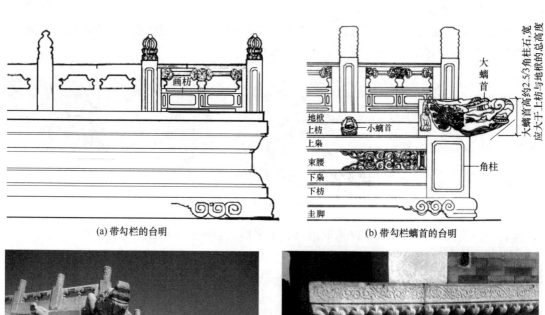

(a) 带勾栏的台明   (b) 带勾栏螭首的台明

(c) 勾栏角柱复合型   (d) 带雕刻的须弥座台明

图 2-8 复合型台明

二、台明的组成

（一）普通形式台明

在台基露出地面部分，紧贴地面铺层石板，其上皮高出地面称为土衬石，宽出上面台明部分称为金边。台明四个转角处放置角柱石（埋头石），角柱石之间安放陡板石或砖砌作为包外砌体，形成台帮，在其上安置长条形阶条石（也称阶沿石、压面石，宋代称压阑石），于阶条石之间，台明上面墁砖、石等作为台面地坪，在台明前后或单面中间部分安置台阶为踏跺，如图 2-9 所示。

常见的普通台明见图 2-10。

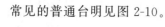

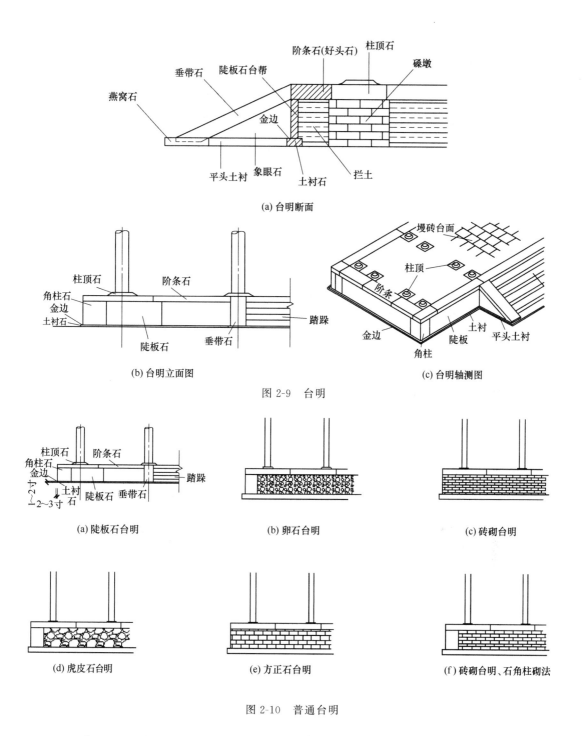

(a) 台明断面

(b) 台明立面图

(c) 台明轴测图

图 2-9 台明

(a) 陡板石台明

(b) 卵石台明

(c) 砖砌台明

(d) 虎皮石台明

(e) 方正石台明

(f) 砖砌台明、石角柱砌法

图 2-10 普通台明

（二）高级别形式台明

须弥座形式台明主要由圭角、下枋、下枭、束腰、上枭和上枋组成，如图 2-11 所示。在须弥座台明前后或单面中间部分安置御路或两边设置踏跺。

三、台明的尺度

台明的尺度包括平面尺寸和立面尺寸，要根据面宽和进深的尺寸确定以后再加山出和下檐出，才能确定平面尺寸，高度要依据柱高来确定等。

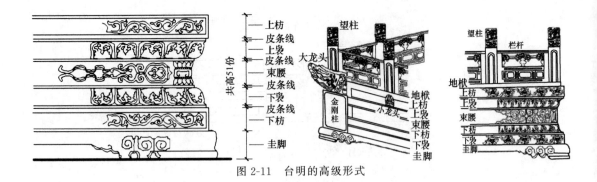

图 2-11 台明的高级形式

（一）平面尺寸

中国古建筑的平面以长方形为最普遍，一座长方形建筑，在平面上都有两种尺度，即它的宽与深。其中长边为宽，短边为深，如一栋三间北房，它的东西方向为宽，南北方向为深。单体建筑又是由最基本的单元——"间"组成的。每四根柱子围成一间，一间的宽为"面宽"，又称"面阔"，深为"进深"。若干个单间面宽之和组成一栋建筑的总面宽，称为"通面宽"；若干个单间的进深则组成一座单体建筑的通进深。面宽与进深按古建筑的做法分又为大式和小式。

1. 面宽的确定

大式面宽在《工程做法则例》中有规定，《工程做法则例》对 23 种大式建筑、4 种小式建筑的尺度都做了具体描述。其中卷一对九檩庑殿规定如下："凡面阔、进深以斗科攒数而定，每攒以口数十一份定宽。如斗口二寸五分，以科中分算，得斗科每攒宽二尺七寸五分。如面阔用平身斗科六攒，加两边柱头科半攒，共斗科七攒，得面阔一丈九尺二寸五分"。即指，九檩庑殿的横向宽度和纵向深度，按斗栱组数而定，每一组斗栱间宽按 11 口份（斗口），若采用斗口 2.5 寸（八等材），以斗栱中心线间距计算，每组斗栱间距=2.5 寸×11 斗口=27.5 寸=2 尺 7 寸 5 分（2.75 尺×32cm=88cm）。若房间宽用六组平身科斗栱，加两边柱头科斗栱外侧半宽，共为七组斗栱，则房间宽=7 组×27.5 寸=192.5 寸=1 丈 9 尺 2 寸 5 分（19.25 尺×32cm=616cm）。面宽与进深平面图如图 2-12 所示。

"次间收分一攒，得面阔一丈六尺五寸。梢间同，或再收一攒，临期酌定。"这是最常用的确定面阔的方法。有时也要反算，即已事先确定面阔，或者已事先确定了一幢建筑的总面阔和开间数，反过来求斗栱斗口的大小。这种情况在做仿古建筑设计时经常遇到。遇到这种情况时，通常要掌握这样几个原则：①必须保证明间斗栱为偶数（即空当坐中）；②次梢间可递减一攒或为明间宽的 8/10；③斗栱攒当大小应以斗口为率，如果攒当略大于或略小于 1 斗口时，可以将横栱的长度适当加长或缩短（使栱子长度与从《工程做法则例》规定的 6.2 斗口、7.2 斗口、9.2 斗口略有出入），以进行调整；④斗口大小可按清式规定的等级，取其中一级（如二寸半、三寸），也可按实际情况确定斗口的大小（如 5cm、6cm、7cm 等）。

以上是大式做法，权衡尺寸主要是以斗口为率，而小式做法则以柱径为依据。其做法为：如柱高与柱径的比例为 11：1，七檩或六檩小式，明间面宽与柱高的比例为 10：8，即通常所谓面宽一丈，柱高八尺。如清工部《工程做法则例》规定："凡檐柱以面阔十分之八定高，以十分之七（应为百分之七——著者）定径寸。如面阔一丈一尺，得柱高八尺八寸，径七寸七分。"五檩、四檩小式建筑，面阔与柱高之比为 10：7。根据这些规定，就可以进行推算，已知面宽可以求出柱高，已知柱高可以求出柱径；相反，已知柱高或柱径，也可以推算出面阔。

这里的面宽主要指明间的面宽，它的确定还要综合考虑其他许多方面的因素，既要考虑实际需要（即所谓适用的原则），又要考虑实际可能（如木材的长短、径寸等因素），并要受封建等级制度的限制。在古代，明间面宽的确定还受到封建迷信思想的束缚，在考虑面宽时必须使

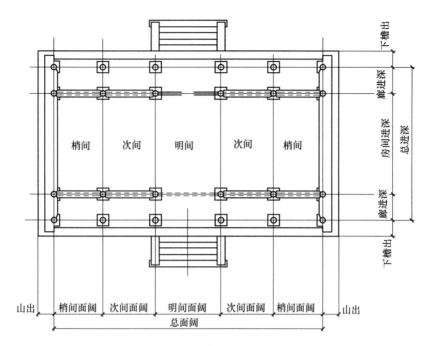

图 2-12　面宽与进深平面图

门口尺寸符合门尺上"官""禄""财""义"等吉字的尺寸。次间面宽酌减，一般为明间的8/10或按实际需要确定。

2. 进深的确定

带斗栱的大式建筑的进深，在充分考虑功能要求的前提下，通常按斗栱攒数定，大式庑殿、歇山，山面显二至三间不等，每间置平身科斗栱三至四攒。如已事先确定了进深尺寸，则可按反算法确定出每间斗栱的攒数。

建筑物进深的确定也受许多因素的制约，首先应考虑建筑物的功能需要，其次要考虑建筑材料的长短。尤其是小式建筑，清《工程做法则例》列举的小式木构建筑，梁架长（即进深）均不超过五檩、四步。遇有七檩房则通过增加前后廊的办法来解决进深问题。

3. 下檐出和山出

台明由檐柱中向外延展至台明边的部分为台明出沿，对应屋顶的上出檐，又称为"下檐出"或简称"下出"。

下出尺寸：小式做法定为檐柱柱高的2/10、上出檐的4/5或檐柱径的2.4倍；大式下檐出为檐柱柱高的2/10～3/10。

不同的屋顶形式也可以按其与上檐出比例处理，庑殿、歇山屋顶一般为上檐出的3/4，硬山、悬山为2/3等。

山出尺寸：一般为由山墙外皮加一寸或二寸金边，悬山的山出按山柱柱径的2～2.5倍，歇山、庑殿的山出与下檐出相同。山出位置如图2-13所示。

4. 台明宽度和长度

台明宽度为通进深＋前后下檐出两部分；台明长度为通面阔＋两侧山出两部分。

5. 侧脚

柱网布局时，有些建筑还会遇到侧脚问题。为了加强建筑的整体稳定性，古建筑最外一圈柱子的下脚通常要向外侧移出一定尺寸，使外檐柱子的上端略向内侧倾斜，这种做法称为"侧脚"，工人师傅称为"掰升"。清代建筑柱子的侧脚尺寸与收分尺寸基本相同，如柱高3m，收分3cm，侧脚亦为3cm。由于外檐柱的柱脚中线按原设计尺寸向外侧移出柱高的1/100（或

7/1000)，并将移出后的位置作为柱子下脚中轴线，而柱头位置仍保持原位不动，这样，在平面上就出现了柱根、柱头两个平面位置（图 2-13）的情况。清式古建筑仅仅外圈柱子才有侧脚，里面的金柱、中柱等都没有侧脚。

需要强调说明的是：柱子收分是在原有柱径的基础上向里收尺寸，如檐柱径为 D，收分以后柱头直径为 $D-D/10=9/10D$。这里作为权衡单位的柱径 D，是指柱根部分的直径，而不是柱头的直径。柱子侧脚则是在原设计尺寸的基础上将柱根向外侧移出，如廊步架原设计尺寸为 $5D$，柱脚掰升以后，檐、金柱柱根中—中距离变为 $5D+D/10$。

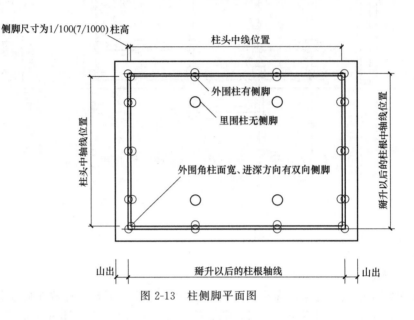

图 2-13　柱侧脚平面图

（二）立面

1. 一般台明的高度

大式做法为檐柱高的 1/5，小式做法为 1/7～1/5，参见图 2-14。小式房座台明高为柱高的 1/5 或柱径的 2 倍。大式做法的台明高为台明上皮至桃尖梁下皮高的 1/4。

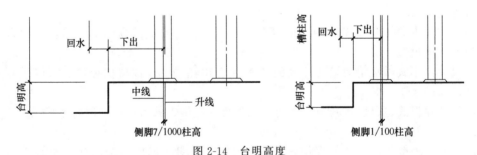

图 2-14　台明高度

2. 须弥座形式的台明

石须弥座是高级石台明的基座，《营造法原》称为"金刚座"。须弥座的用材可为砖雕、石雕和木刻等结构。随着历史的发展，须弥座由简单层叠台基发展为豪华台座，其中尤以清制须弥座最为壮观。清制须弥座的外观组成构件名称，由上而下为：上枋、上枭、束腰、下枋、下枭、圭脚等，如图 2-8 所示。高级基座可由 2～3 个台座层垒叠起来，如北京故宫三大殿就是坐落在三个台层台基上，故简称为"故宫三台"。

（1）宋制石须弥座　宋制石须弥座在石作制度中介绍得比较简单，只述到大致做法为"以石段长三尺，广二尺，厚六寸，四周并叠涩坐数，令高五尺，下施土衬石，其叠涩每层露棱五寸，束腰露身一尺，用隔身板柱，柱内平面作起突壶门造"。即石须弥座用 3 尺×2 尺×0.6 尺块石，围着四周叠砌数层，要求高为 5 尺，最下铺土衬石，束腰高 1 尺，立角柱，柱内平面要起凸成壶口形。

（2）清制石须弥座　清制石须弥座的规格为：通身高度按台明露明高度分为 51 份，分配如下：圭脚高 10 份、下枋高 8 份、下枭高 7 份（含皮条线）、束腰高 10 份（含皮条线）、上枭高 7 份（含皮条线）、上枋高 9 份。在须弥座台明前后或单面中间部分安置御路或两边设置踏跺，如图 2-15 所示。

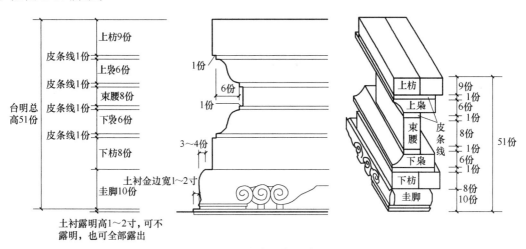

图 2-15　须弥座各层关系

（三）细部

1. 顺弥座的结构

《营造法原》第九章述"露台之较华丽者，常作金刚座，其结构自上而下为台口石，石面平方形。下为圆形之线脚，有时雕莲瓣称荷花瓣，荷花瓣可置二重。中为宿腰，宿腰平面缩进，于转角处雕荷花柱等饰物，中部雕流云、如意等饰物。下荷花瓣之下为拖泥，拖泥为面平石条，设于土衬石之上"。即其结构为：台口石、线脚、荷花瓣、束腰、荷花瓣、拖泥、土衬石。上述金刚座即为须弥座。

以上所述每种构件的加工精度，要求达到二遍剁斧等级。

2. 须弥座"上、下枋"的构造——形似木枋之石

上枋与下枋是须弥座的起讫构件，简称为"石枋"（《营造法式》用"方涩平"、《营造法原》用"台口石"做为上枋），为矩形截面，因有似梁枋作用而得名，如图 2-16 所示。其截面高为：

$$上（下）枋高 = \frac{台明高}{51} \times 上（下）枋份数$$

上、下枋的外观面可为素面也可为雕刻花面，常用图案有宝相花和蕃草，如图 2-16 所示。

3. 须弥座"上、下枭"的构造——凸凹弧面之石

上枭与下枭是须弥座外观面进行凸凹变化的构件，《营造法式》为"仰莲、合莲"，《营造法原》为"上、下荷花瓣"，上、下枭因凹凸比较急速凶猛而得名，其构件高为：

$$上（下）枭高 = \frac{台明高}{51} \times 上（下）枭份数$$

上、下枭的外观面也可为素面或雕刻面，常用的雕刻花纹为"叭达马"，如图 2-17 所示。

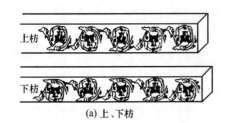

(a) 上、下枋   (b) 石枋形式   (c) 石枋花饰

正反宝相花   正反蕃草

图 2-16 上、下枋和花饰

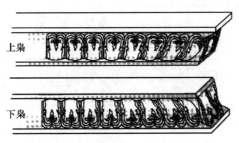

枭的形式   枭的花饰

图 2-17 上、下枭

4. 须弥座"束腰"的构造——台基中腰之石

束腰是使须弥座的中腰紧束直立的构件，一般都做得比较高，当高度较大时，为了显示其气势，常在转角处设置角柱，称为"金刚柱"。清制束腰的高为：

$$束腰高 = \frac{台明高}{51} \times 束腰份数$$

束腰为矩形截面，其外观面一般都雕刻有带形花纹，称为"花碗结带"，金刚柱也多雕刻有如意、玛瑙等花纹，如图 2-18 所示。束腰与金刚柱侧面凿有销孔，用铁销相互连接。

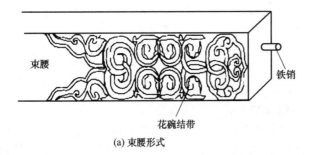

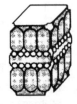

束腰   铁销

如意金刚柱   玛瑙金刚柱

花碗结带

(a) 束腰形式   (b) 金刚柱形式

图 2-18 束腰

5. 须弥座"圭脚"的构造——经雕刻台基之石

圭脚是须弥座的底座，外侧面雕刻有云状花纹，正面为圆弧形，如图 2-19 所示。其厚为：

$$圭脚高 = \frac{台明高}{51} \times 圭脚份数$$

《营造法式》用"单肚混"、《营造法原》用"拖泥"作为垫底构件。

图 2-19 圭脚

6. 须弥座"螭首"的构造

"螭首"又称为"龙头""喷水兽"，用于清制豪华做法的须弥座，在上枋位置的四角角柱

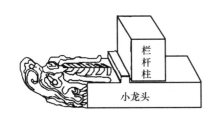
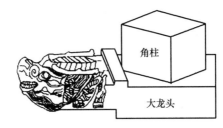

(a) 螭首(龙头)

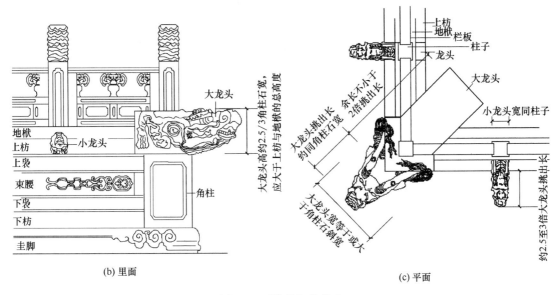

(b) 里面

(c) 平面

图 2-20 "螭首"的构造

下安装大龙头，柱间每间隔一定距离安装小龙头，如图 2-20 所示。它不仅是一种装饰物，更重要的是还可作为台明雨水的排水设施，通过管口将雨水从龙嘴吐出。

大龙头的挑出长度按 3 倍角为柱径，宽为 1 倍柱径，厚为 0.8 倍柱径。小龙头挑出长度为 0.8 倍柱径，宽为 1 倍柱径，厚为 1.2 倍枋厚。

7. 土衬石

土衬石是指石砌台明侧立面陡板石的底层构件，它是承托其上所有石构件（如陡板石、埋

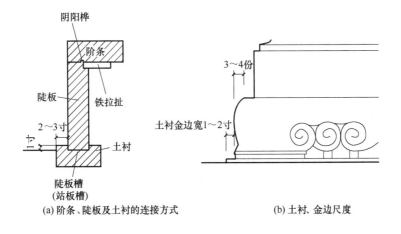

(a) 阶条、陡板及土衬的连接方式

(b) 土衬、金边尺度

图 2-21 土衬、金边

头石、阶沿石等）的衬垫石，其上凿有安装连接上面石构件的落槽口，以便增强连接的稳固性，宋制没有具体规定，清制要求其上表面金边宽出陡板，如果是一般台明，其宽出上面台明2～3寸，厚按本身宽折半，高出地面约1～2寸；如果是须弥座台明，则宽出圭脚1～2寸，如图2-21所示。

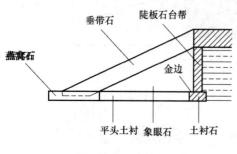

图 2-22　平头土衬

8. 平头土衬

与土衬石在同一标高，象眼石下的垫基石称为平头土衬（图2-22）。它与台基土衬不同之处是没有落口剔槽，即平头面，无落口槽之衬垫石。宽厚与踏跺石同。

9. 陡板石

垂直立砌之板石，又称"侧塘石"，是台明侧边的护边石，一般立砌镶贴在背里砖的外皮，顶面和侧面剔凿插销孔，以便相互用插销连接，底面卡入土衬落槽内，如图2-22所示。其长和高没有严格的尺寸规定，可根据现场材料进行均匀设置。其厚度一般为13～16cm。制作加工要求达到二步做糙等级即可。

10. 角柱石

角柱石也称为"埋头石"，是台明转角部位的护角石，如图2-23所示。制作加工要求达到二步做糙等级即可。其规格，宋《营造法式》规定："造角柱之制，其长视阶高，每长一尺则方四寸。柱虽加长，至方一尺六寸止。其柱首接角石处合缝，令与角石通平。若殿宇阶基用砖作垒涩坐者，其角柱以长五尺为率，每长一尺则方三寸五分"。即角柱石长按台明高而定，断面宽窄按每高一尺为4寸×4寸计算，但最大不超过1.6尺×1.6尺。角柱石两面要与其上的角面石平。如果殿宇用砖砌须弥座，其高不超过5尺，断面按每高一尺为3.5寸见方计算。

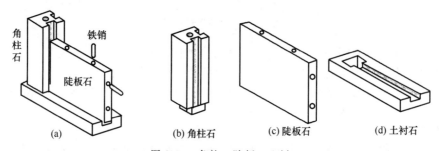

图 2-23　角柱、陡板、土衬

清《工程做法则例》规定："凡无陡板埋头角柱石，按台基之高除阶条石之厚得长，以阶条石宽定见方，如阶条石宽一尺二寸二分，得埋头角柱石见方一尺二寸二分"。

《营造法原》没有专门设置角柱石，也未做具体规定，依现场情况配制，角柱石规格如表2-1所示。

表 2-1　角柱石规格

名称	构件长	截面宽	截面高
《营造法式》	阶高一压阑厚	0.4 倍高至 1.6 尺	0.4 倍高至 1.6 尺
《工程做法则例》	台明高一阶条厚	1.22 尺	1.22 尺
《营造法原》	按现场情况配制		

11. 柱顶石

我国仿古建筑构架中的落地柱，一般均为木柱，它具有体轻、易搬运、易加工和易安装等特点，但是容易受潮、腐蚀，因此，一般不宜将柱脚直接插入地下，而是放在一块垫脚石上进行过渡，此石称为"柱顶石"。柱顶石又称"鼓镜"、"鼓磴"，一般用青石、花岗石等加工而成，根据其形式不同，分为圆鼓镜、方鼓镜、平柱顶、异形顶、联办顶等，较常使用的形式如图 2-24 所示。这些石构件的加工精度要求达到二遍剁斧等级。

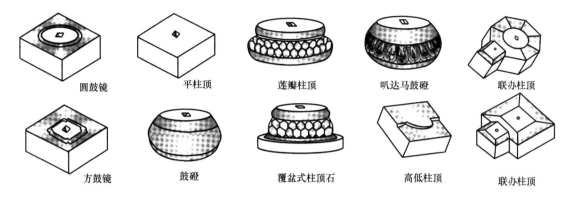

圆鼓镜　　　　平柱顶　　　　莲瓣柱顶　　　　叭达马鼓磴　　　联办柱顶

方鼓镜　　　　鼓磴　　　　覆盆式柱顶石　　　高低柱顶　　　　联办柱顶

图 2-24　柱顶石

（1）宋制柱顶石的规格　　宋《营造法式》卷三述："造柱础之制，其方倍柱之径（谓柱径二尺，即础方四尺之类），方一尺四寸以下者，每方一尺厚八寸。方三尺以上者，厚减方之半。方四尺以上者，以厚三尺为率。若造覆盆，每方一尺，覆盆高一寸，每覆盆高一寸，盆唇厚一分。如仰覆莲华，其高加覆盆一倍"。此述说明了以下三种柱础尺寸。

① 一般方鼓磴的尺寸：其直径按 2 倍柱径，当方径在 1.4 尺以下者，其高按本身方径的0.8 倍；方径在 3 尺以上者，其高按本身方径的 0.5 倍；方径 4 尺以上者，其高以不超过本身方径的 0.5 倍为原则。

② 覆盆柱顶石的高按方径尺寸的 0.1 倍计算。盆唇边厚按方径尺寸的 0.01 倍计算。

③ 圆弧形盆状鼓磴的高按方径尺寸的 0.2 倍计算。

（2）清制柱顶石的规格　　清《工程做法则例》卷四十二述，大式建筑"凡柱顶石，以柱径加倍定尺寸，如柱径七寸，得柱顶石见方一尺四寸。以见方尺寸折半定厚，得厚七寸。上面落鼓镜，按本身见方尺寸内每尺做高一寸五分"。清《工程做法则例》卷四十五述，小式建筑"凡柱径七寸以下，柱顶石照柱径加倍之法，各收二寸定见方，如柱径七寸，得见方一尺二寸。以见方尺寸三分之一定厚，如见方一尺二寸，得厚四寸"。因此，清制柱顶石的直径，大式建筑按 2 倍柱径，石厚按 0.5 倍石径。如果上面要做成鼓镜形，其高按 0.5 倍石径。小式建筑按2 倍柱径减 2 寸，厚按 1/3 石径。

（3）《营造法原》柱顶石的规格　　《营造法原》在第一章述："柱下常设鼓磴，其形或方或圆，鼓磴之下填石板，与尽间阶沿相平称磉石"，在石作章述："鼓磴高按柱径七折，面宽或径按柱每边各出走水一寸，并加胖势各二寸。磉石宽按鼓磴面或径三倍"。这就是说，在鼓磴之下，铺垫有一层与地面相平的石块，称为"磉石"。鼓磴高为 0.7 倍柱径，面宽出柱径 1 寸，腰鼓出 2 寸，详见表 2-2。

表 2-2　柱顶石（鼓磴）规格

古籍出处	方　　径	高　厚
《营造法式》	2 倍柱径	方径 1.4 尺下者 0.8 倍，方径 3 尺上者 0.5 倍，方径 4 尺上者不大于 3 尺
《工程做法则例》	大式：2 倍柱径；小式：2 倍柱径－2 寸	大式：0.5 倍方径；小式：1/3 方径
《营造法原》	周边各出柱径 1 寸，腰各出 2 寸	0.7 倍柱径

12. 阶条石——台明边缘之条石

"阶条石"又称"阶沿石""压栏石""压面石"等，它是台明地面的边缘石，主要起保护台面免被腐蚀破坏作用。制作加工要求达到二遍剁斧的等级。

阶条石的规格，宋《营造法式》卷三述："造压阑石之制，长三尺，广二尺，厚六寸"。清制要求其长度除坐中落心石按明间面阔配制外，前檐阶条石按"三间五安、五间七安、七间九安"进行配制。所谓"三间五安"，即指为三间房布置者，其长以安放五块阶条石进行设置。

阶条石的宽度，大式按下檐出尺寸减半柱顶石，小式按柱顶石方径减 2 寸。阶条石的厚度，大式建筑按 0.4 本身宽取定，小式建筑按 0.3 本身宽取定。

《营造法原》在第九章述："台口铺尽间阶沿。厅堂阶台，至少高一尺……阶台之宽，自台石至廊柱中心，以一尺至一尺六寸为准，视出檐之长短及天井之深浅而定……台宽依廊界之深浅，譬如界深五尺，则台宽自台边至廊柱中心为五尺，或缩进四、五寸，唯不得超过飞椽头滴水"。即阶沿石沿台口铺至两端，厅堂阶沿石宽为 1 尺至 1.6 尺。殿庭阶沿石宽，按廊道界深减 4 寸～5 寸。阶沿石厚可按阶踏厚。

根据以上所述，阶条石规格如表 2-3 所示。

表 2-3   阶条石规格

古籍出处	构件长	截面宽	截面高
《营造法式》	3 尺	2 尺	0.6 尺
《工程做法则例》	3 间 5 安,5 间 7 安,7 间 9 安；也可现场配制	大式按下檐出一半柱顶石；小式按柱顶石－2 寸	大式按 0.4 本身宽；小式按 0.3 本身宽
《营造法原》	按台边长配制	厅堂＝1 尺至 1.6 尺；殿庭＝廊界深－0.4(0.5)尺	0.5 尺或 0.45 尺

13. 踏跺的形式与构造（台阶）

台明与室外地面都做有一个高度差，踏跺就是为连接这高差而设置的台阶。它是台明地面与自然地坪的交通连接体。《营造法式》称为"踏道"。

（1）踏跺的形式　踏跺的构造形式有许多种，如垂带踏跺、如意踏跺、御路踏跺、单踏跺、连三踏跺、垂手踏跺、抄手踏跺、云步踏跺等，其中垂带踏跺、如意踏跺、御路踏跺较常用，如图 2-25 所示。

垂带踏跺是指踏跺两边有带状条石做成斜坡的面层，下面设有三角形栏墙，如图 2-25 (a)所示。

如意踏跺是指没有栏墙的踏跺，三面均可自由上下，是一种简便做法，如图 2-25 (b)所示。

御路踏跺是指将垂带踏跺拓宽，并在中间加一条斜坡路面，此路面常用龙凤雕刻装饰，故称为"御路"，仅用于与宫殿建筑，如图 2-25 (c)所示。

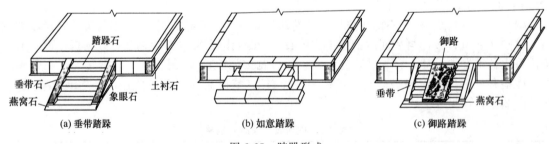

(a) 垂带踏跺　　　　　　　(b) 如意踏跺　　　　　　　(c) 御路踏跺

图 2-25   踏跺形式

（2）踏跺的整体构造尺寸　宋《营造法式》卷三述："造踏道之制，长随间之广，每阶高一尺作二踏，每踏厚五寸，广一尺。两边副子各广一尺八寸（厚与第一层象眼同）。两头象眼如阶高四尺五寸至五尺者三层（第一层与副子平，厚五寸。第二层厚四寸半，第三层厚四寸），高六尺至八尺者五层（第一层厚六寸，每一层各递减一寸）或六层（第一层第二层厚同上，第三层以上每一层各递减半寸）。皆以外周为第一层，其内深二寸又为一层（逐层准此），至平地施土衬石，其广同踏"。依其所述，踏道宽按面阔的间宽。阶石规格为宽 1 尺、厚 5 寸。副子

（即垂带）宽 1.8 尺。三角形栏墙（象眼）做成层层内凹形式，当台阶高 4.5～5 尺者，按三层内凹，6～8 尺者按五层或六层内凹。

清《营造算例》规定："面阔如合间安，按柱中面阔，加垂带宽一份即是。如合门安，按门口宽一份，框宽二份，垂带宽二份是"。即如果踏道按开间布置的话，其阶宽按柱子中线之面阔加垂带宽而定，如果按门宽布置的话，应按槛框外边尺寸加两垂带宽取定。

（3）踏跺细部构件中踏跺石的形式与规格——台阶踏步石　踏跺石又称踏步石，宋称"阶石"，是指砌筑台阶踏步的阶梯石，按宽 1 尺、厚 5 寸取定。《营造法原》称之为"踏步""副阶沿"，按"副阶沿每级高五寸，或四寸半，宽倍之"取定。

清称之为基石（分上中下），上基石称"摧阶"，下基石称"燕窝石"，其余称"踏跺心子"。按"宽以一尺至一尺五寸。厚以三寸至四寸"取定。制作加工要求达到二遍剁斧的等级。

（4）踏跺中"垂带"形式与规格——台阶之牵边石　垂带即现代建筑台阶两边的牵边，宋称"副子"，其宽为 1.8 尺。《营造法原》称"菱角石"，清称"垂带"，按"宽厚与阶条石同"。制作加工要求达到二遍剁斧的等级，如图 2-26 所示。

（5）踏跺中"象眼"形式与构造——三角形之石　"象眼"一般是指三角形的垂直面，此处是指踏跺两端的三角形栏墙，《营造法原》统称为"菱角石"。宋制垂带做成层层内凹形状，按每层内退 2 寸剔凿，如图 2-26 所示。清制垂带为垂直平面的三角形石板，石厚按垂带宽的 0.3 取定。制作加工要求达到二遍剁斧等级。

（6）踏跺中"御路石"形式与规格——有龙凤雕刻的斜坡石　它是指隔离左右踏道的分界石，多采用龙凤雕刻或宝相花图案，石宽按其长的 0.3～0.5 倍取定，厚按本身宽的 1/3 取定。

（7）"姜磋石""燕窝石"——锯齿形石坡道、有阻滑窝槽之石

① 姜磋石。"姜磋"又称"礓磋"，是带锯齿形（棱角凸起）的坡道，是供车辆行驶的防滑坡道，如图 2-26 所示。

② 燕窝石。"燕窝石"是垂带踏跺和姜磋踏道最下面一级踏跺的铺垫石，它在垂带下端处剔凿有槽口，用以顶住垂带避免下滑，如图 2-26 所示。

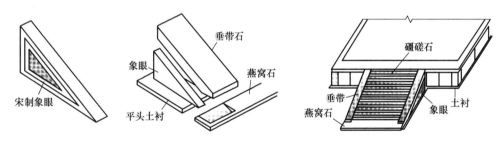

图 2-26　象眼石、垂带石等

14. 过门石、分心石、槛垫石

这三种均为门厅地面进门之石。

（1）过门石　对有些比较讲究的建筑，为显示其豪华富贵，专门在房屋开间正中的门槛下，布置一块顺进深方向的方正石，此称为"过门石"。一般只在开有门的正间和次间布置。石宽可大可小，以小于 1.1 倍柱顶石径为原则，厚按 0.3 倍本身宽或与槛垫石同厚。制作加工要求应达到二步做糙等级。

（2）分心石　分心石是更豪华的过门石，它比过门石长，设在有前廊地面的正开间中线上，从槛垫石里端穿过走廊直至阶条石，因此，在使用分心石后，不再布置过门石。

分心石宽按 0.3～0.4 倍本身长，厚按 0.3 倍本身宽。制作加工应达到二步做糙等级。

（3）槛垫石　对有些要求比较高的房屋，为免使槛框下沉和防潮，常在下槛之下铺设一道衬垫石，称此为"槛垫石"，分为"通槛垫"和"掏当槛垫"两种。

通槛垫是指沿整个下槛长度方向所铺设的槛垫石,即为不设过门石的通长槛垫石,如图 2-27 所示。掏当槛垫是指在有些房屋中,使用了过门石,处在过门石外的槛垫石,也就是指被过门石分割的间断槛垫石,如图 2-27 所示。

槛垫石的宽度按 3 倍下槛宽,厚按 0.3~0.5 倍本身宽。靠门轴部分的槛垫石可与门枕石联办在一起加工,称为"带门枕槛垫",如图 2-27 所示。

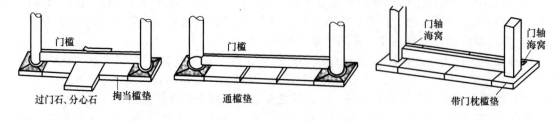

图 2-27　过门石、分心石、槛垫石

第三章 ◀◀◀◀◀

硬山、悬山建筑的设计

第一节　构架设计

　　硬山与悬山建筑都是一种普通人字形坡屋面建筑，硬山建筑的屋面仅有前后两坡，左右两侧山墙与屋面相交，并将檩木梁架全部封砌在山墙内，或不超出山墙外皮，这种建筑形式称为硬山建筑；悬山建筑屋面也同硬山建筑相似，有前后两坡，但它梢间的檩木不是包砌在山墙之内，而是挑出山墙之外，使得两山屋面随之悬出于山墙或山面屋架，这种形式称为悬山（亦称挑山）式建筑。挑出的部分称为"出梢"。

　　从建筑物的柱网分布以及正身梁架的构造看，悬山与硬山建筑并无多少区别，所不同的只

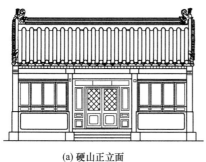

(a) 硬山正立面

(b) 硬山山面

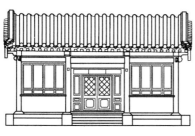

(c)卷棚悬山正立面

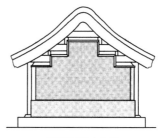

(d)卷棚悬山山面

图 3-1　硬、悬山建筑立面形式

是山面檩木的变化。硬山房山面檩木完全包砌在山墙内，悬山建筑山面檩木则挑出于山墙之外。硬山和悬山建筑都是古建筑中最普通的建筑形式，住宅、园林、寺庙中大多都采用这类建筑，有的甚至放在主要建筑位置上。硬、悬山建筑立面形式如图 3-1 所示。

一、平面布局

硬、悬山平面如图 3-2 所示。具体设计参见第二章第二节中"三、台明的尺度"相关内容。

二、立面构造

硬山建筑和悬山建筑均以小式为多。其构造结构如图 3-3 所示。常见的有七檩、六檩、五檩、四檩等几种形式，节点如图 3-4 所示，这几种是硬山和悬山建筑常见的形式。硬山建筑与悬山建筑的区别在于山面的处理上，一个檩不出山墙，一个出山墙。

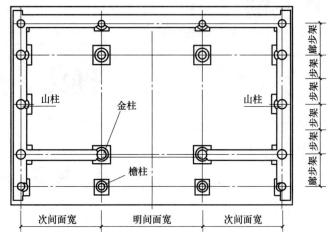

图 3-2　七檩硬、悬山平面图

根据建筑外形及屋面做法，屋面可分为大屋脊屋面和卷棚屋面两种。大屋脊屋面前后屋面相交处有一条正脊，将屋面截然分为两坡。常见者有五檩、七檩及五檩中柱式、七檩中柱式（后两种多用作门庑）。卷棚屋面脊布置双檩，屋面无正脊，前后两坡屋面在脊部形成过陇脊，常见者有四檩卷棚、六檩卷棚、八檩卷棚等。还有一种将两种悬山结合起来，勾连搭接，称为一殿一卷，这种形式常用于垂花门［图 3-4(c)］，其中硬山使用卷棚屋面的较少，而悬山建筑相应使用卷棚屋面的较多。

在使用上，硬山多用于正厅及比较明显的位置，如七檩前后廊式建筑是小式民居中体量最大、地位最显赫的建筑，常用它来做主房，有时也用做过厅。六檩做法特别，在建筑的前面加出廊，可用作带廊子的厢房、配房，也可用做前廊后无廊式的正房或后罩房。五檩无廊式建筑多用于无廊厢房、后罩房、倒座房等。悬山建筑则以六檩、四檩卷棚居多，偏重用于门庑及小型景观建筑，如垂花门、轩、廊、榭等。

硬山建筑和悬山建筑也有大式建筑的个例，带斗栱的大式建筑更少，即使有，一般也不过一斗三升或一斗二升交麻叶不出踩斗栱。无斗栱大式硬山实例稍偏多一点，它与小式建筑的区别主要在建筑尺度，屋面做法（如屋面多施青筒瓦，置脊饰吻兽或使用琉璃瓦），建筑装饰（如梁枋多施油漆彩画）。

（一）步架

凡古建筑中双脊檩卷棚构架中，最上面居中一步称为"顶步"，除廊步（或檐步）和顶步在尺度上有所变化外，其余各步架尺寸基本是相同的。小式廊步架取 $4D \sim 5D$（D❶为柱径），金脊各步取 $4D$，顶步架尺寸一般都小于金步架尺寸，以四檩卷棚为例，确定顶步架尺寸的方法一般是：将四架梁两端檐檩中-中尺寸均分五等份，顶步架占一份，檐步架各占两份，顶步架尺寸最小不应小于 $2D$、最大不应大于 $3D$，在这个范围内可以调整。步架、举架关系如图 3-5 所示。

---

❶ 本书中的 D 都为柱径。

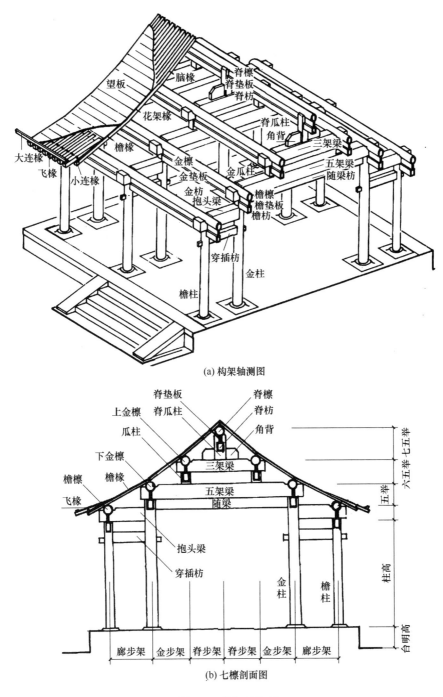

(a) 构架轴测图

(b) 七檩剖面图

图 3-3　构架结构图

（二）举架

举架是指相邻两檩中-中的垂直距离，也称举高。清代建筑常用举架有五举、六五举、七五举、九举等，表示举高与步架之比为 0.5、0.65、0.75、0.9 等，也称为系数。清式做法的檐步（或廊步），一般定为五举，称为"五举拿头"。小式房屋或园林亭榭，檐步也有采用四五举或五五举的，要视具体情况灵活处理。小式房脊步一般不超过八五举，大式建筑脊步一般不超过十举，古建屋面举架的变化决定着屋面曲线的优劣，所以在运用举架时应十分讲究，要注意屋面曲线的效果，使其自然和缓。千百年来，古建筑匠师们在举架运用上已积累了一套成

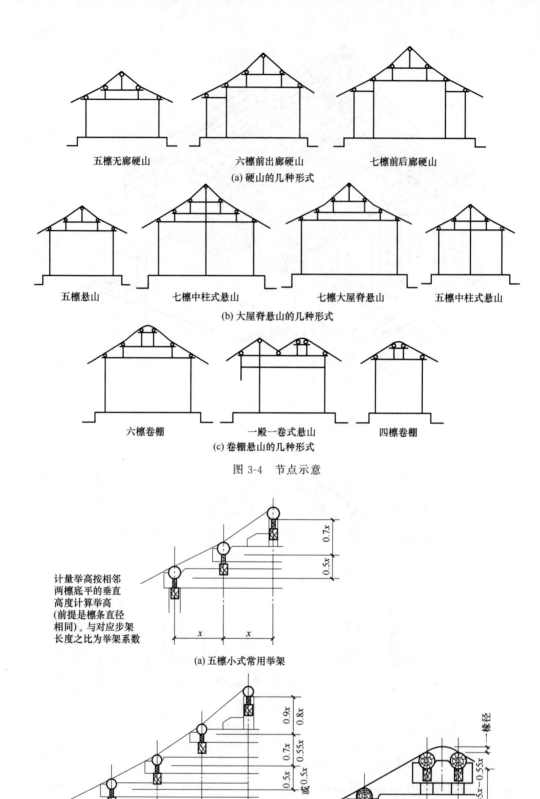

五檩无廊硬山　　　　六檩前出廊硬山　　　　七檩前后廊硬山

(a) 硬山的几种形式

五檩悬山　　　七檩中柱式悬山　　　七檩大屋脊悬山　　　五檩中柱式悬山

(b) 大屋脊悬山的几种形式

六檩卷棚　　　　一殿一卷式悬山　　　　四檩卷棚

(c) 卷棚悬山的几种形式

图 3-4　节点示意

计量举高按相邻
两檩底平的垂直
高度计算举高
(前提是檩条直径
相同)。与对应步架
长度之比为举架系数

(a) 五檩小式常用举架

(b) 七檩小式建筑常用举架　　　　(c) 四檩卷棚

图 3-5　步架、举架关系图

功经验，形成了较为固定的程式，如小式五檩房，一般为檐步五举、脊步七举；七檩房各步分别为五举、六五举八五举等，如图3-5所示。举架的举折与从屋檐至屋脊根自然弯垂的绳索基本吻合，是一条柔美的曲线。大式建筑各步可依次为五举、六五举、七五举、九举等。卷棚构架的举架和步架尺寸的调整，要视顶步架椽子的弯折弧度和举高直线段的趋势，以免发生死弯。

（三）构架

1. **檐柱、金柱**

沿面宽方向的第一排（即前檐）和最后一排柱子，称檐柱，细分称为前檐檐柱和后排檐柱，第二排和倒数第二排为金柱（俗称老檐柱）。前檐檐柱与金柱之间为廊子，装修一般安装在金柱之间，称为"金里安装修"。在檐柱和金柱之间，由穿插枋和抱头梁相联系，如图3-6所示。

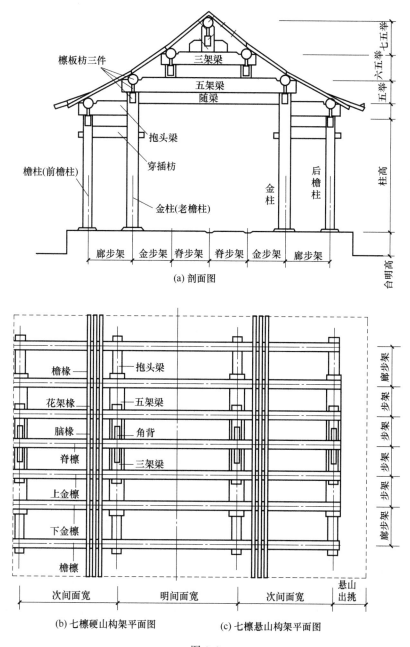

(a) 剖面图

(b) 七檩硬山构架平面图　　(c) 七檩悬山构架平面图

图 3-6

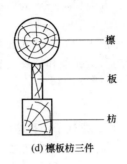

(d) 檩板枋三件

图 3-6　梁架关系图

2．穿插枋、抱头梁

穿插枋在檐金柱之间主要起连系拉结作用，抱头梁也有连系檐金柱的作用，但它的主要作用是承接檐檩。

3．檐枋

檐枋在檐柱之间梁上端沿面宽方向，它是连系檐柱柱头的构件。

4．檩三件

抱头梁上面安装檐檩，檐檩和檐枋之间安装垫板，这种檩、垫板、枋子三件叠在一起的做法称作"檩三件"。

5．金枋、随梁

在金柱的柱头位置，沿面宽方向安装金枋（又称老檐枋），进深方向安装随梁。随梁的主要作用是连系拉结前后檐金柱。随梁和金枋在金柱柱头间形成的围合结构，其功用类似圈梁，对稳定内檐下连架（即柱头以下）结构起着十分重要的作用。

6．五架梁、三架梁

金柱之上为五架梁。所谓五架梁，是指这根梁上面承有五根檩，五架梁又俗称大柁，它是最主要的梁架。五架梁上承三架梁。

7．瓜柱、柁墩、脊瓜柱、角背

三架梁由瓜柱或柁墩支承。瓜柱或柁墩的高低，即两梁之间净距离的大小。一般说来，如果这段距离大于等于瓜柱直径（或侧面宽度），则应使用瓜柱，如小于瓜柱直径（或侧面宽度）则应使用柁墩。三架梁上面居中安装脊瓜柱。由于脊瓜柱通常较高，稳定性差，需辅以角背，以增加脊瓜柱的稳定性。瓜柱、角背、脊瓜柱如图 3-7 所示。

8．排山梁架、双步梁、单步梁

在硬山建筑中，贴着山墙的梁架称为排山梁架。排山梁架常使用山柱，山柱由地面直通屋脊并支顶脊檩，将梁架从中分为两段，使五架梁变成为两根双步梁，三架梁变成为两根单步梁，如图 3-8 所示。

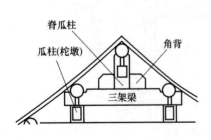

图 3-7　瓜柱、角背、脊瓜柱

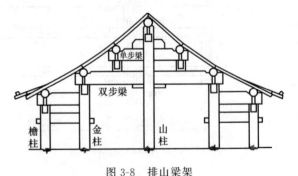

图 3-8　排山梁架

9. 椽子、望板、连檐，瓦口

在木构架上面，设置了屋面木基层，木基层上面设有椽子、望板、连檐、瓦口等。椽子是屋面木基层的主要构件，小式建筑的椽子多为方形，大式建筑和园林建筑用圆椽者较多。由于古建筑屋面每步架的举度不同，屋面上椽子分为若干段，每相邻两檩为一段，椽子依位置不同分别称为檐椽花架椽、脑椽，其中，用于檐步架并向外挑出者为檐椽，用于脊步架的为脑椽，檐椽脑椽之间各部分均称为花架。在这些椽子中，檐椽最长，它的长度为檐（或廊）步架加上挑出部分再乘五举系数 1.12。在檐椽之上，还有一层椽子，附在檐头向外挑出，后尾呈楔形，叫做飞椽。有些较简陋的民居，屋檐处只用一层檐椽，不用飞椽，称为"老檐出"做法，这也比较常见。

10. 博风板

悬山檩木悬挑出梢，使屋面向两侧延伸出山墙，在山面形成出沿，这个出沿有防止雨水侵袭墙身的作用，这是悬山建筑优于硬山的地方。但檩木出梢也有弊端，带来了山木构架暴露在外面的缺点，这对于建筑外形的美观和木构架端头的防腐蚀都是不利的。为解决这个问题，古人在挑出的檩木端头外面用一块厚木板挡起来，使暴露的檩木得到掩盖和保护，这块木板叫"博风板"（又称博缝板、封山板，宋朝时称搏风板）。博风板的尺度是与檩子或椽子尺寸成比例的。清式则例规定，博风板厚 0.7～1 椽径，宽 6～7 椽径（或二檩径），随屋面举折做成弯曲的形状，悬山出挑部分如图 3-9 所示。

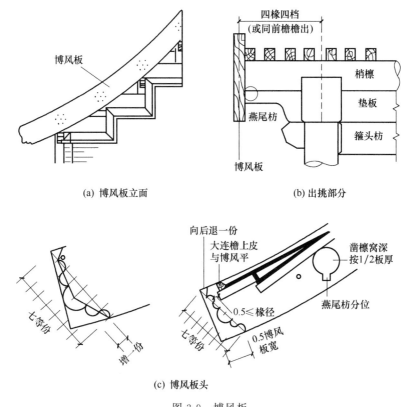

(a) 博风板立面   (b) 出挑部分

(c) 博风板头

图 3-9　博风板

悬山的梢檩向外挑出尺寸的多少，清代《工程做法则例》有两种规定：一种是由梢间山面柱中向外挑出四椽四档［(图 3-9（b）］，这一种一般在用望砖时，椽子的距离要考虑到望砖的尺寸，椽子距离相对就小，如用木望板，则椽子的距离可相应变大，但也不可太大；另一种是由山面柱中向外挑出尺寸等于上檐出尺寸，檩子挑出部分的下面施燕尾枋，燕尾枋高、厚均同垫板，它安装在山面梁架的外侧，虽与内侧的垫板在构造上不发生任何关系，但应看做是垫板向出梢部分的延伸和收头。燕尾枋下面的枋子头做成箍头枋，既有拉结柱子的结构作用，又有装饰功能。

11. 山面构架

与悬山建筑山面构架有关系的山墙，也有不同的做法，常见有以下三种。

① 一种是墙面一直封砌到顶，仅把檩子挑出部分和燕尾枋露在外面。

② 另一种是五花山做法，采取这种做法时，山墙只砌至每层梁架下皮，随梁架的举折层次砌成阶梯状，将梁架暴露在外面。五花山做法是悬山建筑所独有的，它的优点是，有意识地将山面木构架暴露在外面，有利于构件的透风防腐。另外，墙面砌成阶梯形，又有改变墙面平板单调的外形，起到丰富立面效果的作用。

③ 还有一种做法就是山墙只砌至大柁下面，主梁以上木构全部外露，梁架的象眼空档用象眼板封堵。

硬山、悬山建筑的构架组合形式是古建筑最基本的构架组合形式。其他如悬山、歇山、庑殿等，它们正身部分构架的组成与这种构架都基本相同。因此，了解硬山建筑的构架，是掌握其他形式建筑构架的基础。

第二节　落地柱的设计

古建筑中，把直接在基础或台明上安装的柱子称为落地柱。檐柱、角柱、金柱、中柱等均属于落地柱。

一、传统做法

古建筑大木构件中，柱子是一种直立而承受上部荷载的构件，是中国古代建筑中最重要的构件之一，其种类繁多，根据所在建筑位置、部位不同，柱高、柱径及其形状和名称也有所不同，比如檐柱、角柱、金柱、中柱等。

（1）檐柱　是位于建筑物最外围的柱子，主要承载屋檐部分重量，也是权衡其他尺度的重要构件。

（2）角柱　也称角檐柱，传统角檐柱与檐柱基本相同，要注意的就是榫卯位置和方向以及如有侧脚时，角檐柱是两个方向。

（3）金柱　位于檐柱以内的柱子，除顺建筑物面阔方向中线上的柱（此柱称为中柱）以外，其余的都叫金柱。金柱依位置不同又有外围金柱和里围金柱之分。相邻檐柱的金柱称外围金柱（又叫"老檐柱"），在外围金柱以内的金柱称里围金柱。若一座建筑中没有用里围金柱，则外围金柱即简称金柱。金柱承受屋檐部分以上的屋面重量。金柱的构造基本与檐柱相同，设计时，注意馒头榫、管脚榫以及枋子口和卯眼位置、尺寸即可。

（4）中柱　位于建筑物纵中线上的柱子叫中柱。中柱直接支撑脊檩，将建筑物进深方向的梁架分为两段。中柱常用在门庑建筑中，而殿堂建筑一般不用，以扩大室内空间。位于建筑物两山的中柱称为山柱，常见于硬山和悬山建筑的山面。山柱将建筑物的排山梁架分为两段，山柱在门庑或民居中都可见到。这两种柱子的结构同金柱相似。

以上柱子均属于落地柱类型，建筑外观与结构受力相似，现以檐柱为例介绍如下。

（一）柱高和柱径

传统建筑的柱子，多以檐柱为基准，其柱高与柱径因小式与大式的区别而有所差异。

（1）小式建筑以及不带斗栱的大式建筑的柱高与柱径的确定　柱高与面宽、柱径都有着一定的比例关系，清工部《工程做法则例》规定："凡檐柱以面阔十分之八定高，以十分之七（应为百分之七）定径寸。如面阔一丈一尺，得柱高八尺八寸，径七寸七分。"如七檩或六檩小式，明间面宽与柱高的比例为 10∶8，即通常所谓面宽一丈，柱高八尺。柱高与柱径的比例为

11：1。五檩、四檩小式建筑，面阔与柱高之比为 10：7，不带廊的七檩和六檩建筑的面阔与柱高之比也为 10：7。根据这些规定就可以进行推算，已知面宽可以求出柱高，已知柱高可以求出柱径。柱高计算的起终点见图 3-10。

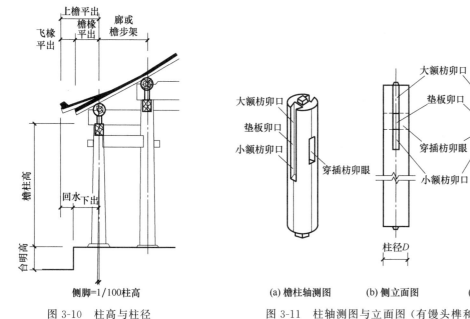

图 3-10　柱高与柱径

图 3-11　柱轴测图与立面图（有馒头榫和管脚榫）

（2）一般柱径的确定　檐柱直径规定为六口份（斗口），则檐柱直径 $D = 6$ 斗口 × 2.5 寸 =15 寸 =1.5 尺（48cm）（注：1 营造尺 =32cm）。柱轴测图与立面图见图 3-11。

（二）榫卯结构

柱子与梁枋结合是用榫卯结构实现的，如额枋、穿插枋、小额枋、抱头梁、雀替、槛框等与柱子的榫卯节点都能体现在柱子上。

1. 燕尾榫、透榫

与额枋、垫板等结合时一般使用燕尾榫，与抱头梁结合的是透榫，柱子设计时应标明尺寸，如图 3-12 所示。

2. 馒头榫

馒头榫是柱头与梁头垂直相交时所使用的榫子，与之相对应的是梁头底面的海眼。馒头榫用于各种直接与梁相交的柱头顶部，它的作用在于使柱与梁垂直结合，避免水平移位，参见图 3-13。清《工程做法则例》中规定："每柱径一尺，外加上下榫各长三寸"（即将馒头榫的长度定为柱径的 3/10）。施工中，常根据柱径大小适当调整馒头榫的长短径寸，一般控制在柱径的 2/10～3/10

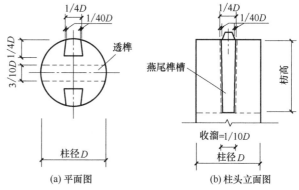

图 3-12　燕尾榫、透榫

之间。馒头榫截面或方或圆（即断面与长度相仿）。榫的端部适当收溜（即头部略小），榫的外端要倒楞，梁底海眼要根据馒头榫的长短径寸凿作，海眼的四周要铲出八字楞，以便安装。

3. 管脚榫

顾名思义，管脚榫即固定柱脚的榫，用于各种落地柱根部，童柱与梁架或墩斗相交处也用管脚榫，它的作用是防止柱脚位移。其长短径寸与馒头榫相同。较大规模的建筑，由于柱径粗大，且有槛墙围护，稳定性好，并为制作安装方便，常常不做管脚榫，柱根部做成平面，柱础石亦不凿海眼（图3-13）。古建筑落地柱尺寸权衡见表3-1。

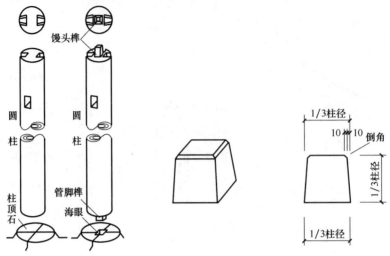

图 3-13　馒头榫和管脚榫

表 3-1　落地柱尺寸权衡

类别	构件名称	长	宽	高	厚（或进深）	径	备注
柱类	檐柱（小檐柱）			11D 或 8/10 明间面宽		D	
	金柱（老檐柱）			檐柱高加廊步五举		D+1寸	
	中柱			按实计		D+2寸	
	山柱			按实计		D+2寸	
	重檐金柱			按实计		D+2寸	

注：D 为柱径。

二、现代做法

古建筑的柱子基本都是木材制作，随着时代的进步，新的建筑材料逐渐取代了原有的材料，这就是传统建筑现代做法的体现，目前应用较多的是钢筋混凝土、钢结构以及装饰用的新型材料，如 PVC、PPR、JRC 等，这些材料既轻质又环保，尤其钢筋混凝土最为突出，它的应用代替了木材这种传统建筑材料。下面就介绍钢筋混凝土柱子的设计。

所有现代做法的钢筋混凝土构件的尺寸，一般都应尊重传统建筑的要求尺寸，柱高与柱径的确定尊重传统做法，但要注意，不设置柱头和柱根的馒头榫和管脚榫。古建筑柱子均为承重构件，常年设计结果已形成经验，就是古建筑柱子结构计算基本上都属于构造配筋，在设计时要注意按照设计规范要求配置。一般规定：混凝土采用 C30；钢筋，受力筋采用Ⅲ级钢，箍筋采用Ⅰ级钢。如选用不同时，应另加注。

钢筋混凝土柱子的设计，根据施工方法的不同，分为预制和现浇两种。

（一）预制柱

要注意在与梁枋交接处不留卯口，设置预埋件，以便与其他梁枋安装时焊接。预埋件钢板的厚度取 10mm，长、宽尺寸要依据与梁枋相交处的尺寸结合预埋件（图3-14）的有关规范而定，如图3-15所示。如预制柱与现浇梁枋类构件二次浇灌，则要预留插筋。

（二）现浇柱

此种做法要注意梁枋与柱子搭接的预留筋问题，传统建筑的柱子轴测图建筑图参见图3-11，而

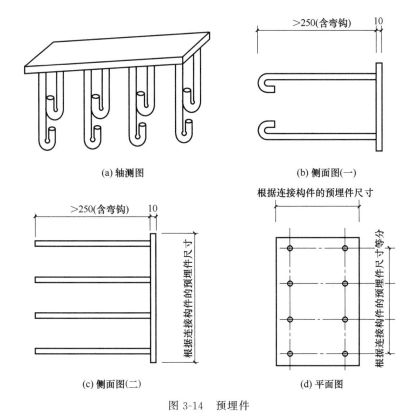

(a) 轴测图　　　　　　　　　　(b) 侧面图(一)

(c) 侧面图(二)　　　　　　　　(d) 平面图

图 3-14　预埋件

现在做法的混凝土柱则不要留榫卯口，但要在榫卯位置留插筋或预埋件，柱子结构见图 3-15。

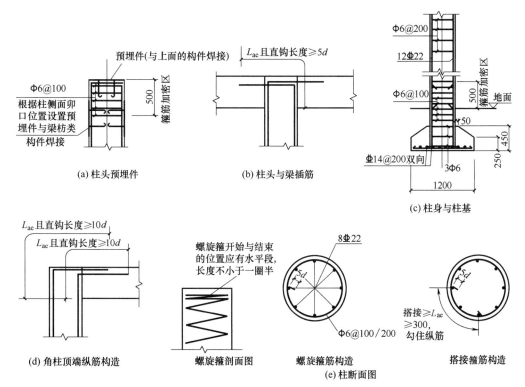

(a) 柱头预埋件　　　(b) 柱头与梁插筋　　　(c) 柱身与柱基

(d) 角柱顶端纵筋构造　　　螺旋箍剖面图　　　螺旋箍筋构造　　　搭接箍筋构造

(e) 柱断面图

图 3-15　钢筋混凝土柱

以上用现代材料、现代技术手段制作的构件，要注意外观采用传统古建筑的尺度，只是把古建筑木结构的榫卯结构结合处变成钢筋混凝土的节点。如预制柱与预制梁枋连接，都要在相应位置设置预埋件，以便焊接；如是预制柱与现浇梁枋连接，要在预制钢筋混凝土柱时，留出与梁枋结合的构造钢筋，要符合有关规范要求的锚固长度；如是现浇柱与现浇梁枋结合，要以梁枋的钢筋插入柱且满足锚固要求为主。

第三节　悬空柱的设计

一、传统做法

（一）瓜柱

瓜柱（也称童柱）是支撑梁架并通过梁架传递屋面荷载的构件，其在构架中的位置如图3-16所示。童柱与瓜柱处在结构中相同位置，只是叫法不同，童柱强调在墩斗之上。

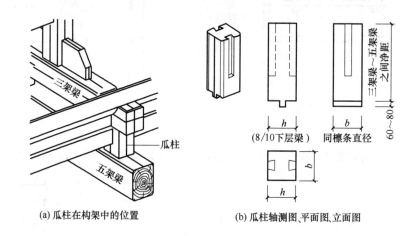

(a) 瓜柱在构架中的位置　　(b) 瓜柱轴测图、平面图、立面图

图 3-16　瓜柱建筑图

注：图中尺寸 b、h 分别为进深方向和面宽方向

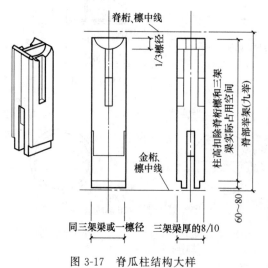

图 3-17　脊瓜柱结构大样

（二）脊瓜柱（庑殿有雷公柱可参考，只是高度不同）

脊瓜柱是直接支撑脊檩的构件（有别于瓜柱，瓜柱支撑梁）。把脊檩荷载传给三架梁，由于该构件要与角背结合起来使用且把角背夹在中间，互相起到稳固作用，该构件宜采用管脚双榫，以半榫形式插入三架梁，具体尺寸可根据瓜柱本身大小做适当调整，但一般可控制在6～8cm。脊瓜柱结构大样见图3-17。

（三）角背

由于脊瓜柱是支撑脊檩的构件，且脊瓜柱通常较高，稳定性差，需辅以角背以增加脊瓜柱的稳定性，角背如图3-18所示。

悬空柱尺寸权衡见表3-2。

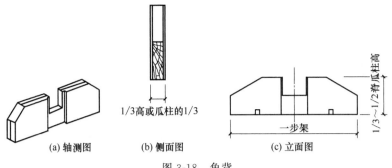

图 3-18　角背

表 3-2　悬空柱尺寸权衡表

类别	构件名称	长	宽	高	厚（或进深）	直径	备注
垫板类瓜柱类	柁墩	2D	0.8 上层梁厚	按实际			
	金瓜柱		D	按实际	0.8 上架梁厚		
	脊瓜柱		0.8D～D	按举架	0.8 三架梁厚		
	角背	一步架		1/3～1/2 脊瓜柱高	1/3 自身高		
	金、脊垫板			0.65D	0.25D		
	檐垫板、老檐垫板			0.8D	0.25D		

注：D 为柱径。

二、现代做法

建筑图同其他柱相同，不留榫卯，图略。结构图分预制与现浇以及柱上的檩条是钢筋混凝土檩条还是木檩条等。

1. 预制柱上钢筋混凝土檩条

预制柱上钢筋混凝土檩条的结构图见图 3-19（a）。

2. 上部安装木檩条

上部安装木檩条的结构图的结构图见图 3-19（b）。

3. 上部现浇檩条

上部现浇檩条的结构图见图 3-19（c）。

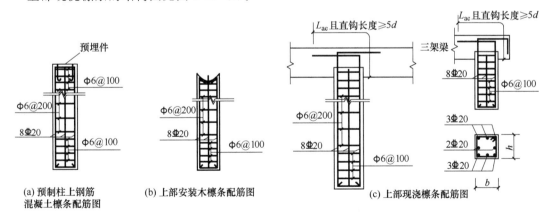

图 3-19　瓜柱、脊瓜柱结构

注：图中尺寸 b、h 分别为进深方向和面宽方向，根据五架梁具体尺寸确定

以上悬空柱的现代做法都是不留卯口的，要在卯口处预留预埋件或留插筋。悬空柱的几何尺寸也就是建筑图尺寸，应尊重传统建筑的要求，在结构处理上，脊瓜柱要有几种连接方法，

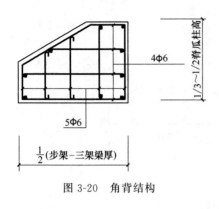

图 3-20 角背结构

比如：上部采用木檩条或钢筋混凝土檩条，根据连接方法不同，处理方法也有所区别。

（一）角背的现代处理

在现代钢筋混凝土结构中可不设置角背，如若设置，如不带天花顶棚的露明造，可参照图 3-20 设置。

（二）柁墩的现代处理

在现代钢筋混凝土中可不做柁墩，如若要柁墩效果，一般是在童柱预制安装或现浇拆模以后另加措施进行二次浇灌或粉刷而成。

第四节 架梁的设计

三架梁、五架梁、七架梁和顶梁这几种梁架构建形式、受力状况基本相同，主要区别在于长短，如图 3-21 所示。

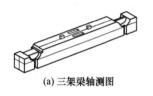
(a) 三架梁轴测图

(b) 五架梁轴测图
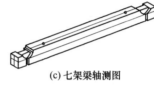
(c) 七架梁轴测图
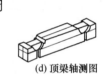
(d) 顶梁轴测图

图 3-21 三架梁、五架梁、七架梁和顶梁轴测图

一、传统做法

首先介绍五架梁，因为它是正身梁架中的骨干构件。

（一）五架梁

因五架梁上方总共有五个檩条的荷载，故称其为五架梁（图 3-22），它所承担的荷载是通过三架梁传来的上部荷载。虽然五架梁上承五根檩条，但是它承担的荷载主要是中间三个檩条通过三架梁传来，而两端檩条的荷载通过五架梁头直接传到下面的金柱或瓜柱上。

五架梁长四步架（外加梁头 2 份），梁的两端搭置在前后金柱上（如五架梁下为七架梁则搭置在瓜柱上），与柱上馒头榫相交处有海眼，梁头两端做檩椀承接檩子，梁侧面在檩子下面刻垫板口子以安装垫板。梁背上由两端金檩中线向内各一步架处设瓜柱（以便承接其上的三架梁）位置。

五架梁的断面节点画法如下。

① 在柱头侧立面（迎头面）上画上垂直平

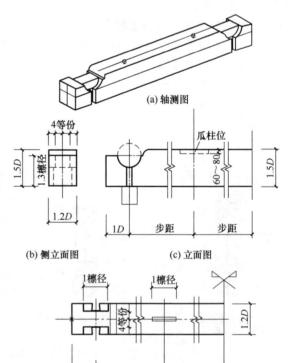

图 3-22 五架梁图

分底面的中线，在中线上，分别按平水高度（即垫板高，通常为0.8檩径）和梁头高度（通常为0.5檩径）画出平水和抬头线位置，过这些点画出迎头的平水线和抬头线。

② 将上述的平水线、抬头线分别引到梁的正立面（即长身面），再以每边1/10的尺寸标出梁底面和侧面的滚楞线。抬头线在正里面上又叫熊背线，同时又是上楞的滚楞线。

③ 画各部分的榫卯，梁底与柱头相交处画海眼，海眼为正方形半眼，眼的大小深浅均应与馒头榫一致。梁背上由梁头檩中向内一步架处有瓜柱眼。瓜柱眼为半眼，眼长按瓜柱侧面宽，深按二寸或瓜柱侧面宽的1/3，瓜柱下有角背时，瓜柱柱脚要做双榫，梁背对应画双眼，无角背时可做单眼。梁头画线首先应按檩径大小在平面图上以檩中线为依据画出檩椀位置，在这个范围内，顺着梁身厚度方向将梁宽分为四等份，中间两份为梁头鼻子，两侧两份为檩椀。在梁头立面图上标出檩椀线和垫板口子线。垫板口子宽按垫板自身厚，深与宽相同，如图3-22所示。

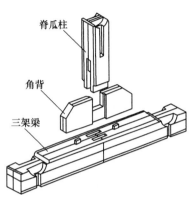

图3-23 三架梁、角背、
脊瓜柱轴测图

（二）三架梁

三架梁是放置在五架梁上的一个构件，由安置在五架梁上的瓜柱或柁墩支撑着，三架梁与脊瓜柱、角背共同组成一组构架（图3-23），承担由脊瓜柱和金檩传来的荷载。

三架梁的高度由以下三部分组成：

① 平水高或为0.8檩径，或为0.65檩径；

② 抬头高为1/2檩径或1/3檩径；

③ 熊背高大于梁高的1/10，根据情况定。

高度在需要时可适当减小平水（垫板）和抬头（檩椀）的高度。

三架梁厚度用料比五架梁小（厚为五架梁的8/10，高为五架梁的5/6），见图3-24。

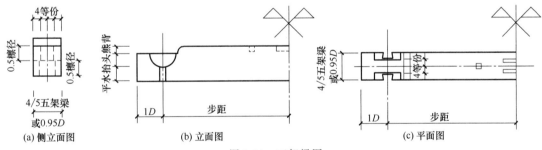

图3-24 三架梁图

（三）七架梁

七架梁主要承担由五架梁通过瓜柱传来的荷载，七架梁的长为六步架加2D（五架梁的尺度另加两步架），梁厚与高分别为1.5D和1.8D。建筑图参照五架梁。

（四）顶梁（月梁）

月梁主要用在卷棚建筑中，尤以卷棚屋面的廊架一殿一卷式屋面居多。在梁架中的位置以及与椽子的关系如图3-25所示。建筑图可参照三架梁。

三架梁、五架梁、七架梁、顶梁的尺度总结见表3-3。

图3-25 月梁轴测图

表 3-3 梁架尺度权衡

构件名称	长	宽	高	厚	直径	备注
七架梁	六步架加 2D		1.8D	1.5D		不常见
六架梁			1.5D	1.2D		带外廊或卷棚
五架梁	四步架加 2D		1.5D	1.2D 或金柱径+1 寸		
四架梁			六架梁高的 5/6 或 1.4D	4/5 六架梁或 1.1D		带卷棚
三架梁	二步架加 2D		1.25D	0.95D 或 4/5 五架梁厚		
顶梁(月梁)	顶步架加 2D		5/6 四架梁高	4/5 四架梁厚		带卷棚

注:D 为柱径。

二、现代做法

在现代建筑中,外观为达到古建筑的效果,建筑图可参照传统做法,材料选用钢筋混凝土。

(一)五架梁

五架梁结构如图 3-26 所示。

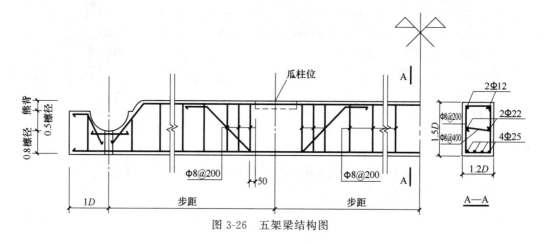

图 3-26 五架梁结构图

(二)三架梁

三架梁结构如图 3-27 所示。

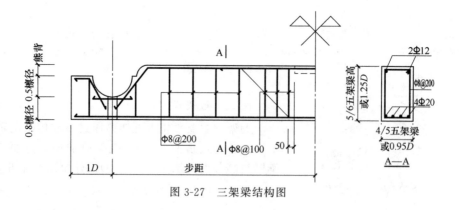

图 3-27 三架梁结构图

(三)七架梁

七架梁结构图如图 3-28 所示。

(四)顶梁

顶梁结构参照三架梁的结构图(图 3-27)。

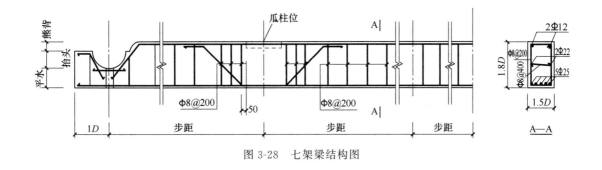

图 3-28　七架梁结构图

第五节　抱　头　梁

抱头梁为无斗栱大式或小式做法，位于檐柱与金柱之间，承担檐檩之梁。梁头前端置于檐柱头之上，后尾做榫插在金柱（或老檐柱）上，梁头上端做檩椀。抱头梁轴测图见图 3-29。

一、传统做法

抱头梁的梁长为廊步架加梁头长（如后尾做透榫，还要再加榫长，按檐柱径 1 份。由于其下的穿插枋已做透榫拉结檐柱与金柱，故抱头梁后尾一般只做半榫即可）。抱头梁高由平水（0.8 檩径）、抬头（0.5 檩径）、熊背（等于或略大于 1/10 梁高）三部分组成，约为 1.5D。厚为檐柱径 D 加一寸或为

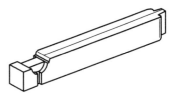

图 3-29　抱头梁轴测图

1.1D。其后尾要做半榫插入金柱，半榫长为金柱径的 1/3～1/2。榫厚为梁自身厚的 1/4 即可。具体尺寸如图3-30所示。梁后尾肩膀与金柱接触处，有撞肩和回肩两部分，与柱直接相抵部分为撞肩，反弧部分为回肩，通常做法为"撞一回二"，即将榫外侧部分分为 3 份，内 1 份做撞肩与柱子相抵，外 2 份向反向画弧做回肩（图 3-31）。

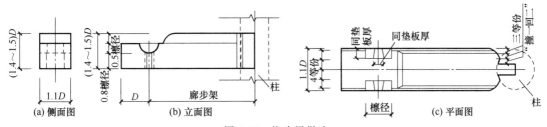

(a) 侧面图　　　　(b) 立面图　　　　(c) 平面图

图 3-30　抱头梁做法

抱头梁尺寸见表 3-4。

表 3-4　抱头梁尺寸权衡表

构件名称	长	宽	高	厚	径	备注
抱头梁	廊步架加柱径一份		1.4D	1.1D 或 D+1 寸		

注：D 为柱径。

二、现代做法

抱头梁的现代做法的建筑图参照传统做法，其结构见图 3-32。

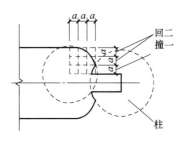

图 3-31　"撞一回二"大样图
a—份数

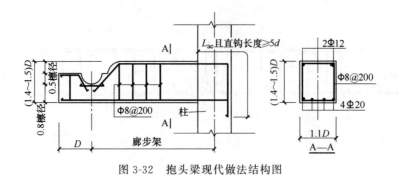

图 3-32　抱头梁现代做法结构图

第六节　檩条、扶脊木、檩板枋三件

檩条是古建大木构件四种最基本的构件（柱、梁、枋、檩）之一。带斗栱的大式建筑中，"檩"称为"桁"，无斗栱大式或小式建筑则称为"檩"。檩是直接承受屋面荷载的构件，并将荷载传给梁和柱。在硬山、悬山等矩形或正方形建筑中，檩与梁架成90°搭置。在多边形建筑中，檩子与梁的搭置方式和角度随建筑平面形状的变化而变化。

檩子根据所在位置不同，分别称为檐檩，金檩（下金、中金、上金），脊檩。有的建筑中，檐檩和金檩的直径有区别，脊檩上要比其他檩条多脊桩眼，在一些民居中，檩条的直径可能就相差更多了。它们所起的作用基本一致，外形也基本一致。

一、传统做法

（一）檩条

① 檩长按面宽设计画图时，要在檩的一端加榫长（按自身直径的3/10作为燕尾榫的长度尺寸），另一端按榫的长度由中线向内画出接头燕尾口尺寸。

② 无斗栱做法檩径同檐柱径，或为柱径的9/10，或按三椽径均可。

③ 画出燕尾榫及卯口线（榫宽同长，根部按宽的1/10收分）。

④ 檩两端搭置于梁头之上，梁头有鼻子榫。要注意的是，由于各层梁架宽厚不同，梁头鼻子的宽窄也不同，要根据檩子所在梁头（或脊瓜柱头）上鼻子的大小在檩子两端的下口，按鼻子榫宽的一半画至鼻子所占的部分，如图3-33所示。

⑤ 在转角处会有转角搭交檩，此处以等口为例（盖口图略），设计绘图时注意等口为面宽方向、盖口为进深方向。这就是古人所称的"山压檐"，如图3-34所示。

⑥ 脊檩在设计时要注意有脊桩的位置，用于大屋脊上的脊桩，兼有穿销和栽销两者的特点，为了保持脊筒子的稳固，它需要穿透扶脊木，并插入檩内1/3~1/2，位置根据脊筒子长短尺寸，以脊筒子坐中安装一块（称龙口），其余向两侧依次安装的原则，确定出每根脊桩的位置，要保证每块脊筒正中有一根脊桩。脊桩上端所需长度以达到正脊筒子中部为准，可通过放实样来确定其长度。脊桩宽按椽径、厚按宽的1/2确定尺寸。背桩的位置如图3-35所示。

（二）扶脊木

叠置于脊檩之上，承接脑椽并栽置脊桩的构件称为扶脊木。它的主要作用是栽置脊桩以扶持正脊，故名扶脊木。扶脊木两侧与脑椽相交，在两侧剔凿椽窝，同承椽枋。

该构件断面呈六边形，长、短、径寸均在桁、檩圆内接。画图时掌握六边形的上下两面宽同檩金盘（3/10檩径），由上金盘两边按45°再画出斜线，再由下金盘两边按60°画出斜线，上下斜线相交成六边形即成，如图3-36所示。

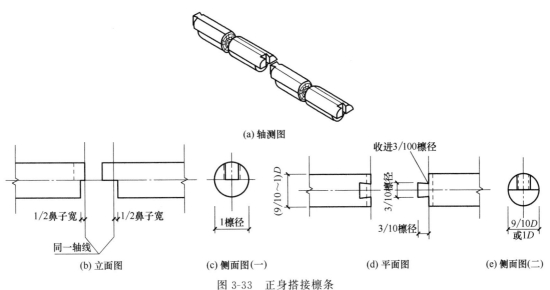

(a) 轴测图

(b) 立面图   (c) 侧面图(一)   (d) 平面图   (e) 侧面图(二)

图 3-33   正身搭接檩条

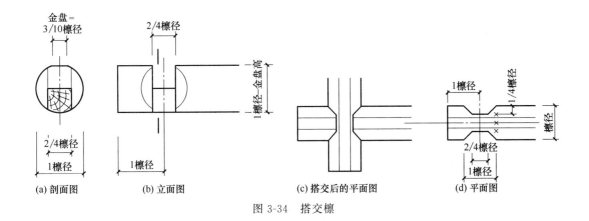

(a) 剖面图   (b) 立面图   (c) 搭交后的平面图   (d) 平面图

图 3-34   搭交檩

（三）檩板枋三件

檩条在实际应用中，还有一些经常与之配
套的构件，如檐檩配有檐垫板和檐枋；金檩又
分下金檩配有下金垫板、下金枋；上金檩配有
上金垫板、上金枋；脊檩配有脊垫板、脊枋
等。这种檩、垫板、枋子三件叠在一起的做法
称作"檩三件"。尤其在檐柱之间，小式建筑
的檐檩或大式建筑的挑檐桁大多与垫板和枋木
组合成一组构架，俗称"檩板枋三件"，简称
"檩三件"，如图 3-37 所示。

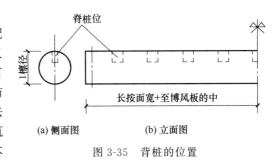

(a) 侧面图   (b) 立面图

图 3-35   背桩的位置

1. 檩条

具体见本节"（一）檩条"叙述内容。

2. 垫板

垫板是夹在檩与枋之间的构件，结构上起到与檩、枋组合，加大了截面的惯性矩，增加了
抵抗弯矩的能力，共同起到了承担上部荷载的作用。

板的长度依据柱间尺寸而定，断面尺寸高按 0.8 柱径，厚为 1/4 柱径，燕尾榫根部左右各

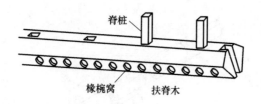

(a) 轴测图

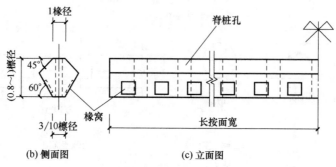

(b) 侧面图   (c) 立面图

图 3-36　扶脊木建筑图

收进 1/10 板厚, 如图 3-38 所示。

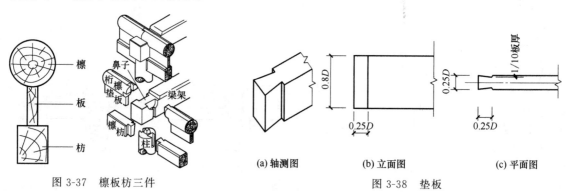

图 3-37　檩板枋三件   (a) 轴测图　　(b) 立面图　　(c) 平面图

图 3-38　垫板

3. 枋

具体内容见本章第七节内容。

檩板枋尺寸权衡见表 3-5。

表 3-5　檩板枋尺寸权衡表

构件名称	长	宽	高	厚	直径	备注
檐、金、脊檩					D 或 $0.9D$	
扶脊木					$0.8D$	
檐垫板、老檐垫板			$0.8D$	$0.25D$		
金、脊垫板			$0.65D$	$0.25D$		
檐枋	随面宽		D	$0.8D$		
金枋	随面宽		D 或 $0.8D$	0.8 或 $0.65D$		
上金、脊枋	随面宽		$0.8D$	$0.65D$		

注: D 为柱径。

二、现代做法

(一) 檩条

① 如选用圆形断面, 则沿用传统做法, 采用木质构件。

② 如采用钢筋混凝土材料，构件断面设计成矩形断面，常采用预应力钢筋混凝土预制构件，各地混凝土预制厂家均有成品出售，不再赘述。

（二）扶脊木

如选用原断面形状，则用传统做法，多数现代做法都因为扶脊木下面是脊檩，而脊檩如采用现代做法即用钢筋混凝土结构，那么，扶脊木就可省略不用了，取而代之的是用瓦石结构的处理方法，即按照外形尺寸，用 C50 砂浆 M10 机砖砌筑。

（三）檩板枋三件

1. 檩

具体做法同本节"二、现代做法"和檩条做法。

2. 板

垫板的现代做法可预制，如图3-39 所示，亦可现浇，但是不易施工，故一般不采用。

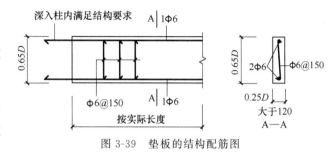

图 3-39　垫板的结构配筋图

3. 枋

具体内容见本章第七节内容。

第七节　枋

枋是用于古建筑物柱头间横向（面宽方向）连系的构件，起到开间面宽的控制及拉牵支顶和稳定梁架的作用，一般不承担上部传来的垂直荷载，本身只有自重。

一、传统做法

枋子种类多种多样，以其所处位置不同，相应的名称、断面尺寸等也有差异，但总的来说多与檐枋相似。

1. 檐枋做法

长度为面宽（柱子中—中）尺寸减去檐柱直径 1 份（每端各减半份）作为柱间净宽尺寸，设计时，另再向两端分别加出枋子榫长度（按柱径 1/4），以枋中线为准，居中画出燕尾榫宽度。燕尾榫头部宽度可与榫长相等（1/4 柱径），根部每面按宽度的 1/10 收分，使榫呈大头状，如图 3-40 所示。

肩膀画法为将燕尾榫侧面肩膀分为 3 等份，1 份为撞肩，与柱外缘相抵，2 份为回肩，向反向画弧［图 3-40（g）中的枋头大样图］。要注意枋子底面的燕尾榫头部、根部都要比上面每面收分 1/10，使榫子上面略大、下面略小，称为"收溜"［图 3-40（a）侧面图］。

另外，额枋榫卯结构有带袖肩［图 3-40（c）、图 3-40（d）］和不带袖肩两种不同做法，采用哪种做法可根据具体情况决定。

2. 金枋或脊枋做法

金枋和脊枋的两端交于金柱或瓜柱（包括金瓜柱或脊瓜柱），或交于梁架的侧面（一檩两件无垫板做法，枋子直接交于梁侧，占垫板位置）。它们的构造基本与额枋相同，不同的地方是：两端如与瓜柱柁墩或梁架相交时，肩膀不做弧形抱肩，改做直肩，两侧照旧做回肩，如图3-41 所示。

3. 箍头枋

箍头枋有单面和双面之分，小式建筑中，箍头枋只有单面箍头枋；搭交箍头枋用于庑殿、

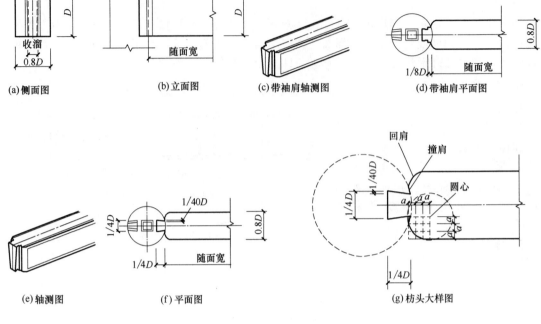

(a) 侧面图　　　(b) 立面图　　　(c) 带袖肩轴测图　　　(d) 带袖肩平面图

(e) 轴测图　　　(f) 平面图　　　　　　　(g) 枋头大样图

图 3-40　檐枋

a—等分份数

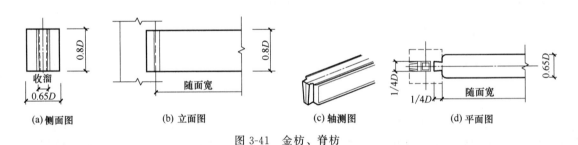

(a) 侧面图　　　(b) 立面图　　　(c) 轴测图　　　(d) 平面图

图 3-41　金枋、脊枋

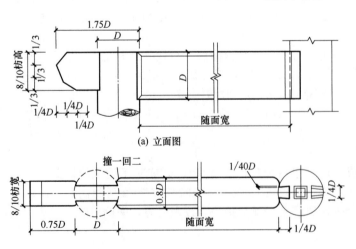

(a) 立面图

(b) 平面图

图 3-42　"三岔头"式箍头枋

歇山等带转角的结构（悬山建筑梢间的箍头枋见本章第九节悬山出挑构架设计相关内容）。箍头枋也分小式、大式两种，无斗栱小式建筑的箍头枋一端做成"三岔头"形状，如图3-42所示，带斗栱的大式建筑的箍头枋的头饰则做成"霸王拳"形状。

箍头枋另一端做燕尾榫与正身檐柱相交，榫长度与肩膀画法同檐枋。另一端由柱中心向外留出箍头榫长度，由柱中向外加长 1.25 柱径。

箍头榫厚应同燕尾榫，为柱径的 1/4～3/10。箍头枋的头饰（带装饰性的"霸王拳"或"三岔头"）宽窄高低均为枋子正身部分的 8/10，箍头与柱外缘相抵处也按撞一回二的要求画出撞肩和回肩，如图 3-42 所示。

4. 穿插枋

用于抱头梁（大式用于桃尖梁）之下，连系檐柱与金柱的枋称为穿插枋。穿插枋长为廊步架（或廊进深）加檐柱径 2 份。枋高同檐柱径，厚为 0.8 柱径。

穿插枋的主要作用是拉结檐柱和金柱，所以，前后两端都应做透榫。穿插枋榫卯尺寸是：榫厚按檐柱径 1/4 即可，沿枋子立面将榫均分 2 份，上面一半做半榫，下面一半做透榫，半榫深为檐柱径的 1/3～1/2。插入金柱一端榫子画法与前端相同。穿插枋肩膀画法同檐枋，如图 3-43 所示。

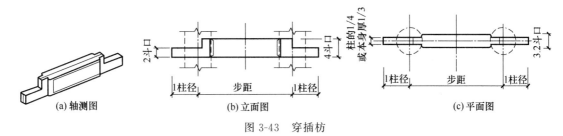

| (a) 轴测图 | (b) 立面图 | (c) 平面图 |

图 3-43　穿插枋

以上枋所述檐枋、随梁枋、金枋、脊枋等水平构件，一般都设计成燕尾榫，又称大头榫、银锭榫，它的形状是端部宽、根部窄，与之相应的卯口则里面大、外面小，安上之后，构件不会出现拔榫现象，这是一种很好的结构榫卯。在大木构件中，凡是需要拉结，并且可以用上起下落的方法进行安装的部位，都应使用燕尾榫，以增强大木构架的稳固性。其榫卯结构的燕尾榫长度，《工程做法则例》规定为柱径的 1/4，在实际施工中，也有大于 1/4 柱径的，但最长不超过柱径的 3/10。而且，榫子的长短（即卯口的深浅）与同一柱头上卯口的多少有直接关系。如果一个柱头上仅有两个卯口，则口可稍深，以增强榫的结构功能；如有三个卯口，则口应稍浅，否则就会因剔凿部分过多而破坏柱头的整体性。枋类构件尺寸见表 3-6。

表 3-6　枋类构件尺寸权衡表

构件名称	长	宽	高	厚	直径	备注
檐枋	随面宽		D	$0.8D$		
金枋	随面宽		D 或 $0.8D$	$0.80D$ 或 $0.65D$		
上金、脊枋	随面宽		$0.8D$	$0.65D$		
穿插枋	廊步架＋$2D$		D	$0.8D$		
燕尾枋	随檩出梢		同垫板	$0.25D$		

注：D 为柱径。

二、现代做法

1. 檐枋结构图

檐枋结构图见图 3-44。

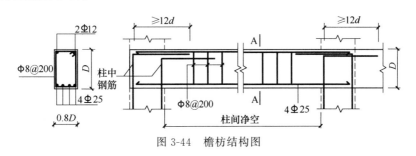

图 3-44　檐枋结构图

2. 金枋和脊枋结构图

金枋和脊枋结构图见图 3-45。

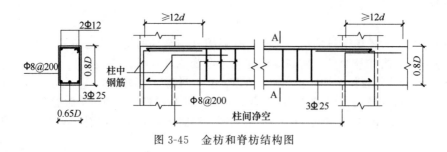

图 3-45　金枋和脊枋结构图

3. 檩板枋

本章第六节讲到的檩板枋三件中的枋，布筋方式同金脊枋。檩板枋中枋的现代做法主要是现浇，由于三件一起施工时，檩木是圆形，垫板尺寸较窄，施工困难，所以，这个枋一般都是单独现浇，如图 3-45 所示。其上部的垫板可用成品混凝土构件或用传统做法的木材。

第八节　椽子、连檐

椽子和连檐是檩条上传递屋面荷载的构件。

一、传统做法

（一）椽子

椽子是屋面木基层及其附属构件之一，小式建筑的椽子多为方形，大式建筑和园林建筑用圆椽者较多，或以下圆上方综合布置，如图 3-46 所示。

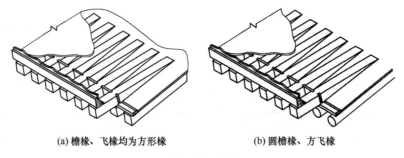

(a) 檐椽、飞椽均为方形椽　　　　　　(b) 圆檐椽、方飞椽

图 3-46　椽子

由于古建筑屋面每步架的举度不同，致使椽子不得不分为若干段，每相邻两檩为一段，椽子依位置不同分别称为檐椽（含翼角椽）、飞椽（含翼角翘飞椽）、花架椽、脑椽（含卷棚屋面的罗锅椽），如图 3-47 所示。

1. 檐椽

椽长按檐步架加檐平出尺寸（如有飞椽，则檐椽平出占总平出的 2/3，如无飞椽，则檐椽平出即椽子总平出），再按檐步举架加斜（五举乘 1.12，或按实际举架系数加斜）即为总长。檐椽直径：小式按 1/3D；大式按 1.5 斗口。椽断面有圆形和方形两种，小式做法多为方椽，大式做法多为圆椽。施工图设计时，还要注意在房屋内外分界处椽子的封堵方式，有闸挡板法和椽椀板法，如图 3-48 所示。

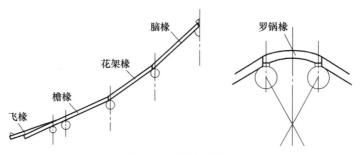

图 3-47　椽子位置图

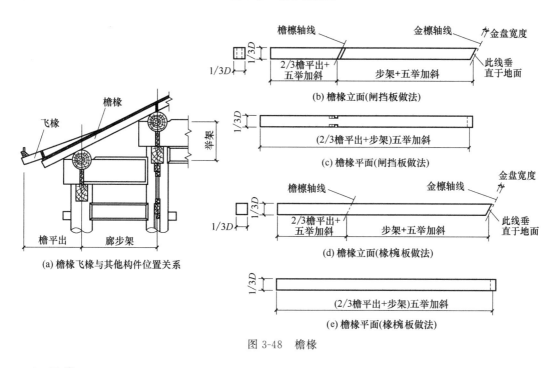

图 3-48　檐椽

2. 飞椽

　　附着于檐椽之上，向外挑出，挑出部分为椽头，头长为檐总平出的 1/3 乘举架系数（通常按三五举），后尾钉附在檐椽之上，成楔形，头、尾之比为 1：2.5，飞椽径同檐椽，如图 3-49 所示。

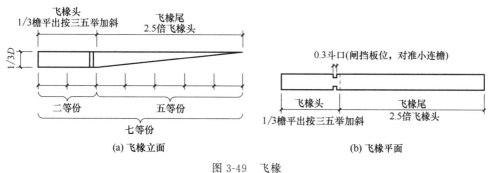

图 3-49　飞椽

3. 其他

　　其余正身椽子如脑椽、花架椽等，尺寸断面相似，长度根据情况采用步架长度加举架加斜

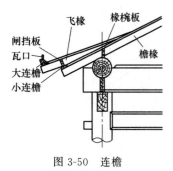

图 3-50 连檐

即可，不再赘述。其位置见图 3-47。

（二）连檐

连檐包括大、小连檐，瓦口板，闸挡板，椽椀板、椽中板，这几种构件的相互关系见图 3-50。

1. 大连檐

大连檐是钉附在飞檐椽椽头的横木，断面呈直角梯形，长随通面宽，高同椽径，宽 1.1～1.2 倍椽径，断面图见图 3-51。它的作用在于连系檐口所有飞檐椽，使之成为整体。

2. 小连檐

小连檐是钉附在檐椽椽头的横木，断面呈直角梯形或矩形。当檐椽之上钉横望板时，由于望板做柳叶缝，小连檐后端亦应随之做出柳叶缝。如檐椽之上钉顺望板，则不做柳叶缝口。小连檐长随通面宽，宽同椽径，厚为望板厚的 1.5 倍（或 3/10 椽径），如图 3-51 所示。

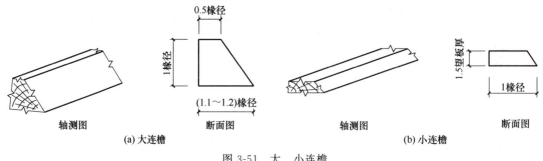

图 3-51 大、小连檐

3. 闸挡板

闸挡板是用以堵飞椽之间空当的闸板。闸挡板厚同望板、宽同飞椽高。长按净椽挡加两头入槽尺寸。闸挡板垂直于小连檐，它与小连檐是配套使用的，如图 3-50 所示（如设计里口木，则不用小连檐和闸挡板）。闸挡板轴测图见图 3-52（a），建筑图略。

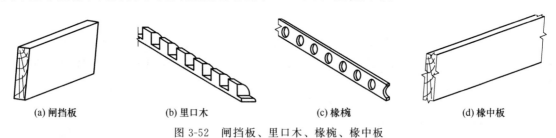

图 3-52 闸挡板、里口木、椽椀、椽中板

4. 里口木

里口木可以看做是小连檐和闸挡板二者的结合体（如设计用小连檐和闸挡板，则不用里口木），里口木长随通面宽，高（厚）为小连檐一份加飞椽高一份（约 1.3 倍椽径），宽同椽径。里口木按飞椽位置刻口，飞椽头从口内向外挑出，空隙由未刻掉的木块堵严，同样起闸挡板的作用。但里口木笨重，用材浪费，且加工较麻烦，所以，除文物建筑的修复外，如无特殊要求一般不采用，如图 3-53 所示。

5. 椽椀

椽椀是封堵圆椽之间椽当的挡板，长随面宽，厚同望板，宽为 1.5 椽径或按实际需要取用。椽椀是在檐里安装修（装修安在檐柱间，以檐柱为界划分室内外）时，用于檐檩之上的构件（金里安装修时，不用此板，由椽中板替代），它的作用与闸挡板近似，有封堵椽间空隙、分隔室内外、防寒保温、防止鸟雀钻入室内等作用。椽椀椀口的位置由面宽丈杆的椽花线定，椀口高低位置及角度通过放实样确定。椽椀垂直钉在檐檩中线内侧，其外皮与檩中线齐，也可沿板宽的中线分为上下两半，上下接缝处做龙凤榫。椽椀轴测图如图 3-52（c）所示，建筑图略。

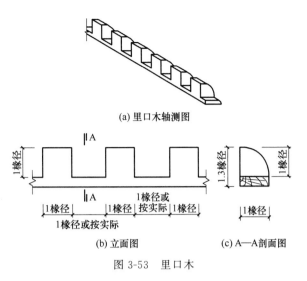

(a) 里口木轴测图

(b) 立面图　　　　(c) A—A剖面图

图 3-53　里口木

6. 椽中板

椽中板是在金里安装修时（如设计檐里安装，则由椽椀板替代），安装在金檩之上的长条板，作用与椽椀相同，但做法不同。椽中板夹在檐椽与下花架椽之间，故名"椽中"，它位于檩中线外侧的金盘上，里皮与檩中线齐。板厚同望板，宽 1.5 椽径或根据实际要求定，长随面宽。椽中板轴测图如图 3-52（d）所示。它也与闸挡板相似，显著区别在于一个是椽之间的短板，一个是长板。它与椽椀板作用也相同，一个是在檐檩轴线上，一个是在金檩轴线上。

椽子、连檐、博风板等木构件权衡尺寸见表 3-7。

表 3-7　椽子、连檐、博风板等木构件权衡尺寸表

构件名称	长	宽	高	厚	直径	备注
圆椽					$1/3D$	
方椽		$1/3D$		$1/3D$		所有方形椽
大连檐		0.4D 或 1.2 椽径		$1/3D$		
小连檐		$1/3D$		1.5 望板厚		
横望板				1/15D 或 1/5 椽径		
顺望板				1/9D 或 1/3 椽径		
瓦口				同横望板		

注：D 为柱径。

二、现代做法

这几种构件的现代做法在设计时注意还按照传统断面设计，结构处理上，一般用钢筋混凝土制作，分为预制和现浇两种。

① 预制时，按模数分块，注意安装时的预埋件设置和位置定位。

② 现浇时，椽子以上构件为钢筋混凝土现浇（椽子用木材制作），在椽位预留木砖留后期安装木椽子使用。

第九节　悬山出挑构架的设计

悬山建筑山面不同于硬山屋面，它的显著特点是檩木挑出于山墙之外。悬山檩木悬挑出梢，使屋面向两侧延伸，在山面形成出沿，这个出沿有防止雨水侵袭墙身的作用，这是悬山建筑优于硬山的地方。

悬山建筑的构架主要由檩条、燕尾枋、博风板、椽子、望板、瓦口等木构件组成（檩条、椽子、望板、瓦口在相应章节介绍）。

一、传统做法

（一）博风板

檩木出山面带来了山木构架暴露在外面的缺点，这对于建筑外形的美观和木构架端头的防腐蚀都是不利的。为解决这个矛盾，古人在挑出的檩木端头外面用一块厚木板挡起来，使暴露的檩木得到掩盖和保护，这块木板叫"博风板"（硬山博风见本章第十节"砖、瓦、石结构的设计"相关内容）。它由梢间檩条出挑于山墙之外，如图 3-54 所示。

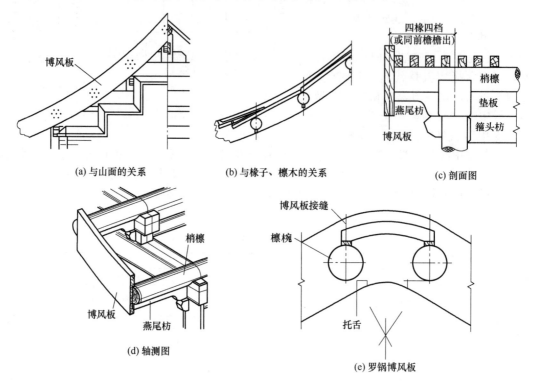

(a) 与山面的关系　　(b) 与椽子、檩木的关系　　(c) 剖面图

(d) 轴测图　　(e) 罗锅博风板

图 3-54　博风板位置关系图

博风板，其位置在清代《工程做法则例》中有两种规定，一种是由梢间山面柱中向外挑出四椽四档；另一种是，由山面柱中向外挑出尺寸等于上檐出尺寸［参见图 3-54（c）剖面图］。

断面尺度与檩子或椽子尺寸是成比例的，随屋面举折做成弯曲的形状。清工部《工程做法则例》规定，博风板厚 0.7～1 椽径，宽 6～7 椽径（或二檩径），博风板内面需按檩子位置剔凿檩窝，以便安装，檩窝深为 0.5 斗口或 1/3 椽径，檩窝下面还应有燕尾枋口子，如图 3-55 所示。

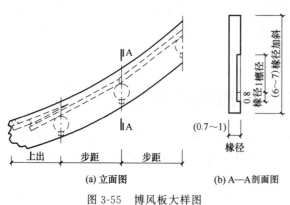

(a) 立面图　　(b) A—A 剖面图

图 3-55　博风板大样图

用于悬山建筑的博风板，最下面一块要做博风头，博风头形似箍头枋之霸王拳头。歇山建筑的博风板由于有围脊遮挡故不需此种做法。

博风头画法一。按博风宽度的一半，由博风板头底角向内点一点，连接这一点与博风板上角，形成一道斜线。将此斜线均分为 7 等份，以 1 份之长，由板头上角向内点一点，连接这点和第一份下端的点，成一条小斜线。其余 6 份，以中间一点为圆心，以 1 份之长为半径在外侧画弧，两侧各余的两份，分别以 1/2 份为半径，以一份的中点为圆心向外侧和内侧画弧，所得图形即为博风头形状。中间还可做成整圆，刻出阴阳鱼八卦图案。

博风头画法二。博风头另一种画法是由中间大弧中心点向外增出一份，再连斜线，以所得各点为圆心画弧，画出的图形较前一种更为丰满，如图 3-56 所示。

博风板的对接榫卯结构见图 3-57。设计时如若考虑博风板在施工中的应用，博风板的长度定为每步架为一段，每段长同该步架椽子长，两段博风板接茬托舌长为板宽的 1/3，在具体的长度上参照图 3-58 取用。

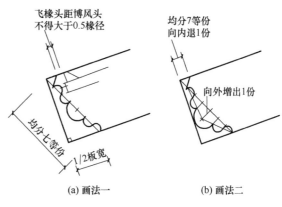

(a) 画法一　　(b) 画法二

图 3-56　博风头画法

博风板对接处用龙凤榫

图 3-57　博风板连接

（二）燕尾枋

悬山梢檩挑出部分，紧附于檩条下面的附属装饰构件称为燕尾枋，它安装在山面梁架的外侧，虽与内侧的垫板在构造上不发生任何关系，但应看做是垫板向出梢部分的延伸和收头。

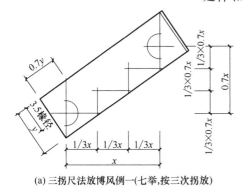

(a) 三拐尺法放博风例一(七举，按三次拐放)

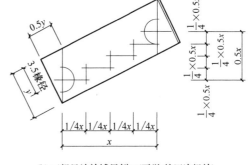

(b) 三拐尺法放博风例二(五举，按四次拐放)

图 3-58　博风板的放线方法

x, y—放大样的参考依据

燕尾枋长按梢檩出梢长，减去梁厚一半加榫长，高、厚均随垫板，燕尾枋的位置、形状和画法参见图 3-59。

（三）箍头枋

燕尾枋下面的枋子头做成箍头枋，既有拉结柱子的结构作用，又有装饰功能。

梢间内的枋子与出挑梢间的三岔头为一整体，做箍头枋箍住柱头，三岔头的断面尺寸是枋身的 8/10，见图 3-60。

悬山出挑构件尺寸见表 3-8。

表 3-8　悬山出挑构件尺寸

类别	构件名称	长	宽	高	厚	直径	备注
枋类	博风板		$(2\sim2.3)D$ 或($6\sim7$)椽径		$(1/4\sim1/3)D$ 或($0.7\sim1$)椽径		
	燕尾枋	随檩出梢		同垫板	$0.25D$		
	箍头枋	$1.25D$		8/10 枋高	$0.8D$		

注：D 为柱径。

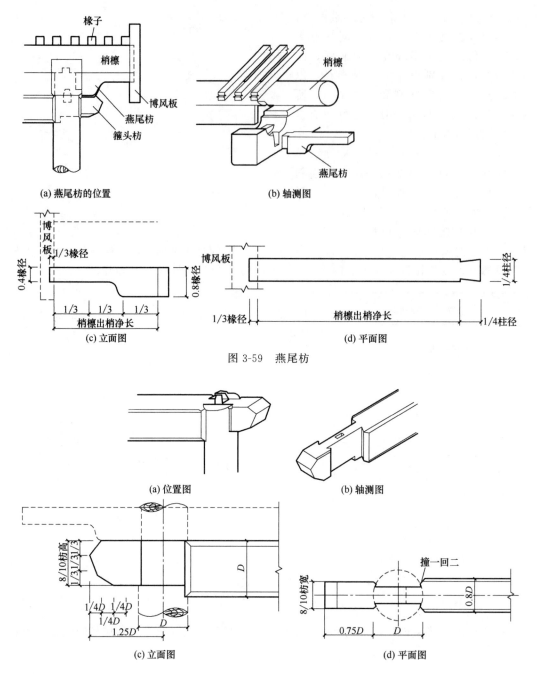

(a) 燕尾枋的位置

(b) 轴测图

(c) 立面图

(d) 平面图

图 3-59　燕尾枋

(a) 位置图

(b) 轴测图

(c) 立面图

(d) 平面图

图 3-60　箍头枋

二、现代做法

（一）博风板

用钢筋混凝土制作，尺寸参照传统做法，长度亦可按照图 3-55 制作，考虑安装时与其他构件的连接，要注意预埋件位置在预制时的位置及尺寸，要考虑到相邻连接构件之间的连接方式如焊接或螺纹连接，螺纹连接可参照后面滴珠板做法，预留螺栓眼，可通过螺栓连接或通过螺杆铆接，具体参照图 3-61 的做法。

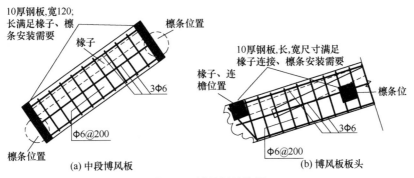

图 3-61 博风板结构图

（二）燕尾枋

用预制钢筋混凝土制作，内置 $\phi6$ 钢筋，居中放置，两端按比其端头平面尺寸略小，设置 10 厚钢板，作为预埋件，安装时与柱和博风板预埋件或预留钢筋焊接，具体做法如图 3-62 所示。

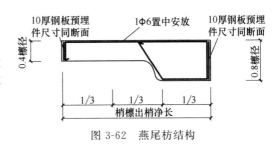

图 3-62 燕尾枋结构

（三）箍头枋

箍头枋的现代做法是用现浇钢筋混凝土制作，在与柱子节点处要与柱中的钢筋按照规范要求搭接，具体做法见图 3-63。

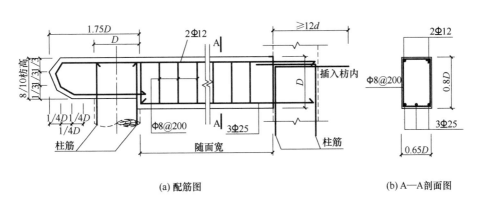

图 3-63 箍头枋结构

第十节 砖、瓦、石结构的设计

一、柱础石的设计

柱础石是古建筑支承木柱，在木柱下垫着并部分或全部高出地坪的基石，又称柱磉、鼓磴、磉石，一般用青石、花岗石或其他地方石材等加工而成，它的作用主要起传承上部荷载并避免碰坏柱脚，且能有效地防止地面湿气上传腐蚀木柱。较常使用的形式分部分在地坪以上和全部在地坪以上两种。

① 部分在地坪以上的柱础石，如圆鼓镜、方鼓镜（与地坪在同一标高的称为柱质）、高低

柱顶（用于嵌入墙内柱）、联瓣柱顶（两个柱础相连）等。

② 全部在地坪以上的有鼓蹬、平柱顶等。

常见的柱础石如图 3-64 所示。

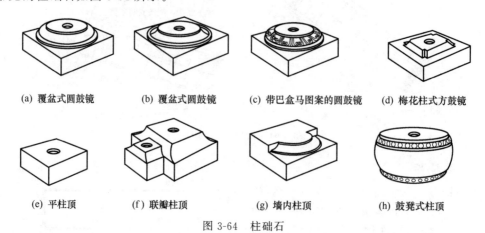

| (a) 覆盆式圆鼓镜 | (b) 覆盆式圆鼓镜 | (c) 带巴盒马图案的圆鼓镜 | (d) 梅花柱式方鼓镜 |

| (e) 平柱顶 | (f) 联瓣柱顶 | (g) 墙内柱顶 | (h) 鼓凳式柱顶 |

图 3-64　柱础石

图 3-64 所示做法中，其表面常做成各种雕饰，也有在鼓镜上加上雕有仰覆莲花、鱼龙花草、巴拿马纹饰等各种形状雕饰的石墩，造型非常丰富，也有不加任何雕饰的做法。南方多雨地区为避免潮湿保护柱脚，做较高的柱础，在鼓形柱础石下加多层石座或须弥座。为使柱子与柱础石有牢固的接触，将柱下端做榫头，在柱础石面的中心位置做成柱窝，或都做成凹槽插入圆铁销，也有将柱础石打透榫眼插铁扦子的。

（一）传统做法

1. 宋制柱础石的规格

宋《营造法式》卷三述"造柱础之制，其方倍柱之径（谓柱径二尺，即础方四尺之类），方一尺四寸以下者，每方一尺厚八寸。方三尺以上者，厚减方之半。方四尺以上者，以厚三尺为率。若造覆盆，每方一尺，覆盆高一寸，每覆盆高一寸，盆唇厚一分。如仰覆莲华，其高加覆盆一倍"。此述说明了以下三种柱础尺寸。

（1）一般方鼓磴的尺寸　其直径按 2 倍柱径，当方径在 1.4 尺以下者，其高按本身方径的 0.8 倍；方径在 3 尺以上者，其高按本身方径的 0.5 倍；方径 4 尺以上者，其高以不超过本身方径的 0.5 倍为原则。

（2）覆盆柱础石的高　按方径尺寸的 0.1 倍计算，盆唇边厚按 0.01 倍计算。

（3）圆弧形盆状鼓磴的高　按方径尺寸的 0.2 倍计算。

2. 《营造法原》柱础石的规格

《营造法原》在第一章述："柱下常设鼓磴，其形或方或圆，鼓磴之下填石板，与尽间阶沿相平称磉石"，在石作章述："鼓磴高按柱径七折，面宽或径按柱每边各出走水一寸，并加胖势各二寸。磉石宽按鼓磴面或径三倍"。鼓磴高为 0.7 倍柱径，面宽出柱径 1 寸，腰鼓出 2 寸。

3. 清制柱础石的规格

清《工程做法则例》卷四十二述，大式建筑"凡柱础石，以柱径加倍定尺寸，如柱径七寸，得柱础石见方一尺四寸。以见方尺寸折半定厚，得厚七寸。上面落鼓镜，按本身见方尺寸内每尺做高一寸五分"。卷四十五述，小式建筑"凡柱径七寸以下，柱础石照柱径加倍之法，各收二寸定见方，如柱径七寸，得见方一尺二寸。以见方尺寸三分之一定厚，如见方一尺二寸，得厚四寸"。因此，清制柱础石的直径，大式建筑按 2 倍柱径，石厚按 0.5 倍石径，如果上面要做成鼓镜形，其高按 0.5 倍石径。小式建筑按 2 倍柱径减 2 寸，厚按 1/3 石径。

以上三种做法列于表 3-9，以便比较。

表 3-9　柱础石低于地坪部分尺寸做法比较表

名　　称	直径(方)	厚(高)
《营造法式》	2D	方径:1.4 尺以下 0.8D;3 尺以上 0.5D;4 尺以上不大于 3 尺
《营造法原》	周边各出柱径 1 寸,腰各出 2 寸	0.7D
《工程做法则例》	大式:2D;小式:2D−2 寸	大式:0.5 方径;小式:1/3 方径

注:D 为柱径。

综上所述,硬山和悬山的做法为:小式建筑为 2 倍柱径减 2 寸,厚与檐柱径相同;大式建筑方形柱础石的宽度为檐柱柱径的 2 倍。凸出地面的部分称鼓镜,一般为圆形,称为圆鼓镜,也可随柱形,如方柱下用方鼓镜,鼓镜的直径或方柱边长为柱径的 1.2 倍,高为柱径的 1/5(即鼓镜高出地面一般为 0.2 倍柱径)。这些石构件的加工精度,要求达到二遍以上剁斧等级。带鼓镜的柱础石与在地坪上的古凳如图 3-65 所示。

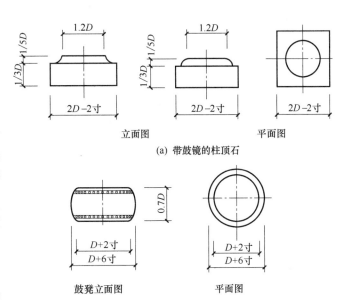

立面图　　　　　平面图

(a) 带鼓镜的柱顶石

鼓凳立面图　　　　平面图

(b) 鼓凳

图 3-65　带鼓镜的柱顶石与在地坪上的鼓凳

（二）现代做法

现代做法中因为柱子多为钢筋混凝土材料,所以不存在柱根防腐的问题,柱顶石只是为了满足古建筑外形需要,所以柱础多用混凝土或砂浆按照传统做法做出,表面剁斧;还有的将石质柱础石中心挖空直接将柱子穿下去做成套柱础,另外还可根据尺寸到石材市场采用加工的大理石或花岗岩的石套。其外观形式如图 3-66所示。

图 3-66　石套

二、墙体的设计

（一）山墙的设计

山墙的形式多种多样,按砌砖的高度分为两种,一种是露檐出围护,它是将砖墙体砌到山檐枋下皮,让枋木显露于外的一种做法,如图 3-67 (a) 所示;另一种是封山型围护,它是指将砖墙从下而上,一直砌到山尖,整个山面全部为砖砌墙体,如图 3-67 (b)所示。按建筑的外观形式,山墙分为硬山和悬山,硬山又有硬山尖和封火墙之分,悬山则有五花山和挡风板之别。

1. 硬山尖形式

硬山尖山墙分为上身、下肩、山尖三部分,硬山各部名称等参见图 3-68。

（1）山墙上身　上身是指下肩与山尖之间的部分,墙厚较下肩墙面的外皮退进一个距离,称为"退花碱",花碱尺寸一般为 0.1~0.17 倍砖料厚。

墙身砌筑可较下肩降低一级,可为丝缝墙、淌白墙或糙砖墙;还可采用"五进五出"的丝

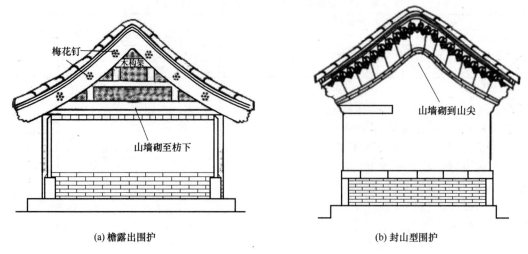

(a) 檐露出围护   (b) 封山型围护

图 3-67　山墙按砌砖的高度分

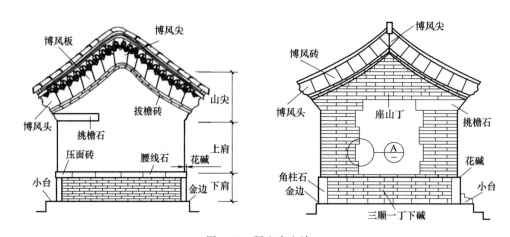

图 3-68　硬山尖山墙

缝墙做边，中间为糙砖墙抹灰做法，如图 3-68 和图 3-69（a）所示。

　　（2）山墙下肩　下肩是指台明以上 1/3 檐柱高的部分，墙厚以柱中线为界分为里包金和外包金，其中大式建筑里包金按 0.5 倍山柱径加 2 寸或 6cm，外包金按 1.5～1.7 倍山柱径；小式建筑里包金按 0.5 倍山柱径加 1.5 寸或 5cm，外包金按 1.5 倍山柱径。如图 3-69（b）所示。

　　下肩墙体一般采用标准较高的干摆墙、丝缝墙或淌白墙，转角部分一般采用角柱石加固，如图 3-68 所示。

　　硬山山墙大样图如图 3-69（b）所示。

　　（3）山墙山尖（悬山部分参见木作部分）　硬山建筑的山尖一般与上身部分做法相同（但不能做糙砖墙心），在尖顶博风砖下要做有突出墙面的拔檐砖线，以拦截雨水直流墙面。拔檐砖有的称"托山混""随山半混"，一般采用二皮砖，突出墙面的尺寸略小于砖厚。

　　拔檐之上为博风（包括博风尖、博风砖、博风头），根据材料不同分为砖博风和琉璃博风。琉璃博风为窑制品，与琉璃瓦屋面配合使用。砖博风是用方砖进行加工贴砌或用条砖卧砌。

　　硬山山墙山尖的式样、用途及脊中分件的名称如图 3-70 所示。图 3-70（a）所示尖山式用于有正吻的大式建筑以及用于清水脊、皮条脊做法的小式建筑；图 3-70（b）所示圆山式用于垂脊为罗锅卷棚做法的小式建筑；图 3-70（c）所示天圆地方式用于垂脊为罗锅卷棚做法的大、小式建筑，为官式做法；图 3-70（d）天圆地方式地方做法及影壁做法；图 3-70（e）、（f）的

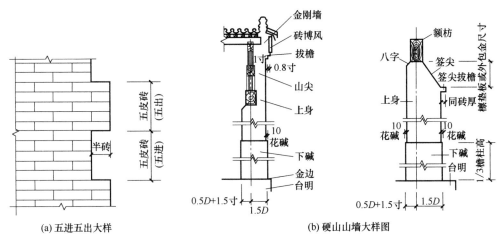

图 3-69 五进五出大样及硬山山墙大样图

铙拔式与琵琶式用于垂脊为罗锅卷棚做法的小式建筑，为地方做法。

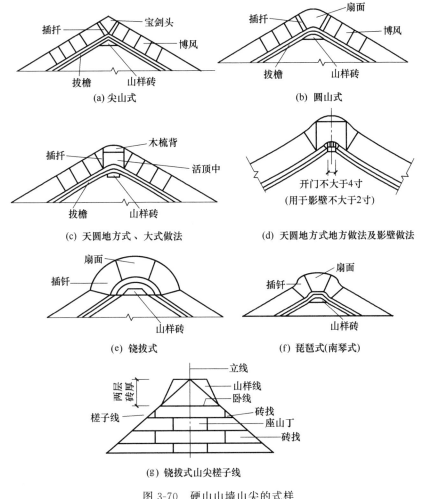

图 3-70 硬山山墙山尖的式样

2. 封火墙形式

封火墙形式常用于南方民间和园林的硬山建筑山墙，控制尺度如图 3-71 所示。

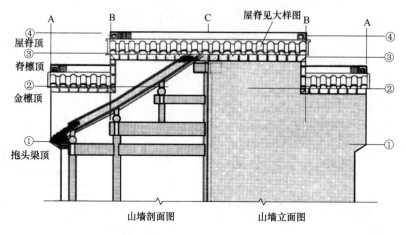

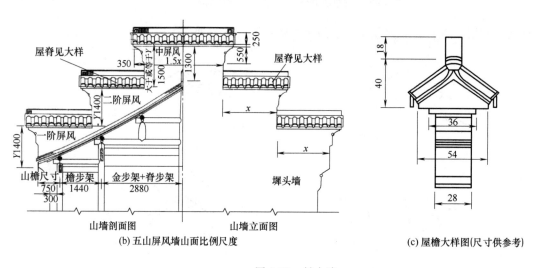

图 3-71　封火墙

（1）三山屏风墙（二阶）　它的山尖部分以檐口线（可按抱头梁顶）为界向上是屋脊瓦顶山墙。墙高分成两阶或三阶，阶高以桁檩顶线［图 3-71（a）中②、③线］作为阶墙顶线；阶墙边线按檐口线［图 3-71（a）中的 A 线］和底层梁端［图 3-71（a）中 B 线］取定。墙顶做成屋脊瓦顶和直线砖檐形式［图 3-71（a）剖面图所示］。这种形式具有民间特色，并可有效阻隔火灾的蔓延。

（2）五山屏风墙（三阶）　把前后墀头墙进深分作五份半，中屏风占一份半，中屏风檐口距屋脊底高约四尺半，其余高可均分或使中屏风稍高。五山屏风墙山面比例尺度，如图 3-71所示。

3. 五花山、挡风板山墙

悬山建筑山墙的山尖，因为有悬挑顶遮挡，为节省用料，一般常采用五花山做法，还可采用挡风板做法，但也可以直接将砖墙体直砌到屋顶。墙体尺寸与硬山建筑相同。

（1）五花山做法　是将砖墙体砌至木构架的横梁及瓜柱范围，使梁的两端和瓜柱暴露在外，木材表面的涂漆与墙体颜色的对比，使山面别具一番风格，并具有很好的通风效果，如图 3-72（a）所示。

（2）挡风板做法　是将砖墙体砌至木构架大梁下，对木构架的梁柱间空隙，钉以木板以遮挡风雨，如图 3-72（b）所示。

这两种做法比较适合南方热带潮湿地区。无论哪种做法，在砖墙体的顶部应做有突出的拔檐，以阻截雨水直流，并在拔檐砖上做出向外倾斜的"签尖"，如图 3-72（c）、（d）中剖面所示，以利淌水。

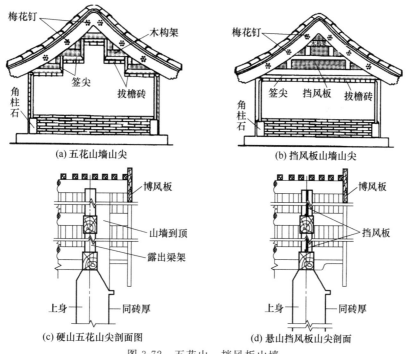

(a) 五花山墙山尖

(b) 挡风板山墙山尖

(c) 硬山五花山尖剖面图

(d) 悬山挡风板山尖剖面

图 3-72　五花山、挡风板山墙

4. 砖博风

博风是仿古建筑人字屋顶两端，沿山墙山尖斜边所做的装饰，用木板做的称为博风板，用砖料做的称为砖博风。

砖博风根据砌筑工艺分为方砖干摆博风和灰砌散装博风，如图 3-73 所示。

方砖干摆博风是用尺二砖、尺四砖、尺七砖、三才砖（即按尺二或尺四的一半）等方砖进行加工，精心摆砌而成。而灰砌散装博风是除博风头用方砖砌筑外，其他均用普通机砖或蓝四丁砖层层铺筑灰浆砌筑而成，一般为三皮砖。

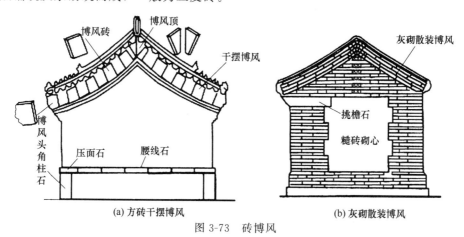

(a) 方砖干摆博风

(b) 灰砌散装博风

图 3-73　砖博风

5. 墀头

墀头是硬山建筑山墙在前檐延伸部分的墙垛（相当于现代山墙转角处的墙垛），又称为腿子，与山墙一样分为三部分，即下肩、上身、盘头（图 3-74）。其中下肩和上身做法与山墙相同，以便连接为一个整体，而盘头部分需重点装修。

（1）墀头的平面设计尺寸　墀头的长度可按下式计算：

$$墀头长度＝下檐出－台明小台－下肩花碱$$

式中　下檐出——按 0.8 倍上檐出设计；

　　　台明小台——按 0.4～0.8 倍檐柱径取值；

　　　下肩花碱——按 0.1～0.17 倍砖料厚取值。

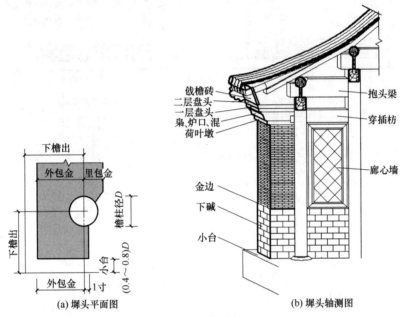

图 3-74　墀头图

墀头厚度以山墙外包金尺寸向里加 1 寸即可。

（2）盘头　盘头是墀头的梢尖部分（又称为"梢子"），它是连接山尖的正面部分，它的做法具有很强的装饰性，盘头做法如图 3-75 所示。

南方称墀头为"垛头"。《营造法原》在第十三章述："垛头墙就形式可分三部，其上为挑出承檐部分，以檐口深浅之不同，其式样各异，或作曲线，或作飞砖，或施云头、绞头诸饰。中部为方形之兜肚。下部为承兜肚之起线，作浑线、束线、文武面等，高自一寸半至二寸。自墙而上，渐次挑出"。如图 3-75（c）所示，上部为三飞砖（即三层砖，层层挑出），中部为兜肚砖（即由一块大方砖雕刻线槽而成），下部为承托砖文武面（半凸半凹弧面）和浑线砖（半圆弧凸面）。

盘头有六层盘头或五层盘头做法。六层盘头的砖构件名称，由下而上为：荷叶墩、半混、炉口、枭砖、头层盘头、二层盘头，再上就是戗檐砖，如图 3-75（b），五层盘头较六层盘头少一炉口砖。

盘头挑出尺寸依砖料规格有所不同，各层挑出大致参考尺寸如下。

荷叶墩：1.5 寸（4.8cm）一般取 4～5cm。

半混：为 0.8～1.25 砖本身厚，一般取 5～6cm。

炉口：出檐要小，为 0.5～2cm，一般取 1～2cm。

枭砖：1.3～1.5 砖本身厚，一般取 7～9cm。

头层、二层盘头共出檐：约 1/3 砖厚，每层约出檐 1/6 砖厚，一般取 3cm 左右。

戗檐砖上口搭在连檐里口，下面置于盘头上，且扑身角度约为 20°，结合扑身外斜线，与

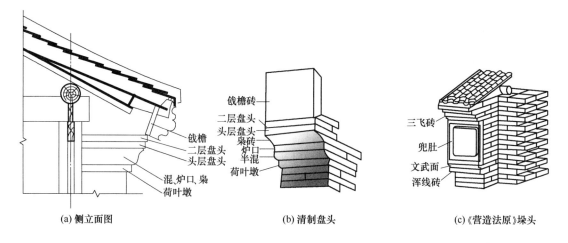

(a) 侧立面图	(b) 清制盘头	(c)《营造法原》垛头

图 3-75　盘头

两层盘头的上棱能连成一斜直线为最佳。

如用挑檐石，将挑檐石的端面加工成近似盘头形状，不做枭、混、炉口这三层，出檐可按1.2～1.5 本身厚，后尾到金柱中。

垛头的要求和槛墙一样，要求上档次，一般都是清水墙，所以要根据砖的大小进行计算，现举例说明如下。

【例】　小式建筑的柱径 $D=25cm$，外皮用小停泥砖（28cm×14cm）砌筑，下肩碱干摆，丝缝上身，里皮红机砖，下肩无花碱。试计算垛头平面各部位尺寸。

【解】　预估：里包金：$0.5D：0.5×25=12.5$（cm）

外包金：$1.5D：1.5×25=37.5$（cm）

垛头宽：40cm（外包金+1寸）

墙厚：$12.5+37.5=50$（cm）

外用小停泥砖宽 14cm，则 $50-14=36cm$，将 36cm 调整为 36.5cm，再加上 1～2cm 的灰浆，定为 38cm，砖墙厚 $38+14=52$（cm）。

上身退花碱 0.5～0.8cm（干摆、丝缝），则：

里包金为 12.5cm；外包金：$52-12.5=39.5$（cm）

垛头宽：$39.5+3.2=42.7(cm)≈43cm$ 或 $≈42cm$

此时，考虑小停泥砖看面宽度为 13cm（加工砍净），余 $43-13=30$（cm）或 $42-13=29$（cm），不合适，需调整。

调整方法：停泥砖长（砍净）按 27cm 考虑，差 2～3cm，故有 $27+13=40$（cm）。

① 加大外包金，使垛头宽 50～52cm，即外包金再增加 8～10cm，但垛头太宽，墙也会跟着增厚，不可取。

② 垛头定为 40cm（狗子咬为 13cm+27cm），则外包金需要减 2～3cm，砖宽 14cm 不能减，则应向里包金移动 2～3cm，里包金由 12.5cm 变为 $12.5+2.5=15$（cm），外包金为 $39.5-2.5=37$（cm），这样一来，在外包金外加金边 3cm，则有墙厚 55cm，垛头为 40cm，里包金为 15cm，外包金为 37cm。

小台阶的确定：上出 3/10 柱高，为 $3/10×280=84$（cm），减去连檐、雀台，$84-9=75$（cm）。

下出 2/10，$2/10×280=56$（cm），上下差为 $75-56=19$（cm）。

梢子为六盘头，出挑尺寸为：荷叶墩为 4cm；混为 5～6cm；炉口为 1～2cm；枭为 7～9cm；两层盘头为 3cm；戗檐，因博风为尺二方砖，尺寸为 37cm，减去连檐高 7cm，等于30cm，戗檐扑身假定 20°（如为 30°，则出 30°的一半），则戗檐出檐约 10cm。

故，总共 $4+5(6)+1(2)+7(9)+3+10=30\sim(34)(\mathrm{cm})$

6. 廊心墙

有廊硬山建筑的房屋前檐，除有槛墙和墀头外，还有廊道两端的碰头墙，该墙体根据廊道使用功能不同分为做有门洞和不做门洞两种，做有门洞的称为廊门桶子，不做门洞的称为廊心墙。

（1）廊门桶子 廊门桶子根据门洞尺寸做成门框，称为吉门，在吉门的洞顶上，用加工的砖件砌成落堂心框，在木构架抱头梁和穿插枋之间的空隙用有雕刻的花砖进行镶砌，如图3-76（a）所示。

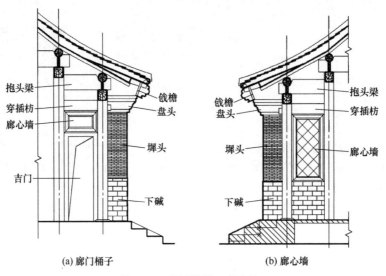

(a) 廊门桶子　　　　　　　　(b) 廊心墙

图 3-76　廊门桶子、廊心墙

（2）廊心墙 廊心墙为廊道端头之堵头墙，同山墙一样分为下肩、上身和三角部分。下肩做法与山墙做法相同。上身可以采用落堂心做法，也可采用糙砌抹灰做法，如图3-76（b）所示。三角形部分称为"象眼"，可做清水墙勾缝，也可进行抹灰。

（二）前檐墙的设计

槛墙是指前檐部分槛窗、枫槛、木榻板之下的矮墙，如图3-77所示。槛墙因其所处位置，在正立面上人们视线最容易看到的地方，相当于门面的招牌，所以要求较高。一般设计为大、小干摆，丝缝等。

（1）窗下槛墙高度 隔扇门高的4/10，再减去风槛、榻板的高度，或按3/10檐柱高（用于先定槛墙高时用）。

（2）槛墙厚度 从轴线（一般轴线选通过柱中）开始，可里、外包金相等，均为0.5倍檐柱径加5cm（一般控制不小于柱径），如图3-78所示。

图 3-77　槛墙位置图

（三）后檐墙的设计

后檐墙是围护结构，一般小式建筑或三间以下房屋的后墙多采用砖砌墙体到顶结构。常用的后檐墙体有两种做法：一是将墙体只砌到檐枋下皮，收头砌成避水的签尖和拔檐，让后檐枋、梁头等暴露于外，这种墙体称为露檐出，又叫老檐出；二是将墙体一直砌到屋顶，将后檐枋、梁头等封护

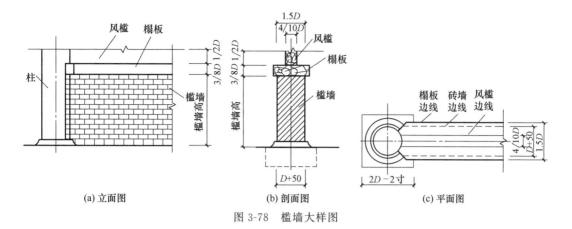

(a) 立面图   (b) 剖面图   (c) 平面图

图 3-78 槛墙大样图

在内，这种墙体称为封护檐，又叫封后檐，如图3-79所示。

后檐墙的整个墙体分为下肩和上身两部分，其分界线应与山墙一致。

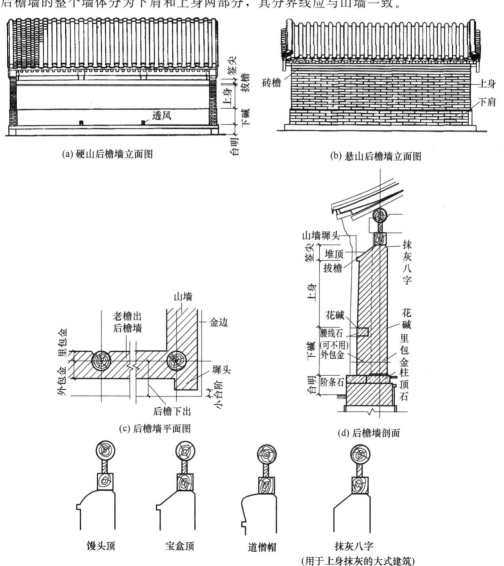

(a) 硬山后檐墙立面图   (b) 悬山后檐墙立面图

(c) 后檐墙平面图   (d) 后檐墙剖面

馒头顶   宝盒顶   道僧帽   抹灰八字
(用于上身抹灰的大式建筑)

(e) 几种签尖形式

图 3-79 后檐墙

1. 墙长

按开间距离，两端在内侧砌成八字与柱连接（或不做八字，穿柱皮）。

2. 断面尺寸

外包金为 1.5～1.7 倍檐柱径，里包金为 0.5 倍檐柱径加 1.5～2 寸，可参照山墙大样图做法，如图 3-79 所示。

3. 檐口做法

简单的三层及以下的砖檐有直线檐、抽屉檐、菱角檐、鸡嗉檐等三挑砖砖檐。

（1）直线檐　直线檐是指檐口挑出的砖砌成一水平横线，檐口砖不做任何加工，是最简单的一种檐口做法，一般只有两层，如图 3-80（a）所示。

（2）抽屉檐　抽屉檐有三层挑砖，中间一层用条砖或半宽砖按间隔空隙砌筑，如同抽屉形，如图 3-80（b）所示。

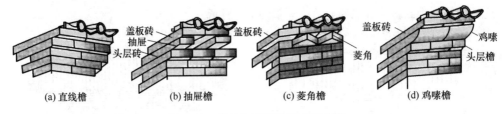

图 3-80　简单的三层及以下的砖檐

（3）菱角檐　菱角檐也为三层挑砖，中间一层用斜角砖，斜角向外砌筑，如同菱角，如图 3-80（c）所示。

（4）鸡嗉檐　鸡嗉檐也只有三层，将中间一层砖加工成弧形（称此为半混砖），如同鸡嗉，如图 3-80（d）所示。

复杂的砖檐一般指有四层以上即四挑砖以上的砖檐。冰盘檐就是其中最优美的砖檐之一，冰盘檐是指砖砌檐口的花纹形式有似冰裂纹形，一般分为细砌冰盘檐和糙砌冰盘檐。其中细砌是指使用经过细磨加工的砖；糙砌是使用未经细磨加工的砖。

冰盘檐根据挑出的层数分为四层至八层，每层砖依其形状冠以不同名称，如图 3-81 所示。

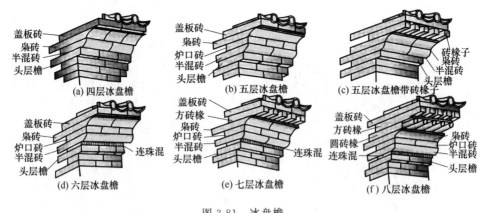

图 3-81　冰盘檐

4. 砖砌墙体的类别

砖墙砌体种类有干摆墙、丝缝墙、淌白墙、糙砖墙和碎砖墙、虎皮石墙、干山背石墙等。

（1）干摆墙　干摆墙是砌筑精度要求最高的一种墙体，它是用经过精细加工的干摆砖（又称为五扒皮砖），通过磨砖对缝，不用灰浆，一层一层干摆砌筑而成，一般简称为干摆墙。干摆砖是用质量较好的城砖或停泥砖进行加工砌筑，故有的将用城砖砌筑称为大干摆，用停泥砖砌筑称为小干摆。一般用于要求较高的部位。

干摆墙的特点为：

① 砖要经过砍磨加工，将砖的上、下、左、右、前共五个面，按墙体尺寸要求进行裁减磨平加工，此称为五扒皮；

② 墙缝不用灰浆，完全干摆，要求缝口紧密，横平竖直。

（2）丝缝墙　丝缝墙又称撕缝墙、细缝墙，即灰口缝很小的砖砌墙，是稍次于干摆墙一个等级的墙。它多采用停泥砖、斧刃陡板砖等经过加工砌筑而成。多用于要求较高的大面积部位。

丝缝墙的特点为：

① 将砖的外露面四棱加工成相互垂直的直角，相应几个面要磨平，称此加工而为膀子面；

② 灰浆砌缝要控制在 2mm 左右，横平竖直。

（3）淌白墙　淌白墙是次于丝缝墙一个等级的砖墙，又称为淌白砖墙。它可以采用城砖、停泥砖砌筑，多用于砌筑规格要求不太高的墙体。

淌白墙的特点为：

① 砖加工成淌白砖（即只作素面磨平），淌白即蹭白，"蹭"指磨，"白"指无特殊修饰，即只将砖面铲磨平整的素面即可；

② 灰浆砌缝可较丝缝稍大，一般控制在 4～6mm。

（4）糙砖墙、碎砖墙

① 糙砖墙是等级最低的砖墙，它所用的砖不需作任何加工，灰缝口也可加大，一般在5～10mm。糙砖墙是一种最普通、最粗糙的砖墙，一般用于没有任何饰面要求的砌体。

② 碎砖墙是指砖不加工，用掺灰泥砌筑的墙。

（5）虎皮石墙　虎皮石墙即常称的浆砌毛石墙，它是选用大面毛石作衬面，毛石底用小石片垫稳，用混合砂浆作胶结材料，砌筑成墙体后，再用水泥砂浆勾缝而成。

（6）干山背石墙　干山背石墙即常称的干砌毛石墙，它是不用砂浆砌筑，只将毛石用小石片垫稳，毛石之间相互靠贴紧密，每砌完1～2层后，用水泥砂浆勾缝封面，然后用较稀的水泥砂浆或灰浆灌筑内缝，以不从外缝淌浆为度。

上述种类在设计时，有时要注明砌筑墙体摆砖方法，如三七缝、梅花丁、十字缝、五进五出等几种砌筑墙体的摆砖做法，砖在墙体上的摆放，以长宽厚三面为准，长向顺面阔平摆者为"顺"，宽向顺面阔平摆者为"丁"。

三七缝又称三顺一丁砌砖法，是指墙的每层摆砖，按一块丁砖、三块顺砖为一组进行摆砌，如图 3-82 （a）所示。

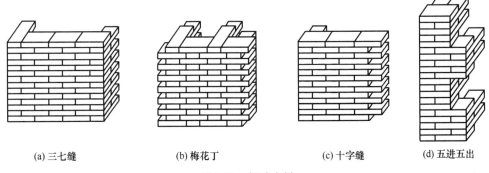

(a) 三七缝　　　　(b) 梅花丁　　　　(c) 十字缝　　　　(d) 五进五出

图 3-82　摆砖大样

梅花丁又称丁横拐砌砖法，是指每层按一丁一顺为一组进行摆砖，如图 3-82 （b）所示。

十字缝又称单砖法，即每层都按一顺砖进行摆砌，如图 3-82 （c）所示。

五进五出，即以五层砖为一组，做成凸凹交错的形式，如图 3-82（d）所示。它用作墙体转角，以节约不太重要墙体的用砖量。

（四）墙体的现代设计

古建筑墙体比较重要的地方多为清水墙，如槛墙，一般用档次较高的干摆墙、丝缝墙之类。现代做法为了保持古建筑的效果，在没有古建材料时就在混水墙的基础上贴面砖或粉出同古建材料规格相同的砖缝。具体做法如下。

1. 贴面做法

材料选用薄面料，如同瓷砖贴面一样，利用现代砌筑方法的砖墙，在上镶贴出古建筑中各类砖墙的效果，如图 3-83 所示。

2. 画缝做法

画缝是先采用工具在仿古建筑砖墙外观效果的粉刷层上刻勒或切割出来，然后用白、黑色灰浆勾缝，或者把缝清理干净，就像丝缝干摆一样，如图 3-84 所示。

图 3-83　贴面做法

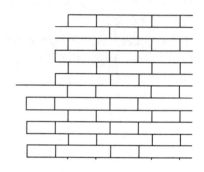

图 3-84　画缝墙面

三、屋面的设计

硬山和悬山屋顶都有大式建筑和小式建筑之分，凡用琉璃瓦或布瓦带吻兽者为大式建筑屋顶。凡用布瓦不带吻兽或小青瓦者为小式屋顶。硬山和悬山屋顶正、侧立面如图 3-85 所示。

（一）基层设计

1. 隔离层

隔离层主要起隔离水汽保护望板的作用，故一般称它为"护板灰"。它是用白麻刀灰（白灰浆：麻刀＝50：1）在望板上均匀铺抹 10～20mm 厚。

2. 防水层

传统建筑的防水层有两种做法：一是称为锡背，即在护板灰上用铅锡合金板满铺一层，再在其上苫一层麻刀泥或滑秸泥（厚 10～20mm），待干后再铺一层铅锡合金板，这是较高级的做法，它的耐久性和防水性非常好，多用于比较重要的建筑中；二是称为泥背，即在护板灰上用麻刀泥（掺灰泥：麻刀＝50：3）或滑秸泥（掺灰泥：滑秸＝5：1）分别铺抹三层，每层厚不超过 50mm，抹平压实，在每层抹灰中，要分上中下若干排，粘上麻辫，每间隔一段距离粘一束，待抹下层灰背时，将麻辫尾上翻抹于泥灰中，使泥灰相互网结。

3. 保温层

保温层是对防水层起保护和保温作用的抹灰层，一般称它为抹灰背。它是用大麻刀灰［白灰浆：麻刀＝100：（3～5）］分 3～4 层铺抹，每层厚不超过 30mm，每层之间铺一层夏麻布，以防止干裂，铺匀抹实后待自然晾干。

瓦作设计层次见表 3-10。

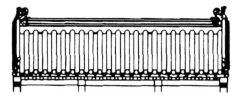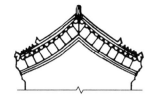

(a) 硬山大式尖山顶正、侧面图

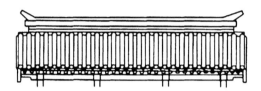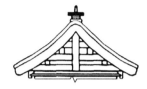

(b) 悬山小式尖山顶正、侧面图

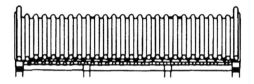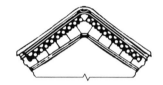

(c) 硬山卷棚顶正、侧面图

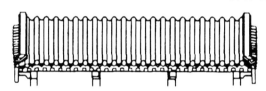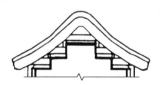

(d) 悬山卷棚顶正、侧面图

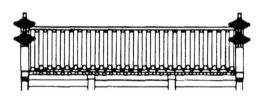

(e) 硬山小式防火墙正、侧面图

图 3-85　屋面形式

表 3-10　瓦作设计层次

施工内容	屋面层次	标准做法	大式做法	小式做法	营造法式做法
木基层	望板层	椽条上铺木板	椽条上铺木板或望砖	椽条上铺席箔或苇箔	苇箔一重
苫背	隔离层	护板灰 10~20mm	（白灰浆：麻刀＝50：1）10~20mm		竹笆一至五重
	防水层	锡背或泥背 <300mm	滑秸泥背（掺灰泥：滑秸＝5：1）2~3 层，每层 30mm 左右	滑秸泥背 1~2 层	胶泥一层
	保温层	抹灰背<120mm	[白灰浆：麻刀＝100：(3~5)]3 层以上，每层 20mm 左右	青灰背一层	石灰浆一层
			青灰背一层		
	脊线处理	扎肩、晾背	扎肩、晾背	扎肩、晾背	
铺瓦	瓦面层	铺瓦	铺瓦	铺瓦	铺瓦

（二）瓦面设计

屋面铺瓦根据所用瓦材分为琉璃瓦屋面、布瓦屋面、小青瓦屋面等，如图 3-86 所示。

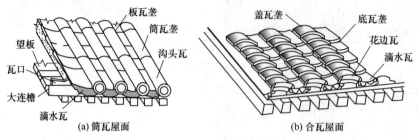

图 3-86　屋面瓦的类型

1. 琉璃瓦、布瓦屋面

琉璃瓦屋面和布瓦屋面均可简称为筒瓦屋面。琉璃瓦的样数一般以筒瓦宽度按下述原则确定：筒瓦宽度，可按椽径大小来选定样数，如椽径为 12cm，可按筒瓦宽 12.8cm 选定为七样；若椽径为 14cm，可选定筒瓦宽 14.4cm，确定为六样。

2. 小青瓦屋面

小青瓦又称为合瓦、阴阳瓦、蝴蝶瓦等，这是一俯一仰的瓦型，俯着的作盖瓦避水垄，仰着的作底瓦淌水垄，如图 3-87（a）所示，多用于小式建筑中或民用建筑的屋面。

小青瓦屋面分为阴阳瓦做法和干槎瓦做法。阴阳瓦做法是将一俯一仰瓦相互扣盖的青瓦屋面，它将瓦件由下而上，前后衔接成长条形瓦沟和瓦垄，整个屋面由盖瓦垄和底瓦沟相间铺筑而成，屋面檐口安装花边瓦和滴水瓦，如图 3-87 所示。

干槎瓦又称干茬瓦，干槎瓦屋面是只用仰瓦相互错缝搭接放置，如图 3-87（b）所示，干槎瓦檐头不用特殊瓦件，只是用麻刀灰将檐口勾抹严实即可。

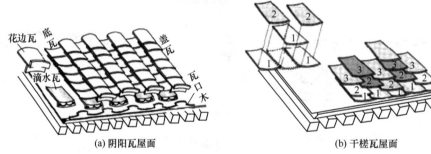

图 3-87　小青瓦屋面
1～3—摆放顺序

清《工程做法则例》对布瓦规格分为：头号、二号、三号、十号等四种型号，其尺寸如表 3-11 所示。设计屋面时，选用瓦的尺寸可参照表 3-11，实际画图可不对照该尺寸，只是示意即可。

表 3-11　布瓦规格

瓦名	型号	长度		宽度		瓦名	型号	长度		宽度	
		营造尺	cm	营造尺	cm			营造尺	cm	营造尺	cm
筒瓦	头号	1.10	35.20	0.45	14.40	板瓦	头号	0.90	28.80	0.80	25.60
	二号	0.95	30.40	0.38	12.16		二号	0.80	25.60	0.70	22.40
	三号	0.75	24.00	0.32	10.24		三号	0.70	22.40	0.60	19.20
	十号	0.45	14.40	0.25	8.00		十号	0.43	13.76	0.38	12.16

布瓦规格的选定，也根据筒瓦宽度，按以下原则确定。

① 一般房屋按筒瓦宽度和椽径大小选用号数。如椽径为 11cm 时，可选用二号瓦（筒瓦宽为 12.16cm）；如椽径为 13cm 以上时，可选用头号瓦（筒瓦宽为 14.4cm）。

② 采用合瓦屋面者，按椽径大小确定号数。椽径 6cm 以下的选三号瓦，10cm 以下的选二号瓦，10cm 以上的选头号瓦。

③ 小型门楼按檐高确定。檐高在 3.8m 以下者，选三号瓦；3.8m 以上者，选二号瓦。

琉璃瓦屋脊所用构件参考尺寸如表 3-12 所列。

表 3-12　琉璃瓦屋脊所用构件参考尺寸　　　　　　　　单位：cm

名　称	维度	样　数							
		二样	三样	四样	五样	六样	七样	八样	九样
正吻	高	336	294	224～256	122～160	109～115	83～102	58～70	29～51
	宽	235	206	157～179	122～160	76～81	58～72	41～49	20～36
	厚	54.4	48	33	86～112	25	23	21	18.5
剑把	长	96	86.4	80	27.2	29.44	24.96	19.52	16
	宽	41.6	38.4	35.2	48	12.8	10.88	8.4	6.72
	厚	11.2	9.6	8.96	20.48	8.32	6.72	5.76	4.8
背兽①	正方	31.68	29.12	25.6	8.64	11.52	8.32	6.56	6.08
吻座	长	54.4	48	33	27	25	23	21	18.5
	宽	31.68	29.12	25.6	16.64	11.52	8.32	6.72	6.08
	厚	36.16	33.6	29.44	19.84	14.72	11.52	9.28	8.64
赤脚通脊	长	89.6	83.2	76.8	五样以下无				
	宽	54.4	48	33					
	厚	60.8	54.4	43					
黄道	长	89.3	83.2	76.8	五样以下无				
	宽	54.4	48	33					
	厚	19.2	16	16					
大群色	长	89.6	83.2	76.8	五样以下无				
	宽	54.4	48	33					
	厚	19.2	16	16					
群色条	长	四样以上无			41.6	38.4	35.2	34	31.5
	宽				12	12	10	10	8
	厚				9	8	7.5	8	6
正通脊	长	四样以上无			73.6	70.4	67.4	64	60.8
	宽				27.2	25	23	21	18.5
	高				32	28.4	25	20	17
垂兽②	长	68.8	59.2	50.4	44	38.4	32	25.6	19.2
	宽	68.8	59.2	50.4	44	38.4	32	25.6	19.2
	厚	32	30	28.6	27	23.04	21.76	16	12.8
垂兽座	长	64	57.6	51.2	44.8	38.4	32	25.6	22.4
	宽	32	30	28.5	27	23.04	21.76	16	12.8
	高	7.04	6.4	5.76	5.12	4.48	3.84	3.2	2.56
联座（联办垂兽座）	长	118.4	89.6	86.4	70.4	67.2	41.6	28.8	23.8
	宽	32	30	28.5	27	23.04	21.76	16	12.8
	高	52.8	46.4	36.8	28.6	23	21	17	15
大连转（承奉连砖）	长	57.6	51.2	44.8	41	39	37	33	31.5
	宽	32	30	28.5	26	25	21.5	2	17.5
	高	17	16	14	13	12	11	9	8
三连砖	长	三样以上无			43.5	41	39	35.2	33.6	31.5
	宽				29	26	23	21.76	20.8	19
	高				10	9	8	7.5	7	6.5

名　称	维度	样数							
		二样	三样	四样	五样	六样	七样	八样	九样
小连砖	长	七样以上无						32	28.8
	宽							18	12.8
	高							6.4	9.76
垂通脊	长	99.2	89.6	83.2	76.8	70.4	64	60.8	54.4
	宽	32	30	28.5	27	23.04	21.76	20	17
	高	52.8	46.4	36.8	28.6	23	21	17	15
戗兽[②]	高	59.2	56	44	38.4	32	25.6	19.2	16
	宽	59.2	56	44	38.4	32	25.6	19.2	16
	厚	30	28.5	27	23.04	21.76	20.8	12.8	9.6
戗兽座	长	57.6	51.2	44	38.4	32	25.6	19.2	12.8
	宽	30	28.5	27	23.04	21.76	20.8	12.8	9.6
	高	6.4	5.76	5.12	4.48	3.84	3.2	2.56	1.92
戗通脊 （戗脊筒子）	长	89.6	83.2	76.8	70.4	64	60.8	54.4	48
	宽	30	28.5	27	23.04	21.76	20.8	17	9.6
	高	46.4	36.8	28.6	23	21	17	15	13
撺头	长	57.6	51.2	44.8	41	39	36.8	33.6	31.5
	宽	32	30	28.5	26	23	21.76	20.8	19
	高	17	16	14	9	8	7.5	7	6.5
头	长	48	41.6	38.4	35.2	32	30.4	30.08	29.76
	宽	30	28	26	23	20	19	18	17
	高	8.96	8.32	7.68	7.36	7.04	6.72	6.4	6.08
列角盘子	长					40	36.8	33.6	27.2
	宽					23.04	21.76	20.8	19.84
	高					6.72	6.4	6.08	5.76
三仙盘子	长					40	36.8	33.6	27.2
	宽					23.04	21.76	20.8	19.8
	高					6.72	6.4	6.08	5.76
仙人[③]	长	40	36.8	33.6	30.4	27.2	24	20.8	17.6
	宽	6.9	6.4	5.9	5.3	4.8	4.3	3.7	3.2
	高	40	36.8	33.6	30.4	27.2	24	20.8	17.6
走兽[④]	长	22.1	20.16	18.24	16.32	14.4	12.48	10.56	8.64
	宽	11.04	10.08	9.12	8.16	7.2	6.24	5.28	4.32
	高	36.8	33.6	30.4	27.2	24	20.8	17.6	14.4
吻下当沟	长	38.4	36.8	33.6	28.3	26.7	24	22	20.4
	宽	27.2	25.6	21	16.5	15	14.5	13.5	13
	厚	2.56	2.56	2.24	2.24	1.92	19.2	1.6	1.6
托泥当沟	长	38.4	36.8	33.6	28.3	26.7	24	22	20.4
	宽	27.2	25.6	21	16.5	15	14.5	13.5	13
	厚	2.56	2.56	2.24	2.24	1.92	19.2	1.6	1.6
平口条	长	32	30.4	28.8	27.2	25.6	24	22.4	20.8
	宽	9.92	9.28	8.64	8	7.36	6.4	5.44	4.48
	高	2.24	2.24	1.92	1.92	1.6	1.6	1.28	1.28
压当条	长	32	30.4	28.8	27.2	25.6	24	22.4	20.8
	宽	9.92	9.28	8.64	8	7.36	6.4	5.44	4.48
	高	2.24	2.24	1.92	1.92	1.6	1.6	1.28	1.28
正当沟	长	38.4	36.8	33.6	28.3	26.7	24	22	20.4
	宽	27.2	25.6	21	16.5	15	14.5	13.5	13
	厚	2.56	2.56	2.24	2.24	1.92	1.92	1.6	1.6

名 称	维度	二样	三样	四样	五样	六样	七样	八样	九样
					样 数				
斜当沟	长	54.4	51.2	46	39	37	32	30	28.8
	宽	27.2	25.6	21	16.5	15	14.5	13.5	13
	高	2.56	2.56	2.24	2.24	1.92	1.92	1.6	1.6
套兽⑤	长	30.4	28.8	25.2	23.6	22	17.3	16	12.6
	宽	30.4	28.8	25.2	23.6	22	17.3	16	12.6
	高	30.4	28.8	25.2	23.6	22	17.3	16	12.6
博脊连砖	长					40	36.8	33.6	30.4
	宽		五样以上无			22.4	16.5	13	10
	高					8	7.5	7	6.5
承奉博脊连砖	长	52.8	49.6	46.4	43.2				
	宽	24.32	24	23.68	23.36		六样以下无		
	高	17	16	14	13				
挂尖	长	52.8	49.6	46.4	43.2	40	36.8	33.6	30.4
	宽	24.32	24	23.68	23.36	22.4	16.5	13	10
	高	29	27	24	22	16.5	15	14	13
博脊瓦	长	52.8	49.6	46.4	43.2	40	36.8	33.6	30.4
	宽	30.4	28.8	27.2	25.6	24	22.4	20.8	19.2
	高	7.5	7	6.5	6	5.5	5	4.5	4
博通脊（围脊筒子）	长	89.6	83.2	76.8	70.4	56	46.4	33.6	32
	宽	32	28.8	27.2	24	21.44	20.8	19.2	17.6
	高	33.6	32	31.36	26.88	24	23.68	17	15
满面砖	长	51.2	48	44.8	41.6	38.4	35.2	32	28.8
	宽	51.2	48	44.8	41.6	38.4	35.2	32	28.8
	高	6.08	5.76	5.44	5.12	4.8	4.48	4.16	38.4
蹬脚瓦	长	40	36.8	35.2	33.6	30.4	27.2	24	20.8
	宽	20.8	19.2	17.6	16	14.4	12.8	11.2	9.6
	高	10.4	9.6	8.8	8	7.2	6.4	5.6	4.8
勾头	长	43.2	40	36.8	35.2	32	30.4	28.8	27.2
	宽	20.8	19.2	17.6	16	14.4	12.8	11.2	9.6
	高	10.4	9.6	8.8	8	7.2	6.4	5.6	4.8
滴子	长	43.2	41.6	40	38.4	35.2	32	30.4	28.8
	宽	35.2	32	30.4	27.2	25.6	22.4	20.8	19.2
	高	17.6	16	14.4	12.8	11.2	9.6	8	6.4
筒瓦	长	40	36.8	35.2	33.6	30.4	28.8	27.2	25.6
	宽	20.8	19.2	17.6	16	14.4	12.8	11.2	9.6
	厚	10.4	9.6	8.8	8	7.2	6.4	5.6	4.8
板瓦	长	43.2	40	38.4	36.8	33.6	32	30.4	28.8
	宽	35.2	32	30.4	27.2	25.6⑥	22.4	20.8	19.2
	厚	7.04	6.72	6.08	5.44	4.8	4.16	3.2	2.88
合角吻	长	73.6	67.2	64	54.4	41.6	22.4	15.68	13.44
	宽	73.6	67.2	64	54.4	41.6	22.4	15.68	13.44
	高	105.6	96	89.6	76.8	60.8	32	22.4	19.2
合角剑把	长	30.4	28.3	25.6	22.4	19.2	9.6	6.4	5.44
	宽	6.08	5.76	5.44	5.12	4.8	4.48	4.16	3.84
	厚	2.1	2.0	1.92	1.76	1.6	1.6	1.28	0.96

① 背兽长宽至眉毛。
② 垂兽、戗兽高量至眉毛，宽指身宽。
③ 仙人高量至鸡的眉毛。
④ 走兽高自筒瓦上皮量至眉毛。
⑤ 脊兽、套兽长量至眉毛。
⑥ 清中期以前，六样板瓦宽为24cm，与近代出入较大，文物修缮时应特别注意。

（三）脊

1. 正脊

正脊是坡屋面最顶端沿房屋正面方向的屋脊，它是所有屋脊中规模最大的屋脊。正脊由长条形脊身和两端脊头所组成。

（1）琉璃构件脊身　琉璃构件脊身都是用定型窑制产品通过灰浆层层叠砌而成。脊身规格尺寸因规模大小而有所不同，常用的有以下几种。

① 四样以上的脊身构件是用于高大脊身的构件，它由下而上的构件名称为：正当沟、压当条、大群色条、黄道、赤脚通脊、扣脊瓦等，这些构件都是定型窑制品，规格见表 3-12，其构造与施工图画法如图 3-88（a）所示。

② 五、六样的脊身构件由正当沟、压当条、群色条、正通脊、扣脊瓦等叠砌而成，其构造与施工图画法如图 3-88（b）所示。

③ 七样脊身构件由正当沟、压当条、三连砖（或承奉连砖）、扣脊瓦等叠砌而成，其构造与施工图画法如图 3-88（c）所示。

④ 八、九样脊身构件由正当沟、压当条、正通脊、扣脊瓦等叠砌而成，其构造与施工图画法如图 3-88（d）所示。

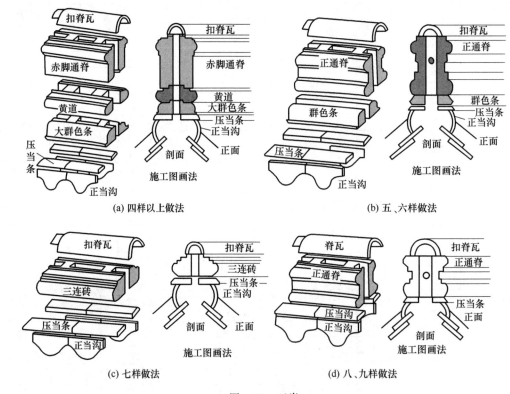

(a) 四样以上做法　　　　　　(b) 五、六样做法

(c) 七样做法　　　　　　(d) 八、九样做法

图 3-88　正脊

（2）灰脊筒构件脊身　该构件的尺寸、式样均同琉璃构件。

（3）现场加工构件脊身　现场加工构件脊身是指施工现场砖瓦材质的构件，脊身构件由下而上为：当沟、两层瓦条、混砖、陡板、混砖、筒瓦眉子等，如图 3-89 所示。其中，瓦条用施工现场板瓦砍制，混砖用条砖加工而成。

（4）筒瓦脊　筒瓦脊是脊身较高，且具有一种暗亮花筒的屋脊，它的脊身分两部分，在脊长两端的屋脊头内侧，用普通砖和望砖砌筑脊身瓦条，使脊端结实不透空，此称为暗筒；而在暗筒之间的部分，用瓦片摆成花纹做成框边，芯子用砖实砌，此部分称为亮花筒，对此种结构

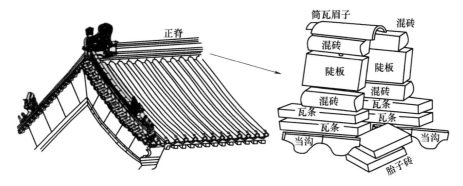

图 3-89　现场加工构件脊身

简称为暗亮花筒。

《营造法式》卷十三垒屋脊之制述："殿阁三间八椽或五间六椽，正脊高三十一层，垂脊低正脊两层。堂屋若三间八椽或五间六椽，正脊高二十一层。厅堂若间椽与堂等者，正脊减堂脊两层。门楼屋一间四椽，正脊高一十一层或一十三层，若三间六椽，正脊高一十七层。廊屋若四椽，正脊高九层。常行散屋，若六椽用大当沟瓦者，正脊高七层，用当沟瓦者高五层。凡垒屋脊，每增两间或两椽，则正脊加两层"。这就是说，脊身大小按房屋规模而定，其中，殿阁面阔三间进深八椽，或面阔五间进深六椽，正脊高 31 层；堂屋三间八椽或五间六椽，正脊高 21 层；与堂屋相等的偏厅屋，正脊高在屋正脊基础上减 2 层；小型门楼一间四椽，正脊高 11 层或 13 层；若门楼三间六椽，正脊高 17 层；长廊屋四椽，正脊高 9 层。一般房屋根据当沟大小，脊高 7 层或 5 层。凡比此规模大的房屋，每增宽 2 间或 2 椽时，增加 2 层。

这里的"层"是指用与屋面面瓦相同的瓦材层层垒叠之意，其脊身没有特定的窑制构件。但实际上，正脊身除两个端部是用砖瓦层层垒叠外，在脊身的中间段部位多用筒瓦砌成各种花形，如图 3-90 所示的为暗亮花筒脊。

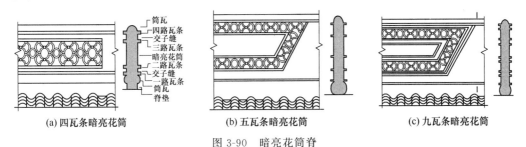

图 3-90　暗亮花筒脊

暗亮花筒脊的脊底和脊顶由筒瓦筑成，脊身长度方向的中部用筒板瓦拼砌成各种花纹图案，称为亮花筒，而脊身两端和脊底用砖瓦垒砌成实体，称为暗亮花筒，再在此基础上加入瓦条作线，可做成四瓦条、五瓦条、七瓦条、九瓦条等高低层次。

暗亮花筒屋脊根据瓦条道数分为：脊高 80cm 四瓦条暗亮花筒、脊高 120cm 五瓦条暗亮花筒、脊高 150cm 七瓦条暗亮花筒、脊高 195cm 九瓦条暗亮花筒等。

（5）环抱脊　环抱脊是较蝴蝶瓦脊稍高的一种正脊，它是用筒瓦作盖顶的二瓦条脊，其构造为脊垫砖、一路瓦条、交子缝、二路瓦条、筒瓦盖顶，如图 3-91 所示。

（6）过垄脊

① 筒瓦过垄脊（罗锅瓦元宝脊）。筒瓦过垄脊是卷棚筒瓦屋顶的正脊，它是一种圆弧形屋脊，又称它为元宝脊。筒瓦过垄脊的两端没有吻兽，脊身由与筒瓦相应的罗锅瓦、续罗锅瓦和与板瓦相应的折腰瓦、续折腰瓦等瓦件相互搭接而成，如图 3-92 所示。

② 合瓦过垄脊。小青瓦过垄脊又称小青瓦鞍子脊，它是卷棚小青瓦屋顶的正脊，它与筒

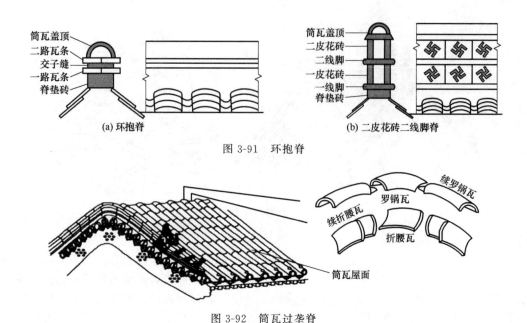

图 3-91 环抱脊

(a) 环抱脊

筒瓦盖顶
二路瓦条
交子缝
一路瓦条
脊垫砖

(b) 二皮花砖二线脚脊

筒瓦盖顶
二皮花砖
二线脚
一皮花砖
一线脚
脊垫砖

续罗锅瓦
罗锅瓦
续折腰瓦
折腰瓦
筒瓦屋面

图 3-92 筒瓦过垄脊

瓦过垄脊一样，脊两端没有吻兽，脊身由与底瓦相应的折腰瓦和盖瓦相互搭接而成，如图3-93所示。

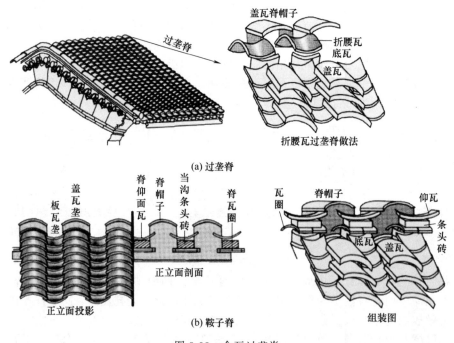

盖瓦脊帽子
折腰瓦
底瓦
盖瓦

折腰瓦过垄脊做法

过垄脊

(a) 过垄脊

盖瓦垄
板瓦垄
脊仰面瓦
脊帽子
当沟条头砖
脊瓦圈

正立面剖面

正立面投影

(b) 鞍子脊

瓦圈
脊帽子
仰瓦
底瓦
盖瓦
条头砖

组装图

图 3-93 合瓦过垄脊

（7）其他民宅建筑的屋脊　小式建筑，尤其是民宅的房屋，其屋脊形式就比较多了，下面简单介绍几种。

① 皮条脊。皮条脊是大式黑活正脊的改良脊，它是将大式黑活正脊中的陡板和上层混砖减去而成，因此，该种脊既可以用于大式建筑，也可以用于小式建筑。当脊端采用吻兽时，就是大式正脊；当脊两端直接与梢垄连接时，即为小式正脊。

皮条脊的构造，自下而上层层砌筑的构件为：当沟（两侧当沟的夹心空隙用砖料和灰浆填塞）、头层瓦条、二层瓦条、混砖、盖瓦等，最后为抹灰眉子，如图3-94所示。

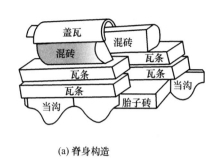
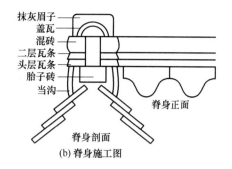

(a) 脊身构造

(b) 脊身施工图

图 3-94　皮条脊

此种屋脊上面的抹灰眉子不用，而用麻刀灰代替当沟就与南方建筑常见的清水脊（图3-95）相似了。

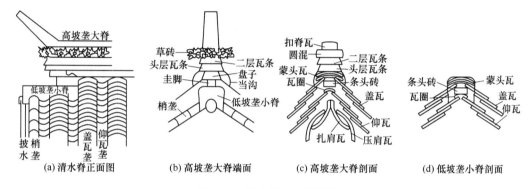

(a) 清水脊正面图　　(b) 高坡垄大脊端面　　(c) 高坡垄大脊剖面　　(d) 低坡垄小脊剖面

图 3-95　清水脊施工图画法

② 小青瓦扁担脊。扁担脊是小青瓦小式建筑中最简单的正脊，它只需在脊线上垒叠几层瓦材即可，形似扁担之蒙头瓦脊，自下而上铺砌的构件为：瓦圈、扣盖合目瓦（即上下组合之瓦）、扣一层或两层蒙头瓦（即蒙盖在脊顶之瓦），在蒙头瓦上和两侧抹扎麻刀灰。扣盖合目瓦的位置应与底瓦相互交错，形成锁链形状，如图 3-96 所示。

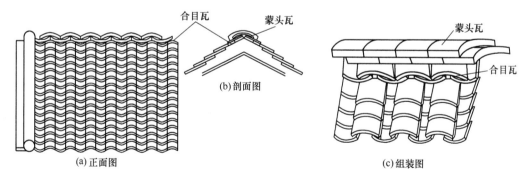

(a) 正面图

(b) 剖面图

(c) 组装图

图 3-96　扁担脊

③ 瓦条脊。瓦条是指先在脊上用砂浆和普通砖砌筑脊垫，再砌一层或两层挑出望砖作为起线（称为瓦条），然后将小青瓦一块紧贴一块地立砌，成为长条形脊身，最后用石灰纸筋灰抹顶（称为盖头灰），如图 3-97 所示。

④ 滚筒脊。滚筒脊是用筒瓦合抱成圆鼓（滚）形作为脊底，而脊顶仍为小青瓦和盖头灰，如图 3-98 所示。它是以筒瓦作为基础材料，辅以望砖做出线条的屋脊。根据起线道数分为二瓦条滚筒脊和三瓦条滚筒脊。

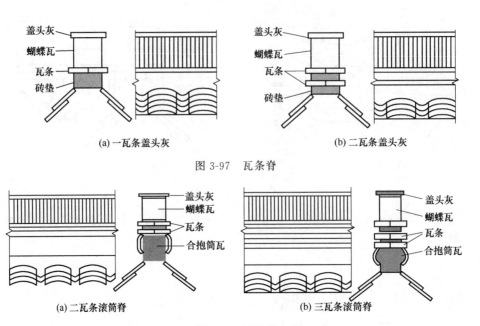

(a) 一瓦条盖头灰　　　　　　　　　　　　(b) 二瓦条盖头灰

图 3-97　瓦条脊

(a) 二瓦条滚筒脊　　　　　　　　　　　　(b) 三瓦条滚筒脊

图 3-98　滚筒脊

2. 垂脊的设计

垂脊是屋顶正面与山面交界处，从正脊两端沿屋顶坡面而下的屋脊。大式建筑的垂脊，以垂兽为界分为兽前段与兽后段。根据房屋的规模等级分为：琉璃垂脊、清制黑活布瓦垂脊、铃铛排山脊、披水排山脊、披水梢垄等。

（1）琉璃垂脊　清制琉璃垂脊以垂兽为界分为兽前段和兽后段。

兽后段的构造自下而上为：斜当沟、压当条、垂通脊、扣脊瓦等构件，如图 3-99（a）所示。其构件规格按筒瓦所确定的样数，依表 3-12 选用。

琉璃垂脊兽前段自下而上为：斜当沟、压当条、三连砖或承奉连、盖筒瓦，然后安装走兽，如图 3-99（b）所示。

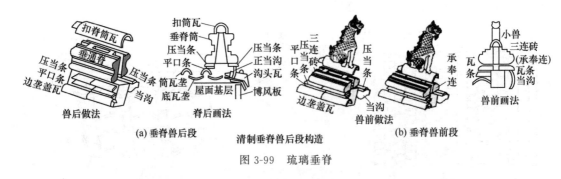

(a) 垂脊兽后段　　　　清制垂脊兽后段构造　　　　　　(b) 垂脊兽前段

图 3-99　琉璃垂脊

走兽顺序，首先是仙人指路，其后为：龙、凤、狮、天马、海马、狻猊、押鱼、獬豸、斗牛、行什等十个，如图 3-100 所示，按檐柱每高二尺放一个，总数为单数，除故宫太和殿可放满十个外，其他建筑最多只能用足九个。其规格大小均按筒瓦所选定的相应样数，依表 3-12 选用。

垂脊一般在与正脊相交处要做到垂不淹肘。

套兽大小按仔角梁端头尺寸，选用相近偏大的规格，如仔角梁端头断面尺寸为 20cm×20cm 者，应选用 22cm×22cm 六样规格。

（2）清制黑活布瓦垂脊　清制黑活布瓦垂脊也以垂兽为界分为兽前段和兽后段。黑活布瓦

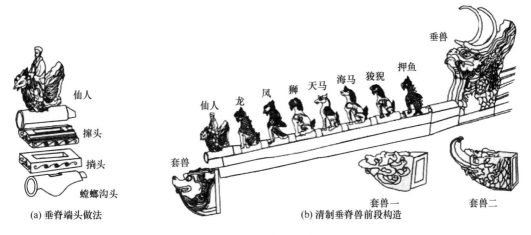

图 3-100 仙人走兽

垂脊兽后段的构件自下而上为：正当沟、瓦条、混砖、陡板、混砖、筒瓦眉子等。脊心空隙用砖（称胎子砖）和浆灰填塞，如图 3-101 所示。黑活布瓦垂兽与琉璃构件相同，只是素烧制品而已。兽前段的构件如图 3-101 中所示。

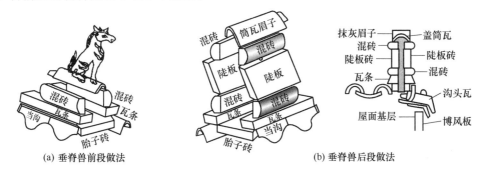

图 3-101　清制黑活布瓦垂脊构造

（3）铃铛排山脊　排山即指对山墙顶部按排水构造要求，用瓦件进行排序的一种操作方法。在排山基础上所做的脊，称为排山脊。因此，排山脊分为排山和脊身两部分。脊身部分仍按上述垂脊兽后段的构件布置。而排山部分是由沟头瓦作分水垄，用滴子瓦作淌水槽，相互并联排列而成，一般称它为排山沟滴。由于滴子瓦的舌片形似一列悬挂的铃铛，所以由这种排山所组成的垂脊称为铃铛排山脊。

铃铛排山脊既可用于尖山顶（即与大脊相配合）的垂脊，也可用于卷棚顶的垂脊，只是这两脊在正脊中线位置所用构件不同，尖山顶在正脊中线位置用沟头坐中［如图 3-102（a）所示］，而卷棚顶在正脊中线位置用滴子坐中［如图 3-102（b）所示］。

尖山顶大式铃铛排山脊的脊身构造与琉璃垂脊兽后段的构件相同，如建筑规模较小，可将垂脊筒改为承奉连或三连砖。而卷棚顶的脊顶部分因是圆弧形，要在此基础上改用罗锅压当条、罗锅平口条、罗锅垂脊筒、罗锅筒瓦等及其续罗锅构件。

小式铃铛排山脊的构造如图 3-102（a）所示，排山部分仍为沟头瓦和滴子瓦；脊顶部分，在当沟以上为瓦条、混砖和盖瓦。

（4）披水排山脊　披水排山脊的排山，是用披水砖代替铃铛瓦，作为凸出山墙的淌水砖檐，但脊身仍用瓦条、混砖、扣盖筒瓦而成，如图 3-103 所示。

（5）清制披水梢垄　披水梢垄是山墙之上的盖瓦垄，属于最简单的小式垂脊，常用于较简易的硬山和悬山建筑。正规地讲，披水梢垄不能算是一种垂脊，它仅仅是屋面瓦垄中最边上的

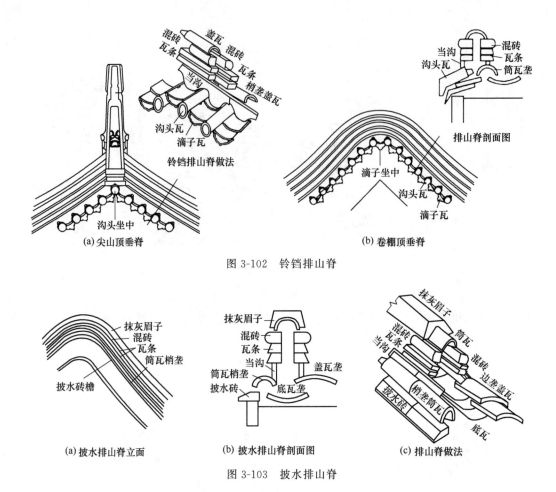

图 3-102　铃铛排山脊

(a) 尖山顶垂脊　　　(b) 卷棚顶垂脊

图 3-103　披水排山脊

(a) 披水排山脊立面　　(b) 披水排山脊剖面图　　(c) 排山脊做法

一条瓦垄（称为梢垄），在瓦垄下砌一层披水砖与山面进行有机的连接，以便起封闭和避水作用。披水梢垄的构造很简单，一般只有两层，上层是梢垄筒瓦（也可以用小青盖瓦），下层是披水砖，在披水砖下就是山面博风砖和拔檐，其构造如图 3-104 所示。

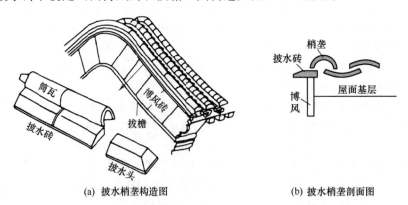

(a) 披水梢垄构造图　　　　(b) 披水梢垄剖面图

图 3-104　披水梢垄

3. 吻兽（脊头）

（1）琉璃吻（脊头）　在脊身两端安装正吻或望兽及其附件作为屋脊头，由于龙吻一般都比较大，多由九块组装而成，如图 3-105 所示。其规格大小见表 3-12 所述。

（2）鸱吻　宋《营造法式》对于正脊的两个端头要安装鸱尾以作装饰之物，为什么用鸱尾呢？《营造法式》中述："汉记，柏梁殿灾后，越巫言海中有鱼，虬尾似鸱，激浪即降雨，遂做其

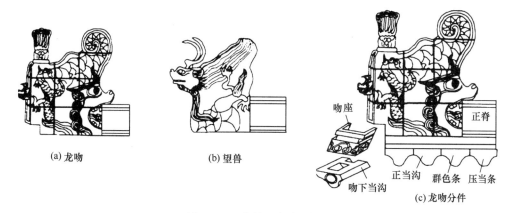

(a) 龙吻　　　　(b) 望兽　　　　吻座　　正脊

吻下当沟　　正当沟　群色条　压当条
(c) 龙吻分件

图 3-105　清制正脊端头饰物

象于屋,以厌火祥"。即用传说中的鸱尾鱼,作降雨厌火之物,其形式如图 3-106(a)、(b)
所示。

鸱尾大小依房屋规模而定,《营造法式》十三述:"用鸱尾之制,殿屋八椽九间以上,其下
有副阶者,鸱尾高九尺至一丈,若无副阶八尺。五间至七间,不计椽数,高七尺至七尺五寸。
三间高五尺至五尺五寸。廊屋之类,并高三尺至三尺五寸"。但也可用兽头,《营造法式》十三
述:"堂屋等正脊兽,亦以正脊层数为祖,其垂脊并降正脊兽一等用之。正脊二十五层者,兽
高三尺五寸;二十三层者,兽高三尺;二十一层者,兽高二尺五寸;一十九层者,兽高二尺。
散屋等,正脊七层者,兽高一尺六寸。五层者兽高一尺四寸"。兽头形式如图 3-106(c)、(d)
所示。

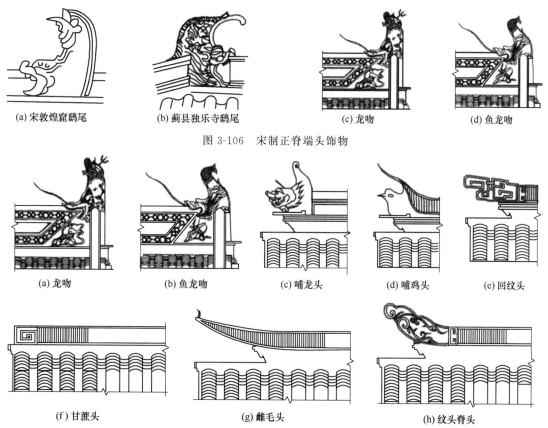

(a) 宋敦煌窟鸱尾　　(b) 蓟县独乐寺鸱尾　　(c) 龙吻　　(d) 鱼龙吻

图 3-106　宋制正脊端头饰物

(a) 龙吻　　(b) 鱼龙吻　　(c) 哺龙头　　(d) 哺鸡头　　(e) 回纹头

(f) 甘蔗头　　　　(g) 雌毛头　　　　(h) 纹头脊头

图 3-107　《营造法原》脊头

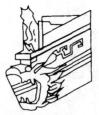

(a) 戗根吞头   (b) 广汉

图 3-108 《营造法原》吞头

（3）龙吻、鱼龙吻、哺龙、哺鸡、回纹、雌毛等

《营造法原》所述的屋脊头，殿堂正脊多为龙吻或鱼龙吻，厅堂正脊常使用哺龙、哺鸡、回纹头、甘蔗头、雌毛头、纹头等脊头，如图 3-107 所示。

垂脊（竖带）头和戗脊头为吞头。竖带吞头即指竖带尾端的装饰物，但南方一般做成人物轮廓形式，如广汉、天王等。戗脊吞头是指戗脊与竖带分界处的装饰物，如图 3-108 所示。

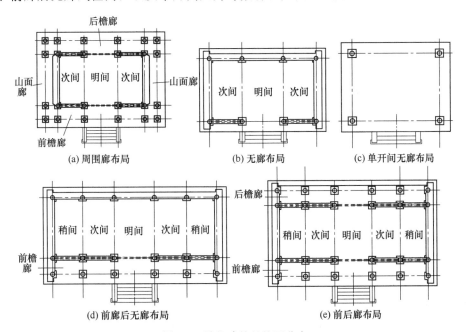

第四章 ◀◀◀◀◀

歇山、庑殿建筑的设计

歇山建筑的构架等多数与硬山、悬山相似，所以这里只介绍不同之处。

第一节　歇山建筑构架设计

一、平面布局

歇山建筑的山面构造既有一般规律，又有很多变化，这些变化与平面上柱网分布的变化有直接关系。

歇山建筑的柱网分布大致有以下几种不同情况，即：周围廊式柱网、前后廊式柱网、无廊式柱网、前廊后无廊式柱网，以及单开间无廊等数种，如图 4-1 所示。

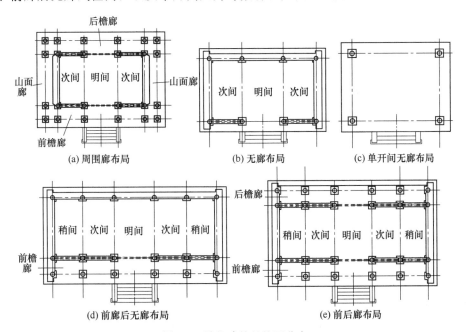

(a) 周围廊布局　　(b) 无廊布局　　(c) 单开间无廊布局

(d) 前廊后无廊布局　　(e) 前后廊布局

图 4-1　歇山建筑的柱网分布

传统歇山建筑的内部构架结构主要是木结构，它与其他古建筑不同之处主要体现在山面的变化上，硬山与悬山建筑的山面都属于山尖到顶形式，而歇山的山面有两坡屋面，为了使山面的退山结构有支撑点，常采用顺梁式与趴梁式两种做法。

二、顺梁法

顺梁法是用于歇山建筑山面特有的柱网布置。歇山山面部分的木构件如踩步金、草架柱、横穿、踏脚木等传来的荷载都由它来支撑，顺梁的位置见图 4-2。它的外端直接落在山檐柱的柱顶上，檐檩之下，后端与金柱连接，其中间部分通过瓜柱承载上部传来的荷载，因该梁起到承重作用，为区别其他垂直于面宽方向的梁架，且因为它是顺着面宽方向的，就引出了顺梁的概念。

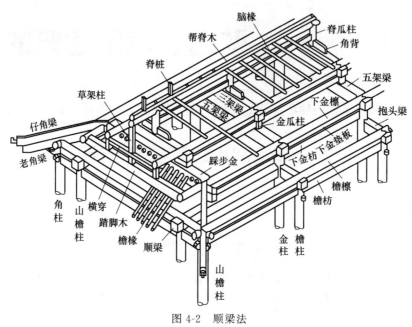

图 4-2　顺梁法

三、趴梁法

趴梁和顺梁同在一个位置上，如采用顺梁，因上部梁架的原因，承担的荷载很大，又因其长度又较长，其截面也要求要大（一般与抱头梁截面相同）。因为截面较大，梁的高度会影响隔扇窗的安装高度，顺面阔方向的檩三件中，下金枋底皮应为一水平线，一般门窗隔扇的槛框就安装在此枋之下，故有顺梁的这一间，槛框就安装不进去，于是就把顺梁提高，趴在檐檩之上，改变梁头的结构样式，腾出空间安装槛框，这种做法就是趴梁法，此梁称为趴梁。

趴梁法上面的山面木构件（即草架柱、横穿、踏脚木、踩步金等）及其尺寸，均与顺梁法中的木构件相同，只是用趴梁代替顺梁而已。值得注意的是，趴梁的位置就是下金枋所处的位置，也就是说，它替代了下金枋，由于这种原因再加上与顺梁起同一作用，所以，也有把这个趴梁构件称为 趴梁枋和顺趴梁。其位置见图 4-3。

以上两种做法就是歇山建筑独有的做法，下面介绍歇山建筑构架的具体设计做法。

四、步架

歇山建筑步架如不带斗拱的则可参照硬山与悬山建筑的步架，带斗栱大式建筑的步架尺度一般为桁径的 4～5 倍，具体尺寸要视房座总进深大小、梁架长短、需要分多少步架来确定，一般为 22 斗口，但有些书中规定大式建筑的步架一律为 22 斗口，这是不妥当的。带斗栱的大

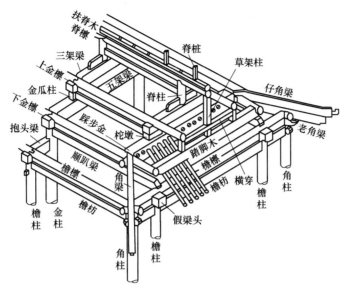

图 4-3 趴梁法

式建筑，除廊步外，其他步架（即桁条间距）的大小与山面斗栱的攒数没有直接对应关系。步架的尺寸参见图 4-4。

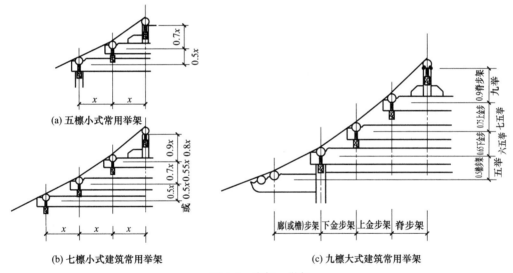

(a) 五檩小式常用举架

(b) 七檩小式建筑常用举架

(c) 九檩大式建筑常用举架

图 4-4 步架、举架

计量举高按相邻两檩底平的垂直高度计算。举高与对应步架长度之比为举架系数

五、举架

歇山建筑步架和步架一样参照硬山与悬山选用。歇山建筑各步可依次为檐步五举、金步六五举、七五举、脊步九举等。但脊步一般不超过十举。举架的尺寸参见图 4-4。

六、歇山收山

清式确定歇山建筑山面山花板位置的法则称为收山法。收山法通常接以下规定由山面檐口正心桁中向内侧收一桁径定做山花板外皮位置，如为小式建筑，则由山面檐檩中向内侧收进一檩径定做山花板外皮位置。歇山收山法则见图 4-5。关于歇山的收山，不同地区、不同时代的建筑各不相同。上面所述仅为清宫式歇山建筑的收山法则。

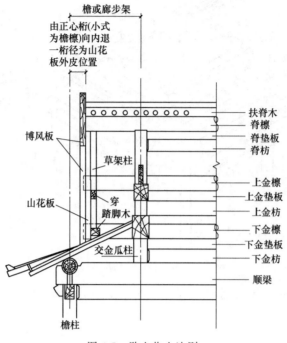

图 4-5　歇山收山法则

第二节　落地柱的设计

歇山建筑的檐柱、角柱、金柱、中柱等落地柱在设计时要注意标注方法，比如，硬山与悬山建筑多数属于小式建筑，尺度以檩径为单位，而歇山建筑多为大式建筑，故尺度是以斗口为依据。歇山建筑落地柱的做法不同于硬山与悬山建筑之处介绍如下（其余均可参照第三章中硬山建筑或悬山建筑相关内容）。

一、传统做法

（一）柱高

带斗栱建筑的柱高，按斗栱口份数定，清《工程做法则例》中规定："凡檐柱以斗口七十份定高，如斗口二寸五分（8cm），得檐柱连平板枋、斗科通高一丈七尺五寸"。也就是说，檐柱高规定按 70 口份（斗口）定高，包含平板枋和斗栱在内，通高＝70 斗口×2.5 寸＝175 寸＝1 丈 7 尺 5 寸（560cm）。柱高计算的起、终点位置见图 4-6。从总高尺寸减去平板枋、斗科之高，即得柱高。如平板枋高五寸，斗科高二尺八寸，得檐柱净高一丈四尺二寸。

（二）柱径的确定

檐柱直径规定为六口份（斗口），则檐柱直径＝6 斗口×2.5 寸＝15 寸＝1.5 尺（48cm）。

大式歇山建筑的金柱与檐柱直径有时也有所不同，金柱径比檐柱径大 0.6 斗口或相同。

从以上规定可以看出，所谓大式带斗栱建筑的柱高，是包括平板枋、斗栱在内的整个高度，即从柱根到挑檐桁底皮的高度。其中斗栱高是指坐斗底皮至挑檐桁底皮的高度。70 斗口减掉平板枋和斗栱高度，所余尺寸不足 60 斗口（56～58 斗口）（梁思成先生撰写的《清式营造则例》规定带斗栱建筑檐柱高一律为 60 斗口，与此略有差别，以减少计算上的麻烦）。檐柱

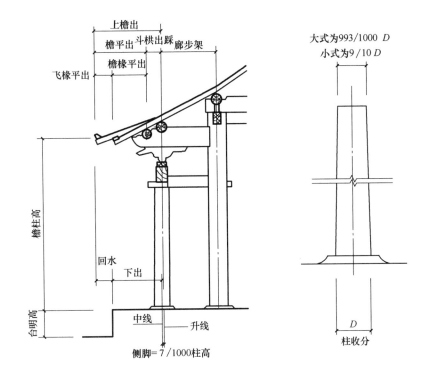

图 4-6　柱高与柱径

径为 6 斗口，约为柱高的 1/10，具体参见图 4-6。

　　柱子如有收分，即柱根部（柱脚）略粗，顶部（柱头）略细。这种根部粗、顶部细的做法，称为收溜，又称收分。木柱做出收分，既稳定又轻巧，给人以舒适的感觉。小式建筑收分的大小一般为柱高的 1/100，如柱高 3m，收分为 3cm，假定柱根直径为 27cm，那么，柱头收分后直径为 24cm。大式建筑柱子的收分，《清式营造则例》规定为 7/1000 柱高。需要强调说明的是：柱子收分是在原有柱径的基础上向里收尺寸，如檐柱径为 D，收分以后柱头直径为 $D-D/10=9/10D$。这里作为权衡单位的柱径 D，是指柱根部分的直径，而不是柱头的直径，具体参见图 4-6。柱子轴测图及立面图见图 4-7。

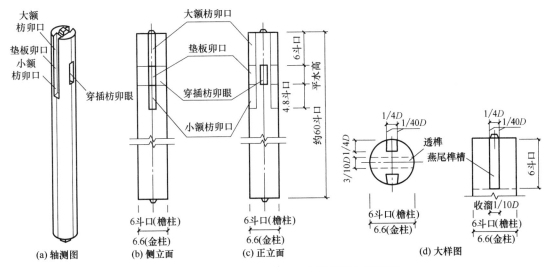

图 4-7　柱子轴测图与立面图（有馒头榫和管脚榫）

柱子的尺寸见表4-1。

表 4-1　柱子尺寸权衡　　　　　　　　　　　　　　　　　　单位：斗口

构件名称	长	宽	高	厚	直径	备注
檐柱			70（至挑檐桁下皮）		6	包含斗栱在内
金柱			檐柱加廊步五举		6.6	
重檐金柱			按实计		7.2	
中柱			按实计		7	
山柱			按实计		7	
童柱			按实计		75.2 或 6	

二、现代做法

落地柱的现代做法参看第三章第二节相关内容。

第三节　悬空柱的设计

一、传统做法

（一）瓜柱

瓜柱也称童柱，是支撑梁架并通过梁架传递屋面荷载的构件，童柱与瓜柱处在结构中相同位置，叫法不同，童柱则强调在墩斗之上。其在构架中的位置和建筑图如图4-8所示。

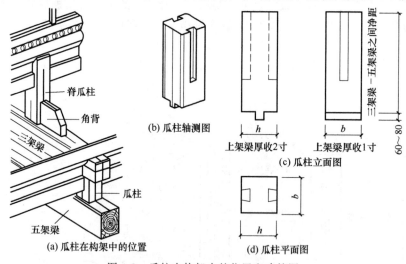

（b）瓜柱轴测图

上架梁厚收2寸　　上架梁厚收1寸
（c）瓜柱立面图

三架梁 - 五架梁之间净距　60～80

脊瓜柱
角背
三架梁
瓜柱
五架梁
（a）瓜柱在构架中的位置

（d）瓜柱平面图

图 4-8　瓜柱在构架中的位置和建筑图
图中尺寸 b、h 分别为进深方向和面宽方向

（二）脊瓜柱（可参考庑殿的雷公柱，只是高度不同）

脊瓜柱是直接支撑脊檩的构件（有别于瓜柱，瓜柱支撑梁），把脊檩荷载传给三架梁，由于该构件要与角背结合起来使用且把角背夹在中间，互相起到稳固作用，该构件宜采用管脚双榫，以半榫形式插入三架梁，具体尺寸可根据瓜柱本身大小做适当调整，但一般可控制在6～8cm。其结构大样见图4-9。

（三）角背

由于脊瓜柱是支撑脊檩的构件，且脊瓜柱通常较高，其稳定性差，因此需辅以角背以增加脊瓜柱的稳定性。角背如图 4-10 所示。

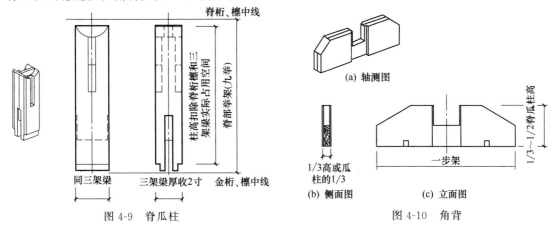

图 4-9　脊瓜柱　　　　　　　　图 4-10　角背

悬空柱尺寸权衡见表 4-2。其他零星构件参见硬山建筑。

表 4-2　悬空柱尺寸权衡　　　　　　　　　　　　　　单位：斗口

构件名称	长	宽	高	厚（或进深）	径	备注
柁墩	2 檩径	上层梁厚收 2 寸		按实际		
瓜柱		厚加 1 寸	按实际	上架梁厚收 2 寸		
脊瓜柱		同三架梁	按举架	三架梁厚收 2 寸		
角背	一步架		1/3～1/2 脊瓜柱高	1/3 自身高		
金、脊垫板	按面宽	4		1		

二、现代做法

建筑图与其他柱相同，不留榫卯，图略。结构图分预制与现浇以及柱上的檩条是钢筋混凝土檩条还是木檩条等情况。

预制柱上安装钢筋混凝土檩条的柱结构图见图 4-11（a）；上部安装木檩条的柱结构图见图

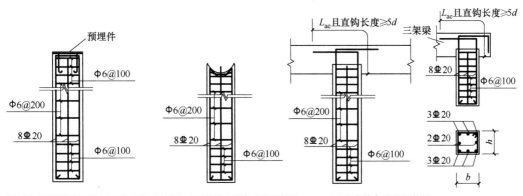

(a) 预制柱上安装钢筋混凝土檩条的柱结构图　(b) 安装木檩条的柱结构图　(c) 现浇檩条的柱结构图

图 4-11　瓜柱、脊瓜柱结构

b、h 分别为进深方向和面宽方向尺寸，根据五架梁具体尺寸确定

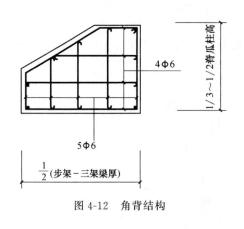

图 4-12　角背结构

4-11（b）；上部现浇檩条的柱结构图见图 4-11（c）。

以上悬空柱的现代做法都不留卯口，要在卯口处预留预埋件或留插筋。悬空柱的几何尺寸也就是建筑图尺寸，应尊重传统建筑的要求。

在现代钢筋混凝土结构处理上可不设置角背，如若设置，可参照图 4-12 制作。

现代做法中可不做柁墩，如若要柁墩效果，一般是在童柱预制安装或现浇拆模以后另加措施进行二次浇灌或粉刷而成。

第四节　架梁的设计

三架梁、五架梁、七架梁、顶梁这几种梁架构建形式、受力状况与硬山建筑和悬山建筑相同，建筑图设计也只是尺寸上稍有差别，因此可参考硬山建筑和悬山建筑。

一、传统做法

与硬山建筑一样，首先介绍五架梁，因为它是正身梁架中的骨干构件，一般房屋的构架最少也要有四个步架，所以五架梁也就成了应用最多的构件之一。

（一）五架梁

五架梁因其上方总共承接有五个檩条的荷载，故称其为五架梁，它所承担的荷载是三架梁通过瓜柱传下来的。虽然五架梁上承五根檩条，其中有梁两端承接的两根檩条是直接压在两端头，又通过它直接传给了下面的瓜柱或檐柱或金柱，所以它承担的主要是通过三架梁传来的中间三根檩条的荷载。

五架梁长四步架（外加梁头 2 份），该梁两端搭置在前后金柱上（如五架梁下为七架梁则搭置在瓜柱上），与柱上馒头榫相交处有海眼，梁头两端做檩椀承接檩子，梁侧面在檩子下面刻垫板口子以安装垫板。梁背上由两端金檩中线向内各一步架处设瓜柱位置，以便承接其上的三架梁。

五架梁的施工图如图 4-13 所示。

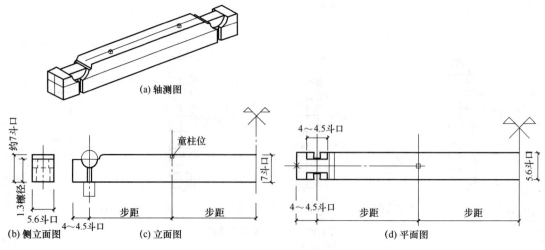

图 4-13　五架梁图

（二）三架梁

三架梁也是应用最多的构件之一，是放置在五架梁上的一个构件，它上面总共有三根檩条，所以称为三架梁。由安置在五架梁上的瓜柱或柁墩支撑着，它与脊瓜柱、角背共同组成一组构架，如图4-14所示，承担由脊瓜柱和金檩传来的荷载。它与五架梁有相同之处，就是其中有两根檩条的荷载直接传到下面去了，所以三架梁主要承担脊瓜柱传来的荷载。

三架梁的施工图见图4-15。

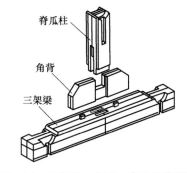

图 4-14　三架梁、角背、脊瓜柱轴测图

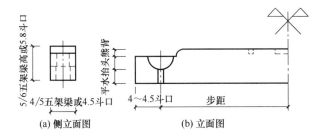
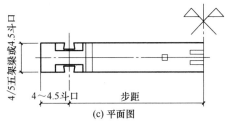

(a) 侧立面图　　　　　(b) 立面图　　　　　　　　　　(c) 平面图

图 4-15　三架梁的施工图

（三）七架梁

七架梁主要承担由五架梁通过瓜柱传来的荷载，七架梁的长为六步架加2檩径（五架梁的尺度另加两步架），梁厚与高分别为7斗口和8.4斗口（或1.25倍厚）。七架梁的施工图参照五架梁。

（四）顶梁（月梁）

月梁主要用在卷棚建筑中，尤以卷棚屋面的廊架一殿一卷式屋面居多。在梁架中的位置以及与椽子的关系如图4-16所示。建筑图可参照三架梁。

（五）三架梁、五架梁、七架梁、顶梁的尺寸

这几种梁的尺寸权衡见表4-3。

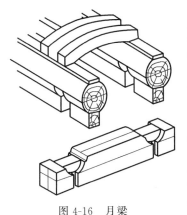

图 4-16　月梁

表 4-3　三架梁、五架梁、七架梁、顶梁尺寸权衡

构件名称	长	宽	高	厚	径	备 注
七架梁	六步架加2檩径		8.4斗口或1.25倍厚	7斗口		六架梁同此宽度
五架梁	四步架加2檩径		7斗口或七架梁高的5/6	5.6斗口或4/5七架梁厚		四架梁同此宽度
三架梁	二步架加2檩径		5/6五架梁高	4/5五架梁厚		月梁同此宽度
顶梁（月梁）	顶步架加2檩径		同三架梁	同三架梁		

二、现代做法

外观为达到古建筑的效果，建筑图可参照传统做法，材料选用钢筋混凝土。

1. 五架梁

五架梁的结构图见图 4-17。

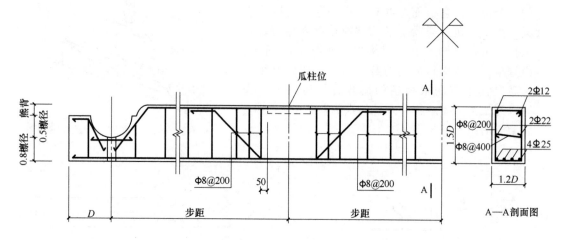

图 4-17　五架梁的结构图

2. 三架梁

三架梁的结构图见图 4-18。

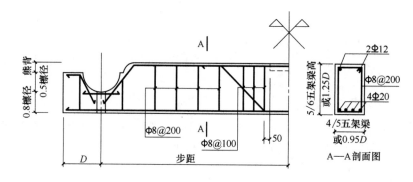

图 4-18　三架梁的结构图

3. 七架梁

七架梁的结构图见图 4-19。

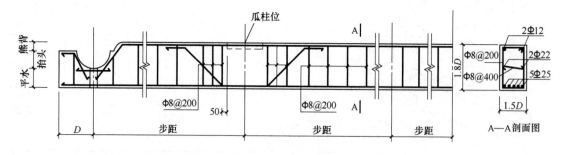

图 4-19　七架梁的结构图

4. 顶梁

顶梁与三架梁尺寸、样式都相近，其设计图参照三架梁。

中国仿古建筑构造与设计

第五节　桃尖梁和抱头梁

这两种梁构件，位置和作用一样，其位置都是位于檐柱与金柱之间，承担檐檩之梁。梁头前端置于檐柱头之上，后尾作榫插在金柱（或老檐柱）上，梁头上端做檩椀。但是，这两种梁不在同一建筑中出现，二者只能居其一。抱头梁为无斗栱大式或小式做法，图可参照硬山建筑与悬山建筑（第三章第五节中已介绍）。桃尖梁则在带斗栱的大式建筑中，如图 4-20 所示。

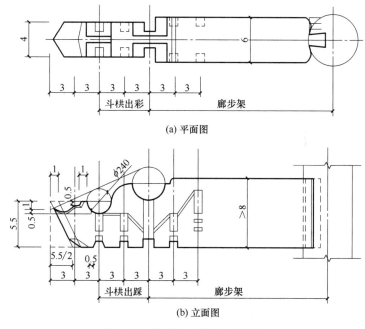

图 4-20　桃尖梁

一、传统做法

（一）桃尖梁

在带斗栱的大式建筑中，相当于小式抱头梁位置，端头做成桃形的梁，称为桃尖梁。作为顺梁安置在山面时，叫做桃尖顺梁，在无廊中柱式门庑中，作为三步梁或双步梁时又称做桃尖三步梁或桃尖双步梁。

桃尖梁厚在正心桁内侧为 6 斗口，正心桁外侧为 4 斗口；高为 1/2×（挑檐桁至正心桁之水平距离）+4.75 斗口；其长，如用于廊间时则为廊步架（或廊进深）加正心桁中至挑檐桁中之距离再加梁头长 6 斗口，如用作顺梁时，应为梢间面宽加正心桁中至挑檐桁中距离再加梁头长，用作双步梁或三步梁时，则应以步架长度加正心桁中至挑檐桁中之距离再加梁头长。桃尖梁前端搭置在柱头科斗栱上，后尾插在金柱或中柱上，梁底皮至挑檐桁底皮高度为 4 斗口，占据柱头科斗栱的要头和撑头木分位。故桃尖梁可看作是柱头科斗栱中的要头、撑头加桁椀三层构件组合在一起形成的，桃尖梁上承正心桁。

桃尖梁如用作顺梁时，在由山面正心桁向内一步架处的梁背上应画步架中线，并按中线凿作瓜柱眼，以安置交金瓜柱。如安置交金童柱则应置墩斗。梁底与斗栱叠交处要凿作销子眼。桃尖梁头的平、立面图见图 4-21。

（a）平面图

（b）立面图

图 4-21　桃尖梁（单位：斗口）

桃尖梁构件尺寸权衡见表 4-4。

表 4-4　桃尖梁构件尺寸权衡　　　　　　　　　　　　　　　　　　　　单位：斗口

构件名称	长	宽	高	厚	直径	备注
桃尖梁	廊步架加斗栱出踩加 6 斗口		正心桁中至耍头下皮	6		包含斗栱在内
桃尖假梁头	平身科斗栱全长加 3 斗口		正心桁中至耍头下皮	6		
桃尖顺梁	梢间面宽加斗栱出踩加 6 斗口		正心桁中至耍头下皮	6		

（二）抱头梁

抱头梁主要用于小式建筑，具体内容参见本书第三章第五节相关内容。

二、现代做法

（一）桃尖梁

桃尖梁现代做法采用钢筋混凝土，其结构图见图 4-22。

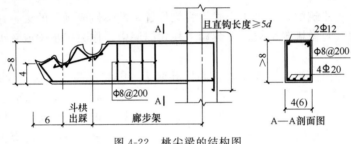

图 4-22　桃尖梁的结构图

（二）抱头梁

抱头梁的现代做法参见本书第三章第五节相关内容。

第六节　顺、趴梁

这两种梁所处位置及作用相同，只是标高和与其他构件连接的节点大样不同，如图4-23所示。

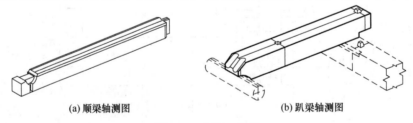

(a)顺梁轴测图　　　　　　　　(b)趴梁轴测图

图 4-23　顺梁、趴梁

一、传统做法

（一）顺梁

顺梁是指顺面阔方向的横梁。在古建筑中，一般把垂直于面宽方向，承担上部荷载的水平构件称为梁，而把平行于面宽方向只起到水平方向支撑和连系各排架柱作用的构件称作额或枋。顺梁是一个与这两种条件都相似的构件，它虽处在枋的位置，却起承重的作用，究竟叫什么合适，古代匠人是以结构受力为主，所以为了区别于不承受力的枋，故把它称作顺梁，顺梁的水平标高与抱头梁同高，因此，其截面尺寸也应与抱头梁截面相同。顺梁的外端直接落脚在山檐柱的柱顶上，梁头做檩椀承接山面檐檩，顺梁的里端做榫与金柱连接。顺梁是歇山建筑山面的重要构件。其位置如图 4-24 所示。

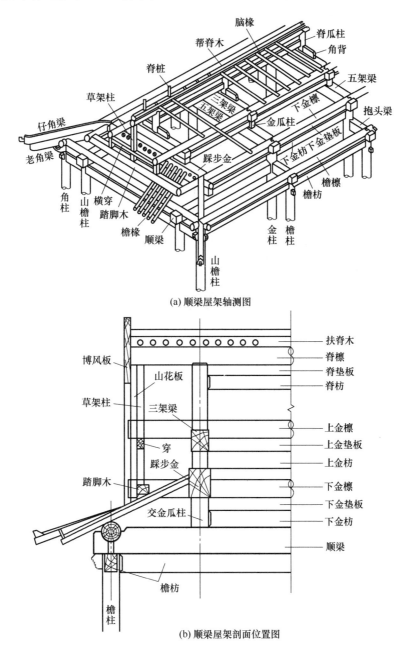

(a) 顺梁屋架轴测图

(b) 顺梁屋架剖面位置图

图 4-24　顺梁

顺梁建筑图如图 4-25 所示。

（二）趴梁

歇山建筑的山面处理除了顺梁外，还有趴梁的处理方法，如果将承接踩步金的构件如交金瓜柱或交金童柱变短，则又变为另一种构造方式——趴梁法。顺梁是用在山面檐檩之下的，它的底面直接落在山面檐柱的柱头上，趴梁则不同，它的外端头不是落在柱头上，而是扣在山面檐檩上，其位置如图 4-26 所示。

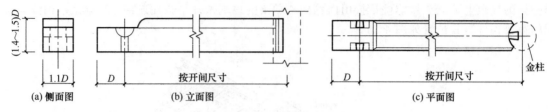

(a) 侧面图　　　　(b) 立面图　　　　(c) 平面图

图 4-25　顺梁建筑图

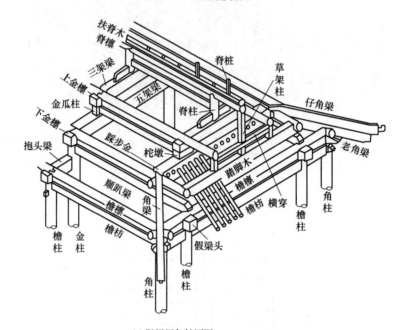

(a) 趴梁屋架轴测图

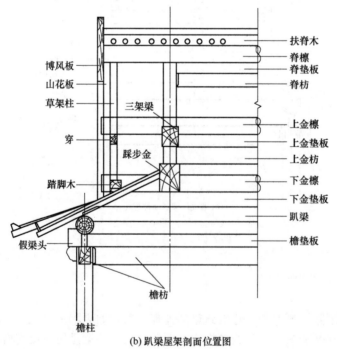

(b) 趴梁屋架剖面位置图

图 4-26　趴梁

梁底与山面檐檩的立面中线相平（有时也可能略高或略低于檐檩中线，需视具体情况酌定），梁头与檩木结合处做椀子和阶梯形榫，另一端做燕尾榫与金柱柱头结合，恰好处于金檩枋位置。作这种构造处理时，趴梁变成了起双重作用的构件——它既是承接踩步金的梁架，又是梢间的金檩枋（又称老檐枋），故名称也改为金枋带趴梁。由于它具有双重作用，这根构件的断面要略大于一般的金枋，以便适应承载踩步金及其以上构架以及屋面荷重的需要。采用金枋带趴梁来承接踩步金及其以上的构架是歇山建筑中经常见到的构造形式，如图 4-27 所示。

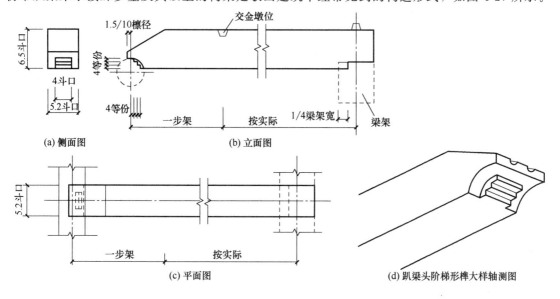

图 4-27 趴梁建筑图

顺、趴梁构件尺寸权衡见表 4-5。

表 4-5 顺、趴梁木构件尺寸权衡

单位：斗口

构件名称	长	宽	高	厚	直径	备注
顺梁			4 斗口＋1/100 长	3.5 斗口＋1/100 长		
趴梁			6.5	5.2		

二、现代做法

顺、趴梁现代做法多采用钢筋混凝土。具体配筋结构图如下。

1. 顺梁

顺梁的结构图见图 4-28。

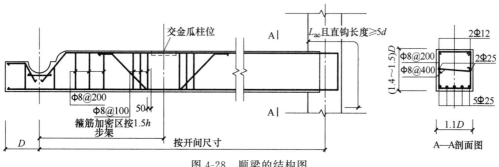

图 4-28 顺梁的结构图

2. 趴梁

趴梁的结构图见图4-29。

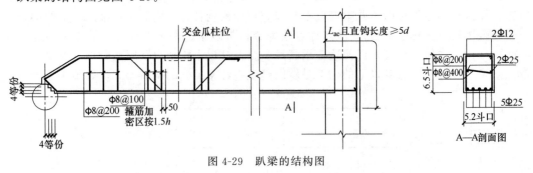

图 4-29　趴梁的结构图

第七节　歇山特殊构件

踩步金、踏脚木、草架柱、横穿是一组唯独歇山建筑才有的特殊构件，承担山面的结构功能和立面效果。

一、传统做法

（一）踩步金

踩步金是一个正身部分与梁架相似，两端似檩，与檐面下金檩平面相交，承接山面檐椽的构件。这是歇山建筑特有的特殊构件，它与硬山、悬山、庑殿、歇山这几种不同形式建筑的区别就表现在山面构架的组成上。歇山建筑屋顶四面出檐，其中，前后檐檐椽的后尾搭置在前后檐的下金檩上，两山面檐椽的后尾则搭置在山面的一个既非梁又非檩的特殊构件上，这个构件就叫做踩步金，如图4-30所示。

踩步金在宋式建筑中已有雏形，称为系头栿。明代歇山建筑中，踩步金多以桁檩的形式出现，称踩步檩，踩步金外一侧剔凿椽窝以搭置山面檐椽，梁身上安装瓜柱或柁墩承接上面的梁架，它的长度相当于和它相对应的正身部位梁架的长（端头另外加的尺寸另计），如一座七檩歇山，踩步金长度与正身部位的五架梁相当。九檩歇山的踩步金，长度则与七架梁相当。出于构造上的要求，踩步金底皮的标高比正身部分对应梁架的底皮要高一平水（一平水即垫

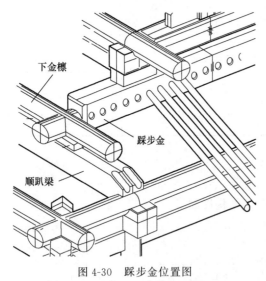

图 4-30　踩步金位置图

板的高度），梁架的底皮与垫板底皮同高，而踩步金端头断面与桁檩相同且相交，可见踩步金比梁架高出一垫板高度。就是说，踩步金的底皮与前后檐下金檩的底皮平，这是由于踩步金的端头要与下金檩挑出部分作榫扣搭相交的特殊构造决定的。综上所述可以看到，歇山建筑的踩步金是一个兼有梁架和檩条双重作用的特殊构件，它处于山面金檩的位置，既支承着它上面的梁架檩木，又承接山面檐椽的后尾，两端还与前后檐的下金檩交圈，檩子的搭交处与角梁后尾结合在一起，它的功能特殊、地位重要，是歇山建筑山面最主要的构件之一。踩步金的大样图及轴测图见图4-31。

（二）踏脚木、草架柱、横穿（简称穿）

这是一组特殊构件，在歇山建筑山面位置如图4-32所示。

1. 踏脚木

踏脚木是歇山山面的辅助构件，它的作用主要供草架柱落脚之用，故称踏脚木。该构件平放在山面檐椽上，它的底面按山面檐椽举架坡度做成斜面，使构件断面呈直角梯形口，放置在下金檩之下、山面檐椽之上。踏脚木长按步架，如踩步金长为四步架，则踏脚木也长四步架，外加二檩径为全长，高、厚同檩径，其位置如图4-33所示。

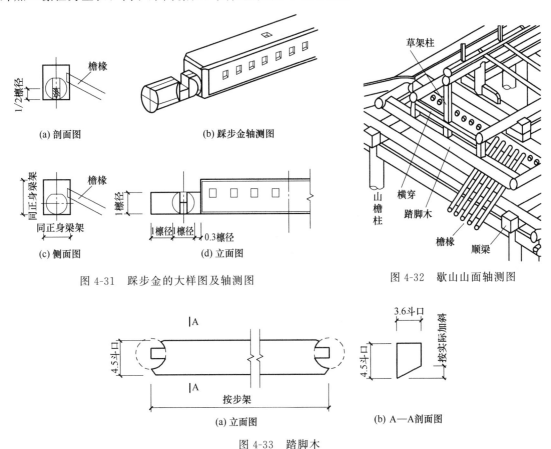

（a）剖面图　　　　　（b）踩步金轴测图

（c）侧面图　　　　　（d）立面图

图4-31　踩步金的大样图及轴测图

图4-32　歇山山面轴测图

（a）立面图　　　　　（b）A—A剖面图

图4-33　踏脚木

踏脚木与挑出的前后檐下金檩节点大样，可以做榫，也可不做榫，用钉子钉在山面檐椽上即可。具体构造做法为：长要根据山面檐步架大小、下金檩的檩头与山面檐椽上皮空当大小而定，高按4.5斗口，厚按3.6斗口。

2. 草架柱

草架柱是大木作构件名称，不曾细加工的构架称为草架。在歇山式建筑中，歇山建筑梢间檩子向山面挑出，位于两端小红山踏脚木之上，支撑挑出檩头的柱子，因不在露明处，无须细加工，故称为草架柱。该构件断面呈方形的小柱，既支撑梢檩，又可作为钉附山花板的龙骨。其断面尺寸为宽按2.3斗口、厚按1.8斗口取用。草架柱如图4-34所示。

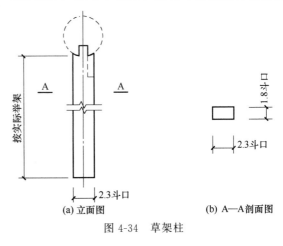

（a）立面图　　　　　（b）A—A剖面图

图4-34　草架柱

3. 穿

穿又名横穿、穿梁，是与草架柱断面相同的构件，横向连系草架柱以使之稳定。草架柱与穿纵横结合为一个整体，是固定山花板，稳定及支撑梢檩的构件，缺之不可。其宽按 2.3 斗口、厚按 1.8 斗口取用。穿的平、立、侧面图如图 4-35 所示。

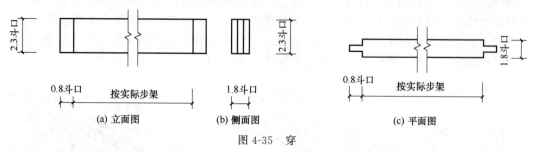

图 4-35　穿

踏脚木、草架柱与穿共同使用，组成歇山山面山花板、博风板等所依附的结构构架，如图 4-36 所示。

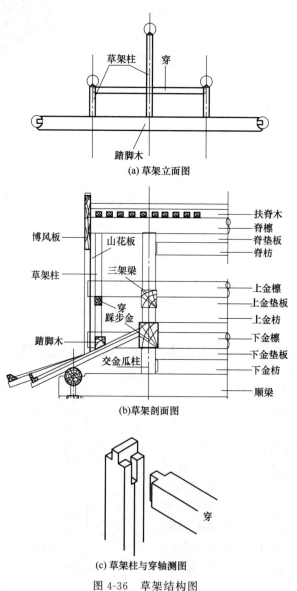

图 4-36　草架结构图

踩步金、踏脚木、草架柱、穿等构件的尺寸权衡见表 4-6。

表 4-6 踩步金、踏脚木、草架柱、穿等构件的尺寸权衡　　　　　　　单位：斗口

构件名称	长	宽	高	厚	径	备注
踩步金			7 斗口＋1/100 长或同五、七架梁	6		断面与对应正身梁相等
踩步金枋（踩步随梁枋）			4	3.5		
踏脚木			4.5	3.6		用于歇山
穿			2.3	1.8		用于歇山
草架柱			2.3	1.8		用于歇山

二、现代做法

由于踏脚木、草架柱和横穿大多要在安装现场按实际尺寸加工，且与其他构件结合只有用木质材料为好，所以，还是沿用传统建筑做法。

第八节　角　　梁

通常所说的角梁，是指外转角角梁，又名出角梁。角梁处在建筑物的檐面和山面各成 45°的平面位置上，即在两斜坡屋面转角的结合部位，如图 4-37 所示。

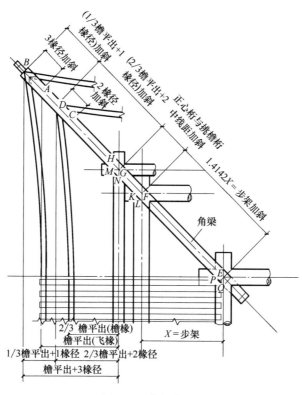

图 4-37　角梁位置图

一、传统做法

角梁的后尾与搭交金桁相交，前端与搭交檐桁（带头栱的大式做法则与搭交正心桁和搭交挑檐桁）相交，头部挑出于搭交檐桁之外。角梁分为两层，上面一层为仔角梁，下面一层为老

角梁。断面尺寸按《清式营造则例》规定，每根角梁断面厚3斗口、高4.5斗口，无斗栱的小式做法角梁厚2椽径、高3椽径。老角梁的挑出长度与正身檐椽的出檐长度有关；仔角梁的挑出长度与正身飞椽的出檐长度有关。老、仔角梁的挑出长度，古建筑木工有句口诀，叫做"冲三翘四"。其位置图和剖面图可参考图4-37和图4-38。

所谓"冲三"，是指仔角梁梁头（不包括套兽榫）的平面投影位置，要比正身檐平出（即飞檐椽头部至挑檐桁中之间的水平距离）长度加出三椽径。假定原来正身部分檐平出的延长线与角梁中线交于A点，那么，在正身平出尺寸的基础上再向外加出三椽径后，这条线与角梁中线相交于B点，这一点即是角梁头的实际位置（见图4-37）。从图上可以看出，AB之间的长度为角梁在45°方向冲出的实际长度。这段长度等于3椽径×1.4142≈4.24椽径。老角梁冲出的尺寸通常规定为仔角梁冲出尺寸的2/3，即老角梁梁头的平面投影位置比正身檐椽头部水平长出2椽径，假定正身檐椽的檐口延长线与角梁中线交于C点，冲出2椽径后，将冲出延长线交于角梁中线D点，则D点即为老角梁的实际位置，C、D之间的距离为2椽径×1.4142≈2.83椽径。这样，我们就得到老、仔角梁的实际平面位置。

所谓的"翘四"，是指仔角梁头部边棱线（即大连檐下皮，第一翘上皮位置）与正身飞椽椽头上皮之间的高差，这段高差通常规定为四椽径，清代早期和中期的建筑物，角梁起翘大部分都遵循"翘四"的规定（图4-38），按这个规定起翘的仔角梁底皮近于水平状态，但是，后来修建的建筑物，特别是园林建筑，角梁头部一般抬起较高，有的在水平位置上抬起（0.5~1）椽径。近年来修建的一些古建筑，翘起高度也较大，如天安门城楼仔角梁比正身飞椽翘起达5椽径，所以"翘四"既是法则性规定，又不是僵死不变的律条。

老角梁尺寸权衡参看表4-7。

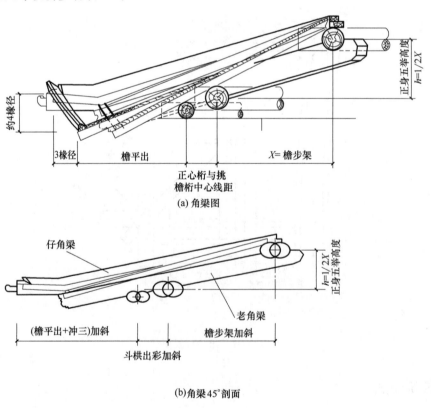

(a) 角梁图

(b) 角梁45°剖面

图4-38　角梁

表 4-7　老角梁尺寸权衡　　　　　　　　　　　　　　　　　　　　单位：斗口

构件名称	长	宽	高	厚	直径	备注
老角梁			4.5	3		
仔角梁			4.5	3		

二、　现代做法

角梁如用钢筋混凝土，多数是现浇，设计时要注意角梁与下面檩条瓜柱的结合处要有由下深入角梁的插筋位置，可标注在图中，也可在说明中附注。其结构图如图 4-39 所示。

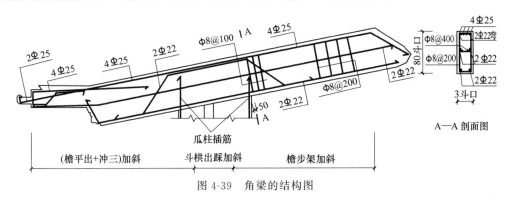

图 4-39　角梁的结构图

第九节　递　角　梁

递角梁系指建筑物拐角部分的斜梁，在平面呈勾尺、卍字形的建筑物中常应用。递角梁也有七架、五架、三架或六架、四架、顶梁之区分。递角梁处在建筑物的转角处，与面宽、进深各成 45°，来自两个方向的檩子在梁头上成 90°搭交在一起。

一、　传统做法

递角梁的尺度（现以五架递角梁为例）在设计绘图时的步骤如下。

① 递角梁的长应按正身对应梁架长乘以 1.4142（如果为六方或八方转角时，则应按 120°或 135°角的系数加长）再加梁自身厚 1 份即是所求。

② 分别以梁背平面图的搭交檩中线为准画出搭交檩宽度线和搭交檩椀的弧线（这个弧线就是将搭交檩沿梁侧面剖切应得到的 45°椭圆的轨迹），如图 4-40 所示。

③ 在外转角梁头侧立面的里由中处画垫板口子，口宽应为垫板厚乘 1.4142，然后沿 45°方向画出垫板口深度（深按垫板厚一份）。在内转角梁头侧面的里由中处画垫板口子，方法同上。

④ 在梁头底面三条中交点处画海眼，海眼的对角线与梁底老中线和梁长身的中线重合。在梁背安装瓜柱处画出瓜柱眼，画法同五架梁。

应注意的是搭交檩椀内不做鼻子。这里需说明，如建筑物为彻上明造，则里转角处檩子应按合角做法，檩头剔挖合角檩椀。如构件不露明时，里转角也可做搭交檩。

其他同三架梁做法，斜抱头梁的做法也与此相同，此处不再另述。递角梁尺寸见表 4-8。

表 4-8　递角梁尺寸权衡表

构件名称	长	宽	高	厚	径	备注
递角梁	对应正身梁加斜		同对应正身梁高	同对应正身梁厚		建筑转折处之斜梁
递角随梁			4 斗口+1/100 长	3.5 斗口+1/100 长		递角梁下之辅助梁
抹角梁			6.5 斗口+1/100 长	5.2 斗口+1/100 长		

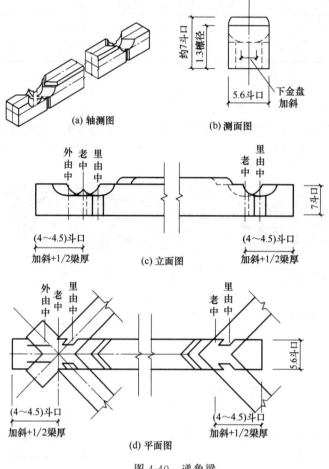

(a) 轴测图

約7斗径
1.3横径

5.6斗口

下金盘
加斜

(b) 测面图

7斗口

外由中 老中 里由中

里由中 老中

(4~4.5)斗口
加斜+1/2梁厚

(4~4.5)斗口
加斜+1/2梁厚

(c) 立面图

外由中 老中 里由中

里由中 老中

(4~4.5)斗口
加斜+1/2梁厚

(4~4.5)斗口
加斜+1/2梁厚

5.6斗口

(d) 平面图

图 4-40　递角梁

二、现代做法

可参照相应架梁，如五架梁、三架梁等的做法。

第十节　桁檩、扶脊木

一、 传统做法

（一）桁檩

桁檩是古建建大木四种最基本的构件（柱、梁、枋、檩）之一。"桁"与"檩"，名词不同，但功能一样。带斗栱的大式建筑中，"檩"称为"桁"，无斗栱大式或小式建筑则称为"檩"。也就是说，桁与檩只是叫法不同而已。正搭交桁檩如图 4-41 所示。

90°搭交桁檩如图 4-42 所示。

（二）扶脊木

叠置于脊檩之上，承接脑椽并栽置脊桩的构件称为扶脊木。它的主要作用是栽置脊桩以扶持正脊，故名扶脊木。扶脊木两侧与脑椽相交，在两侧剔凿椽窝，同承椽枋。

扶脊木的做法同硬山建筑，此处不再赘述。其尺寸按表4-9取用。

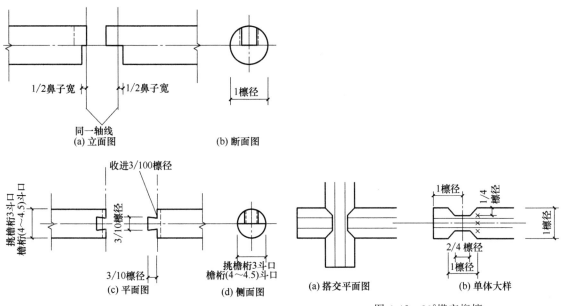

图 4-41　正搭交桁檩

图 4-42　90°搭交桁檩

（三）垫板

参照硬山建筑。其尺寸按表 4-9 取用。

表 4-9　扶脊木等构件尺寸权衡　　　　　　　　　　单位：斗口

构件名称	长	宽	高	厚	直径	备注
挑檐桁					3	
正心桁	按面宽				4～4.5	
金桁	按面宽				4～4.5	
脊桁	按面宽				4～4.5	
扶脊木	按面宽				4	
由额垫板	按面宽		2	1		
金、脊垫板	按面宽		4	1		

二、现代做法

（一）桁条

① 如选用圆形断面，则沿用传统做法，采用木质构件。

② 如采用钢筋混凝土材料，构件断面设计成矩形断面，常采用预应力钢筋混凝土预制构件，各地混凝土预制件厂家均有成品出售，此处不再赘述。

（二）扶脊木

如选用原断面形状，则用传统做法，多数现代做法都因为扶脊木下面是脊檩，而脊檩如采用现代做法即用钢筋混凝土结构，那么，扶脊木可省略不用了，取而代之的是用瓦石结构的处理方法，按照外形尺寸，用 C50 砂浆 M10 机砖砌筑。

（三）檩、板、枋三件

1. 檩

檩的现代做法参见第三章第六节相关内容。

2. 板

垫板的现代做法可预制，也可现浇，但是不易施工，故一般不采用。若采用预制，其结构图如图 4-43 所示。

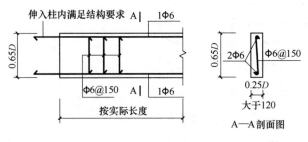

图 4-43　垫板的结构图

第十一节　枋

歇山建筑之大式建筑的枋类较多，现分别介绍如下。

一、传统做法

（一）额枋

大式带斗栱建筑檐柱柱间设置的枋称为额枋。无斗栱建筑称檐枋。建筑物外檐如用两层额枋称为重额枋做法，将上面与柱头相平的一层称为大额枋，下面断面较小的一根称为小额枋，大、小额枋之间为由额垫板，额枋两端与檐柱相交，枋上皮与柱头上皮平。带斗栱建筑，额枋上还常常置平板枋以安放坐斗。其位置图参见图 4-44。

额枋的具体尺度如下：长度为面宽（柱子中—中）尺寸，减去檐柱直径 1 份（每端各减半份）作为柱间净宽尺寸，另再向两端分别加出枋子榫长度（按柱径 1/4）；以枋中线为准，居中画出燕尾榫宽度。燕尾榫头部宽度可与榫长相等（1/4 柱径），根部每面按宽度的 1/10 收分，使榫呈大头状。额枋建筑图如图 4-45 所示。

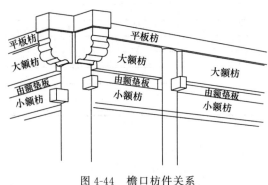

图 4-44　檐口枋件关系

肩膀画法是将燕尾榫侧面肩膀分为 3 等份，1 份为撞肩，与柱外缘相抵，2 份为回肩，向反向画弧，如图 4-46 所示。要注意枋子底面的燕尾榫头部、根部都要比上面每面收分 1/10，使榫子上面略大、下面略小，称为"收溜"。

另外，额枋榫卯结构有带袖肩和不带袖肩两种不同做法，采用哪种做法，可根据具体情况决定。

（二）金枋、脊枋

位于檐枋和脊枋之间的所有枋子都称金枋，它们依位置不同可分别称为下金、中金、上金枋。处于正脊位置的枋子称为脊枋。这些枋的画法可参照硬山建筑。

（三）承椽枋（附围脊枋）

承椽枋是用于重檐建筑，承接下层檐檐椽后尾的枋子，枋两端做榫交于重檐金柱（或童柱）侧面，枋子标高按下层檐举架定，枋外侧剔凿椽窝以搭置檐椽后尾。

① 枋长度为柱间净长尺寸，总长要在两端再加半榫长，各按柱径 1/4 计；高为 5.6 斗口；

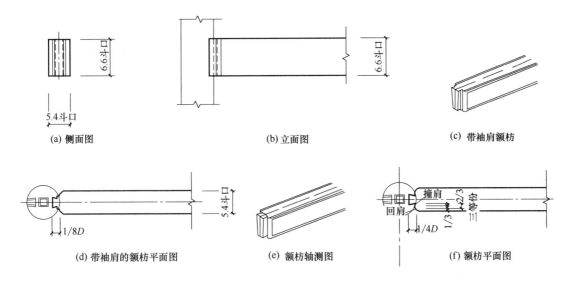

(a) 侧面图　　　　　　　(b) 立面图　　　　　　(c) 带袖肩额枋

(d) 带袖肩的额枋平面图　　(e) 额枋轴测图　　　(f) 额枋平面图

图 4-45　额枋建筑图

厚为（4～4.8）斗口。

② 榫长为 1/4 柱径，厚按枋自身厚的 1/3 即可。

③ 承椽枋外侧椽窝，按椽子距离分点。椽窝高低由承椽枋上皮向下 1～1.2 椽径，结合周围椽子高度定，椽窝深度为半椽径，椽窝倾斜角度应随檐椽斜度。其位置和轴测图如图 4-47 所示。

④ 围脊枋为叠置于承椽枋之上，遮挡围脊瓦件的构件。有些建筑用围脊板代替。围脊枋除外侧不剔做椽窝外，其余与承椽枋相同，此处不复赘述。

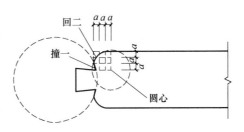

图 4-46　肩膀画法
a—等份数

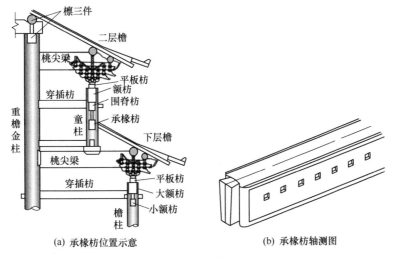

(a) 承椽枋位置示意　　　(b) 承椽枋轴测图

图 4-47　承椽枋

（四）天花枋（附帽儿梁）

天花枋是承接井口天花的骨干构件之一，它与天花梁一起，构成室内天花的主要承重构架。其中，用于进深方向的构件为天花梁，用于面宽方向的构件为天花枋。天花枋和天花梁断面不同，但其上皮均应与天花上皮平。作为天花骨干构件之一的帽儿梁（断面形状为半圆形的构件，常与天花支条连做，沿面宽方向使用，通常每两井天花施用一根帽儿梁。其功用相当于现代顶棚中的大龙骨）两端搭置在天花梁上，天花支条贴附在天花枋和天花梁的侧面，这种支条称为贴梁，如图4-48所示。

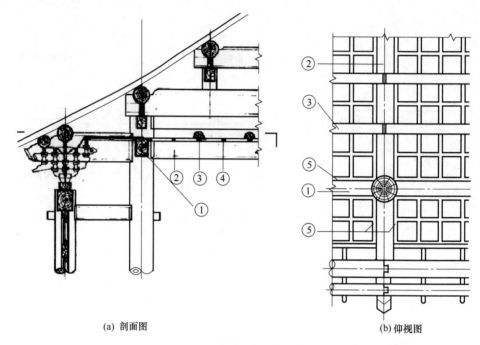

(a) 剖面图　　　　　　　　　　　　　　(b) 仰视图

图 4-48　天花枋
①—天花枋；②—天花梁；③—帽儿梁；④—支条；⑤—贴梁

天花枋（图4-49）制作很简单，两端做半榫交于金柱，榫长为金柱径的1/4，榫厚为枋自身厚的1/3或3/10。天花梁做法与天花枋相同。

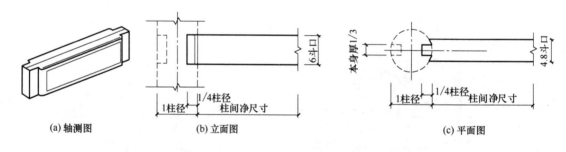

(a) 轴测图　　　　　(b) 立面图　　　　　　　(c) 平面图

图 4-49　天花枋大样图

天花帽儿梁长同面宽，宽为4斗口，如与支条连做，则厚为4～4.5斗口，如单做则厚为2～2.5斗口。

（五）间枋

楼房中用于柱间面宽方向，连系柱与柱并与承重梁交圈的构件称为间枋。间枋高同檐柱径，厚为檐柱径的4/5。间枋上皮与楞木上皮平，楼板直接落于间枋之上，间枋两端做半榫交于楼房通柱，其位置参见图4-50。

（六）棋枋

重檐建筑如在金里安装修时，在承椽枋之下需有一根枋子，或与檐枋相平，或高于檐枋，

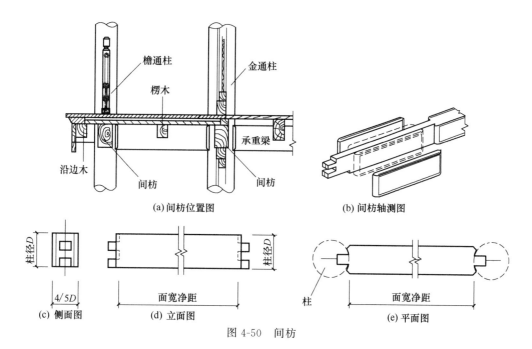

图 4-50　间枋

它的作用在于为金柱间的装修槛框安装提供条件。棋枋之上，与承椽枋之间为走马板（又称棋枋板），棋枋之下为装修槛框。全部装修（包括横陂）都要安装在棋枋之下。

棋枋是大木构件，也是为安装修设置的辅助木构件。两端做半榫交于重檐金柱侧面，如图4-51所示。

（七）关门枋

关门枋（图4-52）是门庑建筑槛框装修上面之枋，通常用于中柱一缝安装门扉的建筑，其作用与棋枋相似，关门枋之下安大门槛框等构件，其长度按面宽减中柱径一份外加两头入榫，两头按中柱径的1/4取用，高、厚可略同间枋。

（八）平板枋

大式带斗栱建筑中，置于外檐额枋之上，承接斗栱的扁枋称为平板枋。其位置如图4-53所示。

平板枋上置坐斗，枋高2斗口、宽3斗口，长按每间面宽，要注意转角处两个方向的平板枋搭交处画出十字刻半搭交榫，搭交头长同额枋箍头长。遵循山面压檐面的原则，将檐面一根做成等口，山面一根做成盖口。刻口处每面要做出包掩，包掩深度为枋子宽的1/10。平板枋四角不做滚棱，如图4-54所示。

设计时要注明：平板枋底面与额枋之间设2～3个暗销稳固。

（九）花台枋

落金造溜金斗栱后尾的花台斗栱，要落在一个枋子上，这个枋子叫花台枋。花台枋位于金柱（或下金瓜柱）之间（图4-55），其上为花台斗栱，花台斗栱之上为下金桁。花台枋断面较小，高4斗口、厚3.2斗口，或高厚同金枋。花台枋两端做燕尾榫交于金柱（或下金瓜柱），其上面安放花台斗栱，须按攒档位置标注坐斗销子眼。设计时花台枋与金枋同，只是要注意座

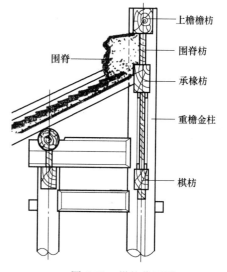

图 4-51　棋枋位置图

斗销子眼位置即可，此处不再赘述。

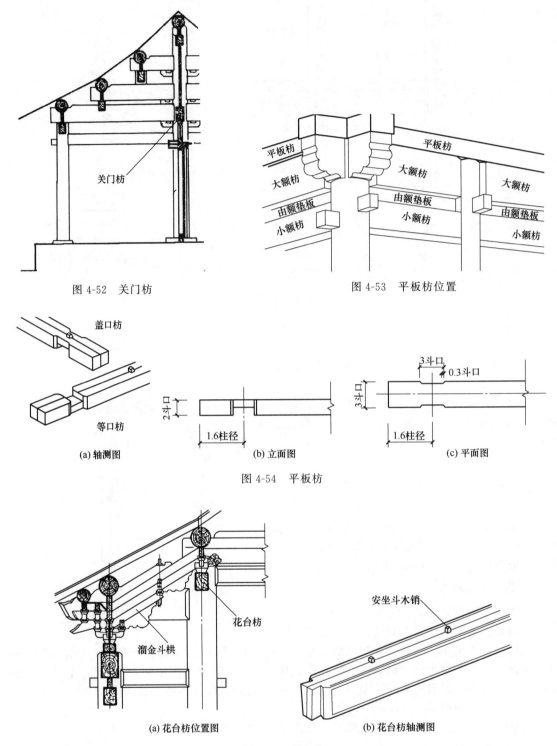

图 4-52　关门枋

图 4-53　平板枋位置

图 4-54　平板枋

(a) 轴测图　　　(b) 立面图　　　(c) 平面图

图 4-55　花台枋

(a) 花台枋位置图　　　(b) 花台枋轴测图

（十）箍头枋

用于梢间或山面转角处，做箍头榫与角柱相交的檐枋或额枋称为箍头枋。多角亭与角柱相交的檐枋都是箍头枋，而且两端都做箍头榫。箍头枋有单面箍头枋和搭交箍头枋两种，用于悬山建筑梢间的箍头枋为单面箍头枋；用于庑殿、歇山转角或多角形建筑转角的箍头枋为搭交箍头枋。箍头枋也分大式、小式两种，带斗栱的大式建筑箍头枋的头饰常做成"霸王拳"形状（无斗栱小式建筑则做成"三岔头"形状），如图4-56所示。

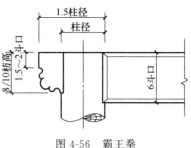

图4-56　霸王拳

箍头枋与其他枋的区别主要在于枋头。

箍头枋一端做燕尾榫与正身檐柱相交，榫长度与肩膀画法同额枋或檐枋。另一端由柱中心向外留出箍头榫长度，大式霸王拳做法由柱中向外加长1柱径，小式三岔头做法由柱中向外加长1.25柱径。

榫厚（箍头榫厚应同燕尾榫），为柱径的1/4～3/10。箍头枋的头饰（带装饰性的霸王拳或三岔头）宽窄高低均为枋子正身部分的8/10，箍头与柱外缘相抵处也按撞一回二的要求画出撞肩和回肩。

如果所做箍头枋为搭交箍头枋，两根箍头枋在角柱十字口内相搭交，要注意刻口方向，檐面做等口，山面做盖口，使山面压檐面，简称山压檐，如图4-57所示。

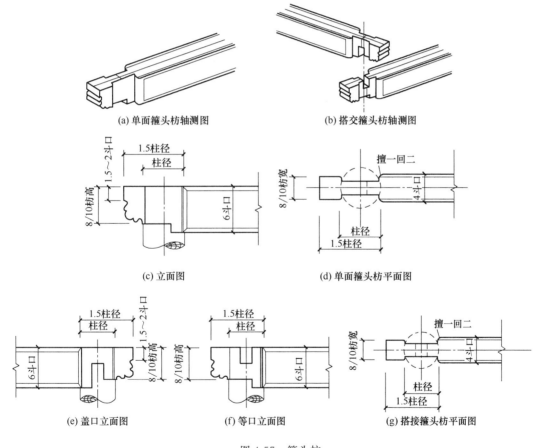

(a) 单面箍头枋轴测图　　(b) 搭交箍头枋轴测图

(c) 立面图　　(d) 单面箍头枋平面图

(e) 盖口立面图　　(f) 等口立面图　　(g) 搭接箍头枋平面图

图4-57　箍头枋

（十一）穿插枋

用于桃尖梁（小式用于抱头梁）之下，连系檐柱与金柱的枋称为穿插枋。穿插枋长为廊步架（或廊进深）加檐柱径2份，枋高4斗口，厚3.2斗口。

穿插枋的主要作用是拉结檐柱和金柱，所以，前后两端都应做透榫。穿插枋榫卯尺寸为：榫厚（按檐柱径1/4即可），沿枋子立面将榫均分为2份，上面一半做半榫，下面一半做透榫，半榫深为檐柱径的1/3～1/2。插入金柱一端榫子画法与前端相同。穿插枋肩膀画法同额枋，如图4-58所示。

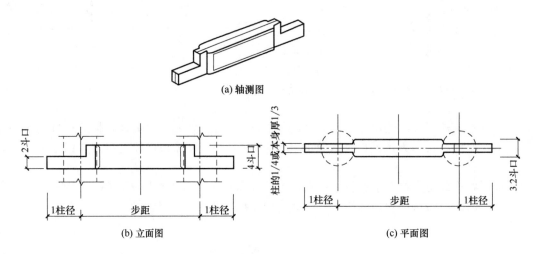

(a) 轴测图

(b) 立面图   (c) 平面图

图 4-58　穿插枋

以上所述檐枋、随梁枋、金枋、脊枋等水平构件，一般都设计成燕尾榫，又称大头榫、银锭榫，它的形状是端部宽、根部窄，与之相应的卯口则里面大、外面小，安上之后，构件不会出现拔榫现象，这是一种很好的结构榫卯。在大木构件中，凡是需要拉结，并且可以用上起下落的方法进行安装的部位，都应使用燕尾榫，以增强大木构架的稳固性。其榫卯结构的燕尾榫长度，清《工程做法则例》规定为柱径的1/4，在实际施工中，也有大于1/4柱径的，但最长不超过柱径的3/10。而且，榫子的长短（即卯口的深浅）与同一柱头上卯口的多少有直接关系。如果一个柱头上仅有两个卯口，则口可稍深，以增强榫的结构功能；如有三个卯口，则口应稍浅，否则就会因剔凿部分过多而破坏柱头的整体性。

枋类构件尺度权衡见表4-10。

表 4-10　枋类构件尺度权衡　　　　　　　　　　　单位：斗口

构件名称	长	宽	高	厚	径	备注
大额枋	按面宽		6.6	5.4		
小额枋	按面宽		4.8	4		
重檐上大额枋	按面宽		6.6	5.4		
单额枋	按面宽		6	4.8		
平板枋	按面宽	3～3.5	2			
金、脊枋	按面宽		3.6	3		
燕尾枋	按出梢		同垫板	1		
承椽枋	按面宽		5～6	4～4.8		
天花枋	按面宽		6	4.8		
穿插枋			4	3.2		《清式营造则例》称随梁
跨空枋			4	3.2		
棋枋			4.8	4		
间枋	同面宽		5.2	4.2		用于楼房

二、现代做法

额枋的现代做法主要是现浇钢筋混凝土，大额枋、小额枋、承椽枋、间枋、棋枋、天花枋的建筑图都按传统做法，结构图要分单额枋结构还是组合结构，单额枋结构可参照图4-59（a），柱中钢筋要按图中要求布设。如是大、小额枋加由额垫板三件组合的结构，大、小额枋单独浇筑，中间垫板位置用砌体填充，因为中间垫板较窄，浇筑混凝土时不易施工，其断面见图4-59（b）。

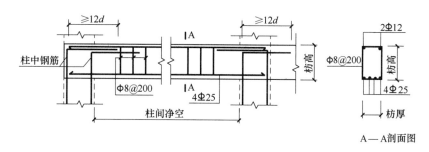

(a) 额枋配筋图

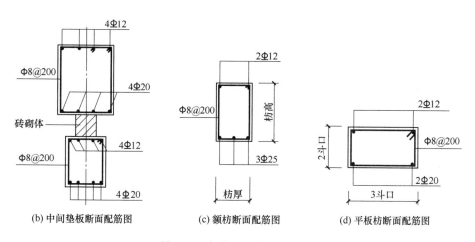

(b) 中间垫板断面配筋图   (c) 额枋断面配筋图   (d) 平板枋断面配筋图

图 4-59　额枋和平板枋配筋图

棋枋、承椽枋、穿插枋、跨空枋、金枋、脊枋等枋的建筑结构图参考额枋，断面如图4-59（c）所示。

平板枋在额枋之上，主要承担压力，断面尺寸按照传统做法，配筋如图 4-59（d）所示。

檩板枋三件同时现浇时结构配筋与上面的檩条以及下面的枋结合起来，但施工麻烦，故不常用。预制可分开浇筑或购买成品，还可以檩条用木材，其余用混凝土。

第十二节　椽子、连檐等

一、 传统做法

（一）正身椽子

歇山建筑的椽子可参照硬山建筑的椽子，其不同之处如下所述。

① 檐椽直径，按 1.5 斗口（小式按 1/3D）取用。椽断面有圆形和方形两种，通常大式做

法多为圆椽，小式做法多为方椽。图 4-60 所示为方椽做法。

② 飞椽直径同檐椽，如图 4-61 所示。

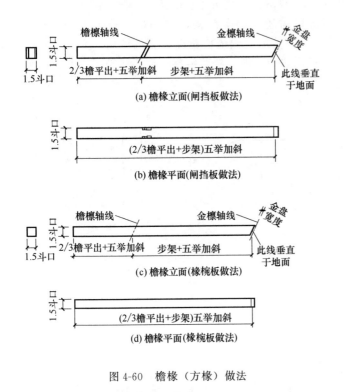

图 4-60　檐椽（方椽）做法

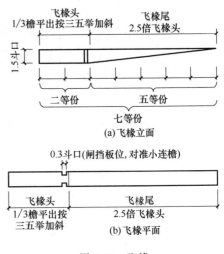

图 4-61　飞椽

③ 其余正身椽子如脑椽、花架椽等，尺寸断面相似，长度根据情况取用，步架加举架加斜即可，此处不再赘述。

（二）翼角椽

四面出檐的建筑，转角部分要安装角梁，钉翼角椽和翘飞椽，翼角椽是檐椽在转角处的特殊形态。这个特殊形态包含平面形态、立面形态以及由这些形态所决定的特殊构造形式。设计时应注意翼角椽在平、立面图中的位置和数量。

1. 排列

从角梁开始至正身椽子依次排序，由最末一根翼角椽至第一根翼角椽，它们与角梁的夹角是逐渐减小的，在平面投影上，正身檐椽与角梁夹角为 45°，末根翼角椽与角梁夹角略小于 45°，而第一根翼角椽与角梁的夹角则仅有约 2.5°。各翼角椽冲出是逐渐增加的。正身檐椽不冲出，由最末一根翼角椽至第一根翼角椽冲出长度越来越大，第一根翼角椽冲出最长，接近于老角梁的冲出长度（2 倍椽径）。翼角椽的长度与正身檐椽基本相等。老角梁由金桁向外的平面长度是檐椽加斜（1.4142 倍檐椽长）再冲出 2 倍椽径，它比翼角椽长得多。所以，第一根翼角椽的椽尾仅在角梁约 2/3 长的位置上，即从金桁向外 2 倍椽径加斜的尺寸，随后的第二根、第三根、……翼角椽的椽尾，按 0.8 倍椽径的等距依次向后移，最末一根翼角椽的尾部交于搭交金桁的外金盘线上。以上所说的是矩形或方形建筑物的翼角（转角 90°），如为六方（转角 120°）、八方（转角 135°）建筑，其翼角椽后尾应分别按 0.5 椽径和 0.4 椽径向后等距推移。所谓"方八、八四、六方五"的口诀就是这个法则，做法如图 4-62 所示。

从立面图上看，翼角椽由最末一根起，椽头渐次翘起，直至接近老角梁头的翘起高度，但

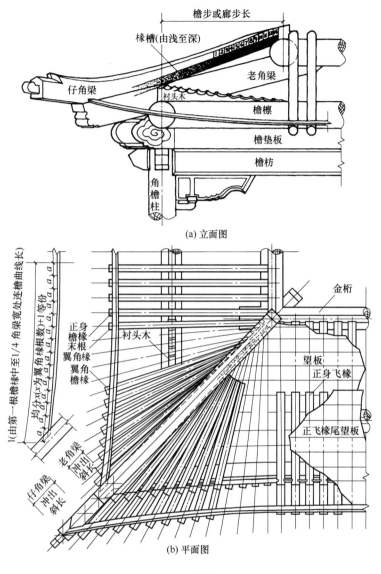

(a) 立面图

(b) 平面图

图 4-62 翼角椽

要注意逐渐翘起不是斜直线，而是曲线。

总的看来，翼角椽是既向外冲出又向上翘起的一组檐椽，最终位置贴在老角梁上。

2. 翼角椽根数的确定

翼角椽的根数是随建筑物檐步架长短、出檐大小、斗栱出踩多少这些因素而变化的。

翼角椽一般为单数，规模较小的游廊、亭榭，每面可有 7 根、9 根、11 根，建筑规模较大的可达 15 根、17 根、19 根，故宫太和殿的翼角椽每面多达 23 根。不同规模的建筑，它的翼角根数是如何确定的呢？多年来，老工匠在实践中总结出以下计算翼角椽根数的公式。

（1）带斗栱建筑翼角椽数计算方法　廊（檐）步架尺寸加斗栱出踩尺寸再加檐平出尺寸除以一椽加一当尺寸，所得数按四舍五入取整数。该数如为单数，即是所求；如为双数，再加 1，所得数即为翼角椽根数。

【例 4-1】　一个带五踩斗栱、斗口 2 寸半（8cm）的建筑物，其檐步架长 176cm，斗栱出踩（即正心桁与挑檐桁距离）尺寸为 48cm，檐平出尺寸为 168cm，椽径为 12cm（椽当为 12cm）。试求其翼角椽根数。

【解】 按以上公式计算，可得

$$(176+48+168) \div (12+12)=16.33（根）\approx 16 根$$

因得数为双数，应加 1，即翼角椽取 17 根。

（2）无斗拱建筑翼角椽数计算方法 廊（檐）步架尺寸加檐平出尺寸除以一椽加一当尺寸，所得数按四舍五入取整数，如为单数，即是所求；如为双数，加 1，所得数为翼角椽根数。

【例 4-2】 一个没有斗拱的建筑物，檐步架长 120cm，檐平出为 90cm，椽子为 10cm× 10cm（椽当 10cm），试求其翼角椽根数。

【解】 根据以上公式计算，可得

$$(120+90) \div (10+10)=10.5（根）\approx 11 根$$

确定翼角椽为 11 根。

按以上公式定出的翼角椽根数，疏密较适当，基本符合翼角部分的构造要求。

（三）大、小连檐，瓦口板，闸挡板，椽椀板，椽中板

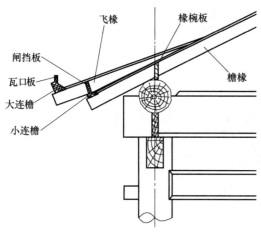

图 4-63 大、小连檐，瓦口板，
闸挡板，椽椀板

这几种构件的相互关系如图 4-63 所示。

1. 大连檐

大连檐是钉附在飞檐椽椽头的横木，断面呈直角梯形，长随通面宽，高同椽径（1.5 斗口），宽 1.8 斗口。它的作用在于连系檐口所有飞檐椽，使之成为整体。样式见图 4-64。

2. 小连檐

小连檐是钉附在檐椽椽头的横木，断面呈直角梯形或矩形。当檐椽之上钉横望板时，由于望板做柳叶缝，小连檐后端亦应随之做出柳叶缝。如檐椽之上钉顺望板，则不做柳叶缝口。小连檐长随通面宽，宽同椽径（1.5 斗口），厚为望板厚的 1.5 倍（0.45 斗口）。其样式见图 4-65。

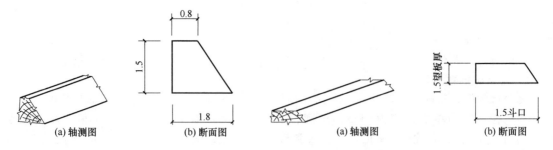

图 4-64 大连檐大样图（单位：斗口）　　　　　　图 4-65 小连檐大样图

3. 闸挡板

闸挡板是用以堵飞椽之间空当的闸板。闸挡板厚同望板、宽同飞椽高。长按净椽挡加两头入槽尺寸。闸挡板垂直于小连檐，它与小连檐是配套使用的，如安装里口木时，则不用小连檐和闸挡板。其样式见图 4-66。

4. 里口木

里口木可以看做是小连檐和闸挡板二者的结合体，里口木长随通面宽，高（厚）为小连檐一份加飞椽高一份（2斗口，约1.3倍椽径），宽同椽径即1.5斗口。里口木按飞椽位置刻口，飞椽头从口内向外挑出，空隙由未刻掉的木块堵严，同样起闸挡板的作用。但里口木笨重，用材浪费，且加工较麻烦，所以，除文物建筑的修复外，如无特殊要求一般不采用。如使用了里口木就不使用小连檐和闸挡板，它与小连檐和闸挡板的组合二选一，样式见图4-67。

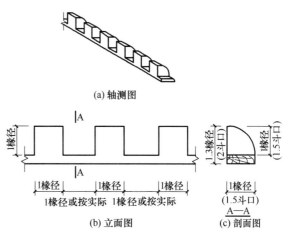

(a) 轴测图

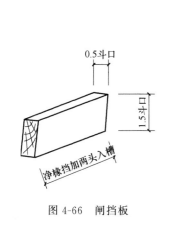

图 4-66　闸挡板

(b) 立面图　　(c) 剖面图

图 4-67　里口木大样图

5. 椽椀

椽椀是封堵圆椽之间椽当的挡板，长随面宽，厚同望板，宽为1.5倍椽径或按实际需要取用。椽椀是在檐里安装修（装修安在檐柱间，以檐柱为界划分室内外）时，用于檐檩之上的构件，它的作用与闸挡板近似，有封堵椽间空隙、分隔室内外空间、防寒保温、防止鸟雀钻入室内等作用。檐椀椀口的位置由面宽丈杆的椽花线定，椀口高低位置及角度通过放实样确定。椽椀垂直钉在檐檩中线内侧，其外皮与檩中线齐，也可沿板宽的中线分为上下两半，上下接缝处做龙凤榫。金里安装修时不用此板。椽椀样式见图4-68。

6. 椽中板

椽中板是在金里安装修时，安装在金檩之上的长条板，作用与椽椀相同，但做法不同。椽中板夹在檐椽与下花架椽之间，故名椽中，它位于檩中线外侧的金盘上，里皮与檩中线齐。它也与闸挡板相似，显著区别在于一个是椽之间的短板，一个是长板。板厚同望板，取宽1.5倍椽径或根据实际要求定，长随面宽。椽中板样式见图4-69。

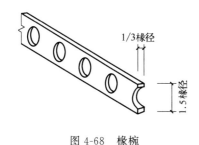

图 4-68　椽椀

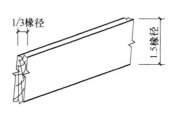

图 4-69　椽中板

椽子、望板等构件尺寸权衡见表4-11。

表 4-11　椽子、望板等构件尺寸权衡　　　　　　　　　　　　　单位：斗口

构件名称	长	宽	高	厚	直径	备注
方椽(含飞椽)		1.5		1.5		
圆椽					1.5	
大连檐		1.8	1.5			里口木同此
小连檐		1		1.5倍望板厚		
顺望板				0.5		
横望板				0.3		
衬头木			3	1.5		
瓦口				同望板		

二、现代做法

（一）椽子的现代做法

椽子的现代做法经常与望板一起预制、现浇或望板现浇时在椽子的相应位置预留预埋件，然后安装木椽子，具体设计见第三章第八节相关内容。

（二）大、小连檐的现代做法

这几种构件的现代做法基本还是按照传统做法或有的省略不做，大、小连檐如采用钢筋混凝土材料，则与屋面望板椽子预制在一起。

第十三节　斗栱的设计

斗栱是古建筑的标志性构件之一，尤其在传统的大式建筑体系中，斗栱有一定的建筑装饰效果，结构上也起到了一定的作用，在仿古建筑中也起到了较好的装饰效果。斗栱在古建筑木构架体系中是一个相对独立的门类，斗栱种类很多。清工部《工程做法则例》用十三卷的篇幅开列各种斗栱的尺寸、构造、做法用工及用料，共罗列出单昂三踩柱头科、平身科、角科、重昂五踩、单翘单昂五踩、单翘重昂七踩以及平台品字斗栱等近30种不同形式的斗栱，部分斗栱如图4-70所示。

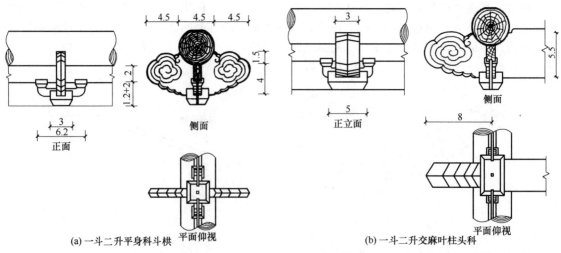

(a) 一斗二升平身科斗栱　　　　　　　　　　(b) 一斗二升交麻叶柱头科

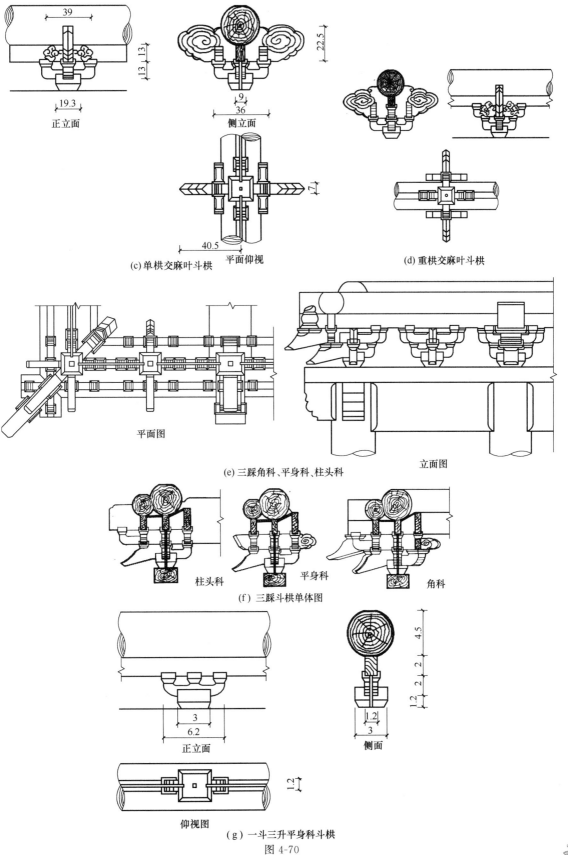

正立面

13 13

39

19.3

侧立面

22.5

9

36

7

40.5

平面仰视

(c) 单栱交麻叶斗栱

(d) 重栱交麻叶斗栱

平面图

立面图

(e) 三踩角科、平身科、柱头科

柱头科

平身科

角科

(f) 三踩斗栱单体图

正立面

3

6.2

侧面

4.5

2 2 1.2 2

1.2

3

仰视图

1.2

（g）一斗三升平身科斗栱

图 4-70

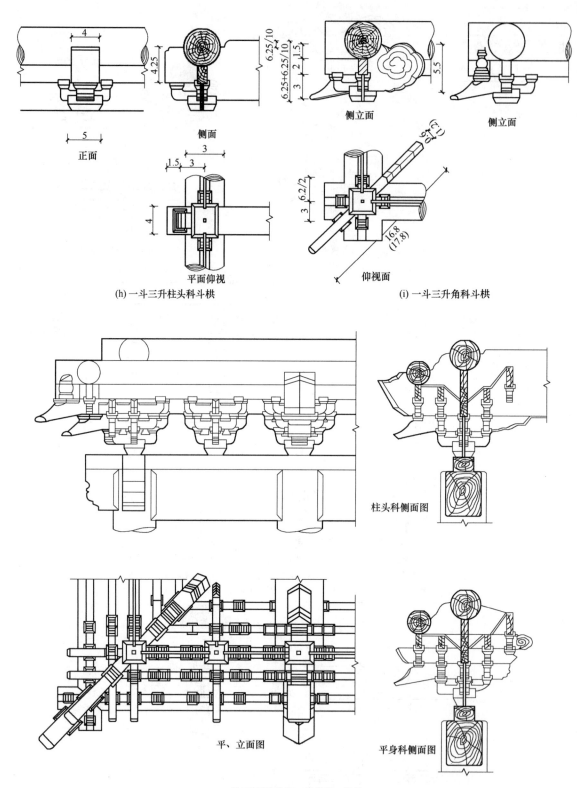

4

4.25

6.25/10

6.25+6.25/10
1.5
2
3

正面

5

侧面

5.5

侧立面

侧立面

1.5
3

3

4

平面仰视

(h) 一斗三升柱头科斗栱

(1.8)

6.2/2

3

16.8
(17.8)

仰视面

(i) 一斗三升角科斗栱

柱头科侧面图

平、立面图

平身科侧面图

(j) 五踩柱头科、平身科、角科

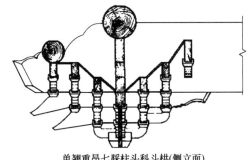

单翘重昂七踩柱头科斗栱(侧立面)

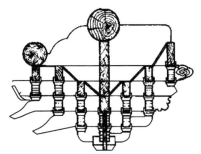

单翘重昂七踩平身科斗栱(侧立面)

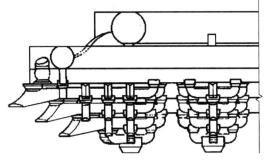

单翘重昂七踩角科及平身科斗栱(正立面)

(k)单翘重昂七踩角科、柱头科、平身科斗栱

图 4-70　斗栱（单位：斗口）

斗栱的种类繁多，可根据它们在建筑物中所在的位置或作用进行分类。如果按斗栱在建筑物中所处的位置划分，我们可以把它们分成两大类。凡处于建筑物外檐部位的，称为外檐斗栱；处于内檐部位的叫内檐斗栱。外檐斗栱又分为平身科、柱头科、角科斗栱，溜金斗栱，平座斗栱；内檐斗栱还有品字科斗栱、隔架斗栱等。

古建筑斗栱大部分向外挑出。斗栱向外挑出，宋式称出跳，清式称出踩。斗栱挑出三斗口称为一拽架。清式斗栱各向内外挑出一拽架称为三踩，三踩斗栱面宽方向（包括正心栱在内）列三排横栱；各向内外挑出二拽架称为五踩，面宽方向列五排横栱；各向内外挑出三拽架称七踩，挑出四拽架称九踩，依此类推。

如果按斗栱是否向外挑出来划分，则可分为出踩斗栱和不出踩斗栱两类。不出踩斗栱有一斗二升交麻叶，一斗三升、单栱单翘交麻叶，重栱单翘交麻叶，以及各种隔架科斗栱，如图4-70所示。出踩斗栱有三踩、五踩、七踩、九踩、十一踩、平身科、柱头科、角科、品字科、溜金斗栱、平座斗栱等。各个年代的斗栱各有不同，目前修缮工作和新建的仿古建筑，尤其是仿古建筑大多数是仿清式的，下面就以清式单翘单昂五踩斗栱（图4-71）为例介绍设计时应注意的尺度问题。

各类斗栱尺寸权衡分别见表 4-12 和表 4-13。

表 4-12　一斗二升交麻叶、一斗三升斗栱各件尺寸权衡　　　　单位：斗口

构件名称	长	宽	高	厚(进深)	备注
麻叶云	12	1	5.33		用于一斗二升交麻叶平身科斗栱
正心瓜栱	6.2		2	1.24	
柱头坐斗		5	2	3	用于柱头科斗栱
翘头系抱头梁或与柁头连做	8(由正心枋中至梁头外皮)	4	同梁高		用于一斗二升交麻叶平身科斗栱
翘头系抱头梁或与柁头连做	6(由正心枋中至梁头外皮)	4	同梁高		用于一斗三升柱头科斗栱
斜昂后带麻叶云子	16.8	1.5	6.3		
搭交翘带正心瓜栱	6.7		2	1.24	
槽升、三才升等					均同平身科
攒档		8			指大斗中—中尺寸

表 4-13　隔架斗栱各件权衡尺寸　　　　　　　　　　　　　　　　　　单位：斗口

构件名称	长	宽	高	厚（进深）	备注
隔架科荷叶	9		2	2	
栱	6.2		2	2	按瓜栱
雀替	20		4	2	
贴大斗耳	3		2	0.88	
贴槽升耳	1.3（1.4）	1	0.24		

注：括号内数字表示在实际工作中一直沿用的数字，这些数字的构件尺寸与清工部《工程做法则例》规定尺寸略有差别，但并不影响斗栱的造型，故在括号内标出，以示区别。

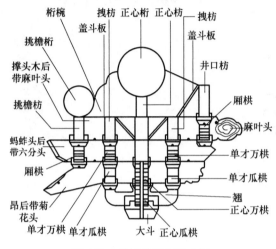

图 4-71　单翘单昂五踩斗栱

一、传统做法

尽管清式斗栱种类繁多，构造复杂，但各类构件之间的组合是有一定规律的。一般我们把斗栱按照安装位置分为平身科斗栱、柱头科斗栱和角科斗栱，每组斗栱都是多层叠加而成的。

（一）平身科斗栱

平身科斗栱是指在两檐柱之间、平板枋（或额枋）之上放置的斗栱，宋称为补间铺作，清称为平身科，《营造法原》称为桁间牌科。

① 第一层，即最下面一层为大斗。大斗又名坐斗，是斗栱最下层的承重构件，呈方形、斗状，如图 4-72 所示。长（面宽）、宽（进深）各 3 斗口，高 2 斗口，立面分为斗底、斗腰、斗耳三部分，各占大斗全高的 2/5、1/5、2/5（分别为 0.8 斗口、0.4 斗口、0.8 斗口）。大斗的上面，居中刻十字口，以安装翘和正心瓜栱之用。垂直于面宽方向的刻口，即为通常所讲的"斗口"，宽度为 1 斗口，深 0.8 斗口，是安装翘的刻口（如单昂三踩斗栱或重昂五踩斗栱，则安装头昂）。平行于面宽的刻口，是安装正心栱的刻口，刻口宽 1.24（或 1.25）斗口、深 0.8 斗口。在进深方向的刻口

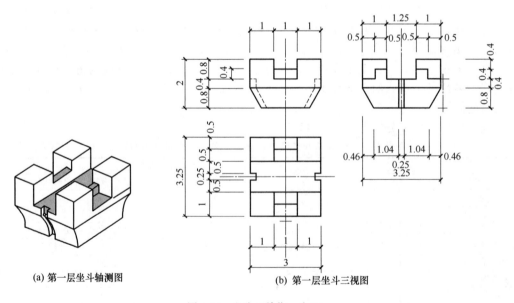

(a) 第一层坐斗轴测图　　　　　　(b) 第一层坐斗三视图

图 4-72　坐斗（单位：斗口）

内，通常还要做出鼻子（宋称"隔口包耳"），作用类似于梁头的鼻子。在坐斗的两侧安装垫栱板，还要剔出垫栱板槽，槽宽 0.25 斗口，深 0.25 斗口。

　　② 第二层构件如图 4-73 所示。在平行于面宽方向设置正心瓜栱一件，垂直于面宽方向扣头翘一件，两件在大斗刻口内成十字形相交。斗栱的所有横向和纵向构件都是刻十字口相交在

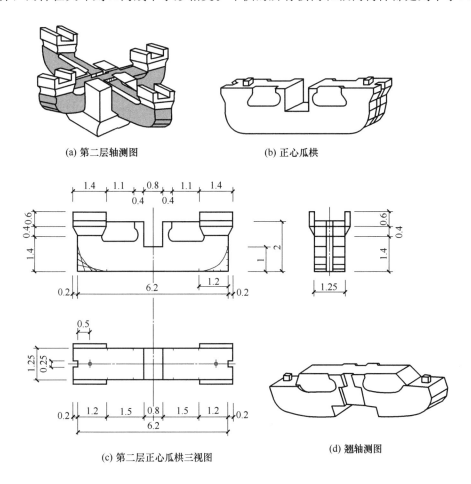

(a) 第二层轴测图　　　　　　　　　　　(b) 正心瓜栱

(c) 第二层正心瓜栱三视图

(d) 翘轴测图

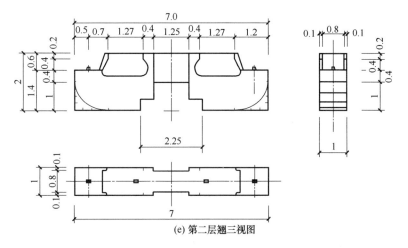

(e) 第二层翘三视图

图 4-73　第二层栱、翘（单位：斗口）

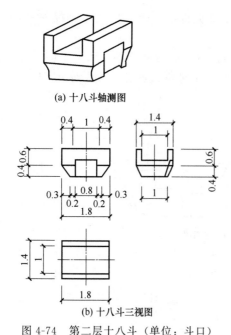

(a) 十八斗轴测图

(b) 十八斗三视图

图 4-74　第二层十八斗（单位：斗口）

一起的。设计画图时要注意，纵横构件相交有一个原则，即"山面压檐面"，所有平行于面宽方向的构件都画成等口榫（在构件上面刻口），垂直于面宽方向的构件则为盖口榫（在构件底面刻口）。

正心瓜栱长 6.2 斗口，高 2 斗口（足材），厚 1.25 斗口，两端各置槽升一个。为制作和安装方便，正心瓜栱和两端的槽升常由一根木材连做，在侧面贴升耳。升耳按槽升尺寸，长 1.3（或 1.4）斗口、高 1 斗口、厚 0.2 斗口。正心瓜栱（包括槽升）与垫栱板相交处要刻剔垫栱板槽，如图 4-73（b）、（c）所示。

头翘长 7.1（7）斗口，这个长度是按 2 拽架加十八斗斗底一份而定的。翘高 2 斗口，厚 1 斗口，如图 4-73（d）、（e）所示。头翘两端各置十八斗一件，以承其上的横栱和昂。十八斗在宋《营造法式》中称交互斗，说明它的作用在于承接来自面宽和进深两个方向的构件（图 4-74）。十八斗长 1.8 斗口，这个尺寸是十八斗名称的来源，即斗长十八分之意。由于它的特殊构造和作用，十八斗不能与翘头连做，需单独制作安装。

栱和翘的端头需做出栱瓣，栱瓣画线的方法称为卷杀法。瓜栱、万栱、厢栱分瓣的数量不等，有"万三、瓜四、厢五"的规定。翘头分瓣同瓜栱，具体做法可参见图 4-75 瓜栱的做法（瓜四）。

③ 第三层构件如图 4-76 所示。面宽方向在第二层正

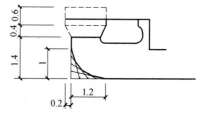

图 4-75　栱瓣（单位：斗口）

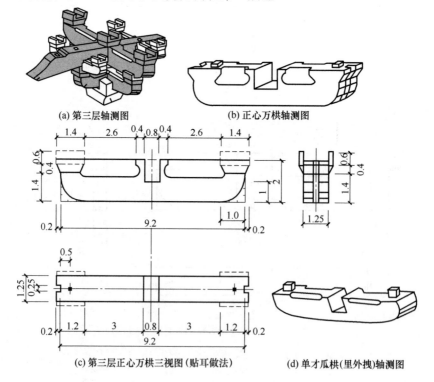

(a) 第三层轴测图　　　　(b) 正心万栱轴测图

(c) 第三层正心万栱三视图（贴耳做法）　　　(d) 单才瓜栱（里外拽）轴测图

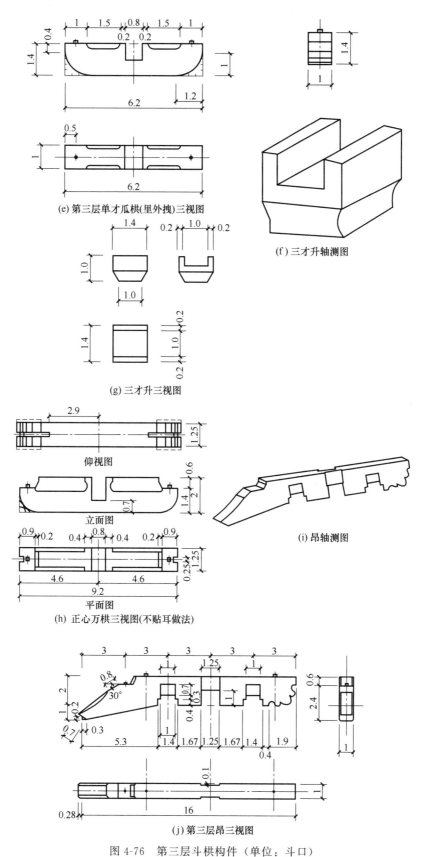

(e) 第三层单才瓜栱(里外拽)三视图

(f) 三才升轴测图

(g) 三才升三视图

仰视图

立面图

平面图

(h) 正心万栱三视图(不贴耳做法)

(i) 昂轴测图

(j) 第三层昂三视图

图 4-76　第三层斗栱构件（单位：斗口）

心瓜栱之上，置正心万栱一件，正心万栱分带贴耳和不带贴耳两种做法，带贴耳做法是将正心万栱两端带做出槽升子，不再另装槽升，另做贴耳，如图 4-76（b）、（c）所示。

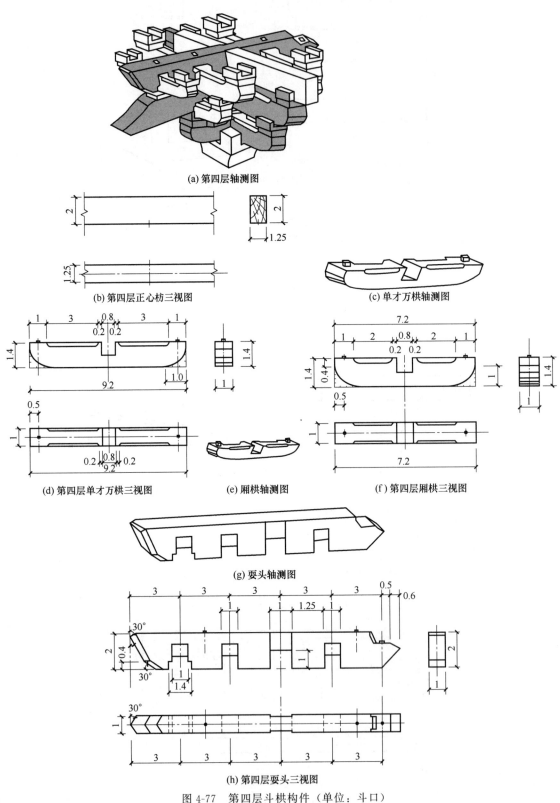

(a) 第四层轴测图

(b) 第四层正心枋三视图

(c) 单才万栱轴测图

(d) 第四层单才万栱三视图

(e) 厢栱轴测图

(f) 第四层厢栱三视图

(g) 耍头轴测图

(h) 第四层耍头三视图

图 4-77　第四层斗栱构件（单位：斗口）

如不做贴耳参照图 4-76（h）所示做法。头翘两端十八斗之上，各置单才瓜栱一件，如图 4-76（d）、（e）所示；单才瓜栱两端各置三才升一件如图 4-76（f）、（g）所示；进深方向，扣昂后带菊花头一件，昂头之上置十八斗一件，以承其上层栱子和蚂蚱头。如图 7-76（i）、（j）所示。

④ 第四层构件如图 4-77 所示。面宽方向，在正心万栱之上安装正心枋，在单才瓜栱之上安装单才万栱。单才万栱两端头各置三才升一件，以承其上之拽枋，在昂头十八斗之上安装厢栱一件，厢栱两端各置三才升一件。进深方向扣蚂蚱头后带六分头一件。三才升见图 4-76（g）。

⑤ 第五层构件如图 4-78 所示。面宽方向，在正心枋之上，叠置正心枋一层，在里外拽万栱之上各置里外拽枋一件，在外拽厢栱之上置挑檐枋一件，在耍头后尾六分头之上置里拽厢栱一件，厢栱两端头各置三才升一件。进深方向扣撑头木后带麻叶头一件。在各拽枋、挑檐枋上端分别置斜斗板、盖斗板。斜斗板、盖斗板有遮挡拽枋以上部分及分隔室内外空间、防寒保温、防止鸟雀进入斗栱空隙内等作用。

⑥ 第六层构件如图 4-79 所示。面宽方向，在正心枋之上，续叠正心枋至正心桁底皮，枋高由举架定。在内拽厢栱之上安置井口枋。井口枋高 3 斗口，厚 1 斗口，高于内外拽枋，为安装室内井口天花之用。进深方向安桁椀。

从以上单翘单昂五踩斗栱及其他出踩斗栱的构造可以看出，进深方向构件的头饰，由下至上分别为翘、昂和蚂蚱头。斗栱层增加时，可适当增加昂的数量（如单翘重昂七踩）或同时增加昂翘的数量（重翘重昂九踩），蚂蚱头的数量不增加，进深方向杆件的后尾，由下至上依次为：翘、菊花头、六分头、麻叶头。其中，麻叶头、六分头、菊花头各一件，如斗栱层数增加时，只增加翘的数量。面宽方向横栱的排列也有其规律性。由正心开始，每向外（或向内）出一踩均挑出瓜栱一件、万栱一件，最外侧或最内侧一为厢栱一件。正心枋是一层层叠落起来，

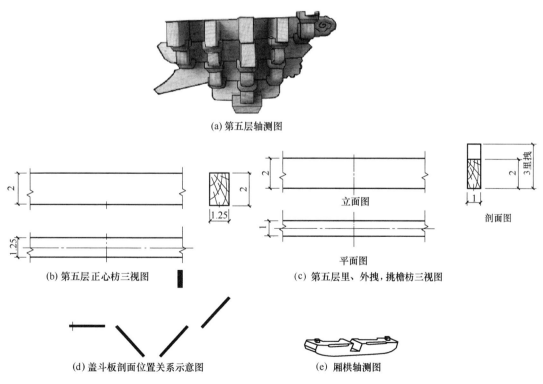

(a) 第五层轴测图

(b) 第五层正心枋三视图

(c) 第五层里、外拽，挑檐枋三视图

立面图

平面图

剖面图

(d) 盖斗板剖面位置关系示意图

(e) 厢栱轴测图

图 4-78

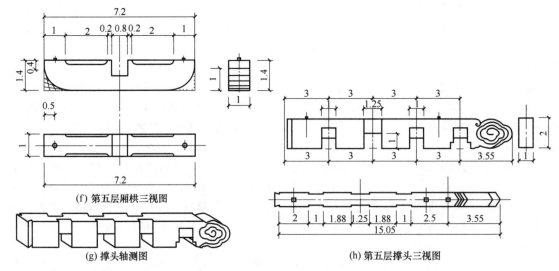

(f) 第五层厢栱三视图

(g) 撑头轴测图

(h) 第五层撑头三视图

图 4-78　第五层斗栱构件（单位：斗口）

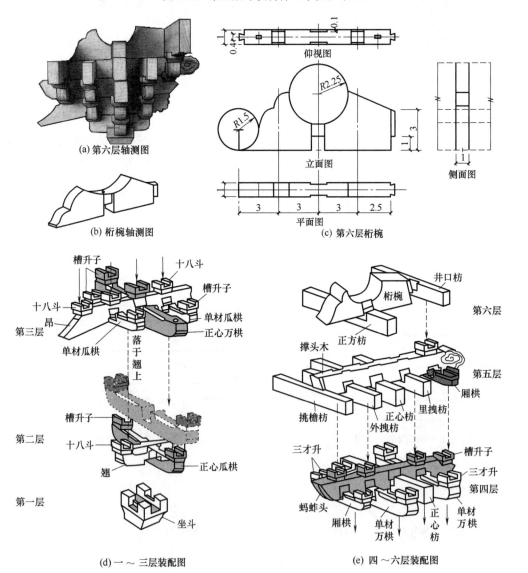

(a) 第六层轴测图

(b) 桁椀轴测图

(c) 第六层桁椀

(d) 一～三层装配图

(e) 四～六层装配图

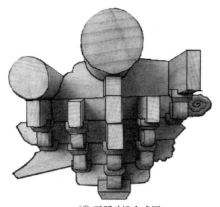

(f) 五踩斗栱完成图

图 4-79　第六层斗栱构件及拼装完成图（单位：斗口）

直达正心桁下皮。其余里、外拽枋每出一踩用一根，作为各攒斗栱间的联络构件。挑檐枋、井口枋亦各用一根。

斗栱昂翘的头饰、尾饰的尺度，清工部《工程做法则例》也有明确规定，现择录如下。

"凡头昂后带翘头，每斗口一寸，从十八斗底中线以外加长五分四厘。唯单翘单昂者后带菊花头，不加十八斗底。"

"凡二昂后带菊花头，每斗口一寸，其菊花头应长三寸。"

"凡蚂蚱头后带六分头，每斗口一寸，从十八斗外皮以后再加长六分。唯斗口单昂者后带麻叶头，其加长照撑头木上麻叶头之法。"

"凡撑头木后带麻叶头，其麻叶头除一拽架分位外，每斗口一寸，再加长五分四厘，唯斗口单昂者后不带麻叶头。"

"凡昂，每斗口一寸，具从昂嘴中线以外再加昂嘴长三分。"

平身科斗栱各件尺寸权衡见表 4-14。

表 4-14　平身科斗栱各件尺寸权衡　　　　　　　　　　　　　　　单位：斗口

构件名称	长	宽	高	厚（进深）	备注
大斗		3	2	3	
单翘	7.1(7)	1	2		
重翘	13.1(13)	1	2		用于重翘九踩斗栱
正心瓜栱	6.2	1	2	1.24	
正心万栱	9.2			1.24	
头昂	根据不同斗栱定	1	前3后2		
二昂	同上	1	前3后2		
三昂	同上	1	前3后2		
蚂蚱头（耍头）	同上	1	2		
撑头木	同上	1	2		
单才瓜栱	6.2		1.4	1	
单才万栱	9.2		1.4	1	
厢栱	7.2		1.4	1	
桁椀	根据不同斗栱定	1	按拽架加举		
十八斗	1.8		1	1.48(1.4)	
三才升	1.3(1.4)		1	1.48(1.4)	
槽升	1.3(1.4)		1	1.72	

注：括号内数字表示在实际工作中一直沿用的数字，这些数字的构件尺寸与清工部《工程做法则例》规定尺寸略有差别，但并不影响斗栱的造型，故在括号内标出，以示区别。

（二）柱头科斗栱

柱头科斗栱是指坐立在正对檐柱之上的斗栱，由梁架传导的屋面荷载，直接通过柱头科斗栱传至柱子、基础，因此，柱头科斗栱较之平身科斗栱更具承重作用。它的构件断面较之平身科也要大得多。宋称为"柱头铺作"，清称为"柱头科"，《营造法原》称为"柱头牌科"。现以单翘单昂五踩柱头科斗栱（图4-80）为例。将柱头科斗栱的构造及特点简述如下。

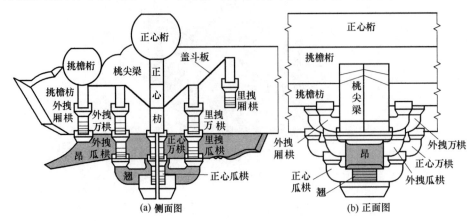

图 4-80　柱头科斗栱

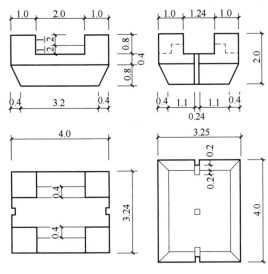

图 4-81　第一层大斗（单位：斗口）

① 柱头科斗栱第一层为大斗（图4-81）。大斗长4斗口、宽3斗口、高2斗口，构造同平身科大斗。

② 第二层构件如图4-82所示。面宽方向，置正心瓜栱一件，瓜栱尺寸构造同平身科瓜栱，进深方向扣头翘一件，翘宽2斗口，翘两端各置筒子十八斗一件，瓜栱两端置放槽升子各一。

③ 第三层构件如图4-83所示。面宽方向，中心安置正心万栱一件（在第二层正心瓜栱上面叠置），在里、外拽架翘头十八斗上安置单才瓜栱各一件。柱头科头翘两端所用的单才瓜栱，由于要与昂相交，因此，栱子刻口的宽度要按昂的宽度而定，一般为昂宽减去两侧包掩（包掩一般按1/10斗口）各一份，即为瓜栱刻口的宽度。单才瓜栱两端各置三才升一件。

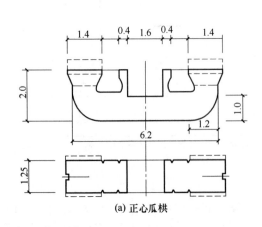

(a) 正心瓜栱

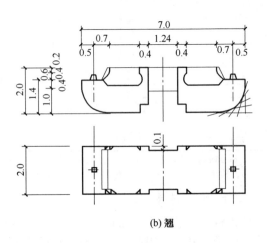

(b) 翘

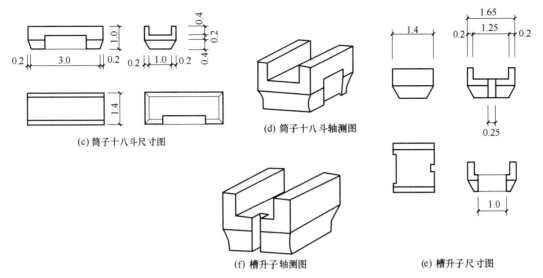

(c) 筒子十八斗尺寸图

(d) 筒子十八斗轴测图

(f) 槽升子轴测图

(e) 槽升子尺寸图

图 4-82　第二层斗栱构件（单位：斗口）

在进深方向，扣昂一件。单翘单昂五踩柱头科昂尾做成雀替形状，其长度要比对应的平身科昂长一拽架（3斗口），昂上设有筒子十八斗，因其上面为桃尖梁，开口要注意宽度。

④ 第四层构件如图4-84所示。面宽方向有厢栱；在正心万栱之上安置正心枋。在内外拽单才瓜栱之上叠置内外拽单才万栱，安装在昂上面的单才万栱要与其上的桃尖梁相交，故栱子刻口宽度要由桃尖梁对应部位的宽度减去包掩2份而定。内、外拽单才万栱分别与桃尖梁头（宽4斗口）和桃尖梁身（宽6斗口）相交，刻口宽度也不相同，设计时可以画一张图，在标注尺寸时应分别标注，如加括号等以示区分。进深方向安装桃尖梁，如图4-84（b）所示。桃

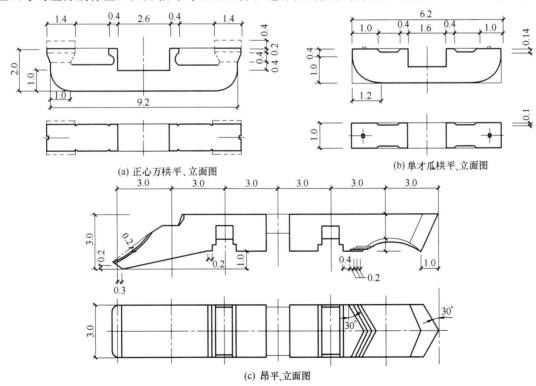

(a) 正心万栱平、立面图

(b) 单才瓜栱平、立面图

(c) 昂平、立面图

图 4-83

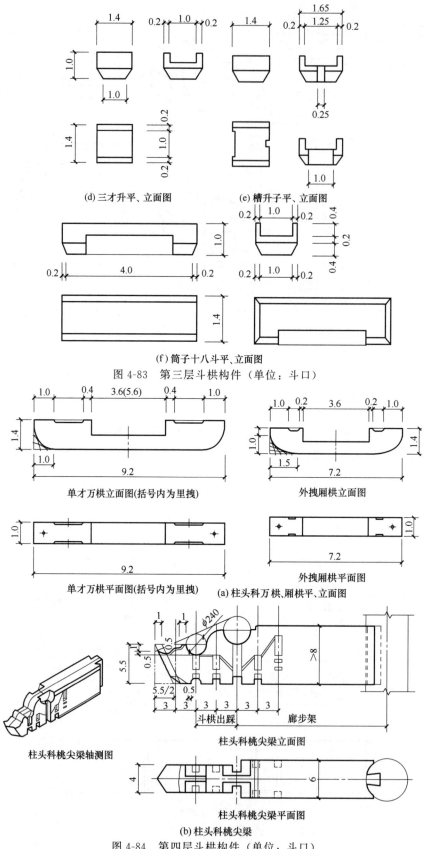

(d) 三才升平、立面图   (e) 槽升子平、立面图

(f) 筒子十八斗平、立面图

图 4-83　第三层斗栱构件（单位：斗口）

单才万栱立面图(括号内为里拽)

外拽厢栱立面图

单才万栱平面图(括号内为里拽)

外拽厢栱平面图

(a) 柱头科万栱、厢栱平、立面图

柱头科桃尖梁轴测图

柱头科桃尖梁立面图

斗栱出踩　　廊步架

柱头科桃尖梁平面图

(b) 柱头科桃尖梁

图 4-84　第四层斗栱构件（单位：斗口）

尖梁的底面与平身科斗栱的蚂蚱头下皮平，上面与平身科斗栱桁椀上皮平。因此，它相当于蚂蚱头、撑头木和桁椀三件连做在一起，既有梁的功能，又有斗栱的功能，平身科斗栱与柱头科斗栱就有区别，如图4-85所示。另外还有槽升子和三才升与其他层斗栱相同。

⑤ 第五层安置中心枋材、挑檐枋以及里拽厢栱（图4-86），厢栱上安置三才升，设计人员要弄清楚第五层的结构情况，设计时要符合实际安装的操作工序要求，比如在桃尖梁两侧安装里拽厢栱和枋时，为了保持桃尖梁的完整性和结构功能，仅在梁的侧面剔凿半眼栽做假栱头，其他的如正心枋、井口枋、桃檐枋等件也通过半榫或刻槽与梁的侧面交在一起。

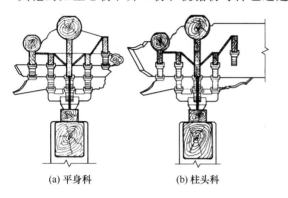

(a) 平身科　　　　　　　(b) 柱头科

图 4-85　斗栱比较

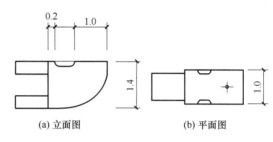

(a) 立面图　　　　　　　(b) 平面图

图 4-86　内拽厢栱（单位：斗口）

再往上加层就是桁檩等构件了，参见图4-41。

柱头科斗栱各件尺寸权衡见表4-15。

表 4-15　柱头科斗栱各件尺寸权衡　　　　　　　单位：斗口

构件名称	长	宽	高	厚（进深）	备 注
大斗		4	2	3	用于柱科斗栱，下同
单翘	7.1(7.0)	2	2		*柱头科斗栱昂翘宽度按如下公式确定：以桃尖梁头之宽减去柱科斗口之宽，所得之数，除以桃尖梁之下昂翘的层数（单翘单昂或重昂五踩者除2；单翘重昂七踩者除3；九踩者除4）；所得为一份，除头翘（如无头翘即为头昂）按2斗口不加外，其上每层递加一份，所得即为各层昂翘宽度尺寸
重翘	13.1(13.0)	*	前3后2		
头昂	根据不同斗栱定	*	前3后2		
二昂	根据不同斗栱定	*			
筒子十八斗	按其上一层构件宽度再加0.8斗口		1	1.48(1.4)	
正心瓜栱、正心万栱、单才瓜栱、单才万栱、厢栱、槽升、三才升诸件尺寸见平身科斗栱					

注：表中括号内数字为实际工作中一直沿用的数字，这些数字的构件尺寸与清工部《工程做法则例》规定的尺寸略有差别，但不影响斗栱的造型，故在括号内标出，以示区别。

（三）角科斗栱

角科斗栱位于转角处，构件较柱科和平身科复杂得多，前面介绍了柱头科和平身科的构件尺度，因角科斗栱与平身科斗栱关系密切，现将平身科、角科以及柱头科的底面仰视图一并列出，如图4-87所示，以便更好地理解它们之间的相互关系。

角科斗栱位于庑殿、歇山或多角形建筑转角部位的柱头之上，也就是坐立在角柱之上的斗栱，宋称为"转角铺作"，清称称为"角科"，《营造法原》称为"角柱牌科"。它具有转折、挑檐、承重等多种功能。柱头科和平身科的斗栱分件，是相互垂直叠交的，而角科斗栱除十字叠交栱件外，还有斜角方向栱件，如图4-88中角科所示。它的特点是其前端如果是檐面的进深构件（翘、昂、耍头等），后尾因转角改变方向后就变成了山面的面宽构件（栱和枋）；同理，在山面是进深构件的翘和昂，其后尾则成了檐面的栱或枋。因此，角科斗栱的正交构件，前端具有进深杆件翘昂的形态和特点，后尾具有面宽构件栱或枋的形态和特点。而每根构件前边是什么，后边是什么，都是由与它相对应的平身科斗栱的构造决定的。现以单翘单昂五踩为例，将角科斗栱的基本构造简述如下。

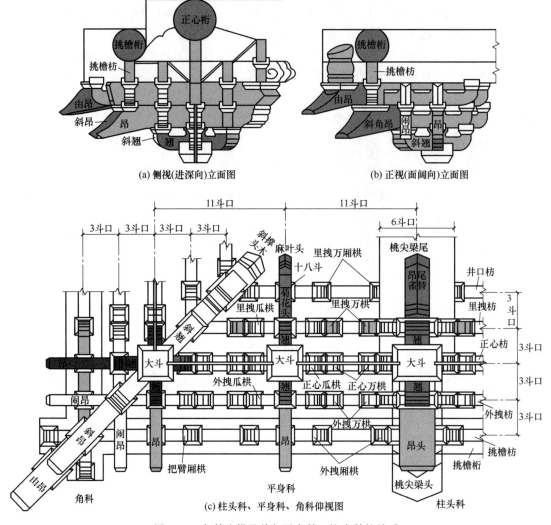

(a) 侧视(进深向)立面图　　　　(b) 正视(面阔向)立面图

(c) 柱头科、平身科、角科仰视图

图 4-87　角科斗栱及其与平身科、柱头科的关系

① 第一层构件如图 4-88 所示。角科和其他科一样，第一层为大斗，大斗见方 3 斗口、高 2 斗口（连瓣斗做法除外。角科斗栱若用于多角形建筑时，大斗的形状随建筑平面的变化而变化）。角科大斗刻口要满足翘（或昂）、斜翘搭置的要求，除沿面宽、进深方向刻十字口外，还要沿角平分线方向刻斜口子，以备安装斜翘或昂。斜口的宽度为 1.5 斗口。此外，由于角科斗

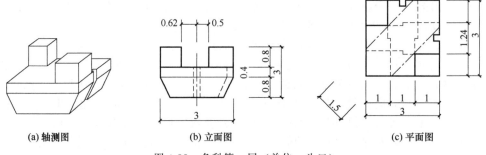

(a) 轴测图　　　　(b) 立面图　　　　(c) 平面图

图 4-88　角科第一层（单位：斗口）

栱落在大斗刻口内的正搭交构件前端为翘，后端为栱，故每个刻口两端的宽度不同，与翘头相交的部位刻口宽为 1 斗口，与正心瓜栱相交的部位，刻口宽度为 1.24 斗口，而且要在栱子所在的一侧的斗腰和斗底上面刻出垫栱板槽。

② 第二层构件如图 4-89 所示。正十字口内置搭交翘后带正心瓜栱二件，45°方向扣斜翘一件。搭交正翘的翘头上各置十八斗一件，斜翘头上的十八斗，采取与翘连做的方法，将斜十八斗的斗腰斗底与斜翘用一木做成，两侧另贴斗耳。

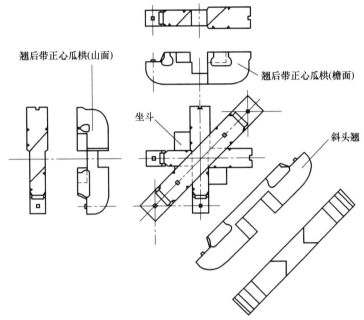

图 4-89　角科第二层（单位：斗口）

③ 第三层构件如图 4-90 所示。在正心位置安装搭交正昂后带正心万栱二件，叠放在搭交翘后

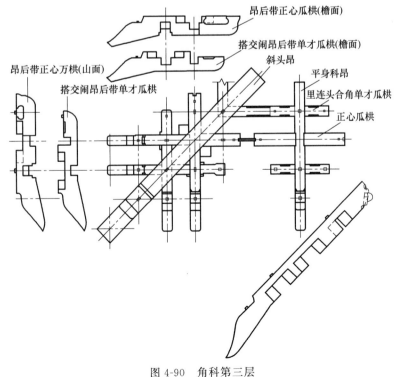

图 4-90　角科第三层

带正心瓜栱之上，在外侧一拽架处，安装搭交闹昂后带单才瓜栱二件，内侧一拽架处安装里连头合角单才瓜栱二件，此瓜栱通常与相邻平身科的瓜栱连做，以增强角科栱与平身科斗栱的连系。在搭交正昂、闹昂前端，各置十八斗一件，在搭交闹昂后尾的单才瓜栱栱头各置三才升一件。在45°方向扣斜头昂一件。斜昂昂头上的十八斗与昂连做，以方便安装。

④ 第四层构件如图4-91所示。在斗栱最外端，置搭交把臂厢栱二件，外拽部分置搭交闹蚂蚱头后带单才万栱二件，正心部位置搭交正蚂蚱头后带正心枋二件。里拽在里连头合角单才瓜栱之上，置里连头合角单才万栱二件，各栱头上分别安装三才升。45°方向安置由昂一件。由昂是角科斗栱斜向构件最上面一层昂，它与平身科的要头处在同一水平位置。由昂常与其上面的斜撑头木连做。采用两层构件由一木连做，可加强由昂的结构功能，是实际施工中经常采用的方法。

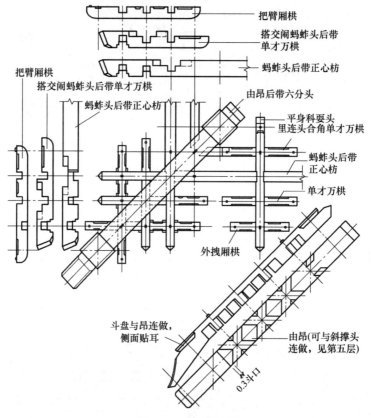

把臂厢栱

搭交闹蚂蚱头后带
单才万栱

蚂蚱头后带正心枋

由昂后带六分头

平身科要头
里连头合角单才万栱

蚂蚱头后带
正心枋

单才万栱

外拽厢栱

斗盘与昂连做，
侧面贴耳

由昂(可与斜撑头
连做，见第五层)

0.3斗口

图4-91　角科第四层

⑤ 第五层构件如图4-92所示。搭交把臂厢栱之上安装搭交挑檐枋二件，外拽部分在搭交闹蚂蚱头后带单才万栱之上置搭交闹撑头木后带外拽枋二件，正心部位在搭交正蚂蚱头后带正心枋之上，安装搭交正撑头木后带正心枋二件，在里连头合角单才瓜栱之上安置里拽枋二件，在里拽厢栱位置安装里连头合角厢栱二件。

这里需要特别提到，角科斗栱中，三个方向的构件相交在一起时，一律按照山面压檐面（即进深方向构件压面宽方向构件），斜构件压正构件的构造方式进行构件的加工制作和安装（详细构造及榫卯见图4-92）。由昂以下构件（包括由昂）都按这个构造方式进行制作。当由昂与斜撑头木连做时，需要将斜撑头木的刻口改在上面。这是例外的特殊处理。

⑥ 第六层构件如图4-93所示。在45°方向置斜桁椀，正心枋做榫交于斜桁椀侧面，内侧井口枋做合角榫交于斜桁椀尾部。

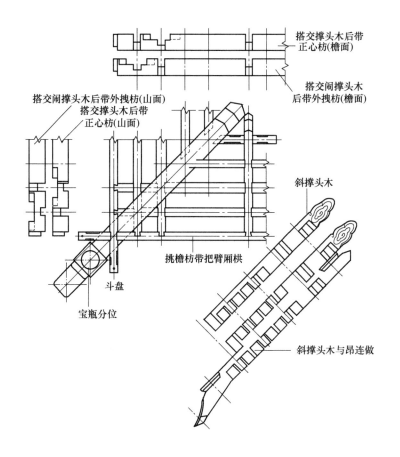

搭交撑头木后带
正心枋(檐面)

搭交闸撑头木
后带外拽枋(檐面)

搭交闸撑头木后带外拽枋(山面)
搭交撑头木后带
正心枋(山面)

斜撑头木

挑檐枋带把臂厢栱

斗盘

宝瓶分位

斜撑头木与昂连做

图 4-92 角科第五层

另外,还有些局部构件在设计时要注意,如斜头翘、斜头昂、斜菊花头、六分头、麻叶头等,如图 4-94 所示。

以上为单翘单昂角科斗栱的一般构造。除此而外,还有一些特殊做法需要了解和掌握。

角科斗栱实际上是处于转角部位的柱头科斗栱。但角科斗栱的坐斗断面却不及柱头科斗栱断面大。而角科斗栱所承担的荷载却大于柱头科斗栱,这在结构上是不合理的。此外,角科斗栱杆件相交处均做成三卡腰榫卯,对杆件断面的伤害过大,造成杆件实际断面减小,结构功能降低等。由于这诸多原因,角科斗栱在古建筑构架中一直是一个薄弱环节,时间一久,经常出现斗栱杆件弯曲、坐斗被压扁、压裂下垂、整攒斗栱下沉等结构损坏问题。

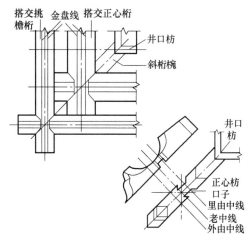

搭交挑檐桁 金盘线 搭交正心桁

井口枋

斜桁椀

井口枋

正心枋口子
里中中线
老中线
外由中线

图 4-93 角科第六层

为解决角科斗栱结构功能差的问题,可采取使用连瓣斗的方式,以增大角科坐斗的断面,如图 4-95 所示。连瓣斗是将三个或三个以上坐斗连做成一个整体。具体做法是在角科坐斗的转角两侧各增加一个坐斗,三个斗由一木做成,这样就克服了原来角科坐斗断面过小的缺陷。坐斗增加之后要相应增加一列正心翘、昂、要头等杆件,这对增加角科斗栱的承载力也是有

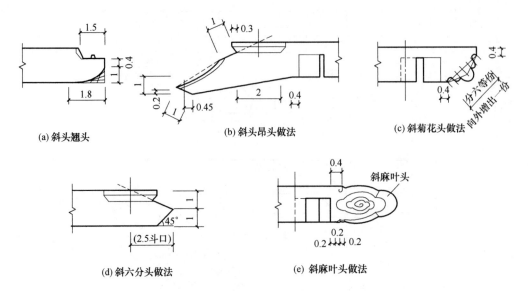

(a) 斜头翘头　　(b) 斜头昂头做法　　(c) 斜菊花头做法

(d) 斜六分头做法　　(e) 斜麻叶头做法

斜麻叶头

图 4-94　斜头翘、斜头昂、斜菊花头、斜六分头、斜麻叶头（单位：斗口）

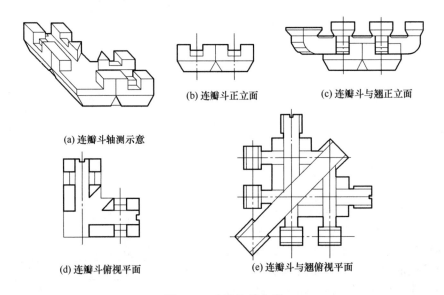

(a) 连瓣斗轴测示意　　(b) 连瓣斗正立面　　(c) 连瓣斗与翘正立面

(d) 连瓣斗俯视平面　　(e) 连瓣斗与翘俯视平面

图 4-95　角科连瓣斗栱

益的。

　　角科斗栱采用连瓣斗做法需要具备一定条件，首先是结构需要。一般大型宫殿建筑的转角部位出檐及屋面重量都很大时，可适当采用连瓣斗。多角亭等小型建筑转角处出檐不大、屋面重量较轻，则不必采用连瓣斗做法。其次，斗栱攒当的排列还应具备一定条件，即角科与相邻一攒平身科的攒当应满足等于或大于 14 斗口左右的尺度要求，要在做设计时，预先考虑到这个问题，在考虑梢间或廊间尺寸时，要加上连瓣斗的尺寸。

　　以上仅是以单翘单昂五踩为例，对角科斗栱的基本构造进行了分析。如果斗栱踩数增加，如为七踩、九踩，则正翘昂与斜翘昂之间的闹翘昂及闹蚂蚱头就要相应增加。

　　搞清角科斗栱构造的关键是要弄清哪根构件后面带什么构件，以及正构件与斜构件之间的交叉搭置方法及榫卯构造规律。

角科斗栱各件尺寸权衡见表 4-16。

表 4-16　角科斗栱各件尺寸权衡　　　　　　　　　　单位：斗口

构件名称	长	宽	高	厚(进深)	备注
大斗		3	2	3	
斜头翘	按平身科头翘长度加斜	1.5	2		计算斜昂翘实际长度之法：应按拽架尺寸加斜后再加自身宽度一份为实长
搭交正头翘后带正心瓜栱	翘 3.55	1	2		
	栱 3.1	1.24	2		
斜二翘	按计算斜昂翘实际长度之法定	①	2		
搭交正二翘后带正心万栱	翘 6.55	1	2		
	栱 4.6	1.24	2		
搭交闹二翘后带单才瓜栱	翘 6.55	1	2		用于重翘重昂角科斗栱
	栱 3.6	1	1.4		
斜头昂	按对应正昂加斜，具体方法同前	宽度定法见斜二翘①	前 3 后 2		
搭交正头昂后带正心瓜栱或正心万栱或正心枋	根据不同斗栱定	昂 1、栱枋 1.24	前 3 后 2		搭交正头昂后带正心瓜栱用于单昂三踩或重昂五踩；搭交正头昂后带正心万栱用于单翘单昂五踩或单翘重昂七踩；搭交正头昂后带正心枋用于重翘重昂九踩
搭交闹头昂后带单才瓜栱或万栱	根据不同斗栱定	昂 1 栱 1	前 3 后 2		
斜二昂后带菊花头	根据不同斗栱定	宽度定法见斜二翘①	前 3 后 2		
搭交正二昂后带正心万栱或带正心枋	根据不同斗栱定	昂 1、栱枋 1.24	前 3 后 2		正二昂后带正心万栱用于重昂五踩斗栱；后带正心枋用于单翘重昂七踩斗栱
搭交闹二昂后带单才瓜栱或单才万栱	同上	昂 1 栱 1	前 3 后 2		
由昂上带斜撑头木	同上	宽度定法见斜二翘①	前 5 后 4		由昂与斜撑头木连做
斜桁椀	同上	同由昂	按拽架加举		
搭交正蚂蚱头后带正心万栱或正心枋	同上	蚂蚱头 1、栱或枋 1.24	2		搭交正蚂蚱头后带正心枋用于三踩斗栱
搭交正撑头木后带正心枋	同上	1	2		
搭交正撑头木后带正心枋	同上	前 1 后 1.24	2		
搭交闹撑头木后带拽枋	同上	1	2		
里连头合角单才瓜栱	同上		1.4	1	用于正心内一侧
里连头合角单才万栱	同上		1.4	1	同上
里连头合角厢栱	同上		1.4	1	同上
搭交把臂厢栱	同上		1.4	1	用于搭交挑檐枋之下
盖斗板、斜盖斗板、斗槽板(垫栱板)				0.24	
正心枋	根据开间定	1.24	2		
拽枋、挑檐枋井口枋、机枋				2	
宝瓶			3.5	径同由昂宽	

① 确定各层斜昂翘宽度之法与确定柱头科斗栱翘昂宽度之法相同，以老角梁之宽减去斜头翘之宽，按斜昂翘层数除之，每层递增一份即是。

（四）溜金斗栱的基本构造

明清斗栱当中，有一种外檐斗栱做法与一般斗栱不同，它的翘、昂、耍头、撑头等进深方向构件，自正心枋以内，不是水平迭落，而是按檐步举架的要求，向斜上方延伸，撑头木及耍头一直延伸至金步位置，这种特殊构造的斗栱称为溜金斗栱。溜金斗栱分为落金和挑金两种不同的构造做法，落金做法其特点是杆件沿进深方向延伸落在金枋（或花台枋）之上，与花台枋上的花台科斗栱共同组成溜金花台科斗栱，能增强檐、金步架间的柱、梁等构架之间的联系，并有悬挑及装饰作用。这种溜金斗栱常用于宫殿建筑外檐。另外一种挑金做法，其撑头木及耍头等构件延伸至金步后，后尾并不落在任何构件上，而是附在金檩之下，对金檩及其以上构架有悬挑作用。这种做法常用于多角形亭子等建筑中。

现分别按落金和挑金做法将溜金斗栱的基本构造介绍如下。

1. 落金做法

溜金斗栱正心构件以外的部分同一般出踩斗栱没有区别。不同之处是在正心（即中线）以内的构造。溜金斗栱第一层坐斗同一般斗栱；第二层的翘，也与一般斗栱没有区别，它与正心瓜栱在坐斗的十字刻口内扣搭相交，翘头外端置十八斗一件，上面安放单才瓜栱一件；翘头内侧同样置十八斗一件，但上面安放的不是单才瓜栱，而通常是麻叶云栱，栱长 7.6 斗口，高 2斗口，厚 1 斗口，两端雕做麻叶云头，中间刻口，与其上构件十字相交，卯口做法同单才瓜栱。溜金斗栱后尾杆件延伸至金步，并悬挑金步构件者，称为起秤，起秤的构件称为起秤杆。落金构造的溜金斗栱，通常有一层起秤和两层起秤两种处理方法。

如果一层起秤，则秤杆就是撑头木，撑头木后尾延伸至金步，其余构件虽向上延伸，但都不超过金步；若两层起秤，则耍头和撑头木两层构件的后尾都延伸至金步。一层起秤杆的做法多用于斗栱出踩较小（如五踩）或溜金斗栱的悬挑功能不大的情况下，在斗栱的悬挑功能较强，或斗栱踩数较大（如七踩或七踩以上）时多采用两层起秤杆的构造。

溜金斗栱后尾秤杆以下的构件，也沿秤杆的斜度向上延伸，有辅助秤杆的作用，但不超过金步，它们的后尾，都做成六分头形的装饰，在六分头之上，还要承托十八斗一只，十八斗上安放三幅云一件，三幅云栱长 8 斗口，高 3 斗口，厚 1 斗口，两端雕做三朵祥云图案，是装饰性构件。在六分头之下，还要贴附菊花头装饰。菊花头厚同挑杆厚，长按六分取用。头后尾长，高按挑杆举架定。一般情况下，菊花头最凸出的部分应不得低于其下一层三幅云（或麻叶头）下皮线。溜金斗栱最上一层桁椀后尾也随秤杆向上延伸，并将后尾做成夔龙尾形状。每层六分头与三幅云栱相交处安装伏莲销一支，穿透各层杆件起锁合固定作用，伏莲销头长 1.6 斗口，见方一斗口，销子榫长度由它穿透杆件的层数及厚度定。

落金造溜金斗栱后尾第一层秤杆正好落在花台科坐斗进深方向的刻口内。挑杆后尾伸出于刻口之外，并雕做成三幅云形状，云头长可按三幅云栱长度折半，高、厚均同三幅云栱。花台科斗栱的正心位置安装正心瓜栱（如果是重栱花台科斗栱，在瓜栱之上还要叠置正心万栱），正心栱之上为正心枋，枋高 2 斗口，厚同正心栱。正心枋之上为金桁。溜金斗栱的第一层挑杆之上如有第二层挑杆，可做大头榫交于正心枋上，如图 4-96 所示。

2. 挑金做法

溜金斗栱挑金与落金做法的区别主要在于，挑金做法后尾不落在任何承接构件上，而是直接悬挑金檩等构件。

挑金做法由于主要功能是悬挑，故挑杆一般都是两层，有时甚至采用三层挑杆，以增强斗栱的结构功能。

挑金做法通常是从耍头一层开始起秤，秤杆直达金步，后尾做成六分头形状，上置十八斗，斗上承托正心栱子，正心栱之上为正心枋、金檩。耍头秤杆上面是撑头木秤杆，后尾做榫交于正心栱子，如图 4-97 所示，耍头之上为桁椀后带夔龙尾。挑金做法的其他构件与落金做法相同，此处不再赘述。

为增强挑金杆件的结构功能，清代早期和明代甚至采用三层秤杆，并采用重昂结构，北京

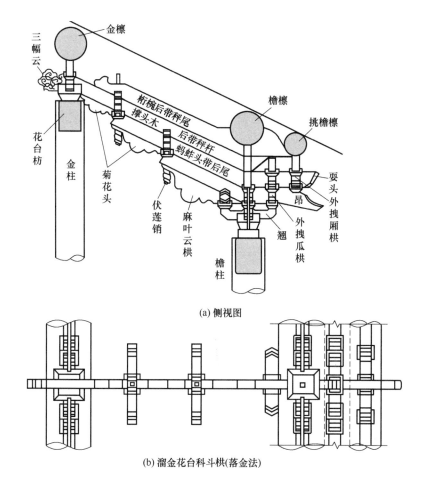

(a) 侧视图

(b) 溜金花台科斗栱(落金法)

图 4-96 溜金斗栱

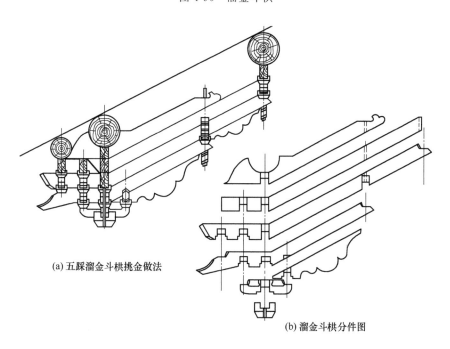

(a) 五踩溜金斗栱挑金做法

(b) 溜金斗栱分件图

图 4-97 溜金花台科斗栱（挑金法）

太庙井亭即采用了这种做法。

溜金斗栱柱头科的构造与一般柱头科相同，差异是在正心枋以里不安装横栱，与平身科相对应安装麻叶云或三幅云。

溜金斗栱角科正心以外构造同一般角科，正心以内各层构件，除应加斜外，高度都应随平身科交圈，秤杆后尾做榫交于金柱，榫长一般不超过柱径的1/5。内侧斜昂、翘上所用的麻叶云、三幅云，都要与相邻平身科的构件连做成里连头合角麻叶云、三幅云。

溜金斗栱各件尺寸权衡见表4-17。

表4-17　溜金斗栱各件尺寸权衡　　　　　　　　　　单位：斗口

构件名称	长	宽	高	厚（进深）	备注
麻叶云栱	7.6	2		1	
三幅云栱	8	3		1	
伏莲销	头长1.6			见方1	溜金后尾各层之穿销
菊花头				1	
正心栱、单才栱、十八斗、三才升诸件					同平身科斗栱

（五）品字斗栱

品字斗栱因其斗升的摆布轮廓类似品字而得名，它的特点是没有昂，只有翘，分单翘和重翘两种，里外和左右都对称，《营造法原》称为十字科。宋专用作平座斗栱，清多用作平座斗栱和大殿里金柱轴线部位的斗栱。总体来讲，品字斗栱属于内檐斗栱，主要用于平台（平座）或室内等。它的正心桁上皮与挑檐桁上皮平，如图4-98所示。

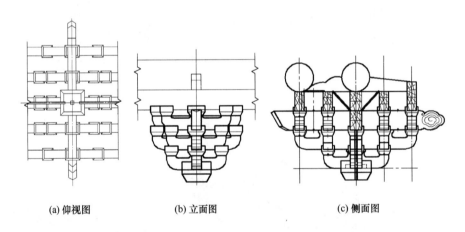

(a) 仰视图　　　　　　(b) 立面图　　　　　　(c) 侧面图

图4-98　品字斗栱

① 第一层构件。坐斗参照平身科斗栱，如图4-72所示。

② 第二层构件。参照平身科斗栱，如图4-73所示。

③ 第三层构件。面宽方向在正心瓜栱之上，置正心万栱一件，如图4-99（a）、（b）所示；头翘两端十八斗之上，各置单才瓜栱一件，如图4-99（c）、（d）所示，单才瓜栱两端各置三才升一件，如图4-99（e）、（f）所示。正心万栱两端带做出槽升子，（贴耳）不再另装槽升，如不做贴耳，则参照图4-99（g）制作。进深方向扣二翘一件，如图4-99（h）所示。

④ 第四层构件如图4-100所示。面宽方向，在正心万栱之上安装正心枋，在单才瓜栱之上安装单才万栱。单才万栱两端头各置三才升一件，以承其上之拽枋，在二翘十八斗之上安装厢栱一件，厢栱两端各置三才升一件。进深方向耍头后带麻叶头一件。三才升如图4-99（e）、（f）所示。

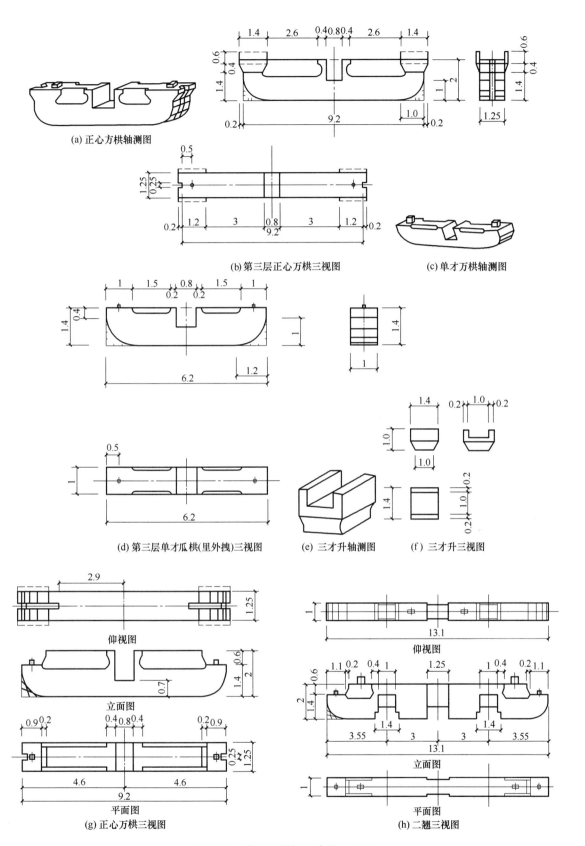

图 4-99　第三层构件（单位：斗口）

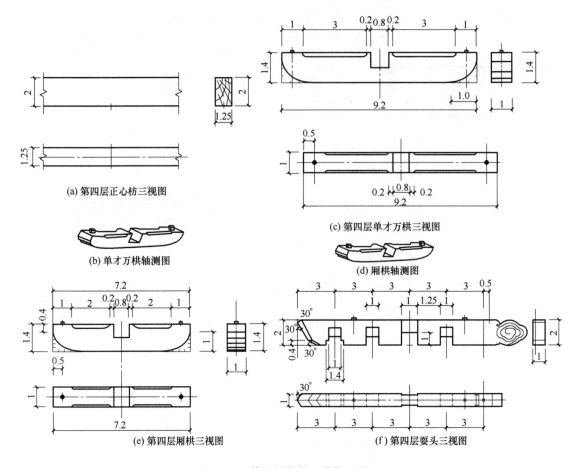

(a) 第四层正心枋三视图

(b) 单才万栱轴测图

(c) 第四层单才万栱三视图

(d) 厢栱轴测图

(e) 第四层厢栱三视图

(f) 第四层要头三视图

图 4-100　第四层构件（单位：斗口）

⑤ 第五层构件见图 4-101。面宽方向，在正心枋之上叠置正心枋一层，在里外拽万栱之上各置里外拽枋一件，在外拽厢栱之上置挑檐枋一件，厢栱两端头各置三才升一件。里拽厢栱之上置井口枋一件，与第六层结合；进深方向扣撑头木一件。在各拽枋、挑檐枋上端分别置斜斗板、盖斗板。斜斗板、盖斗板有遮挡拽枋以上部分及分隔室内外空间、防寒保温、防止鸟雀进入斗栱空隙内等作用。

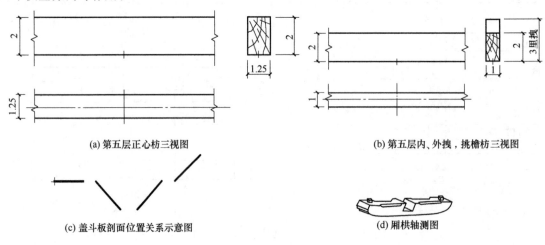

(a) 第五层正心枋三视图

(b) 第五层内、外拽，挑檐枋三视图

(c) 盖斗板剖面位置关系示意图

(d) 厢栱轴测图

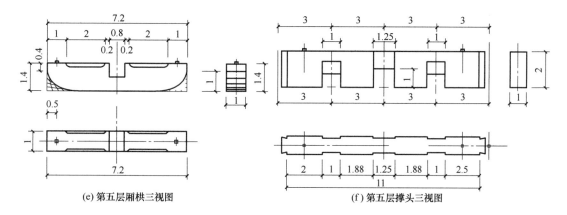

(e) 第五层厢栱三视图   (f) 第五层撑头三视图

图 4-101　第五层构件（单位：斗口）

⑥ 第六层构件如图 4-102 所示。面宽方向，在第五层内拽厢栱之上有天花者安置井口枋，井口枋高 3 斗口，厚 1 斗口，高于内外拽枋，为安装室内井口天花之用；无天花者用机枋（高 2 斗口），进深方向安桁椀。

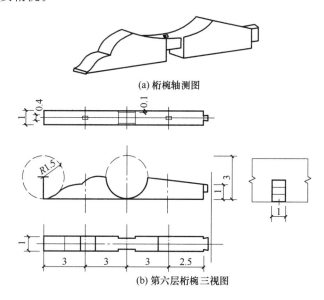

(a) 桁椀轴测图

(b) 第六层桁椀三视图

图 4-102　第六层构件（单位：斗口）

品字斗栱各件尺寸权衡见表 4-18。内里棋盘板上安装品字科斗栱各件权衡尺度见表 4-19。

表 4-18　品字斗栱各件尺寸权衡　　　　　　　　　　　单位：斗口

构件名称	长	宽	高	厚（进深）	备注
大斗		3			用于平身科
头翘	7.1(7.0)	1			用于平身科
二翘	13.1(13.0)	1			用于平身科
撑头木后带麻叶云	15	1			用于平身科
正心瓜栱	6.2				用于平身科
正心万栱	9.2				用于平身科
单才瓜栱	6.2				用于平身科
单才万栱	9.2		1.4	1	用于平身科
厢栱	7.2		1.4	1	用于平身科

构件名称	长	宽	高	厚(进深)	备注
十八斗		1.8	1	1.48(1.4)	用于平身科
槽升子		1.3(1.4)	1	1.72(1.64)	用于平身科
三才升		1.3(1.4)	1	1.48(1.4)	
大斗		4	2	3	柱头科
头翘	7.1(7.0)	2	2		柱头科
二翘及撑头木(与采步梁连做)					
角科大斗		3	2	3	用于角科
斜头翘		1.5	2		用于角科
搭交正头翘带正心瓜栱	翘3.55(3.5)、栱3.1	11.24	2		用于角科
斜二翘(与踩步金连做)					用于角科
搭交正二翘后带正心万栱	翘6.55(6.5)、栱4.6	11.24	2		用于角科
搭交闹二翘后带单才瓜栱	翘6.55(6.5)、栱3.1	1	2		用于角科
里连头合角单才瓜栱	6.5		1.4	1	用于角科
里连头合角厢栱			1.4	1	用于角科

注：括号内数字表示在实际工作中一直沿用的数字，这些数字的构件尺寸与清工部《工程做法则例》规定尺寸略有差别，但并不影响斗栱的造型，故在括号内标出，以示区别。

表4-19　内里棋盘板上安装品字科斗栱各件权衡尺寸表　　　　单位：斗口

构件名称	长	宽	高	厚(进深)	备注
大斗		3	2	1.5	系半面做法
头翘	3.55(3.5)	1	2		系半面做法
二翘	6.55(6.5)	1	2		系半面做法
撑头木带麻叶云	9.55(9.5)	1	2		系半面做法
正心瓜栱	6.2	2		0.62	系半面做法
正心万栱	9.2	2		0.62	系半面做法
麻叶云	8.2	2		1	
槽升		1.3（1.4）	1	0.86	
其余栱子					同平身科

注：括号内数字表示在实际工作中一直沿用的数字，这些数字的构件尺寸与清工部《工程做法则例》规定尺寸略有差别，但并不影响斗栱的造型，故在括号内标出，以示区别。

（六）斗栱的总体控制尺度

清式带斗栱的建筑，各部位及构件尺寸都是以"斗口"为基本模数的。斗栱作为木结构的重要组成部分，也同样严格遵循这个模数制度。清工部《工程做法则例》卷二十八《斗科各项尺寸做法》，开宗明义就做了如下明确的规定："凡算斗科上升、斗、栱、翘等件长短、高厚尺寸，俱以平身科迎面安翘昂斗口宽尺寸为法核算。""斗口有头等材、二等材，以至十一等材之分。头等材迎面安翘昂，斗口六寸；二等材斗口宽五寸五分；自三等材以至十一等材各递减五分，即得斗口尺寸。"这项规定，将斗栱各构件的长、短、高、厚尺寸以及比例关系讲得十分明确。对于斗栱与斗栱之间的分挡尺寸（即每攒斗栱之间的中—中距离）也有明确规定："凡斗科分当尺寸，每斗口一寸，应当宽一尺一寸。从两斗底中线算，如斗口二寸五分，每一挡应宽二尺七寸五分。"《工程做法则例》的这个规定，使斗栱与斗栱之间摆放的疏密也有了明确的规定，可以避免在设计或施工中斗栱摆放过稀过密的问题。

斗栱攒当尺寸的规定，与斗栱横向构件——栱的长度是有直接关系的。清《工程做法则例》规定，瓜栱长度为6.2斗口，万栱长度为9.2斗口，厢栱长度为7.2斗口，这个长度规定在攒当为11斗口的前提下才能成立。如果攒当大于或小于11斗口时，瓜栱、万栱、厢栱的尺寸也应随之进行调整。

在实际当中，常常会出现斗栱攒当不等于 11 斗口的情况，遇到这种情况，就需要适当加长或缩短横栱的长度，以保证斗栱间疏密的一致和造型的优美。调整横栱长度的方法可按如下公式：将实际攒当尺寸（大于或小于 11 斗口）除以 11，将所得之数分别乘以 6.2、9.2、7.2，其积即为调整后的瓜、万栱、厢栱的实际长度尺寸。

关于各类斗栱分件的权衡尺寸，清《工程做法则例》卷二十八做了极其详细的规定。

为了便于查找，本书已将这些构件尺寸列成表，具体可参见表 4-12～表 4-19。在实际应用（包括设计和施工）当中，有些构件的尺寸与清《工程做法则例》规定的尺寸略有差别，但并不影响斗栱的造型，而且，多年来一直这样沿用。对于这些在实际中沿用的尺寸，已在表 4-13～表 4-15、表 4-18 和表 4-19 中的"（ ）"内标出，以示区分和比较。在实际应用当中，不论是清代规定的权衡尺度还是实际中沿用的权衡尺度，只要不影响建筑风格，都应当认为是正确的。

二、现代做法

仿古建筑以及现代建筑中，已不把斗栱作为承重结构，而是作为古建筑的外观需要以及在现代建筑的主体立面上反映古建筑的符号，斗栱就成为一种装饰，有时用木结构做出半攒斗栱，与墙壁接触处用预埋螺栓连接，或用预埋件和木构建中的金属连接件焊接等处理方法。有时用一些轻质材料，如玻璃纤维增强混凝土、聚苯乙烯泡沫、石膏、玻璃钢、薄钢板等材料利用模具制作成各式斗栱样式，再进行组装。还有一种就是用预制钢筋混凝土

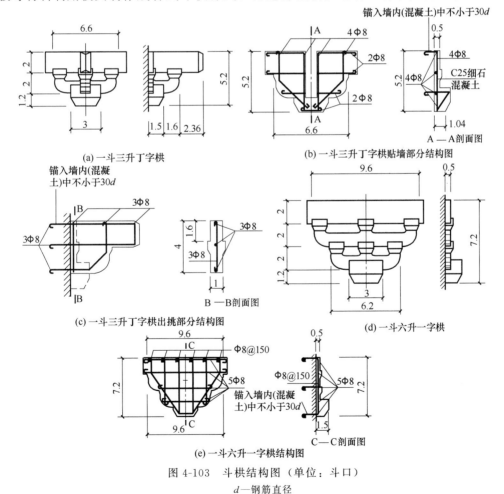

图 4-103　斗栱结构图（单位：斗口）

d—钢筋直径

制作的，如图4-103所示。预制装饰斗栱一般选择 C25 或 C30 的混凝土，一级钢筋Φ6～Φ8即可，丁字斗栱预制挑出部分后，要与贴墙部分在安装时二次浇灌，所以，设计时要考虑结构安全问题。

第十四节　其他零星类构件的设计

一、雀替

（一）雀替的传统设计

雀替又名角替，常用于大式建筑外檐额枋与柱相交处（小式则用替木），雀替原为从柱内伸出，承托额枋，有增大额枋榫子受剪断面及拉结额枋的作用。清式做法中，雀替做半榫插入柱子，另一端钉置在额枋底面，表面落地雕刻蕃草等花纹，实际上已不起结构作用，而成为装饰构件，如图 4-104 所示。

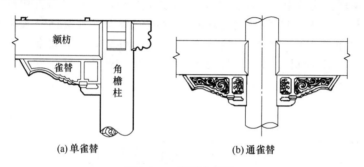

(a) 单雀替　　　　　(b) 通雀替

图 4-104　雀替位置图

雀替长按净面宽（面宽减去柱径 1 份为净面宽）的 1/4 取用或为柱径 3 倍（单边长）或更长一些，高 4 斗口或同额枋（或同小额枋或同檐枋），厚为檐柱径的 3/10，雀替下面之栱子长按瓜栱长的 1/2，高按斗口二份，厚同雀替。

如雀替之上安装三伏云栱子，则三伏云长按额枋（或檐枋）之厚 3 份定长，高同雀替，厚为雀替厚的 8/10。

单雀替大样见图 4-105。

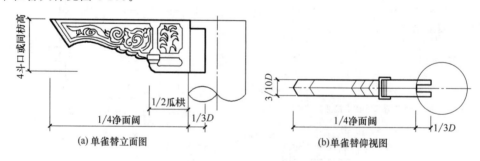

(a) 单雀替立面图　　　　　(b) 单雀替仰视图

图 4-105　单雀替大样图

通雀替大样见图 4-106。

（二）雀替的现代做法

采用预制钢筋混凝土，用 C25 混凝土，一级钢筋置中放置，如图 4-107 所示。

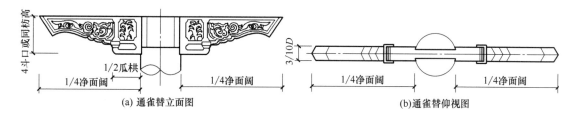

(a) 通雀替立面图   (b) 通雀替仰视图

图 4-106 通雀替大样图

二、博风板

在歇山建筑中，遮挡山面梢檩檩头之板，叫博风板，如图 4-108 所示。

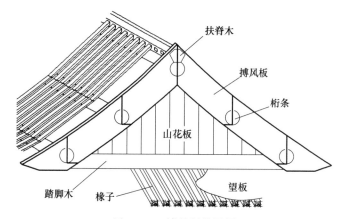

(a)结构图   (b) 钢筋分件图

图 4-107 雀替结构图

（一）博风板的传统设计

博风板的尺度是：断面尺度与檩子或椽子尺寸成比例的，随屋面举折做成弯曲的形状。长度定为每步架为一段，每段长同该步架椽子长，两段博风板接茬托舌长为板宽的 1/3。清《工程做法则例》规定，博风板厚（0.7～1）椽径，宽（6～7）椽径（或二檩径），博风板内面须按檩子位置剔凿檩窝，以便安装，檩窝深为 0.5 斗口或 1/3 椽径，檩窝下面还应有燕尾枋口子，如图 4-109 所示。

图 4-108 博风板位置图

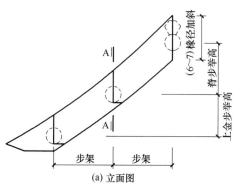

(a) 立面图

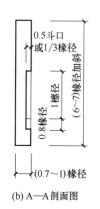

(b) A—A 剖面图

图 4-109 博风板大样图

博风板和山花板的对接榫卯结构见图 4-110。如若考虑博风板在施工中的应用，在具体的长度上参照图 4-111。

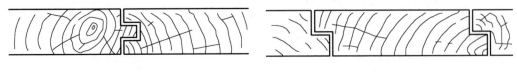

(a) 博风板对接处用龙凤榫　　　　　　　　(b) 山花板接缝用企口榫

图 4-110　博风板拼接大样

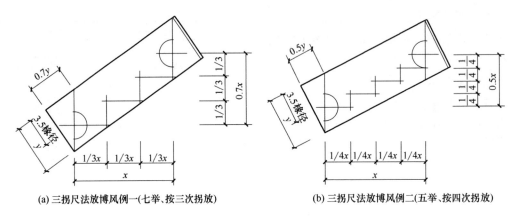

(a) 三拐尺法放博风例一(七举、按三次拐放)　　　(b) 三拐尺法放博风例二(五举、按四次拐放)

图 4-111　博风板拼接放样图

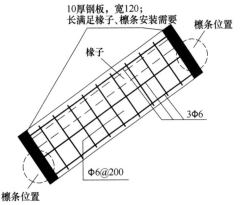

图 4-112　焊接博风板结构图

（二）现代做法

用钢筋混凝土制作，尺寸参照传统做法，长度亦可按照图 4-109 制作，考虑安装时与其他构件的连接，要注意预埋件在预制时的位置及尺寸，要考虑到相邻连接构件之间的连接方式是焊接还是螺纹连接（当为螺纹连接可参照后面滴珠板做法，预留螺栓眼，可通过螺栓连接或通过螺杆铆接），预埋件位置如图 4-112 所示。

三、滴珠板、楼板

（一）传统做法

滴珠板为平座外沿的挂落板，由若干块竖向木板拼接在一起为板宽，板高按平座斗栱高，如斗栱高 2 尺 4 寸，再加坐斗斗底之高即为板高，以沿边木之厚的 1/3 定厚（沿边木厚 2 斗口）。滴珠板下端常做成如意头形状，如意头宽为板高的 1/2，或按总面宽分定，如图 4-113 所示。

滴珠板由许多块竖板拼成，板缝间做企口缝，板与板之间穿带锁合，按竖板高穿 2～3 道带。滴珠板上口为平座压面石底口，下口与平座斗栱坐斗下皮平，凭钉子钉置在沿边木上。

楼板为铺钉在楞木之上的板，沿进深方向使用，板厚为楞木厚的 1/2，板缝拼接做企口缝或龙凤榫，如图 4-113 所示。滴珠板大样图如图 4-114 所示。

（二）现代做法

外观尺寸依传统做法，一般采用预制钢筋混凝土，参看图 4-115 所示配筋图。

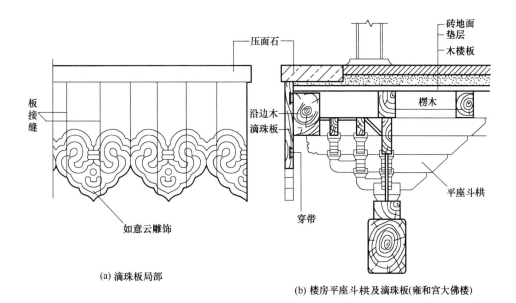

（a）滴珠板局部

砖地面
垫层
木楼板
压面石
楞木
板接缝
沿边木
滴珠板
平座斗栱
如意云雕饰
穿带

（b）楼房平座斗栱及滴珠板（雍和宫大佛楼）

图 4-113　滴珠板、楼板关系

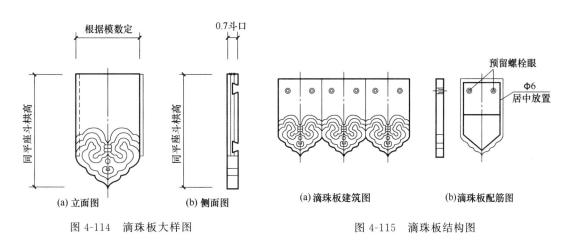

根据模数定
0.7斗口
同平座斗栱高
同平座斗栱高

（a）立面图　　（b）侧面图

图 4-114　滴珠板大样图

预留螺栓眼
Φ6
居中放置

（a）滴珠板建筑图　　（b）滴珠板配筋图

图 4-115　滴珠板结构图

第十五节　庑殿建筑构架的设计

庑殿建筑均为大式建筑，是中国古建筑中的最高型制。在古时，由于等级差异要求很严，这种建筑形式多用于宫殿、坛庙一类皇家建筑，一般都安排在是中轴线上作为主要建筑，如图4-116所示。

一、平面构架设计

庑殿建筑平面的柱网布局形式比较多，由于这种建筑在立面上有单檐、重檐之分，还有门庑、宫殿以及祭祀性建筑等区别，且功能也有不同，所以，对平面柱网及木构架的要求也就不同。因此，尽管庑殿建筑外部造型大致相同，但内部构架及其柱网排列却有很大差别。

现以单檐庑殿为例，最常见的柱网排列形式有三排柱无廊中柱式（图4-117），这种柱网排列常用来做门庑，如北京天坛的祈年门、太庙戟门、景山寿皇门都属这一类。

(a) 重檐庑殿

(b) 单檐庑殿

图 4-116　庑殿建筑

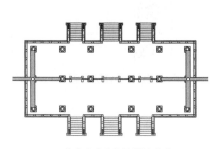
(a) 北京太庙大戟门柱网平面

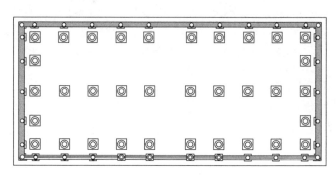
(b) 北京太庙大殿柱网平面

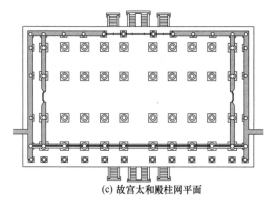
(c) 故宫太和殿柱网平面

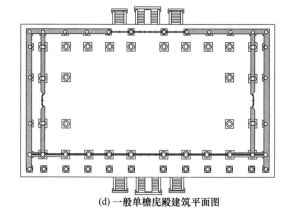
(d) 一般单檐庑殿建筑平面图

图 4-117　庑殿平面柱网布置

　　一般单檐庑殿建筑常采用进深方向四排柱的柱网排列，近似于前后廊式柱网排列方式。

　　重檐庑殿一般都作为主要殿堂，建筑体量很大，不仅面宽可多达九间，进深方向也要有五、六间之多，柱网排列比较繁密。常见的有六排柱前后廊式（如景山寿皇殿、明长陵祾恩殿）、六排柱周围廊式（如故宫太和殿）。太庙享殿的柱网排列较为特殊，它是周围廊式的柱网排列，但前后及两山都无外廊，在进深方向，若从山面看，为七排柱，室内则全部减掉了里围金柱，变成为五排柱，可看作是减柱造的例子，减柱以后可以扩大室内空间的利用率。以上柱网布置均可参见图 4-117。

二、立面构架设计

（一）庑殿推山法

　　承上所述，如果庑殿山面与檐面各对应步架尺寸相等（即坡度相同）的话，那么屋面相交后形成的垂脊在平面上的投影就应是一条与两面檐口各成 45°的直线。但在实际当中，这种例子却是非常少见的，绝大多数庑殿建筑都做了推山处理。

所谓推山，顾名思义，就是将两山屋面向外推出，推山使正脊加长，两山屋面变陡。推山以后，屋面相交形成的垂脊不再是一条直线，变成一条向外侧弯曲的曲线（折线），没推山与推山后的平面比较见图4-118。

关于庑殿推山的方法，在《营造算例》中分两种情况作了举例说明。《营造算例》列举的第一个例子是檐、金、脊各步步架相同情况下的推山方法，原文是这样叙述的："（庑殿推山）除檐步方角不推外，自金步至脊步，每步递减一成。如七檩每山三步，各五尺；除第一步方角不推外，第二步按一成推，计五寸；再按一成推，计四寸五分，净计四尺〇五分。"

文中所说"檐步方角不推"是指山面檐步架不推，这是庑殿推山的一条重要原则，目的在于使山、檐两面第一步的步架、举架相等，从而保证角梁的"方角"

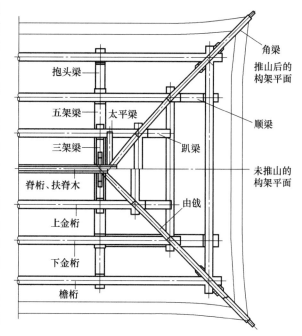

图4-118 没推山与推山后的平面比较见图

位置和两侧檐口交圈。不论在什么情况下，第一步都不推。"第二步按一成推"，是指所推尺寸为该步架尺寸的1/10，即五寸，推山后，第二步的步架变成了四尺五寸；第三步"再按一成推，计四寸五分，净计四尺〇五分"。从上述文字中的数据知道，第三步的"再按一成推"，并非原有步架的一成，而是第二步推出以后所得"四尺五寸"的一成。所以，第三步推得的结果是用四尺五寸减去一成四寸五分，得四尺五分。按照这种推法，假如还有第四步，那么，应当是四尺零五分减去四寸五厘，得三尺六寸四分五厘，依此类推。根据上述规律，我们可以作这样的总结：在庑殿山面各步架都相等的情况下，假定步架为 x，推山以后的各步架分别为 x_1，x_2，x_3，$\cdots$，x_n，那么：

$$x_1 = x - 0.1x = 0.9x$$
$$x_2 = x_1 - 0.1x_1 = 0.81x = 0.9^2x$$
$$x_3 = x_2 - 0.1x_2 = 0.729x = 0.9^3x$$
$$\vdots$$
$$x_n = 0.9^nx$$

具体可见图4-119。

这里需要顺便提及，在梁思成先生所著之《清式营造则侧》中介绍的庑殿推山法与此不同，该书是这样表述的："檐步方角不推，下金步推出1/10步架，上金步……再推出1/10步架，脊步推法与上金步同。"这段文字看来似乎与《营造算例》所述无异，但图中却将下金、上金、脊各步推出的尺寸统统注成1/10 x（如 x 为五尺，则各步都推出五寸）。《清式营造则例》本意并非单独介绍一种推山法，而是为《营造算例》的叙述作注解，但这里所介绍的，并非《营造算例》的本意。根据这种解释，则有：

$$x_1 = x - 0.1x = 0.9x$$
$$x_2 = x - 0.2x = 0.8x$$
$$x_3 = x - 0.3x = 0.7x$$
$$x_n = x - 0.1nx$$

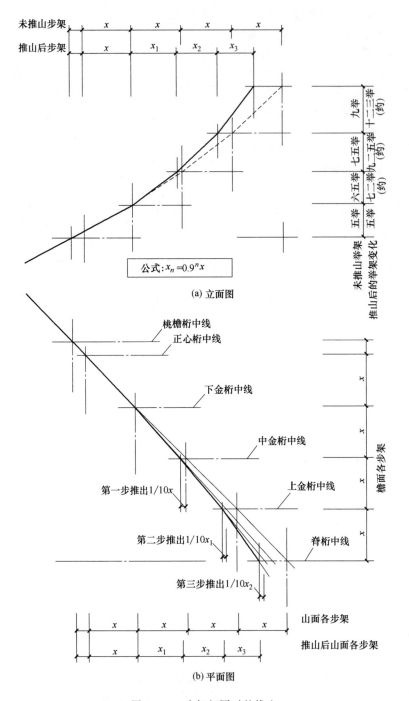

图 4-119　步架相同时的推山

这个公式与《营造算例》的公式显然不一样。照《营造算例》介绍的方法推山，不论推多少次，x_n 都是一个正数，而按《清式营造则例》所讲的方法推山，推到第 10 次时，x_n 就要等于 0，如果推至 10 次以上，x_n 就出现了负数（$x_n = 0$ 时，椽子与地面垂直；x_n 为负数时，椽子向外侧倾倒），这显然是不可能的。尽管在实际当中并没有推 10 次或 10 次以上的情况，但在理论上，这种方法是经不起推敲的。

《营造算例》还列举了檐、金、脊各步不等的情况下的推山方法，原文是这样的："如九檩，每山四步，第一步六尺，第二步五尺，第三步四尺，第四步三尺；除第一步方角不推外，

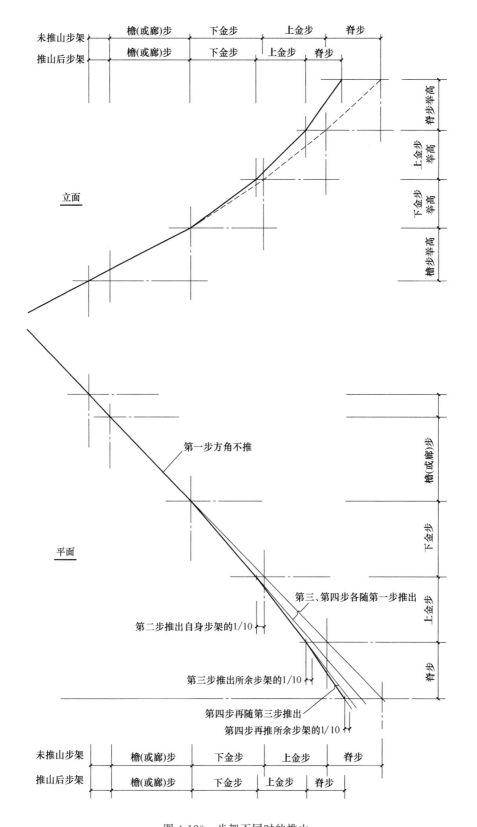

图 4-120　步架不同时的推山

第二步按一成推，计五寸，净四尺五寸，连第三步、第四步亦各随推五寸；再第三步，除随第二步推五寸，余三尺五寸外，再按一成推，计三寸五分，净计步架三尺一寸五分；第四步又随推三寸五分，余二尺一寸五分，再按一成推，计二寸一分五厘，净计步架一尺九寸三分五厘。"这里讲得很清楚，在山面各步架尺寸不等的情况下，第一步方角不动，由第二步开始推山。第二步推出自身的1/10，计五寸，以上第三、第四步，都要首先减去这段尺寸，然后再推第三步；第三步由原来的四尺减为三尺五寸后再推1/10，计三寸五分，就变成了三尺一寸五分，它已推出的三寸五分，还要在第四步中减掉，这样，第四步经两次减尺寸（五寸、三寸五分），由原来的三尺减少为二尺一寸五分，在此基础上再推1/10，计二寸一分五厘，净剩一尺九寸三分五厘，这便是第四步推山以后的实际尺寸。在步架不等的情况下进行推山，要掌握这样的要诀，即：由第二步开始，逐步进行，每推一步时，都要同时从这步以上的各步架中减掉已推出的尺寸，然后以减剩下的尺寸为基数再行推山。这样，所得出的垂脊投影才是一条向外侧弯曲的曲线，如图 4-120 所示。

庑殿推山的结果，使正脊向两侧延伸加长，脊桁挑出于脊瓜柱之外，须在下面加施太平梁，梁上栽雷公柱支顶挑出的桁条头。这是推山后对山面构架提出的要求。庑殿推山使山面各步架减小，而举高并未改变，这样就增大了椽子的举架（斜率），使两山屋面更加陡峻雄奇，增加了建筑物的外形美。所以，推山不仅是一种构架处理的方法，而且是一种造型艺术处理手段。

重檐庑殿的构架组成方法，凡周围廊式柱网的重檐庑殿（如故宫太和殿），都是在檐柱与外围金柱间施桃尖梁、穿插枋，作为两排柱子的连系构件，并在外围金柱间施用承椽枋，将檐椽搭置在承椽枋上，构成第一层面。外围金柱又作为第二层檐的檐柱支承上屋檐。其构造方法是在上层檐柱上安放桃尖梁，桃尖梁上根据步架要求安装双步梁、单步梁，梁后尾插在里围金柱上。里围金柱上支承五架梁或七架梁，组成进深方向的基本构架，其剖面参见图 4-121。上层檐山面的构架，则主要凭层层趴梁支承叠落，构成山面屋架。

前后廊式柱网排列的重檐庑殿，正身部分构架与上述周围廊柱网相同，山面构架则不同。由于山面设有直达上层檐的外围金柱，需在下层梢间外围金柱位置施桃尖顺梁，在桃尖顺梁上，自山面正心桁向内退一廊步架处立童柱直通上屋檐，作为山面上层的檐柱。为增大顺梁的承载能力，还常在顺梁下面设随梁（图 4-121 和图 4-122），景山寿皇殿即为上述这种构造。它

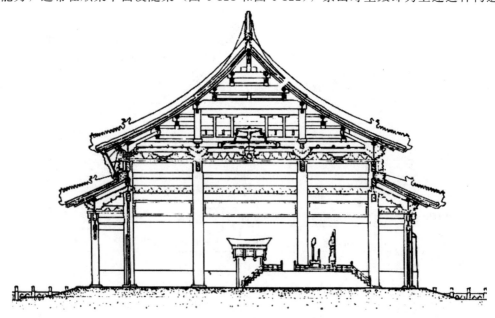

图 4-121 进深方向剖面图

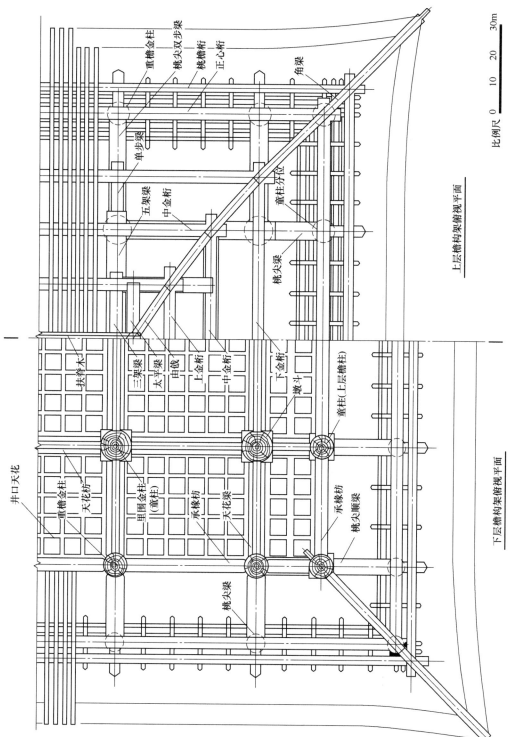

图 4-122 上、下层平面构架

上层檐构架俯视平面

下层檐构架俯视平面

重檐金柱
桃尖双步梁
桃尖檐桁
正心桁
角梁
单步梁
五架梁
中金桁
童柱分位
桃尖梁

扶脊木
三架梁
太平梁
由戗
上金桁
中金桁
下金桁
墩斗
童柱(上层檐柱)

井口天花
重檐金柱
天花枋
里围金柱(童柱)
承椽枋
天花梁
承椽枋
桃尖顺梁

桃尖梁

比例尺 0 10 20 30m

与太和殿的区别主要是山面无廊间（太和殿面阔九间，另加两山廊间，有十一间之称），这种柱网和构造方式在重檐庑殿中是比较多见的。明长陵祾恩殿也是这种柱网和构架组成方式。图4-122 和图 4-123 为景山寿皇殿山面木构造图。

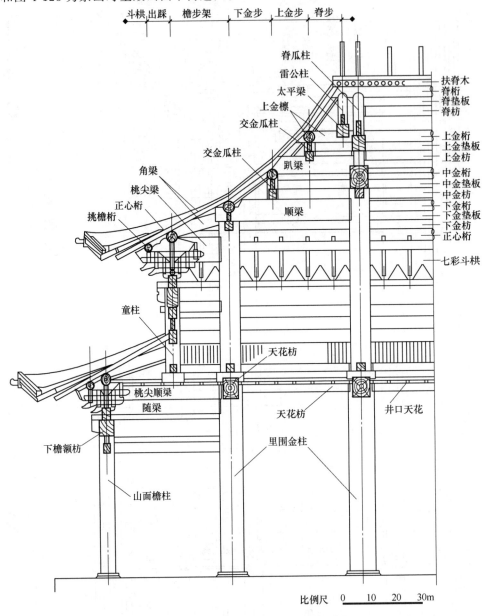

图 4-123　面宽方向剖面图

庑殿建筑木构技术主要在山面构架的处理以及推山的基本方法，了解了这些基本技术，对各类庑殿建筑的构造就可以有较全面的认识。

（二）庑殿建筑的内部构造

庑殿建筑屋面有四大坡，四坡由五条脊分割，前后坡屋面相交形成一条正脊，两山屋面与前后屋面相交形成四条垂脊故庑殿又称四阿殿、五脊殿。

庑殿的内部构架主要由两部分组成：正身部分和山面及转角部分。正身部分构造是构成和支承前后坡层的主要骨架，这部分梁架的构造与硬山式建筑、悬山式建筑、歇山建筑的正身构架基本相同，都是抬梁式结构。山面及转角部分是区别于其他建筑的主要部分。其转角梁架的构架关系参见顺梁法立面构架图，如图 4-124 所示。

（三）庑殿顺、趴梁

庑殿建筑的梁架从图 4-124 中可以看出，山面的桁檩是沿进深方向排列的，它们与梁架平行，不具备搭置在梁架上的条件。为解决山面桁檩的搭置问题，古人采用在桁檩下面设置平行于面宽方向的梁，即顺面宽方向之梁，它平行于面宽方向，与正身部分的梁架成正角。在山面放置以后，就解决了山面桁檩无处搭置的矛盾。这种梁的设置，常见的有两种形式，一为顺梁法，二为趴梁法。

1. 顺梁法

顺梁法所用之梁，在标高、断面、形状及做法等方面均与对应的正身梁架相同，也与硬山建筑相同，不同之处在于，如正身部分在进深方向使用桃尖梁，那么，山面也对应使用桃尖梁，称为桃尖顺梁。采用顺梁法是要具备一定条件，即在梁下面必须有柱子承接，梁头做成桃尖梁头形式，通过柱头科斗栱落在山面檐柱头上。形式如图 4-124 所示。

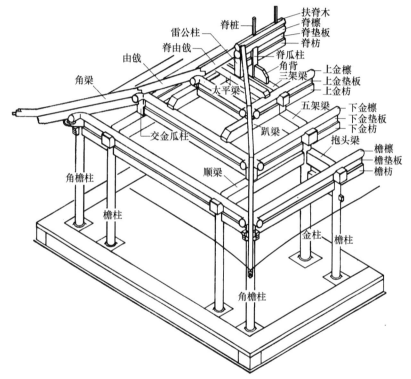

图 4-124　顺梁法立面构架

2. 趴梁法

如果下面没有柱子承接，就不能采用顺梁法，只能改用趴梁法。所谓趴梁，是搭置在桁檩之上的梁，它与顺梁的位置正好一反一正。顺梁是置于桁檩下面，在梁背端头做桁椀承接桁檩；趴梁是扣在桁檩上面，凭桁檩承接梁的外一端，内一端搭置在正身梁架上，趴梁上面再承接其他桁檩，如图 4-125 所示。

在庑殿木构架中，顺梁与趴梁常常是结合起来使用的。

（四）庑殿桁檩

庑殿建筑山面与檐面的桁檩在转角处扣搭相交，成为搭交桁檩。桁檩下面的檩枋、垫板共同交在一根承接搭交檩的短柱——交金瓜柱（或交金墩）上。在各层搭交桁檩之间，由角梁和由戗相连接，形成屋面垂脊的骨干构架。以上即为庑殿建筑的基本构架。这些构件的建筑图设

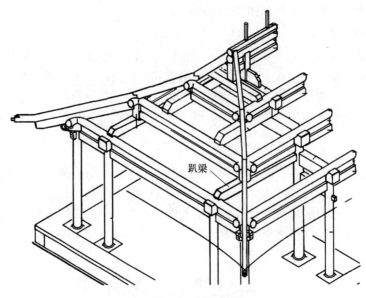

图 4-125　趴梁法构件

计同歇山建筑，此处不再赘述。

（五）太平梁

用于雷公柱下，以支撑和传递荷载，在庑殿建筑中太平梁等同于三架梁，参照硬山建筑中介绍的三架梁，此处不再赘述。其轴测图和位置参看图 4-126。

（六）雷公柱

雷公柱支撑在太平梁上并传递脊桁的荷载，其作用等同于脊瓜柱，可参照硬山建筑中介绍的脊瓜柱，此处不再赘述。其轴测图和位置参看图 4-126。

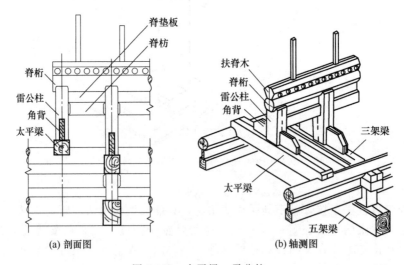

(a) 剖面图 　　　　　(b) 轴测图

图 4-126　太平梁、雷公柱

第十六节　砖、瓦、石结构的设计

歇山、庑殿的砖瓦石设计与硬山建筑有许多相似的地方，重复处就不再赘述了。

一、柱顶石

（一）传统做法

柱顶石的传统做法基本同硬山建筑，只是尺寸略有差别，柱顶石的宽度为檐柱柱径的两倍（小式建筑为两倍柱径减 2 寸），厚与檐柱径相同即宽度的一半。凸出地面的部分称鼓镜，一般为圆形，称为圆鼓镜，也可随柱形，如方柱下用方鼓镜，鼓镜的直径或方柱边长为柱径的 1.2 倍，高为柱径的 1/5，（即 0.2 倍柱径）。这些石构件的加工精度要求达到二遍以上剁斧等级。柱顶石如图 4-127 所示。

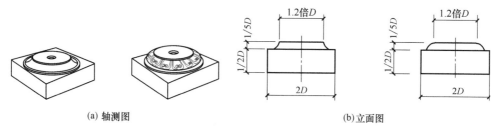

(a) 轴测图　　　　　　　　　(b) 立面图

图 4-127　柱顶石

（二）现代做法

参看硬山建筑第三章第十节有关柱顶石的现代做法相关内容。

二、墙体

墙体的构造与硬山相似，设计时参照第三章第十节相应墙体即可。但要注意山墙下肩的做法。下肩是指台明以上 1/3 檐柱高的部分，墙厚以柱中线分为里包金和外包金，要注意大式建筑里包金按 0.5 倍山柱径加 2 寸或 6cm，外包金按 1.5～1.7 倍山柱径；小式建筑里包金按 0.5 倍山柱径加 1.5 寸或 5cm，外包金按 1.5 倍山柱径。

下肩墙体一般采用标准较高的干摆墙、丝缝墙或淌白墙，转角部分一般采用角柱石加固。

三、屋面

古建筑屋面基本上都是沿用传统做法，只是材料有所更换。屋面正身部分的瓦作与硬山建筑基本相同，可参照本书第三章第十节，硬山建筑相关内容。

（一）庑殿屋面

庑殿屋面形式如图 4-128 所示。

1. 正脊

正脊是坡屋面最顶端沿房屋正面方向的屋脊，它是所有屋脊中规模最大的屋脊。正脊由长条形脊身和两端脊头所组成，如图 4-129 所示。

（1）正脊高　脊身的尺寸由脊的组成部分叠加而成，设计画图时，可按下述三种方法确定：

① 所有脊件相加求总高，适用于可查表时或瓦件尺寸齐全时；

② 1/5 檐柱高；

③ 全高与板瓦宽的比值，如板瓦宽选四样以上则约为 3.5∶1；如板瓦宽选五～九样则约为 2.5∶1（适用于数据不全时）。

（2）正脊厚　根据筒瓦的选择，宽出筒瓦 3～4 寸。

(a) 庑殿屋顶

(b) 正立面

(c) 侧立面

图 4-128　庑殿屋面形式

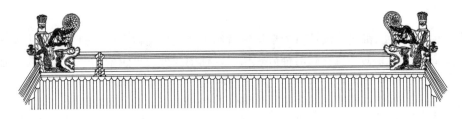

图 4-129　庑殿正脊

正脊断面图的画法见图 4-130。

2. 垂脊

垂脊是屋顶正面与山面交界处，从正脊两端沿屋顶坡面而下的屋脊，如图 4-131 所示。设计时可参照硬山建筑介绍，但要注意区别以下几点。

① 庑殿垂脊应用斜当沟。斜当沟两面用，无平口条。里侧斜当沟与正脊正当沟交圈。

② 垂兽位置在角梁上，具体位置还要根据仙人、小跑所占的长度确定。

③ 垂脊高。垂脊总斜高与正脊高相同或略低，兽前再略低一些。

3. 吻、兽

（1）正吻　正吻各部的名称如图 4-132 所示。确定庑殿正吻的高度有以下几种方法。

① 方法 1：吻高等于 2 倍正脊全高。

② 方法 2：3～4 倍正通脊或三连砖高。房高坡大、重檐建筑可为 3.5～4 倍，普通房屋宜为 3 倍。正吻本身高宽比为 10∶7。

（2）背兽　背兽如图 4-133 所示。

（3）垂兽　垂兽如图 4-134 所示。垂兽全高为 2.5 倍垂通脊高，垂兽眉高∶垂通脊高＝10∶6，垂兽宽∶垂兽全高＝1∶1.5（宽指身宽，不包括嘴长）。

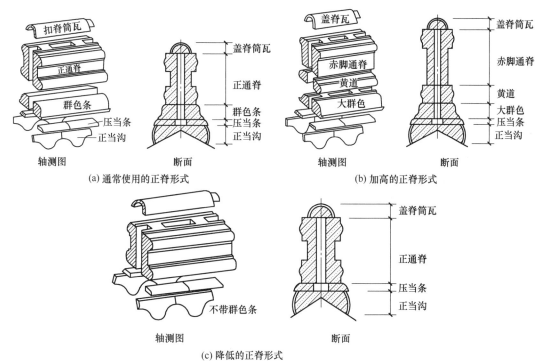

(a) 通常使用的正脊形式

(b) 加高的正脊形式

(c) 降低的正脊形式

图 4-130　正脊构造

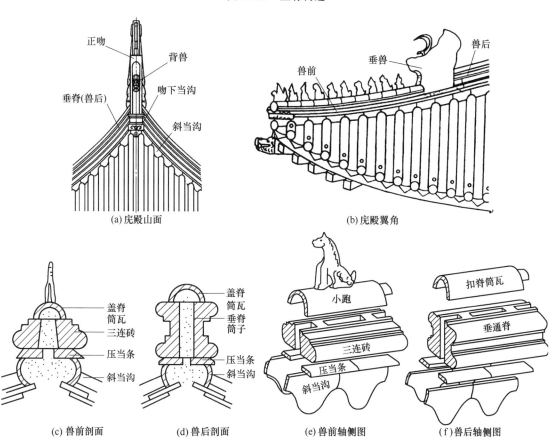

(a) 庑殿山面

(b) 庑殿翼角

(c) 兽前剖面

(d) 兽后剖面

(e) 兽前轴侧图

(f) 兽后轴侧图

图 4-131　垂脊构造

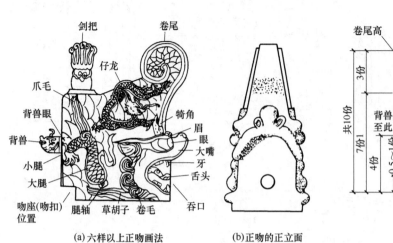

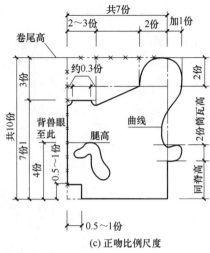

(a)六样以上正吻画法

(b)正吻的正立面

(c)正吻比例尺度

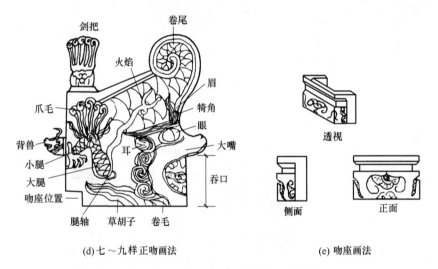

(d)七～九样正吻画法

(e)吻座画法

图 4-132　吻兽

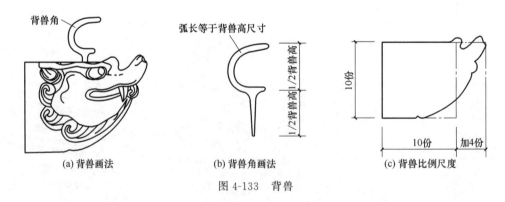

(a)背兽画法

(b)背兽角画法

(c)背兽比例尺度

图 4-133　背兽

（4）小兽　小兽设置在屋面的四个转角处，有时在小兽前面还要加仙人一枚，如图 4-135 所示。

小兽又叫小跑、小牲口、走兽等，其数目为奇数，以 5 跑为最少数目（门楼、影壁、墙帽等除外）。

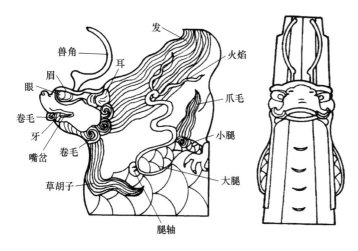

(a) 垂兽画法

(b) 正立面

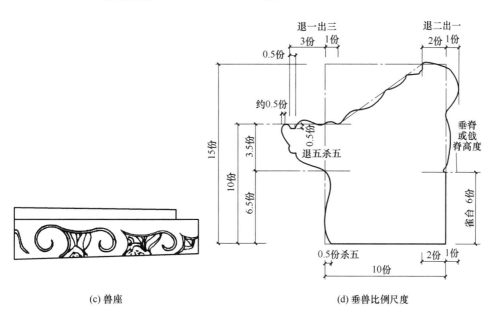

(c) 兽座

(d) 垂兽比例尺度

图 4-134　垂兽

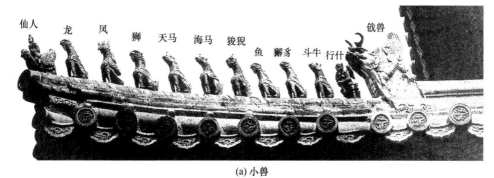

(a) 小兽

图 4-135

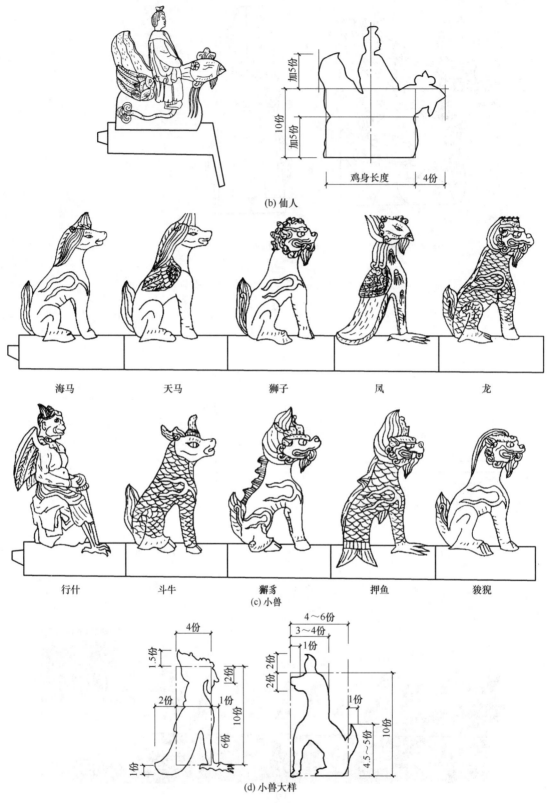

(b) 仙人

海马　　天马　　狮子　　凤　　龙

行什　　斗牛　　狻豼　　押鱼　　狻猊

(c) 小兽

(d) 小兽大样

图 4-135　仙人、小兽

4. 瓦面

瓦面的设计，一般设计画图时不按具体尺寸，主要是示意，但要尽量与尺寸相近，主要部位要交代清楚。可参照图 4-136 所示分中的方法找出瓦垄和屋面几个坡居中的滴水瓦，然后画出瓦垄，如图 4-137 所示。

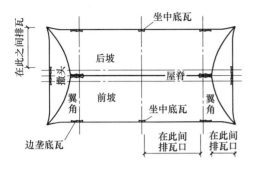

图 4-136　庑殿瓦面分中号垄图

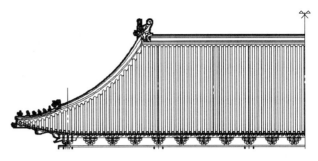

图 4-137　屋面瓦面

(二) 歇山建筑的屋面

歇山建筑也是一种四坡形屋面，在形式多样的古建筑中，它是最基本、最常见的一种建筑形式。从外部形象看，其山面不像庑殿屋面那样直接由正脊斜坡而下，而是通过一个垂直山面之后神似休憩一下再顺坡而下，故取名为歇山建筑，也能认为是庑殿建筑与悬山建筑的有机结合，仿佛一座悬山屋顶歇栖在一座庑殿屋顶上。四角屋角翘起，峻拔陡峭，既气势非凡，又玲珑精巧，庑殿建筑雄浑的气势以及攒尖建筑俏丽的风格都集聚一身。也就是说，如果将歇山建筑的屋面分为上下两段，那么，其上段具有悬山式建筑的形象和特征，屋面前后两坡，梢间檩子向山面挑出，檩木外端安装博风板等；下段则有庑殿建筑的形象和特征，如屋面有四坡，山面两坡与檐面两坡相交形成四条脊等，这样就构成了歇山式建筑屋顶的基本特征。由于它具有造型优美活泼、姿态表现适应性强等特点，立面造型颇感丰富，得到广泛应用，大者可用作殿堂楼阁，小者可用作亭廊舫榭，是园林建筑中运用最为普遍的建筑形式之一。

歇山建筑又称为九脊殿（即九条屋脊：1 个正脊、4 个垂脊、4 个戗脊），宋又称为厦两头造、曹殿、汉殿等。

歇山建筑依据屋顶形式不同，分为尖山顶和卷棚顶两种，每种又可分为单檐建筑和重檐建筑以及三重檐歇山。尖山式歇山建筑如图 4-138 所示。

1. 尖山式

（1）正脊　可参照庑殿建筑。歇山正脊与庑殿正脊相比较短些，因为庑殿的屋脊是推山出去的，而歇山是退山，正脊的其他设计如脊高和脊厚等均参照庑殿建筑。

（2）垂脊　垂脊与庑殿建筑的基本差不多，但要注意区别以下几点。

① 歇山垂脊下面、里侧是在筒瓦之上，没有当沟，外侧与庑殿建筑一样应用斜当沟，如图 4-139 所示。

② 歇山垂脊没有兽前。

（3）戗脊　戗脊分兽前和兽后，下檐角脊高按 0.9 倍垂脊高取用。剖面样式如图 4-140 所示。

（4）围脊　围脊用于两层古建筑，围脊全高等于底瓦上皮至大额枋下皮的距离，如图 4-141 所示。

(a) 尖山式歇山建筑实景图

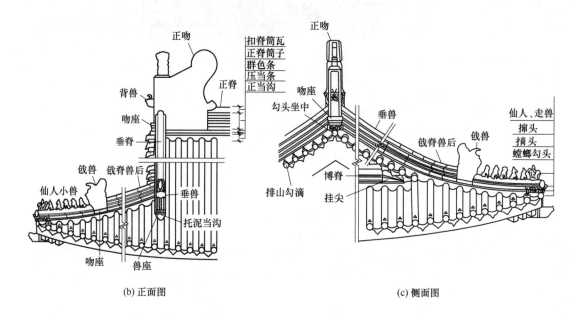

(b) 正面图

(c) 侧面图

图 4-138　尖山式歇山建筑

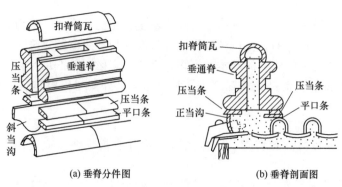

(a) 垂脊分件图

(b) 垂脊剖面图

图 4-139　垂脊

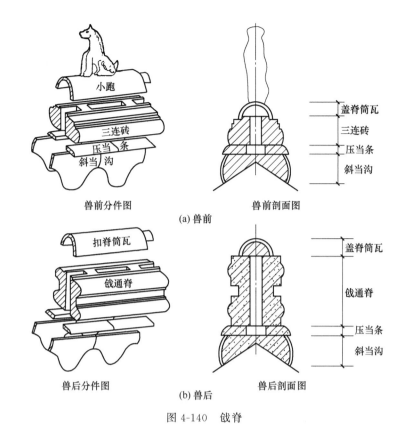

兽前分件图　　　兽前剖面图

盖脊筒瓦
三连砖
压当条
斜当沟

(a) 兽前

扣脊筒瓦
戗通脊

盖脊筒瓦
戗通脊
压当条
斜当沟

兽后分件图　　　兽后剖面图

(b) 兽后

图 4-140　戗脊

满面瓦
蹬脚瓦
博通脊
压带条
正当沟

单额枋
围脊板
承椽枋

博脊瓦
承奉连砖

合角吻
额枋

角脊兽后

(a) 大式做法　　　(b) 小式做法　　　(c) 轴测图

图 4-141　围脊

（5）博脊　博脊用于歇山建筑的山面山花板处，断面图如图 4-142 所示。

（6）吻、兽

① 正吻参照庑殿建筑。

② 垂兽也与庑殿建筑相同，位置与庑殿建筑有点不同，应放在挑檐桁上，垂兽座与其他屋脊的垂兽座也不同，因为它三面都有花饰，兽座下要放压当条和托泥当沟，如图 4-143 所示。

③ 戗兽。高按 0.9 倍垂兽高取用，由于相差无几，且为了施工方便，多数都选择同高的戗兽。

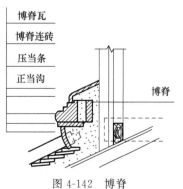

博脊瓦
博脊连砖
压当条
正当沟
博脊

图 4-142　博脊

(a) 侧面

(b) 正面

图 4-143　兽座

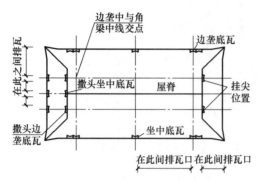
图 4-144　歇山分中号垄

本身高宽比为 1.5∶1（宽指身宽，不包括嘴长）。

④ 小跑同庑殿建筑。

（7）瓦面　瓦面在设计时一般不按具体尺寸画图，主要是示意，但要尽量与尺寸相近，主要部位要交代清楚。可参照图 4-144 所示分中的方法找出瓦垄和屋面几个坡居中的滴水瓦，然后画出瓦垄，如图 4-145 所示。

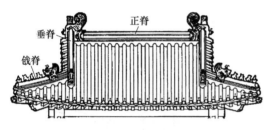
(a) 歇山屋面正立面

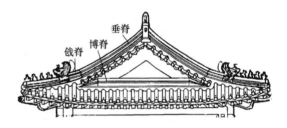
(b) 歇山屋面侧立面

图 4-145　歇山屋面瓦

2. 卷棚歇山

卷棚歇山建筑一般在园林中较多见，其建筑形式如图 4-146 所示。

(a) 歇山建筑

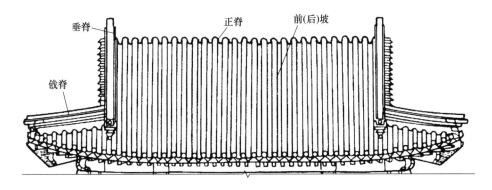

(b) 不带兽歇山屋面正立面

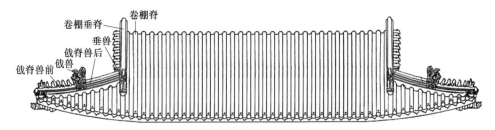

(c)带兽卷棚歇山正面

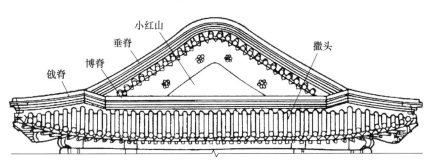

(d) 不带兽卷棚歇山屋面侧立面

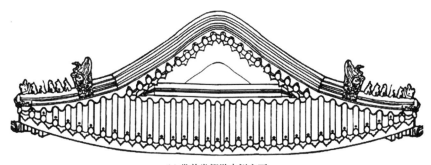

(e) 带兽卷棚歇山侧立面

图 4-146　卷棚歇山

（1）正脊　卷棚式屋顶的正脊也称圆山或过垄脊，两坡交界处的折线处用三块或五块折腰瓦（折腰底瓦），一块或三块罗锅瓦（折腰筒瓦）与两斜坡屋面瓦件连接即可。

（2）垂脊　卷棚歇山垂脊从两坡往上延伸，前后坡连接在一起，中间没有实际意义的正脊隔断，其连接形式与屋面两坡相交相似。几种垂脊样式如图 4-147 所示。

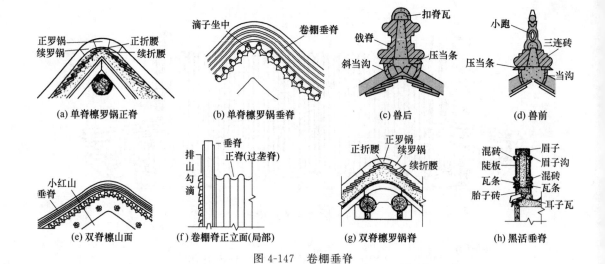

(a) 单脊檩罗锅正脊　　(b) 单脊檩罗锅垂脊　　(c) 兽后　　(d) 兽前

(e) 双脊檩山面　　(f) 卷棚脊正立面(局部)　　(g) 双脊檩罗锅脊　　(h) 黑活垂脊

图 4-147　卷棚垂脊

第五章 ◀◀◀◀◀◀

装饰装修设计

第一节 外檐装修设计

在以木结构为主体的中国古建筑中，装修占有非常重要的地位。它的重要作用首先表现在它的功能方面。装修作为建筑整体中的重要组成部分，具有分隔室内外，采光、通风、保温、防护、分隔空间等功用。装修的重要作用，还表现在它的艺术效果和美学效果。

古建筑木装修种类很多。若按空间部位分，可分为外檐装修和内檐装修两部分。凡处在室外或分隔室内外的门、窗、户、牖，包括大门、屏门、隔扇、帘架、风门、槛窗、支摘窗、栏杆、楣子、牖窗、什锦窗等，均可属外檐装修。

一、槛框、腰枋

外装修最主要的构件是门窗，谈到门窗，首先接触的是槛框，中国古建筑的门窗都是安装在槛框里面的。槛框是古建门窗外框的总称，它的形式和作用，与现代建筑木制门窗的口框相类似。在古建筑装修槛框中，把处于水平位置的构件为槛，处于垂直位置的构件为框。槛依位置不同，又分为上槛、中槛、下槛，下槛是紧贴地面的横槛，是安装大门、隔扇的重要构件，如图 5-1 所示。

（一）传统做法

1. 下槛

《清式营造则例》中规定："凡下槛以面阔定长，如面阔一丈，即长一丈，内除檐柱径一份，外加两头入榫分位，各按柱径四分之一。以檐柱径十分之八定高。如柱径一尺，得高八寸，以本身之高减半定厚，得厚四寸。如金里安装，照金柱径尺寸定高、厚。"如图 5-2 所示。《清式营造则例》的这个尺寸规定，是就一般体量的建筑而言的，如大型宫殿建筑，檐柱径 2 尺，下槛高不可能定为 1 尺 6 寸，需根据情况酌减。

2. 中槛

中槛是位于上、下槛之间偏上的跨空横槛，其下安装门扇或隔扇，其上安装横披或走马板。中槛的长、厚均同下槛，宽度（即高）为下槛高的 2/3 或 4/5，如图 5-3 所示。

3. 上槛

上槛是紧贴檐枋（或金枋）下皮安装的横槛，其长度、厚度均同下槛，高为下槛高的 1/2（清《清式营造则例》规定上槛为下槛高的 8/10），如图 5-4 所示。

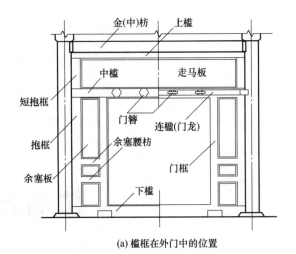

(a) 槛框在外门中的位置

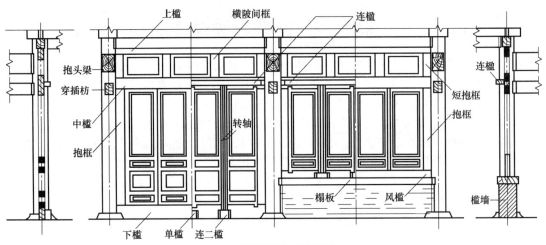

(b) 槛框在厅堂中门的位置

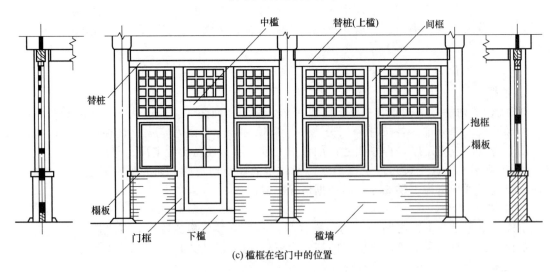

(c) 槛框在宅门中的位置

图 5-1　槛框在几种建筑类型中的位置

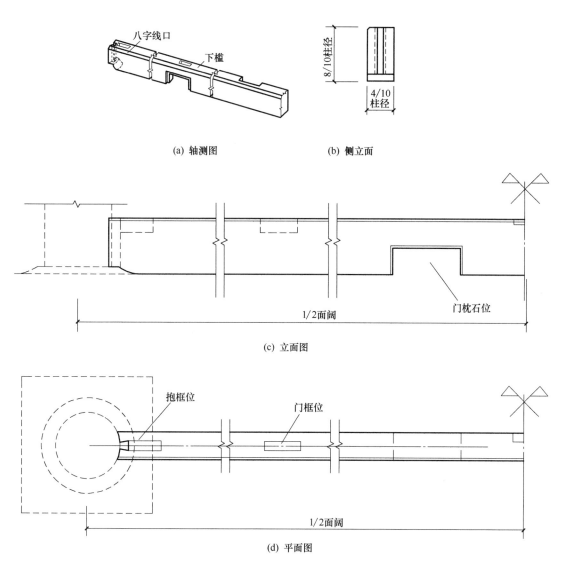

(a) 轴测图   (b) 侧立面

(c) 立面图

八字线口
下槛
8/10柱径
4/10柱径
1/2面阔
门枕石位

抱框位
门框位
1/2面阔

(d) 平面图

图 5-2 下槛

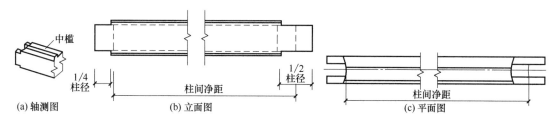

中槛
1/4柱径
1/2柱径
柱间净距
柱间净距
(a)轴测图   (b)立面图   (c)平面图

图 5-3 中槛

4. 框（包括门框、腰枋）

在槛框当中，垂直安装的构件为框，抱框和门框的具体内容如下。

（1）抱框 紧贴柱子安装的框叫做抱框，如图 5-5 所示。位于中槛与上槛之间的抱框叫短抱框，抱框的厚同槛、长为槛间净距离外加上下榫，宽（看面尺寸）为下槛宽的 4/5 或按檐柱径的 2/3。

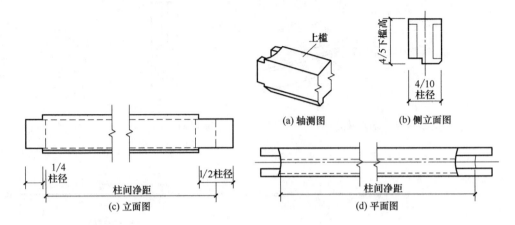

图 5-4　上槛

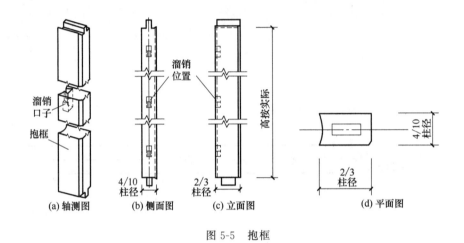

图 5-5　抱框

（2）门框　大门居中安装时，还要根据门的宽度，再安装两根门框，门框的长宽厚均同抱框，如图 5-6 所示。

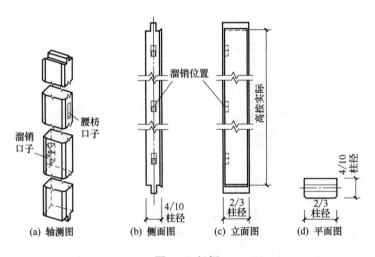

图 5-6　门框

5. 腰枋

门框与抱框之间还需设置两根短横槛，称为"腰枋"，它的作用在于稳定门框。传统做法基本同中槛，具体见图 5-7。

（二）现代做法

槛框可与柱子浇筑在一起，断面图见图 5-8。框与柱节点处要按规范留锚固的结构插筋。腰枋一般还是按照传统做法使用木材或参照槛框进行设计。

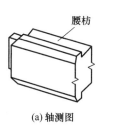

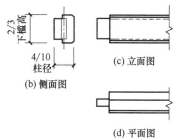

图 5-7 腰枋

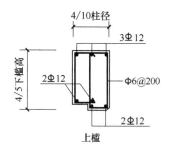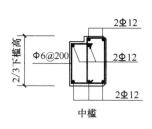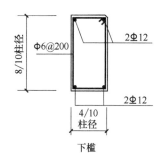

(a) 上、中、下槛配筋断面图

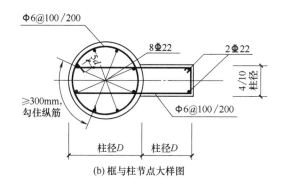

(b) 框与柱节点大样图

图 5-8 槛框结构图

二、配套构件

配套构件包括余塞板、走马板、横披、间框、连楹、门枕石、门簪、榻板等。

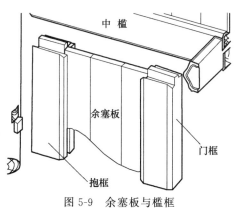

图 5-9 余塞板与槛框

（一）传统做法

1. 余塞板

门框与抱框的空隙部分称为余塞，余塞部分安装木板，称为余塞板，如图 5-9 所示。板厚根据实际体量，取 10～20mm。

2. 走马板

在中槛与上槛之间的大片空隙处安装的木板称为走马板，如图 5-10 所示。

3. 横披、间框

民居中中槛与上槛之间安装横披窗，每间的装修（如窗子）往往分成二樘或三樘，各樘之间的立框名为间框。横披的设计如图 5-11 所示。

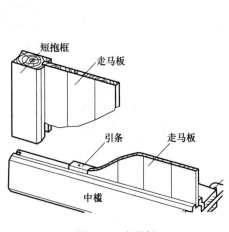

图 5-10　走马板

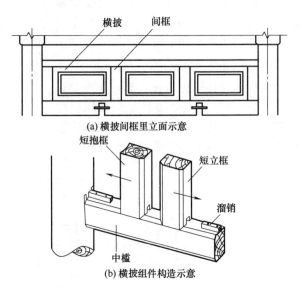

(a) 横披间框里立面示意

(b) 横披组件构造示意

图 5-11　横披、间框

4. 连楹、门枕石

为安装能水平转动的门扇，需在门的上下各安装一套设施构件，上部在中槛里皮附安一根横木，在上面做出门轴套碗，称为连楹，这种连楹为通长连楹，如图 5-12 所示，连楹长同中槛，外加两端捧柱椀口各按自身宽一份。连楹的宽可按中槛宽的 2/3，厚按宽的 1/2。

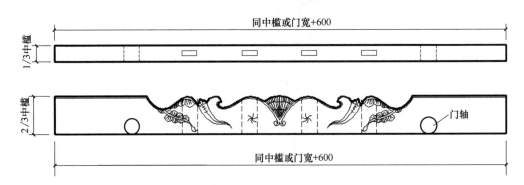

图 5-12　通长连楹

这种连楹用于实榻门、棋盘门等，用门簪连接，锁合中槛和连楹使之成为一体（门簪另详）。隔扇槛框上面一般不安装门簪。还有一种为单体连楹，即单楹或连二楹，其上凿作轴碗，作为大门旋转的枢纽，如图 5-13 所示。

用于大门下槛的楹子多采用石制，卡在下槛的下面，称为门枕石，门枕石与门轴转动部分安装铸铁的海窝，如图 5-14 所示。

5. 门簪

在连楹安装大门（如实榻门、棋盘门等）时，还需要将中槛和连楹锁合牢固，锁合中槛和连楹的构件叫做门簪。这两个构件是凭门簪后尾的长榫锁合在一起的，如图 5-15 所示。门簪既是具有结构功能的构件，又是带装饰性的构件，通常用四支，较小的门上用两支，上面常雕刻四季花草或四季平安等吉祥图案字样。

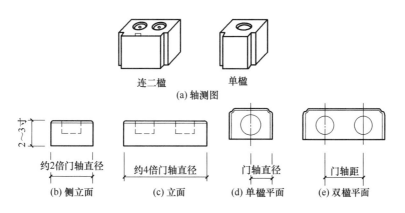

连二楻　　　单楻

(a) 轴测图

2～3寸

约2倍门轴直径　　　约4倍门轴直径　　　门轴直径　　　门轴距

(b) 侧立面　　　(c) 立面　　　(d) 单楻平面　　　(e) 双楻平面

图 5-13　单体连楻大样图

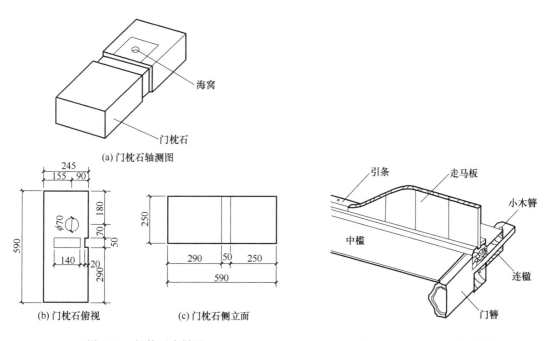

海窝

门枕石

(a)门枕石轴测图

245

155　90

180

∅70

70

50

590

140

20

290

(b)门枕石俯视

250

290　50　250

590

(c)门枕石侧立面

图 5-14　门枕石大样图

引条　　　走马板

小木篸

中槛

连楻

门篸

图 5-15　门篸与中槛连楻结合

门篸分头、尾两部分，头部长为门口净宽的 $1/9\sim1/7$，断面呈正六角形，角上做梅花线，径按 4/5 中槛或上槛高，尾部是一个长榫，穿透中槛和连楻再外加出头长，若无门篸，可栽暗销，并辅以铁钉，如图 5-16 所示。

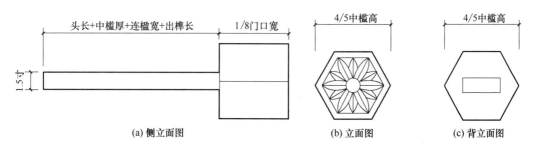

头长+中槛厚+连楻宽+出榫长　　　1/8门口宽

4/5中槛高　　　4/5中槛高

1.5寸

(a) 侧立面图　　　(b) 立面图　　　(c) 背立面图

图 5-16　门篸大样图

6. 榻板

榻板是安装在槛墙上的木板。榻板长按面宽减柱径一份，外加包金尺寸，宽按槛墙厚（通常为 1.5D），厚按 3/8D 或为风槛高的 7/10（风槛为附在榻板上皮的横槛，高 0.5D，厚同抱框，长同上槛，安装槛窗时用。支摘窗下面一般不装风槛）。榻板与柱子之间是凭榻板端头的柱碗与柱子结合的，通常不做其他榫卯，如图 5-17 所示。

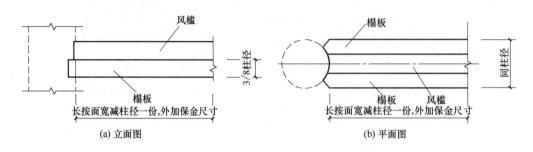

图 5-17　榻板

（二）现代设计方法

余塞板、走马板、间框、横披、连楹、门枕石、门簪等构件的现代做法，因为有的比较小，有的比较薄，均按照传统做法用木材制作。

榻板外观尺寸参照传统做法，材料可选用 C25 混凝土或砖砌体。

三、门、窗扇

门有板门类和隔扇门类，门窗组合方式有隔扇木门窗组合、槛窗木门围护结构以及槛窗隔扇木门混合围护结构组合。

① 隔扇木门窗组合围护结构是在前檐构架的柱与枋所隔的空隙之间，于明（正）间安装大门，对其他各间安装隔扇的一种组合方式，如图 5-18（a）所示。

② 槛窗木门围护结构它是在除正间大门外，其他各间均砌筑槛墙，在槛墙上安装槛窗，如图 5-18（b）所示。

③ 槛窗隔扇木门围护结构是除正间大门外，将次间安装隔扇，而将梢间和尽间安装槛窗，如图 5-18（c）所示。

在上述组合下，其单体构件的具体做法又得根据古建筑装修的特点、功能来定，门窗在构造方式、榫卯结合技术、制作安装工艺等方面，都有许多相似和共同的地方。由于门窗的使用特性，目前，基本上还是选用木材按照传统方法制作安装，按装修的功用、种类分别把门窗分为以下几类。

（一）板门类

板门类包括实榻门、攒边门、撒带门、屏门等。

1. 实榻门

实榻门是设置在建筑的主要出入口，安置在院墙门洞或建筑中柱间，是用厚木板以横向木件穿带连接起来的实心镜面木门，是各种板门中型制最高、体量最大、防卫性最强的大门之一，作为城门、宫门以及寺庙、衙署、府第的大门，体量较大。这种巨型大门的构造是用若干块厚木板拼攒起来，凭穿带锁合为一个整体的。板与板之间裁做龙凤榫或企口缝。常见的穿带方法有穿明带做法（即在板门的内一面穿带，所穿木带露明）和暗带法（在门板的小面居中打透眼，从两面穿抄手带，所穿木带不露明），板门正反两面都保持光平的镜面（图 5-19）。门柱抱框内再加门框，下有横木门槛，也称门限，上有横木门楣，两扇大门的里面安有插关，也

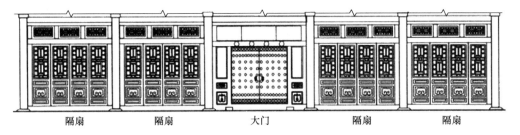

(a) 隔扇木门窗组合

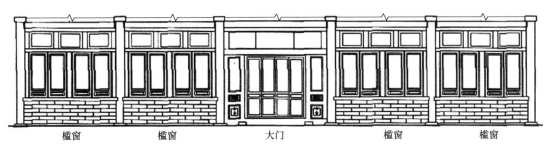

(b) 槛窗木门围护结构

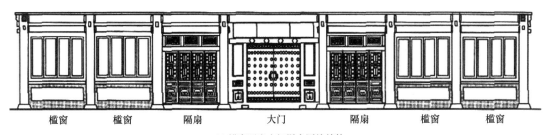

(c) 槛窗隔扇木门混合围护结构

图 5-18　门、窗扇类型

称门栓，外面安有铜或铁制的兽面口衔门环的铺首，无兽面的称门钹，外缘多为圆形或六边形，有的雕刻花纹图案。在有些较为尊贵的大门上，安有五到九排金色半球形木门钉，门钉的路数和位置与实榻大门穿带的根数及位置是相对应的。宫殿坛庙大门一般都设置九路门钉，这就需要对应门钉的位置穿九道木带。木带起加固门板的作用，门钉也起加固门板和穿带的作用，九路门钉也是最高等级。

实榻门的设计，首先要确定大门的尺寸。实榻门的尺寸依门口的高宽尺寸定，清《工程做法则例》规定：门扇大边"按门诀之吉庆尺寸定长，如吉门口高六尺三寸六分，即长六尺三寸六分，内一根外加两头掩缝并入槛尺寸……外一根以净门口之高外加上下掩缝照本身宽各一份"。门心板"厚与大边之厚同"，门板厚者可达五寸（合公制 15cm）以上，薄的也要三寸上下，门扇宽度根据门口尺寸定，一般都在五尺以上。

实榻门具体尺度如下。

（1）每扇门心板宽　门框间净宽的 1/2（吉门口宽的 1/2），加掩缝，再加外侧边抹（即边料）$0.4D$，掩缝约为门边厚的 1/3。

（2）门扇高　上下槛之间净空（大门门扇的高为吉门口高）加上下掩缝，掩缝尺寸同面宽的掩缝，靠内边的一根边料长再加上下掩缝长（传统做法是：上碰七，下碰八，即七分或八分，现在一般都按 2.5cm 计算），靠外边的一根边料长除按门口高和加上下掩缝外，再按照本身宽上下各加 1 份（这是指增加上下门轴的长）。

（3）门边厚　门边厚为 0.7 看面宽（0.28D），一般民宅最小控制在 2～3 寸。

2. **攒边门**（棋盘门）

攒边门（图 5-20）是用于一般府邸民宅的大门，四边用较厚的边抹攒起外框，门心装薄板穿带，故称攒边门，又因其形如棋盘，故又称为棋盘门。

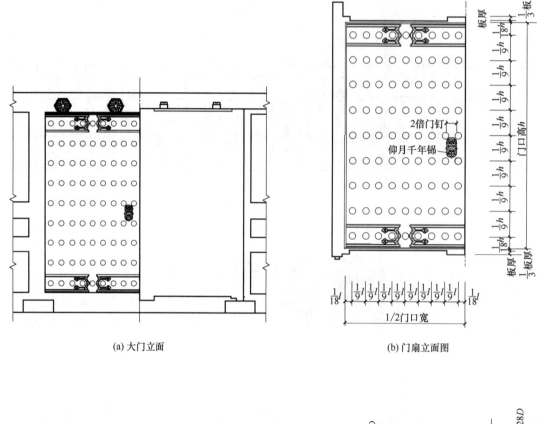

(a) 大门立面　　　　　　　　　　　(b) 门扇立面图

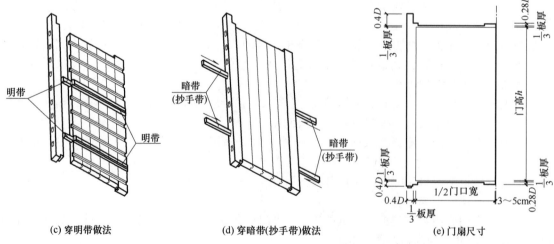

(c) 穿明带做法　　　(d) 穿暗带(抄手带)做法　　　(e) 门扇尺寸

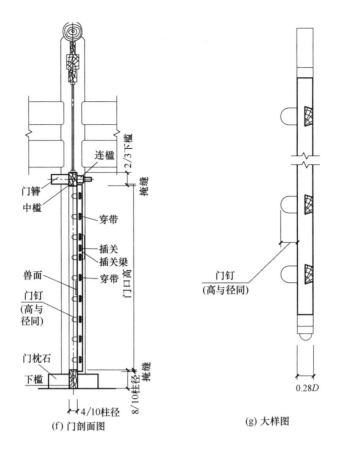

图 5-19　实榻门

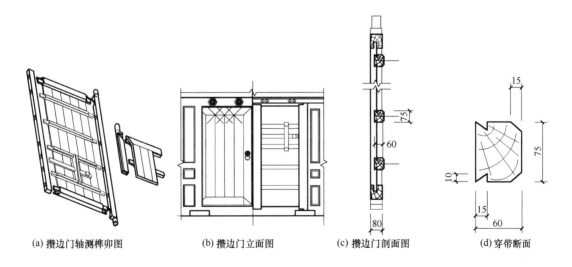

图 5-20　攒边门

　　攒边门与实榻门比起来要小得多，轻得多。攒边门的尺寸也是按门口尺寸定。在封建社会，门口尺寸的确定既受封建等级制度约束，又受封建迷信观念制约，是非常严格的。门口尺寸大小都有严格的规定，共分四类，分别为"财门""义顺门""官禄门""福德门"，这四类门称为吉门。每类吉门都开列有一系列尺寸规格具体见图 5-21 门尺图和表 5-1 门诀表。

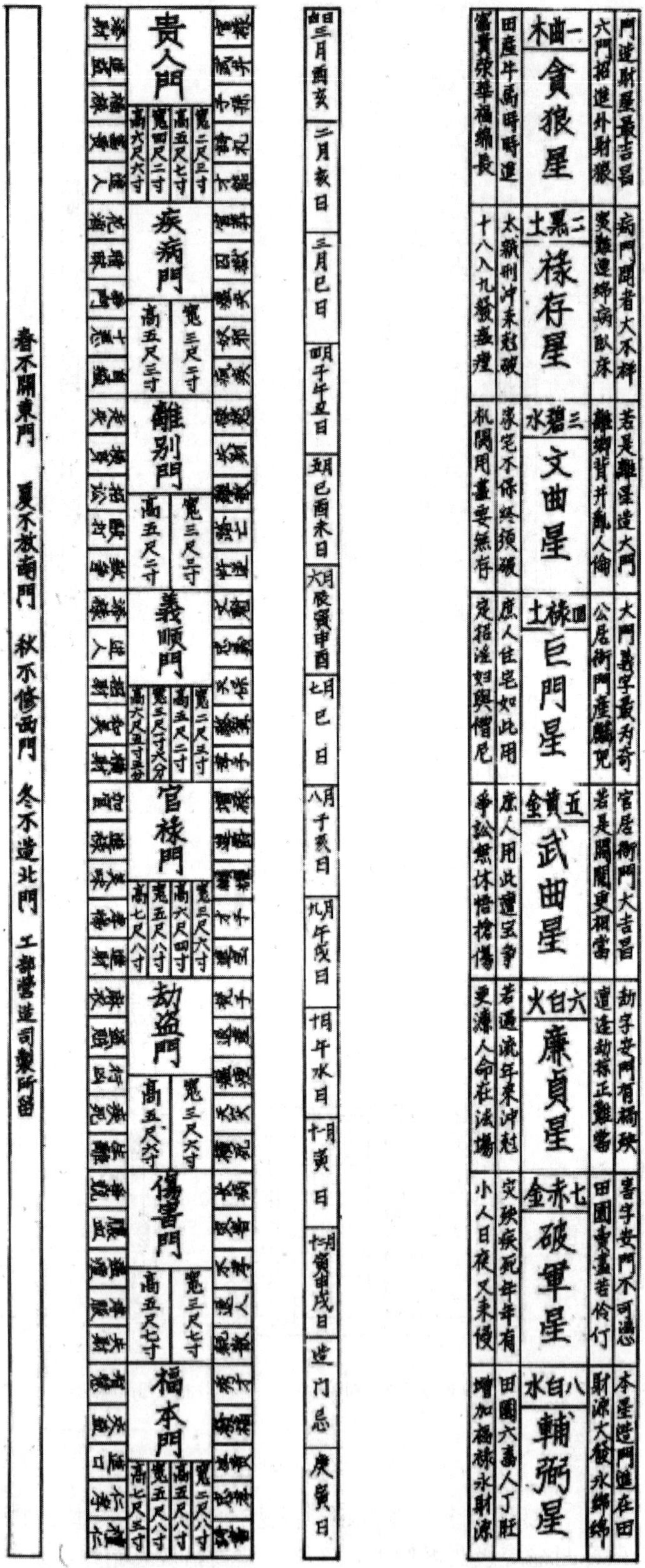

图中（竖排，自右至左）：

第一栏：
门逢财星最吉昌　病门开者大不祥　六门招进外财狼　富贵荣华福绵长

一　贪狼星　木
二　禄存星　土
三　文曲星　水
四　巨门星　土
五　武曲星　金
六　廉贞星　火
七　破军星　金
八　辅弼星　水

第二栏（日期）：
正月寅日　二月卯日　三月巳日　四月午日　五月未日　六月申日　七月巳日　八月子日　九月午日　十月寅日　十一月申日　进门总　庚寅日

第三栏（门名与尺寸）：

门名	宽	高
贵人门	宽四尺二寸	高六尺六寸
疾病门	宽三尺三寸	高五尺三寸
离别门	宽三尺三寸	高五尺二寸
义顺门	宽三尺二寸	高五尺四寸
官禄门	宽五尺六寸	高七尺八寸
劫盗门	宽三尺六寸	高五尺六寸
伤害门	宽三尺七寸	高五尺七寸
福本门	宽二尺八寸	高五尺八寸

第四栏（最左）：
春不开东门　夏不放南门　秋不修西门　冬不遵北门　工部营造司颁所定

图 5-21　门尺图（摘自清《工程做法则例》）

表 5-1　门诀表

财门		官禄门	
二尺七寸二分	二尺七寸五分	二尺一分	二尺四分
二尺七寸九分	二尺八寸二分	二尺八分	二尺一寸一分
二尺八寸二分	四尺一寸六分	二尺一寸四分	二尺四寸四分
四尺一寸九分	四尺二寸二分	三尺四寸五分	三尺五寸六分
四尺二寸六分	四尺二寸九分	三尺四寸八分	三尺五寸二分
五尺一寸六分	五尺一寸九分	三尺五寸九分	四尺八寸九分
五尺五寸	五尺六寸一分	四尺九寸二分	四尺九寸五分
五尺六寸三分	五尺六寸七分	四尺九寸八分	五尺一分
五尺七寸	五尺七寸一分	六尺三寸三分	六尺三寸六分
七尺四寸	七尺七寸	六尺四分	七尺七寸六分
七尺一寸一分	七尺一寸六分	七尺七寸九分	七尺八寸三分
八尺四寸七分	八尺五寸三分	九尺八寸六分	九尺一寸三分
八尺五寸一分	八尺六寸	九尺二寸二分	九尺二寸六分
九尺九寸一分	九尺九寸五分	一丈六寸四分	九尺三寸三分
九尺九寸八分	一丈二分	九尺二寸九分	一丈六寸七分
一丈五分		一丈七寸　一丈七寸六分	一丈七寸三分

义顺门		福德门	
二尺一寸八分	二尺二寸二分	二尺九寸	二尺九寸四分
二尺二寸五分	二尺三寸	二尺一分	二尺九寸七分
二尺三寸三分	三尺六寸二分	三尺四分	三尺四寸四分
三尺七寸三分	三尺七寸六分	四尺三寸四分	四尺四寸五分
五尺五寸	五尺九寸	四尺四寸一分	五尺七寸七分
五尺一寸二分	六尺五寸	五尺八寸四分	五尺八寸八分
六尺五寸三分	六尺五寸七分	五尺九寸一分	七尺二寸一分
六尺五寸一分	六尺六寸一分	七尺二寸八分	七尺二寸四分
六尺六寸四分	七尺九寸三分	七尺三寸四分	七尺三寸一分
七尺九寸六分	八尺一分	八尺六寸八分	八尺六寸五分
八尺四分	八尺七分	八尺七寸五分	八尺七寸一分
九尺三寸七分	九尺四寸七分	一丈八分	八尺七寸八分
九尺五寸	九尺四寸	一丈一寸二分	一丈七分
九尺四寸四分	一丈八寸二分	一丈一寸九分	一丈一尺一寸
一丈八寸四分	一丈八寸七分	一丈二寸三分	
一丈九寸五分			

注：以上门诀尺寸录自清《工程做法则例》。

攒边门（棋盘门）的设计要点如下。

攒边门与实榻门相同，也是贴附在槛框内侧安装的，其上下并两侧掩缝大小略同于实榻门，不同处是除门心板外另加边框，且板门门芯厚度比实榻门薄，穿带露明。由于攒边门一般体量较小，所以，掩缝的大小一般在 2.5cm 左右，门扇大者，掩缝尺寸也应随之加大。边框截面一般选为 0.3 檐柱径×0.2 檐柱径，板厚为框厚的 1/3。

3. 撒带门

这种门扇为无边框板门，一般用 1～1.5 寸（3～5cm）厚木板镶拼，凭 5～7 根穿带锁合加固，穿带一端做榫，插入门轴攒边卯眼内，将门板与门边结合在一起，门的其余三面不做攒边，故称撒带门，如图 5-22 所示。穿带另一边凭一根压带连接、压住。撒带门是街门的一种，多用于街铺、作坊等一类买卖厂家的街门。在北方农舍中，也常用它作居室屋门。

撒带门的设计。撒带门与攒边门类似，也由两部分组成：门心板和带门轴的门边。与门边

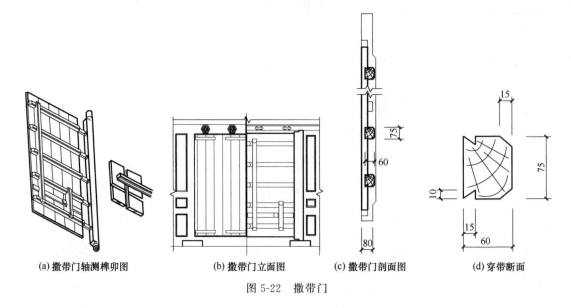

(a) 撒带门轴测榫卯图　　　　(b) 撒带门立面图　　　　(c) 撒带门剖面图　　　　(d) 穿带断面

图 5-22　撒带门

相交的一端，穿带做出透榫，门边对应位置凿做透眼，如图 5-22 所示。

4. 屏门

屏门（图 5-23）是一种用较薄的木板拼攒的镜面板门，板厚一般为 2～3cm，背面穿带与板面平，它的作用主要是遮挡视线、分隔空间，多用于垂花门的后檐柱、间或院子内隔墙的随墙门上，园林中常见的月洞门、瓶子门、八角门，室外屏风上也常安装这种屏门。屏门多为四扇一组，由于门扇体量较小，一般没有门边，下两端做榫，用抹头加固。门轴凭鹅项、碰铁等铁件做开关启合的枢纽。门常涂刷绿色油饰，上面书刻"吉祥如意""四季平安""福寿绵长"一类吉辞。

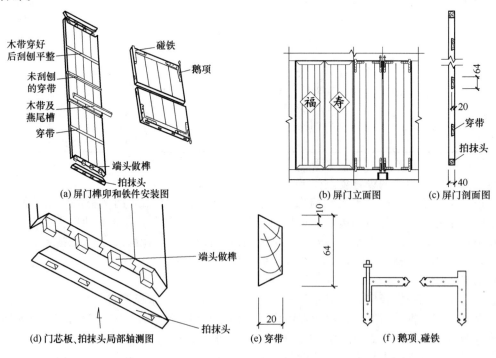

(a) 屏门榫卯和铁件安装图　　　　(b) 屏门立面图　　　　(c) 屏门剖面图

(d) 门芯板、拍抹头局部轴测图　　　　(e) 穿带　　　　(f) 鹅项、碰铁

图 5-23　屏门

屏门的设计要点如下。

屏门通常是用 1～1.5 寸厚的木板拼攒起来的，板缝拼接除应裁做企口缝外，还应辅以穿带。屏门一般穿明带，带穿好后，将木带高出门板部分刨平。屏门没有门边门轴，为了使固定门板不使散落，上下两端要贯装横带，称为"拍抹头"，做法是在门的上下两端做出透榫，按门扇宽备出抹头，按 45°拉割角，在抹头对应位置凿眼，构件做好后拼攒安装参如图 5-23 所示。

屏门的安装方式与前三种门不同，是在门口内安装，因此上下左右都不加掩缝，门扇尺寸按门口宽均分四等份，门扇高同门口高。

（二）隔扇类

硬山与悬山建筑的门窗扇多为隔扇门窗。

1. 隔扇门

木隔扇既可作为围护结构的屏障，也可兼作廊内厅堂大门。作为围护结构者，清制称为外隔扇，《营造法原》称为长窗。作为厅堂大门者，宋制称为格子门。它是在大门的两边或在大门之内作为厅堂的屏障。隔扇的外框同大门一样做有上中下槛、长短抱框和横披等，其结构规格同木大门所述，但不做腰枋、余塞板和门枕，它们分别用隔扇和木楹（即转轴窝）取代，如图 5-24 所示。

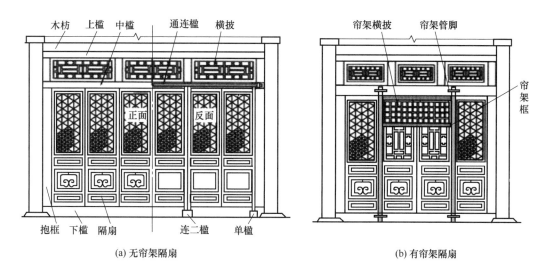

(a) 无帘架隔扇   (b) 有帘架隔扇

图 5-24　隔扇门

木隔扇一般以房屋开间为单位，按双数设置，分为四扇、六扇、八扇、十扇等。隔扇的槛框构件同大门的槛框相同，详见本节大门槛框所述。而每扇隔扇本身的组成构件由上、中、下抹头，左、右边框，心屉，绦环板，裙板等组成。

每扇隔扇大致上可分为上、下两段，上段为心屉，下段为绦环板和裙板，下段与上段之长为四六开，即所谓的"四六分隔扇"，如图 5-25（a）所示，隔扇宽高之比，外檐一般为（1∶3）～（1∶4），而内檐可达（1∶5）～（1∶6）。隔扇的形式常以抹头多少而划分，有二、三、四、五、六抹头等形式，如图 5-25（b）所示。

抹头和边框的截面尺寸，看面宽按 0.1 倍扇宽，厚为 1.4 倍看面宽取值。

心屉由仔边和棂条组成，仔边截面尺寸按抹头尺寸的 0.6 倍取定；棂条截面仍为"六八分宽厚"，即 6 分（约 2cm）宽，8 分（约 3cm）厚。实际操作中，门扇具体尺寸大多按图 5-26 所示取用。

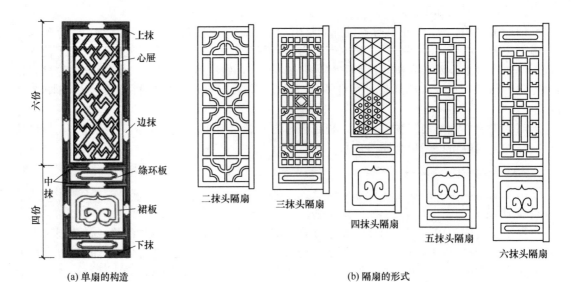

（a）单扇的构造　　　　　　　　　　　（b）隔扇的形式

图 5-25　隔扇门样式

二抹头隔扇　　三抹头隔扇　　四抹头隔扇　　五抹头隔扇　　六抹头隔扇

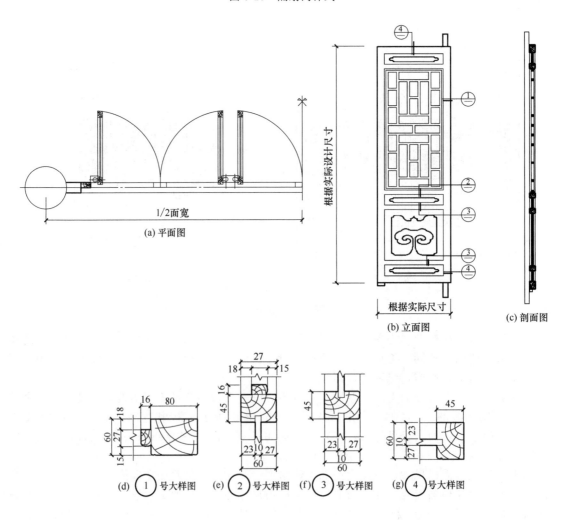

（a）平面图

（b）立面图

（c）剖面图

（d）①号大样图　（e）②号大样图　（f）③号大样图　（g）④号大样图

图 5-26　门扇具体尺寸

绦环板高一般按 2~3 倍抹头看面宽，除掉抹头和绦环板所占之高度后，就是裙板的高度。绦环板和裙板的厚度均按 1/3 边框宽取值。

有的隔扇还装有帘架，它是悬挂帘子的木架，用于防避蚊蝇，安装在经常开启的隔扇上。木架由上中抹头、边框和横披等组成。边框用掐子（管脚）固定在中下槛上，如图 5-24（b）所示。帘架各构件的截面尺寸与隔扇相同或稍小。

2. 风门

风门是专门用于住宅居室的单扇格子门，安装在明间隔扇外侧的帘架内。我国北方民居，一般是次间安支摘窗，明间安隔扇门。隔扇的缺点是门扇体量大、开启不便，扇与扇之间分缝大，不利于保温。为补救隔扇的缺点，一般采用在隔扇外侧安装帘架的方法。帘架外框尺寸与前面所述相同，高同隔扇，外加上下入槛尺寸，宽为两扇隔扇宽，外加边梃看面一份，使边梃正好压住隔扇间的分缝，利于防寒保温。边框里面，最上面为帘架横披，横披之下为楣子（相当于门上的亮窗）。楣子之下为风门位置。风门居中安装，宽度约为高的 1/2。两侧安装固定的窄门扇，称为余塞，俗称"腿子"。风门通常为四抹，门下段为裙板部分，上段为棂条花心部分，中有绦环板，形式略同于四抹隔扇，只是较为宽矮。在风门及余塞之下，隔扇下槛外皮贴附一段门槛，称为"哑巴槛"，是专为安装风门、余塞用的下槛。风门凭鹅项碰铁或合页安装在固定位置上，安装风门以后，内侧的隔扇门就可以完全打开。风门体量小，开启灵活，利于保温，冬天，在风门里面可以挂棉门帘；夏天，可将风门摘下，在外面挂起竹帘通风。摘下风门后，可利用内层的隔扇分隔室内外。用于居室的风门、帘架要求有一定的装饰性，固定帘架立边的木制栓斗，上面做出雕饰，通常上刻荷花，下刻荷叶，称为荷花栓斗和荷叶墩，如图 5-27 所示。

风门的设计与隔扇门基本相同，可参照隔扇门设计。风门常采用的棂条图案有步步锦、灯笼锦、豆腐块等。

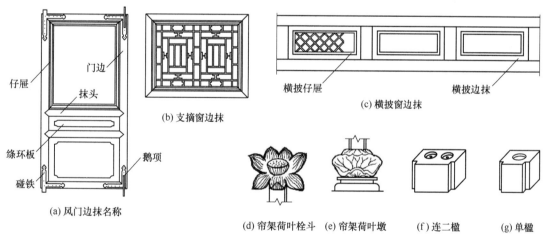

(a) 风门边抹名称
仔屉　门边　抹头　绦环板　鹅项　碰铁
(b) 支摘窗边抹
(c) 横披窗边抹
横披仔屉　横披边抹
(d) 帘架荷叶栓斗　(e) 帘架荷叶墩　(f) 连二槛　(g) 单槛

图 5-27　风门、支摘窗及附件

3. 隔扇窗类

隔扇窗包括槛窗、支摘窗等。

（1）槛窗　在古建筑中，安装于槛墙之上，与隔扇门共用的窗称为槛窗。槛墙的高矮由隔扇裙板的高度定，即：裙板上皮为槛窗下皮尺寸，槛窗以下为风槛，风槛之下为榻板、槛墙。槛窗的优点是，与隔扇共用时，可保持建筑物整个外貌的风格和谐一致，但槛窗又有笨重、开关不便和实用功能差的缺点。所以这种窗多用于宫殿、坛庙、寺院等建筑，民居中很少使用槛窗。由于槛窗等于将隔门的裙板以下部分去掉，且建筑式样均同隔扇，所以建筑图参照隔扇即可。

（2）支摘窗　支摘窗是用于住宅建筑中可以支起、摘下的一种窗，安装于建筑物的前檐金柱或檐柱之间。北方地区支摘窗的普遍形式是：在槛墙之上，居中安装间框（又称间柱），间框上端交于上槛，下端交于榻板，上下两排，上排的支窗可支起来便于通风，下排的摘窗可摘下，使用方便。支摘窗一般都做内外两层。支窗外层为棂条窗，糊纸或安玻璃以保持室温；内层做纱屉，天热时，可将外层棂条窗支起，凭纱窗通风。摘窗也分内外两层，外一层做棂条窗糊纸，以遮挡视线，并有保温作用，夜晚装起，白天摘下（如室内安窗帘可不用摘窗遮挡视线），内一层做玻璃屉子，可保温和采光。支摘窗在北方皇家园林中也广泛采用，如北京颐和园、故宫御花园的重要建筑普遍采用支摘窗。

南方地区（尤其园林建筑中）的支摘窗又被称为和合窗。和合窗分为上中下三排（甚至更多），内外两层，上下两排固定，中间一扇可以向外支开，设计精巧，结构牢固，夏季便于通风，冬季可以御寒。

至于支摘窗，民间流传一个谜语：黑垅台，白垅沟，吃白面，喝苏油。意思说明窗棂是木制，经过几年色调发黑，所以形容它如大地，称为黑色垅台。用白纸裱糊，就称为白色垅沟，这个是写境之句。吃白面，指糊纸用白色面粉做的，所以叫吃白面。喝苏油，即是窗户纸糊完之后，晒干时，将窗纸抹上苏油防止窗纸润湿之后掉下来，因此用苏油抹窗纸，所以叫喝苏油。

支摘窗的图纸设计可参照槛窗，只是应注意以下几点。

① 支摘窗和风门常采用的棂条图案有步步锦、灯笼锦、豆腐块等。

② 支摘窗边框具体设计尺寸：看面一般为1.5～2寸（4.8～6.4cm）；厚（进深）为看面的4/5或按槛框厚的1/2；仔屉边框看面及厚度均为外框的2/3；棂条断面一般为6分或8分，看面6分（约1.8cm），进深8分（约2.5cm）。

③ 支摘窗上常用的铁件有合页、桯钩、铁插销（用以销锁摘窗用）、护口等；风门常用的铁件为鹅项、碰铁、屈戌、海窝等。

大门木构件尺寸权衡见表5-2。

表5-2　大门木构件尺寸权衡

构件名称	槛			框			
	上槛	中槛	下槛	抱框	门框	腰枋	余塞板
截面高(宽)	0.5倍檐柱径	0.6倍檐柱径	0.5～0.8倍檐柱径	0.6倍檐柱径	0.6倍檐柱径	0.25倍檐柱径	
截面厚	0.5倍檐柱径	0.6倍檐柱径	0.6倍檐柱径	0.6倍檐柱径	0.6倍檐柱径	0.6倍檐柱径	2～3cm
构件名称	横披			大门附件			
	仔边	棂条	走马板	木门枕	连楹木	门赞	
截面高(宽)	0.13倍檐柱径	1.8cm		1～0.8倍檐柱径	0.2倍檐柱径	0.48倍檐柱径	
截面厚	0.2倍檐柱径	2.4cm	2～3cm	0.4倍檐柱径	0.4倍檐柱径		
构件长				2倍檐柱径		六角头长1.2倍直径	

第二节　内装修设计

内装修有花罩、碧纱橱、天花、藻井等。这些构件由于尺度较纤细，多采用传统做法。

一、花罩、碧纱橱

花罩、碧纱橱是古建筑室内装修的重要组成部分之一，起到分隔室内空间的作用，且有很强的装饰功能，由于花罩、碧纱橱做工十分讲究，集艺术、技术于一身，又成为室内重要的艺术陈设品。

（一）花罩

古建木装修中的花罩，有几腿罩、落地罩、落地花罩、栏杆罩、炕罩等。各种花罩，除炕罩外，通常都安装于居室进深方向柱间，起分间的作用，造成室内明、次、梢各间既有联系又有分隔的环境气氛。各式花罩见图 5-28。

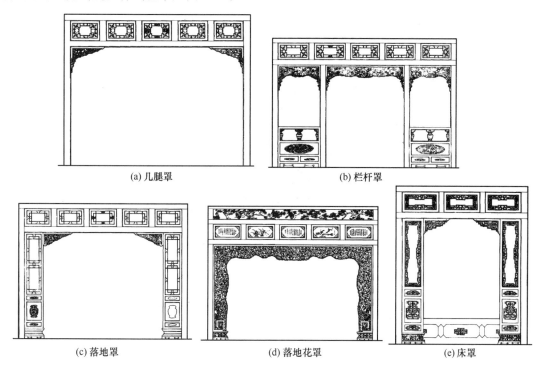

(a) 几腿罩

(b) 栏杆罩

(c) 落地罩

(d) 落地花罩

(e) 床罩

图 5-28　花罩

其中落地罩当中又有不同的形式，常见者有圆光罩、八角罩，其作用及构造也与上述各种花罩略有不同。这种罩是在进深方向的柱间起分割作用，满做装修，罩中留有圆形或八角形门，如图 5-29 所示。

（二）碧纱橱

碧纱橱是安装于室内的隔扇，通常用于进深方向柱间，起分隔空间的作用。碧纱橱主要由槛框（包括抱框，上、中、下槛），隔扇，横披等部分组成，每樘碧纱橱由六至十二扇隔扇组成。除两扇能开启外，其余均为固定扇。在开启的两扇隔扇外侧安帘架，上安帘子钩，可挂门帘。碧纱橱隔扇的裙板、绦环上做各种精细的雕刻，仔屉为夹樘做法（俗称两面夹纱），上面绘制花鸟草虫、人物故事等精美的绘画或题写诗词歌赋，装饰性极强，如图 5-30 所示。

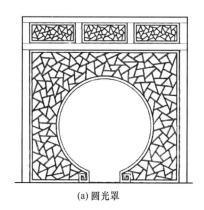

(a) 圆光罩

(b) 八角罩

图 5-29　落地罩

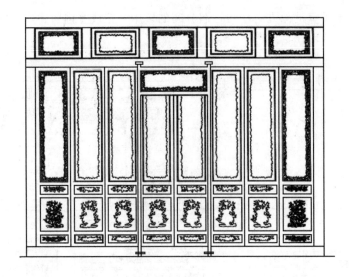

图 5-30　碧纱橱

（三）花罩、碧纱橱的设计

花罩、碧纱橱的边框榫卯结构参照隔扇槛框设计，设计时应考虑横槛与柱子之间是用倒退榫或溜销榫安装，抱框与柱间用挂销或溜销安装（以便于拆安移动）。花罩本身是由大边和花罩心两部分组成，花罩心由 1.5～2 寸厚的优质木板（常见者有红木、花梨、楠木、楸木等）雕刻而成。周围留出仔边，仔边上做头缝榫或栽销与边框结合在一起。

由于室内花罩、碧纱橱都是可以任意拆安移动的装修，因而，它的构造、做法都要满足、符合这种可拆可安的要求。

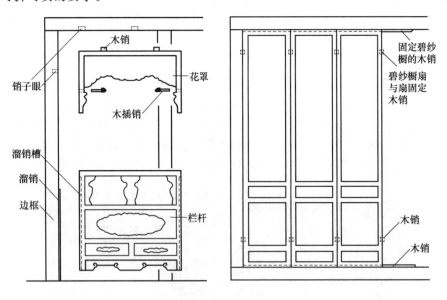

图 5-31　花罩、碧纱橱的设计

碧纱橱在设计时同样要注意的是固定隔扇与槛框之间也凭销子榫结合在一起，在隔扇上、下抹头外侧画出沟槽，在挂空槛和下槛的对应部分通长钉溜销，每根立边栽 2～3 个销子榫，可增强碧纱橱的整体性，并可防止隔扇边梃年久走形，也可在边梃上端做出销子榫进行安装，做法如图 5-31 所示。

二、天花、藻井

（一）天花

天花起到室内空间的立体分割以及保暖、防尘、限制室内空间高度以及装饰等作用。天花有许多别称，如承尘、仰尘、平棋、平暗等，宋代按构造做法将天花分为平暗、平棋和海墁三种，明、清则分为井口天花、海墁天花两类。下面按明清的做法介绍如下。

1. 井口天花

井口天花是由支条、天花板、帽儿梁等构件组成。天花支条是断面（1.2～1.5）斗口的方木条，纵横相交，形成井字形方格，作为天花的骨架。其中，附贴在天花枋或天花梁上的支条称为贴梁，断面尺寸为高 2 斗口，厚（宽）1.5 斗口，天花支条上面裁口，每井天花装天花板一块。天花板由厚 1 寸左右的木板拼成，每块板背面穿带两道，正面刮刨光平。上面绘制团龙、翔凤、团鹤及花卉等图案。有些考究的天花板上做精美的雕刻，如故宫乐寿堂、宁寿宫花园古华轩等天花上均雕刻有花草图案，这是明清古建筑中天花的最高型制。

作为骨架的天花支条分为通支条、连二支条和单支条三种，一般沿建筑物的面宽方向施用通支条，每两井天花施通支条一根，通支条长为面宽减天花梁厚一份，为全长。连二支条沿进深方向，垂直于通支条施用，在连二支条之间卡单支条。每根通支条上施用帽儿梁一根，帽儿梁是天花的骨干构件，相当于新建筑顶棚中的大龙骨，梁两端头搭置于天花梁上，用铁质大吊杆将帽儿梁吊在檩木上，帽儿梁与通支条之间用铁钉钉牢，如图 5-32 所示。

2. 海墁天花

海墁天花（图 5-33）是用于一般建筑的天花，主要由木顶隔、吊挂等构件组成。木顶隔由边框、抹头及楞子构成，形成许多小方格，它的尺度可根据清工部《工程做法则例》的规定取用。《工程做法则例》规定："木顶格以面阔、进深定长短、扇数。如面宽一丈二尺，内除大柁之厚一尺三寸一分，净长一丈六寸九分，如进深二丈一尺，内除檐枋之厚七寸一分，净宽二丈二寸九分。"在这个尺寸范围内，分成若干扇，每扇的具体尺寸《工程做法则例》没有具体规定，从见到的实物看，每扇木顶格的尺寸为宽 2～3尺，长 4～6 尺不等。木顶格四周有贴梁，贴梁钉附在梁和垫板的侧面。《工程做法则例》规定："凡木顶隔周围贴梁之长随面阔、

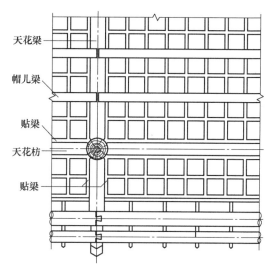

天花梁

帽儿梁

贴梁

天花枋

贴梁

图 5-32　井口天花

进深，内除枋、梁之厚各半份。以檐枋之高四分之一定宽厚。如檐枋高九寸一分，得宽、厚二寸二分七厘。"木顶隔边框抹头以贴梁 8/10 定宽，按本身之宽 8/10 定厚。里面楞子以边挡之厚 5/10 定看面，进深（厚）与边挡相同，每扇楞条与楞条间空当的比例为 1∶6，即一个空当相当于 6 根楞条宽。也有说法为：一楞三空至一楞六空，即一个空当为楞条宽的 3～6 倍。《工程做法则例》还规定，每扇木顶隔用木吊挂 4 根，吊挂的宽、厚与边挡相同。

一般住宅的海墁天花，表面糊麻布和白纸或暗花壁纸。宫殿建筑中，有的海墁天花上面绘制精美的彩画，如故宫倦勤斋室内海墁天花满绘竹架藤萝。海墁天花还可以绘制出井口式天花的图案，在天花上绘出井字方格，格内绘龙凤或其他图案，故宫慈宁宫花园临溪亭的海墁天花绘制的是井口牡丹团花图案。

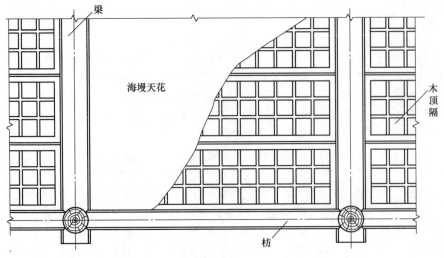

图 5-33　海墁天花

（二）藻井

藻井是室内天花的重点装饰部位，多见于开间进深的中间部分的上方，或安置在庄严雄伟的帝王宝座上方或神圣肃穆的佛堂佛像顶部天花中央的一种"穹然高起，如伞如盖"的特殊装饰，这种装饰需要比较高的空间，所以一般建筑中很少使用。

藻井在汉代就已有之，《风俗通》记载说："今殿做天井。井者，束井之像也；藻，水中之物，皆取以压火灾也。"可见最初的藻井，除装饰外，还有避火之意。藻井一词，在历代文献记载中还有龙井、绮井、方井、圜井等多种叫法。

宋、辽、金时期的藻井，普遍采取斗八形式，即由八个面相交，向上隆起形成穹窿式顶。河北蓟县独乐寺观音阁藻井和山西应县佛宫寺释伽塔第五层藻井，是现有最早的斗八藻井。宋《营造法式》卷八小木作项内介绍了斗八藻井与小斗八藻井两种做法。斗八藻井的具体做法是："造斗八藻井之制，共高五尺三寸，其下曰方井，方八尺，高一尺六寸；其中曰八角井，径六尺四寸，高二尺二寸；其上曰斗八，径四尺二寸，高一尺五寸。于顶心之下施垂莲，或雕华云卷，皆内安明镜。"

明清时期的藻井较宋辽时的更为华丽，这个时期的藻井造型大体由上、中、下三层组成，最下层为方井，中层为八角井，上部为圆井，方井是藻井的最外层部分，四周通常安置斗栱，方井之上，通过施用抹角枋，正、斜套方，使井口由方形变为八角形，这是方井向圆形井过渡的部分，正、斜枋子在八角井外围形成许多三角形或菱形，称为角蝉，角蝉周围施装饰斗栱，平面做龙、凤一类雕饰。在八角井内侧角枋上贴雕有云龙图案的随瓣枋，将八角井归圆，形成圆井，圆井之上再置周圈装饰斗栱或云龙雕饰图案。圆井的最上为盖板，又称明镜，盖板之下，雕（或塑）造蟠龙，龙头倒悬，口卸宝珠。这种特殊的室内顶棚装修，烘托和象征封建帝王（或神灵佛祖）天宇般的崇高伟大，有着非常强烈的装饰效果。

明清藻井主要由一层层纵横井口趴梁和抹角梁按四方变八方、八方变圆的外形要求叠摞起来，构造并不十分复杂。如第一层方井，一般在面宽方向施用长趴梁，使之两端搭置在天花梁上，两根长趴梁之间施短趴梁，形成方形井口。而附在方井里口的斗栱和其他雕饰则是单独贴上去的，斗栱仅作半面，凭银锭榫挂在里口的枋木上。第二层八角井，是在第一层方井趴梁上面再叠置井口趴梁和抹角梁，以构成八角井的内部骨架，而露在外表的雕饰、斗栱等也都是另外加工构件贴附在八角井构架之上的。最上层的圆井，则常常用一层层厚木板挖、拼而成，叠摞起来形成圆穹，斗栱凭榫卯挂在图穹内壁。顶盖的蟠龙一般为木雕制品，高高突起的龙头，有用木头雕成的，也有些则是用泥加其他材料塑成的。

除去这种四方变八方变圆的常见形式外，明清时期还有其他形式的藻井，如天坛祈年殿、皇穹宇、承德普乐寺旭光阁等处藻井，其外形随建筑物平面形状，上中下三层皆为圆井。而北京隆福寺三宝殿的藻井则是外圆内方，圆井部分上下内外分层相间，饰以斗栱、云卷及不同形式的楼阁，中心顶端小方井的四周也雕有楼阁花纹，非常精细。由此也可以看出藻井的外形及雕饰是按人的意志设计和制作的，并非有固定不变的模式，但无论如何变化，其内部构造都主要凭趴梁，抹角梁构成，没有太大区别。

藻井形式如图 5-34 所示。

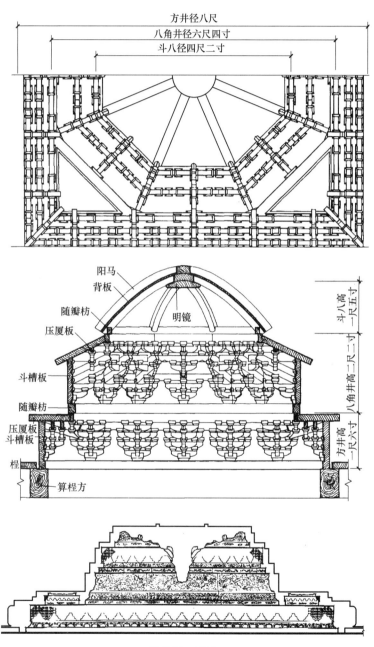

图 5-34　藻井

第六章 ◄◄◄◄◄

油漆、彩画

第一节 油　漆

中国传统建筑大都以木结构为主，包括柱、梁、枋组成的底层构架和以檩、椽等构件组成的屋架，这些构件会受到风吹、日晒、雨淋以及潮湿气体的影响，以及鸟类、虫类的侵害，使得这些材料劈裂、糟朽，失去应有的功能，造成整体建筑的破坏。为了避免这些现象的发生，古代匠人发明了用油漆作为木材的保护层，可以有效地隔绝外界不良因素的侵蚀，既达到保护构件的作用，同时，还起到一定的装饰效果，使得古建筑的外表色彩更加绚丽多彩、美雅壮观。油漆在功能上解决了木构件的防腐、防潮问题，还解决了原始材料表面粗糙、组装装配不严密的问题，又为彩画提供了一个平整的绘图环境。另一方面，油漆和彩画在整个工程造价中，所占的比例也相当大，占10％～30％。基于以上原因，古建筑的油漆就显得格外重要。

古建筑传统做法要根据构件的具体情况进行设计，设计画图时，尤其是修缮项目，都要在构件表面标注做法或在施工说明中说明，所以要知道其施工工艺，现主要介绍油漆的施工工艺。

一、基层处理

古建筑新建和修缮工程的木构件在油漆彩画前都要对基层进行处理，以便地仗与木材的结合，防止因膨胀收缩造成地仗的开裂、空鼓起翘等。基层的处理根据大致有以下几种：

① 铲除；
② 满砍披麻；
③ 局部斩砍；
④ 满砍单批灰；
⑤ 满砍新做木件；
⑥ 撕缝；
⑦ 楦缝；
⑧ 下竹钉。

前四条适用于修缮工程。

二、地仗

地仗是基层处理好以后，在未施刷油之前的一道工序，有使麻地仗和单披灰地仗两种。使麻地仗即为了加强地仗的拉扯力而在灰层里加麻的施工工艺；单披灰地仗中的单披灰是指只抹灰不粘麻的施工工艺，而且灰前要有汁浆，灰后要磨细钻生。

地仗按部位、构建大小以及重要程度分为以下几种。

1. 一麻五灰

一麻五灰是古建筑油漆中比较普遍的做法之一。它由捉缝灰（一灰）、扫荡灰或称通灰（二灰）、披麻（一麻）、压麻灰（三灰）、中灰（四灰）、细灰（五灰）、磨细钻生组成。其适用于柱子、檩、板、枋、门窗抱框、榻板、板墙等。

2. 一麻一布六灰

设计时参照一麻五灰，只是在压麻灰上增加一道中灰，再在中灰上面用油浆粘一层夏布。这种做法主要用在重要建筑中，如宫殿的重要部位。

3. 二麻七灰一布

材料做法与一麻五灰相同，在压麻灰上加做一道麻一道灰，上面再糊一道夏布做一道灰，做中灰、细灰等。它常见于清代晚期插榫包镶形式的柱子，构件劈裂较重，裂缝过多时也可采用之。

4. 一布四灰

其做法步骤为：捉缝灰和扫荡灰合并（一灰，灰中不加大籽只用小余籽灰）→糊夏布（一布）→压布灰（二灰）→中灰（三灰）→细灰（四灰）→磨细钻生。

其适用于因为经济条件的限制，还要满足工艺要求，用糊夏布替代披麻的简易做法。

5. 四道灰

四道灰由汁浆、捉缝灰、通灰、中灰、细灰、磨细钻生等工序组成。建筑的上架椽望多用四道灰做法，次要建筑的木架结构构件有时也采用。

6. 三道灰

由汁浆、捉缝灰、中灰、细灰、磨细钻生等工序组成。

建筑的木装修多用三道灰，如裙板、花雕、套环、斗拱、花牙子、栏杆、垂头、雀替和室内椽望、梁枋等。

7. 二道灰

由汁浆、提中灰、找细灰、磨细钻生等工序组成。

在旧地仗绝大部分保留较好，只在损坏的地仗修补时，多在构件上满做二道灰。

8. 靠骨灰

由汁浆、细灰、磨细钻生等工序组成。

完全新做的木结构，构件表面没有较大的裂缝，整齐光滑的情况下，多采用靠骨灰。

9. 找补旧地仗

有些维修工程做设计方案时，地仗做些简单找补以后就做油饰。找补具体措施可以在设计说明中注明，也可不注明，待图纸交底时口述，因为施工单位基本上都是专业队伍。

（1）找补一麻五灰地仗　斩砍处理以后，在保留的旧地仗和要补做地仗的木件相接处，用铁板刮灰、捉缝灰和扫荡灰一次完成，找补的面积较大时要过板子，找齐以后，把粘在旧地仗油皮上的余灰刮净。在木件接头和铁箍处披麻时，先横着缝隙披一道麻，麻丝和缝垂直，再随大面麻丝横着木纹披一道麻，披麻以前要把铁箍打磨干净。在头道灰中中灰不掺籽灰。配料比例为：1.5份油满中加1份血料，1份油浆中加1.5份的中灰，其他做法与一麻五灰完全相同。

（2）找补两道灰地仗　用铲刀铲净爆皮，而后在裂缝上支一道浆，满上一道中灰、一道细灰，磨细以后使新旧地仗找平。保留的旧地仗表面上的油皮要磨掉，满钻一道生桐油，钻透以后擦净多余的生油。

三、油漆

（一）细腻子

用刮板在做成的地仗上满刮一道细腻子，反复刮。腻子干后用细砂纸磨光圆、磨平。磨成活后用湿布掸净灰尘。

（二）油漆

① 刷底油一道。

② 面漆二道（颜色可根据具体情况酌定，一般柱子、梁架、山花板、连檐瓦口、博风惯用二珠红色，椽望惯用铁红色，做红绿椽望的绿椽时，里面留 10％～13％ 的红椽，侧面留 1/3～1/2 的红椽）。

③ 罩光油一道。

（三）材料

① 木材面油漆所需材料：生漆坯油、桐油、石膏粉、松香水、银珠、氧化铁、红砂纸、血料、酚醛清漆、熟桐油、清油、调和漆、油漆溶剂油等。

② 混凝土构件油漆所需材料：调和漆、生漆、坯油、油漆溶剂油、银珠、血料、石膏粉、无光调合漆、熟桐油、清油、油漆溶剂油、羧甲基纤维素、聚醋酸乙烯乳液、滑石粉等。

四、现代设计方法

见本章第二节中的"五、古建筑油漆彩画地仗现代做法"相关内容。

第二节 彩 画

中国传统建筑的油漆彩画，早在隋唐时代就已经达到辉煌壮丽的阶段。它是美化仿古建筑的重要手段，延至明代时期就基本形成了"金龙彩画"和"旋子彩画"两种图案形制，直到清代彩画制度日趋完善，形成了彩画的三大类别，即：和玺彩画、旋子彩画和苏式彩画。这三种类别已成为区别建筑类型和等级的重要标志。本书主要介绍传统建筑彩画的基本知识、彩画常用图案以及油漆基本知识三大部分内容，以便设计时灵活运用。

中国古建筑彩画的构图与设计，从版面上要根据建筑的级别、档次，结合梁枋木构件的大小、面积等诸方面因素作为构图的主要依据，其他次要部位应做相应的配合。和玺彩画、旋子彩画以及苏式彩画它们在构图上的区别和基本框架如图 6-1 所示。

设计时将构图在水平方向上分为三段，各占 1/3 长，称为分三停，其分界线称为三停线。在横条中间的一段称为"枋心"，邻枋心左右两段称为找头或藻头。在找头外端常做有两根竖条，称为箍头，箍头之间的距离，可依横向长度多少而调整，在此间安插的图案称为盒子。因此，整个梁枋的构图，就在枋心、找头、盒子和箍头内进行。在这些部位上构图的线条，都给以相应的名称，如枋心线、箍头线、盒子线，在找头内的叫岔口线、皮条线（或卡子线），为简单起见通称为五大线。

一、和玺彩画

和玺彩画一般只用于宫殿、坛庙中的主殿和堂门建筑。它是以突出龙凤图案为主，采用沥粉贴金手法而作，是三种彩画中形制最高的一种彩画，它以龙凤为主题，各主要线条都沥粉贴金，以青、绿、红为底色，根据内容的不同可分为金龙和玺、龙凤和玺、龙草和玺和金琢墨和

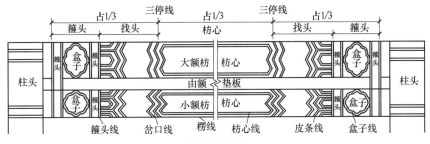

(a) 和玺彩画图框

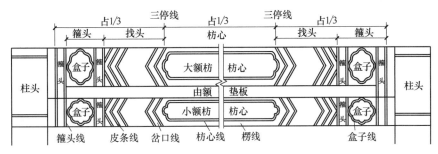

(b) 旋子彩画的图框

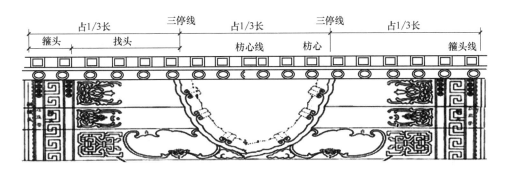

(c) 苏式彩画的图框

图 6-1　彩画构图上的区别和基本框架

玺（龙锦和玺）。和玺彩画部位名称见图 6-2。

（一）和玺彩画的特点

和玺彩画是最高等级的彩画，一般用于大式建筑中的最高级别建筑，这种彩画有以下三个特点。第一，图案以龙形为主，对主要大木的构图，均以各种姿态的龙为主要图案，或者龙凤相间，或者龙草相间；第二，沥粉贴金面大，沥粉即用胶粉状材料，通过尖嘴捏挤工具，将其沥成线条使之凸起，然后在上面贴上金箔，也就是说，和玺彩画的主要线条都具有立体感，并且金光闪闪；第三，也是最显著的区别之处，即三停线为"∑"形。

（二）金龙和玺彩画

金龙和玺彩画是和玺彩画中的最高等级，所有线条均为沥粉贴金。梁枋大木中的枋心、找头、盒子及平板枋、垫板、柱头等构件全部绘龙纹。彩画界称这种彩画为金龙和玺或五龙和玺。所谓五龙和玺是指檩子为龙、垫拱板为龙、平板枋为龙、大额枋为龙、柱头为龙。现就它的主要图案分述如下。

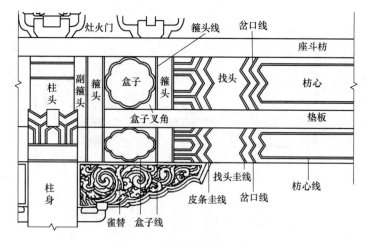

图 6-2　和玺彩画部位名称

1. 额枋内的图案

在大小额枋的枋心内，一般均画二龙戏珠（图 6-3），即两条龙中间画宝珠，在龙和宝珠的四周还加以火带图案，彩画称火焰。在枋心之中，龙的躯干、四肢之间还加有云图案，多为彩云与金云。彩云多为金琢墨五彩云。云的色彩可有两种或三种组合不限，但不能与枋底色相同，如枋心为绿色，云则为青、红、紫等色，而不能有绿云。金云为片金云，与彩云相比体量较小。当大额枋为青地者，则小额枋为绿地，两者应相间使用。

图 6-3　二龙戏珠

2. 找头内的图案

当找头距离较长时应画升降二龙，上下找头的色地为青、绿相间。当距离较短时则青地画升龙，绿地画降龙，上下相间调换使用将龙画在找头内，如图 6-4 所示。盒子色地为青、绿两色相间。

3. 盒子箍头内的图案

盒子部分多画坐龙，又称团龙，一个盒子里面画一条。盒子内坐龙的云，在同一个建筑中，表现方法同枋心，即枋心为五彩云，则盒子也加五彩，枋心为片金云，盒子内的云也为片金云。设计中，两端盒子中的坐龙尾部均必须朝向枋心（但是为了避免上下相邻盒子龙的姿态相同，也为了避免与找头的龙姿态相同，也有在绿色盒子内画升龙的设计）。盒子两边的箍头内画贯套（一般称它为活箍头），如图 6-5 所示。

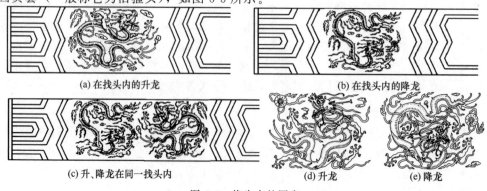

(a) 在找头内的升龙　　　　　　　　　　　　(b) 在找头内的降龙

(c) 升、降龙在同一找头内　　　　(d) 升龙　　(e) 降龙

图 6-4　找头内的图案

4. 额垫板、平板枋、挑檐枋的图案

额垫板画各种姿态行龙，也可画龙凤相间，色地为朱红地；平板枋一律画行龙，由于平板枋外观从一座建筑的一面看是连通的，所以在画行龙时可以不分间，由中间向两端画，使所有的龙头都朝向中间，每个龙头前面为宝珠，中间对着的龙共有一个宝珠，平板枋上的龙多不加云，但根据情况，可以全部用画云的设计；挑檐枋一般多画片金流云或工王云，如图 6-6 所示。

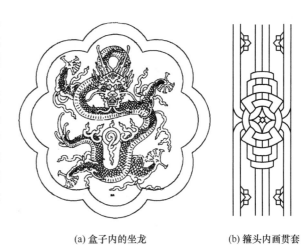

(a) 盒子内的坐龙　　　　(b) 箍头内画贯套

图 6-5　盒子箍头内图案

（三）龙凤和玺彩画

龙凤和玺彩画的等级是仅次于金龙和玺彩画，它是以金龙、金凤相间，或以金龙、金凤结合为主要图案的龙纹、凤纹相匹配组合的一种和玺彩画。如枋心为龙凤呈祥，或双凤昭富，找头、盒子内为龙或凤等。一般青色部位画龙，绿色部位则画凤，即枋心的色彩为青色，则画龙，绿色则画凤。找头、盒子的龙凤的安排也一样，青色部分画龙，绿色部分画凤。这样，由于各件、各间之间同一部位的颜色青绿互换，所以也形成龙、凤之间的相应变化，如图 6-7 所示。

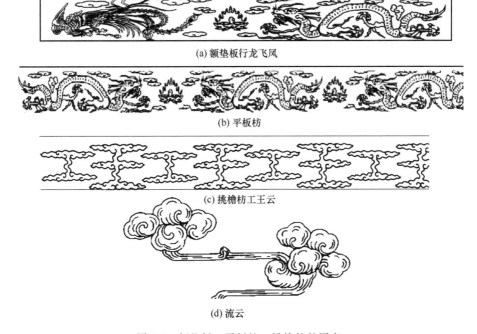

(a) 额垫板行龙飞凤

(b) 平板枋

(c) 挑檐枋工王云

(d) 流云

图 6-6　额垫板、平板枋、挑檐枋的图案

平板枋和额垫板画一龙一凤，所有线条均为沥粉贴金，如图 6-8 所示。

（四）龙草和玺彩画

龙草和玺彩画又次于龙凤彩画一个等级，它的主要构图是：枋心、找头、盒子内，由龙和草相间构图，如当大额枋画二龙戏珠时，则小额枋画法轮吉祥草如图 6-9 所示。在枋心、找头等部位，凡红色部分，画大草，配以法轮，所以又称法轮或轱辘草。凡绿色部分画龙。龙的周

围配片金云或金琢墨五彩云，草进行多层次的退晕。应当说明的是，龙草和玺在较早时期比较复杂，以后逐渐简化。目前，平板枋、由额垫板等部位的草图案都较简单，也常不加图案。

(a) 龙凤呈祥

(b) 双凤昭富

(c) 升凤   (d) 降凤

图 6-7　龙凤和玺彩画

图 6-8　平板枋和额垫板彩画

(a) 枋心画法轮吉祥草

(b) 盒之内西番莲   (c) 额垫板画轱辘草

图 6-9　龙草和玺彩画

（五）和玺彩画的箍头与岔角

1. 箍头

和玺彩画的箍头有素箍头与活箍头之分。素箍头又称死箍头。活箍头又分为贯套箍头与片金箍头两种。贯套箍头内画贯套图案，贯套图案为多条不同色彩的带子编结成一定格式的花纹，增加和玺彩画的效果。贯套箍头又有软硬之分，软贯套箍头（图6-10）由曲线图案编成，硬贯套箍头（图6-11）由直线画成。

图 6-10　软贯套箍头　　　　　　　　　　图 6-11　硬贯套箍头彩画图案

2. 岔角

岔角（图6-12）为活盒子（软盒子）外的4个呈三角形的角。一种画岔角云，云多为金琢墨做法，与枋心五彩云相同；另一种画切活，切活图案如果用于青色岔角则画草，绿色岔角则画水牙。

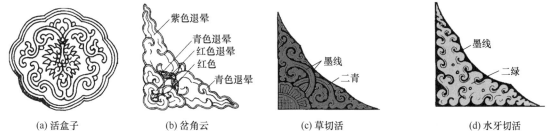

(a) 活盒子　　　　(b) 岔角云　　　　(c) 草切活　　　　(d) 水牙切活

图 6-12　岔角彩画

二、旋子彩画

旋子彩画是次于和玺彩画一个等级的彩画，旋子彩画一般用于宫殿以下的官署和寺庙的主、配殿以及牌楼建筑等，等级低于和玺彩画。旋子彩画即指带有旋转纹路的彩画，在找头内画有旋转形的图案，称为旋花或旋子而得名。按在旋子彩画中各部位用金的多少可分为八种画法，即：金琢墨石碾玉、烟琢墨石碾玉、金线大点金、墨线大点金、金线小点金、墨线小点金，以及完全不用金的雅伍墨、雄黄玉等。旋子彩画形式如图6-13所示。

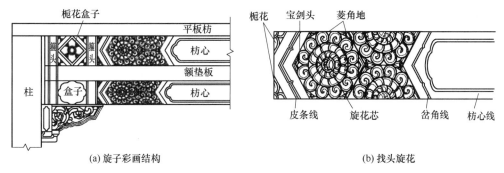

(a) 旋子彩画结构　　　　　　　　　　(b) 找头旋花

图 6-13　旋子彩画

（一）旋子彩画特点

旋子彩画有以下几个明显的特点。

（1）固定找头旋花　在找头内一律画旋转形的花纹，旋子中有几个特定部位的名称，如旋眼、菱角地、宝剑头、栀花。

旋眼是指旋花的中心花纹。菱角地是指花瓣之间的三角地。宝剑头是指一朵旋花最外边所形成交角的三角地。栀花是常绿灌木所开的一种四瓣花，对找头与箍头连接的上下交角，常画成两个1/4花瓣形，一般简称此为"栀花"。

（2）三停线　三停线为"Σ"形，在枋心与找头之间、找头与箍头之间有明显的"Σ"形分界线。

（3）死箍头　旋子彩画的箍头，均不画图案，称为死箍头，设色为青地和绿地相间。

（4）旋花　旋子彩画的找头花纹格式为层层圆圈组成的图案，每层圆圈之中又有若干花瓣称旋子或旋花。旋子每层（又称每路）瓣的大小不同，最外一层花瓣最大，称一路瓣。整周的

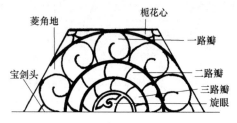

图 6-14　旋子花

旋眼—旋子花的中心有花心，称旋眼；菱角地——一路各瓣之间形成的三角空地称菱角地；宝剑头—对称旋花的端头的三角形称宝剑头；栀花心—在找头中各旋子外圆之间形成的空地所画图案为栀花，栀花也叫栀花心

旋花瓣对称，由中线向两侧翻，每侧个数不等，有四个、五个、六个，大多为五个，六个以上较少。由于个数对称，整周旋花瓣为双数，即八个、十个、十二个。一路瓣之内分别为二路瓣和三路瓣，在较大体量的旋子中，有三路瓣，较小旋子则为二路瓣。第二路瓣的个数与一路瓣的个数相等，第三路瓣整周数比第一路少一瓣，为单数，如头路瓣、二路瓣每层为十个瓣，则三路瓣整周为九个瓣，如图 6-14 所示。

旋眼、栀花心、菱角地、宝剑头的特点是区别旋子彩画等级的主要标志。

（5）找头各种旋花的组合形式　旋子在找头的构图格式以一个整圆连接两个半圆为基本模式，彩画称这种格式为一整两破，找头长短不同可以一整两破为基础进行变通运用，找头长需增加旋子的内容，找头短用一整两破逐步重叠，最

(a)一整两破

(b)勾丝咬

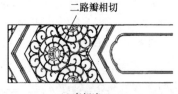

二路瓣相切

(c)喜相逢

(d)一整两破加一路

(e)一整两破加勾丝咬

图 6-15　各种旋花组合

短可形成勾丝咬图形，之后加长分别为喜相逢、一整两破、一整两破加一路、一整四破加金道冠、一整两破加勾丝咬、一整两破加喜相逢、二整四破直至数整破图形，如图6-15所示。如果特短的构件其找头也可画栀花或四角各画1个1/4旋子，均为旋子彩画找头的格式。

旋子彩画部位名称见图6-16。

（二）金琢墨石碾玉、烟琢墨石碾玉

"金琢墨"是指旋子花纹中的各种线条使用画工很细致的金色线条；"烟琢墨"是指旋子花纹线条为墨色；"石碾玉"是指将花纹线条做退晕处理（即由线条金色逐渐退晕到背景色的过渡颜色）。将金色线条做退晕处理者称为金琢墨石碾玉。将墨色线条做退晕处理者称为烟琢墨石碾玉。

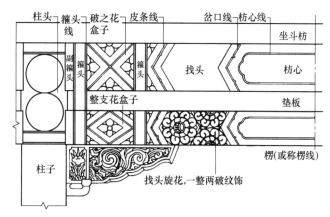

图6-16 旋子彩画部位名称

1. 金琢墨石碾玉

金琢墨石碾玉彩画是旋子彩画中的最高等级。

五大线（枋心、岔口线、找头线、盒子、箍头）均沥粉贴金退晕。其中素盒子（即俗称的整盒子）与破盒子的大线也退晕，但活盒子不退晕。当有大小额枋时，应分别画二龙戏珠和宋锦，龙为青地，锦为绿地，可相互调换，当只有一个额枋时，应优先画龙，均沥粉贴金。宋锦的画法如图6-17所示。

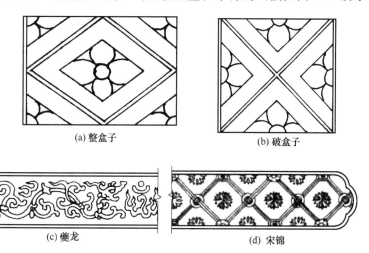

图6-17 宋锦图案

枋心画龙、凤、西番莲、宋锦、轱辘草等。龙、凤、西番莲多为片金做法；轱辘草多为金琢墨做法。如枋心由龙和宋锦互相调换运用，青地画金龙，配绿棱，绿地改画宋锦配青棱。

找头旋子花一路瓣轮廓线均沥粉贴金退晕；旋眼、栀花心、菱角地、宝剑头也沥粉贴金；各路旋子花每个瓣均退晕；栀花瓣沥粉贴金退晕。

金琢墨石碾玉旋子彩画的盒子多使用活盒子，盒子内画片金团龙、片金凤、片金西番莲或瑞兽，内容基本与枋心保持一致。盒子青地画团龙（凤），绿地画西番莲草等图案，均为片金图案；在枋心与盒子龙（凤）的周围配片金云，无五彩云，盒子的岔角青箍头配二绿岔角，绿箍头配二青岔角，二绿岔角切水牙图案，青岔角切草形图案。

平板枋上画龙凤为一龙一凤的相间排列，也是按总面宽定，由两端向明间中间对跑或对飞。除左右两侧对称外，每边的龙凤个数也成对。向中间对跑时，龙在前，凤在后。或画行龙或飞凤，用片金的做法（金琢墨降幕云也可用，云线沥粉贴金，退晕，为两色组成，其中向上的云头为青色，向下的云头为绿色，云头之内画栀花，退晕方式同旋子，即只栀花瓣退晕，在花心与菱角地、圆珠三处贴金），较多见的是降幕云画法，如图 6-18 所示。

图 6-18　降幕云

挑檐枋之上，可画流云，也可画工王云，用金琢墨做法，或使用青地素枋。由额垫板在各间分别构图，画片金龙、凤或阴阳轱辘草。靠箍头一侧的草为阴草，两阴草之间为阳草，阴阳草互相间隔。旋子彩画表现的柱头部位也画旋子花，做法同枋木旋子做法（以下旋子彩画亦使用此做法）。

金琢墨石碾玉彩画极为辉煌，层次丰富，可与和玺彩画媲美。但由于该彩画用金较多，在排级上又不如和玺，故应用较少，实例不多。

旋子金琢墨石碾玉彩画的示意图如图 6-19 所示。

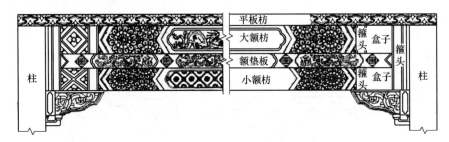

图 6-19　旋子金琢墨石碾玉示意

2. 烟琢墨石碾玉

烟琢墨石碾玉彩画的等级是仅次于金琢墨石碾玉彩画。较早时期这种彩画多见，现在常见的烟琢墨石碾玉彩画与早期的特点略有差别，但在找头部分的旋子花中，表达方式一样。它除五大线（即指枋心线、岔角线、皮条线、箍头线、盒子线等）仍为沥粉贴金外，而其他图纹线条均为墨线，故称为"烟琢墨"。

① 五条大线沥粉贴金退晕，其中，素盒子即俗称的整盒子与破盒子的大线也退晕，但活盒子不退晕。

② 找头部位的旋子花各圆及各路瓣用墨线画成，一路瓣、二路瓣、三路瓣及栀花瓣均同时加晕，但不贴金，只在旋眼、栀花心、菱角地、宝剑头四处贴金。

③ 枋心由龙和宋锦互相调换运用，青地画金龙，配绿棱，绿地改画宋锦配青棱。

④ 烟琢墨石碾玉彩画用活盒子。盒子内画片金团龙、片金凤、片金西番莲或瑞兽，内容基本与枋心保持一致。盒子青地画坐龙（凤），绿地画西番莲草等图案，均为片金图案；在枋心与盒子龙（凤）的周围配片金云，无五彩云，盒子的岔角青箍头配二绿岔角，绿箍头配二青岔角，二绿岔角切水牙图案，青岔角切草形图案。

⑤ 烟琢墨石碾彩画的平板枋画"降魔云"图案，做法同金琢墨石碾玉，不同的是栀花瓣轮廓线用墨线，并退晕。

⑥ 垫板经常运用轱辘草和小池子半个瓢两种图案，其中轱辘草多运用于大式由额垫板，为红地金轱辘、攒退草或片金草。小池子多用于小式垫板之上，也可用于平板枋、挑檐枋之处

和由额垫板之上。

⑦ 挑檐枋有流云图案的设计，也有素枋。

烟琢墨石碾玉是常用的旋子彩画，很多大型、重要的庙宇多用，北京的文化宫太庙，团城上的承光殿即属此种彩画。

（三）金线大点金、墨线大点金

大点金是指旋眼、花心、尖角等突出部位点成金色，线条不做退晕处理。在此基础上，若将画中五大线做成金色者，称为金线大点金。若将五大线做成墨色者，称为墨线大点金。除此以外的其他各线一律为墨色。

1. 金线大点金

金线大点金是旋子彩画最常用的等级之一，在旋子彩画各等级中属中上，它的退晕、贴金和枋心盒子等部位的内容在设计上均恰到好处，是旋子彩画的代表形式。

① 枋心线、箍头线、盒子线、皮条线、岔口线五大线沥粉贴金退晕，其中枋心线、岔口线每线的一侧加一层晕色；活盒子线不加晕色；素盒子线，即十字相交破盒子线与菱形整盒子线双侧加晕；皮条线双侧加晕。

② 找头外轮廓大线，各层旋子的轮廓线，各个旋子瓣、栀花瓣以及靠箍头的栀花瓣均为墨线，不退晕；在旋眼、栀花心、菱角地、宝剑头四处沥粉贴金。

③ 盒子分活盒子与素盒子。活盒子可用青、绿两色调换，也可用青白两色调换，青盒子内画片金龙（凤），绿盒子内画片金西番莲。白盒子用在绿盒子部位，画瑞兽，这种做法在较早时期多用。素盒子，以栀花盒子为例，靠近青箍头画整盒子，靠近绿箍头的画破盒子。整盒子线内画青色，栀花为绿色，盒子线外与其相反，栀花画青色；破盒子线上下为绿色，破盒子在绿箍头之间用。在较早时期的大点金，烟琢墨石碾玉及金琢墨石碾玉彩画的盒子也有四合云如意盒子与十字别盒子的设计，近似这种整破盒子，后来分别被整栀花盒子与破栀花盒子代替，逐渐简化。栀花花纹不如前者精致，前者图样至今尚能见着。

④ 金线大点金的枋心由龙锦互相调换，同烟琢墨石碾玉形式。

⑤ 金线大点金彩画的垫板在图案上同烟琢墨石碾玉，只用半个瓢，栀花不退晕，在各菱角地和花心处贴金；小池子内多画黑叶子花、片金花纹与攒退花纹；黑叶子花画于二绿池子内；片金花纹画于红池子内；攒退花纹画于二青池子内（也可调换）。

⑥ 大式由额垫板多画轱辘草，两侧的半个轱辘（半个轱辘为阴草，向中间排列依次为阴草阳草，中间轴线上为一完整的阳草）为绿色，草多为攒退草或片金作。草由青绿两色组合。

⑦ 平板枋的降魔云图案及色彩同烟琢墨石碾玉，也是云头大线沥粉贴金并认色退晕，但栀花不退晕，栀花的贴金同烟琢墨石碾玉，在花心、菱角地、圆珠三处贴金。

⑧ 挑檐枋边线沥粉贴金，青色有晕，一般不画其他花纹。

⑨ 金线大点金旋子彩画的枋心、找头、盒子等部位，在不同场合亦有不同的设计。

2. 墨线大点金

墨线大点金也是最常用的旋子彩画之一，多用在大式建筑之上，如城楼、配殿、庙宇的主殿以及配房等建筑上。墨线大点金为旋子彩画的中级做法，也是旋子各彩画由高级到低级的一个关键等级，很多明显的不同处理方式均由此等级开始变化，其设计做法如下。

① 墨线大点金彩画除旋眼、花心、尖角等突出部位的线条为沥粉贴金外，其他一律为墨线，包括五大线及旋子花的大小轮廓线，也无一处有晕色；找头部位处理同金线大点金，在旋眼、栀花心、菱角地、宝剑头四处贴金。

② 墨线大点金的枋心有两种表现方式。一种同金线大点金，枋心之内分别画龙锦，互相调换；另一种枋心内画一黑色粗线，为一字枋心，俗称"一统天下"。较窄的枋心也可不画"一统天下"，即青色素枋心，称"普照乾坤"。

墨线大点金如果枋心不贴金，其他部位贴金量又都较小，且分散，再加上没有晕色，所以整组彩画金与青绿底色的差别非常明显，如同繁星闪烁，使得彩画宁静素雅之中又见活泼，是运用较为广泛的彩画形式。

③ 墨线大点金多用素盒子，盒子内的退晕、用金方式同找头。

④ 平板枋上画降魔云。云头线为墨线，不贴金、不退晕；栀花贴金同金线大点金，也是在花心、菱角地、圆珠三处贴金。

⑤ 小式垫板画小池子半瓢图案，图案中无金线，只在菱角地、花心二处贴金（包括宝剑头）。大式的由额垫板有两种画法：一种画小池子半个瓢；另一种为素垫板，只涂红油漆，不画任何图案。红色垫板把大小额枋截然分开，称腰带红或腰断红。

⑥ 挑檐枋为青地素枋。

（四）金线小点金、墨线小点金

1. 金线小点金

小点金彩画是大点金彩画的简化，是指只对旋眼和花心点金，其他同大点金。

在金线大点金做法基础上减掉菱角地、宝剑头两处贴金部位则为金线小点金。各大线沥粉贴金加晕，枋心内画龙锦，找头部分旋花为墨线不加晕。

2. 墨线小点金

这是用金最少的旋子彩画，多用在小式建筑上。其做法如下。

① 所有线条均不沥粉贴金，枋心之中也不贴金，只在找头的旋眼与栀花心两处贴金，其他部位如盒子，也只在栀花心处贴金。整个彩画不加晕色。

② 墨线小点金的枋心有两种安排方式。一种画夔龙与黑叶子花，夔龙画在樟丹色枋心之上，构件的箍头为绿色；黑叶子花画在青箍头的枋心中，枋心为绿色。另一种做一字枋心或素枋心。

③ 垫板画小池子半个瓢，只在两个池子之间的栀花心处贴金。垫板一般有三个池子，如果是绿箍头配两个樟丹池子，也画夔龙，一个二青池子画"切活"图案或二绿地画黑叶花等。如果是青箍头则画一个樟丹池子，两个二青或二绿池子。中间池子的颜色要与檐檩枋心的颜色有区别（不能用同一颜色）。

金线小点金与墨线小点金的图案仍与上述大点金相同，如图6-20所示。

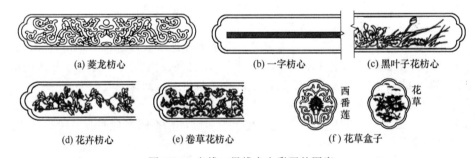

(a) 夔龙枋心   (b) 一字枋心   (c) 黑叶子花枋心

(d) 花卉枋心   (e) 卷草花枋心   西番莲 花草 (f) 花草盒子

图6-20 金线、墨线点金彩画的图案

（五）雅伍墨、雄黄玉

这是两种完全不用金的彩画，更不得用金龙和宋锦，以墨色和白色相配合的称为雅伍墨，若以黄色作底色的称为雄黄玉，这也是雅伍墨彩画和雄黄玉彩画的最大区别。

1. 雅伍墨

雅伍墨是最素的旋子彩画，在大小式建筑均能见到，用于低规制的建筑装饰上。其做法如下。

① 所有线条，包括梁枋的所有大线以及各部位细小的旋子、栀花等处的轮廓线均为墨线，均不沥粉，不加晕色，不贴金。整组彩画只有青、绿、黑、白，四色画齐。

② 雅伍墨的大式由额垫板不画图案，为素红油漆。小式垫板池子画半个瓢，也不贴金，小式枋心多画夔龙黑叶子花，所以池子同小点金画法。

③ 大式枋心画"一统天下"，或一字枋心与"普照乾坤"互用，其中青枋心为"普照乾坤"，绿枋心为"一统天下"。

④ 平板枋可画不贴金的"降魔云"或不贴金的栀花，也可只涂青色，边缘加黑白线条，称"满天青"。

⑤ 挑檐枋为青地素枋。

2. 雄黄玉

雄黄玉是另一种调子的旋子彩画，传统以雄黄为颜料，以防构件虫蛀，所以该彩画多见于房库建筑，现多用石黄配成雄黄色（石黄比雄黄浅）。其特点分底色与线条两项，色即雄黄色，不论箍头、找头、枋心均用黄色。线条，包括大线与找头的旋子、栀花花纹为浅青、深青和浅绿、深绿退晕画成，青绿分色的做法与旋子彩画相同，但调子和退晕层次区别于一般旋子彩画，所以在旋子彩画类中可不列为第八种。

三、苏式彩画

苏式彩画一般用于园林建筑和民居，因起源于苏州而命名，是以江南苏浙一带所喜爱的风景人物为题材的民间彩画，苏式彩画以轻松活泼、取材自由、色调清雅、贴近生活而独具一格，因此，多为民间建筑和园林建筑所采用。与和玺彩画、旋子彩画的不同主要在于苏式彩画将木构架中的檩、垫、枋中心部分围合成一个半圆形，称为包袱，在包袱内画人物花卉、鸟兽鱼虫、亭台楼阁、山水风景等，主题内容丰富多彩，包袱两侧多画锦纹、万字、夔纹等，图案多样，变化灵活。苏式彩画依贴金量多少分为金琢墨苏式彩画、金线苏式彩画、黄线苏式彩画等；按构图形式划分为包袱式彩画、枋心式彩画、海墁式彩画。苏式彩画各部名称见图6-21。

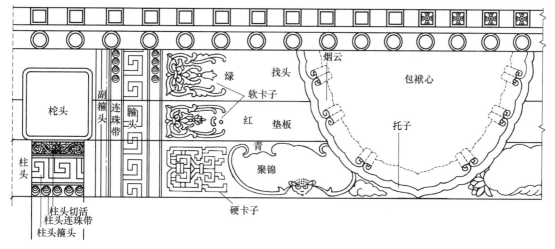

图 6-21　苏式彩画

（一）包袱式彩画

包袱式彩画是将额、垫、枋，或檩、垫、枋三者作为一个大面积进行构图，用圆弧形的包袱线作为枋心与找头的分界线，然后，分别在包袱和找头内各自构图。

1. 包袱

苏式彩画的构图有多种，将梁枋横向分为三个主要段落的构图就是其中一种。但最有代表性的构图是将檩、垫、枋（小式结构）三件连起来的构图，主要特征为中间有一个半圆形的部分，称包袱。包袱内画各种画题，由于绘画时需将包袱涂成白色，所以行业中又称这部分为白活。

2. 烟云、托子

包袱的轮廓线称为包袱线，由两条相顺、有一定距离的线画成，每条线均向里退晕，其里边的退晕部分称烟云，外层称托子，有时将这两部分统称烟云。烟云有软硬之分，由弧线画成的烟云称为软烟云，由直线画成的烟云称为硬烟云，如图6-22所示；软硬烟云里的卷筒部分称为烟云筒，另外烟云也可设计成其他式样的退晕图样，这样更富于变化。

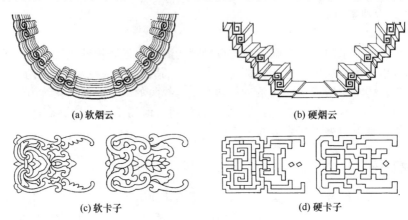

(a) 软烟云   (b) 硬烟云

(c) 软卡子   (d) 硬卡子

图 6-22　烟云、卡子

3. 卡子

苏式彩画的构图又常在包袱箍头之间有一个重要图案，靠近箍头，称为卡子，卡子分为软卡子和硬卡子，如图6-22所示，分别由弧线和直线画成。

4. 池子、聚锦、找头花、连珠带

在卡子与包袱之间，靠近包袱的垫板上的绘画部位称为池子，池子轮廓的退晕部分也称烟云。在枋子靠近包袱的部分，有一小体量的绘画部位，形状不定，称为聚锦；与聚锦对应的部分（如下枋为聚锦，则指檐檩的该部位）最普通的画题是画花，称找头花；箍头两侧的窄条部分称为连珠带（不一定都画连珠），如图6-23所示。

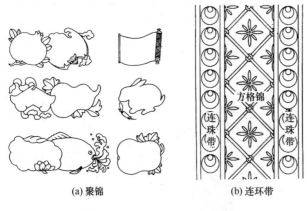

(a) 聚锦   (b) 连环带

图 6-23　聚锦和连珠带图案

（二）色彩与纹样

1. 箍头

箍头中常用的图案有回纹、万字、汉瓦、卡子、寿字、锁链、工正王出等图案。箍头也是青绿两色为主，互相调整运用，但里面的内容变化较大，有时甚至改变其色彩，其中垫板与檩部色彩相同，下枋子箍头为另一色。箍头两侧的连珠带分黑色和白色两种，黑色上边画连珠；白色上边画方格锦（灯笼锦），又称锦上添花。青箍头配香色连珠带或香色方格锦，或配绿色方格锦；绿箍头配紫色连珠、紫方格锦，或配青色方格锦。

2. 找头、卡子、聚锦、池子、找头花

① 檩构件如果是青箍头，则为绿找头，配软卡子，剩余部位画黑叶子花（找头花）或瑞兽、祥禽。绿找头的两侧画题对称，包袱左侧的找头如果画黑叶子花，则右侧也画黑叶子花；左侧画祥禽瑞兽，右侧也画祥禽瑞兽。枋构件如果为绿箍头，则找头为青色，配硬卡子，靠包

袱配聚锦。

② 其中卡子的色彩配青色找头，为青色或绿色以及青色、绿色、红色等色组合，绿色部位的卡子为紫色或青色或红、青、紫等色组合。垫板不论箍头是青还是绿，均为红色，固定配软卡子，画在红地之上。

③ 聚锦的画题同包袱，色彩除白色外，尚有各种浅色，如蛋青、旧纸（新纸做旧的颜色，赭石色加点熟褐）、四绿（四绿是淡粉绿色，都是国画颜料中的颜色）等色。包袱两侧的聚锦内容多不相同，如左边为聚锦画山水，右边的则可画花卉，画题不对称。

④ 池子两侧的画题则对称，一般多画会鱼。

⑤ 聚锦与池子也可称"白活"，因其画法相同。

3. 柱头

柱头部分的箍头内容同大木，宽窄也一致，色彩按做法定，但在箍头的上部多加一窄条朱红（樟丹）色带，上面用黑线画较简单的花纹（切活）。

4. 檩、垫、枋

檩、垫、枋单体构图的排色基本同旋子彩画，只是较简化，细部段落较少，最后成为青箍头、绿找头、青楞的排列格式。枋心白活，找头部分青找头配硬卡，绿找头配软卡子。卡子与枋心之间的内容同上，也是青找头配聚锦，绿找头配黑叶子花或其他画题。

苏式彩画在固定的格式下，也可以分成高级、中级和较简化的种类，主要是指用金多少、用金方式、退晕层次和内容的选择等，形成华丽、繁简程度不同的装饰，这些多见于细部。一般可分为金琢墨苏画、金线苏画、黄线苏画、海墁苏画等。另外，取苏式彩画的某一部分又可变成极简单的装饰方案，如掐箍头彩画或掐箍头搭包袱彩画，即提取箍头部分的图案或同时提取箍头与包袱两部分，均属苏式彩画范围。

（三）金琢墨苏画

金琢墨苏画是各种苏式彩画中最华丽的一种，主要特征为贴金部位多、色彩丰富、图案精致、退晕层次多。各具体部位做法如下。

① 箍头为金线，箍头心的图案均为贴金花纹，如金琢墨花纹或片金加金琢墨花纹，常用图案有倒里回纹、倒里万字、汉瓦卡子等。

② 包袱线沥粉贴金。包袱中的画题不限，但表现形式往往较其他等级的苏画略高一筹，比如一般包袱中画山水，同普通绘画。金琢墨苏画包袱的山水却有以金作衬底（背景）的例子，称窝金地，这种做法只在突出位置上表现，如用在主要建筑的明间包袱中。

③ 烟云有软硬之分，相间调换运用，其中明间用硬烟云，次间用软烟云。烟云的退晕层次为七至九层，托子的退晕层次为三至五层，多为单数。烟云与托子的色彩搭配做法为青烟云配香色托子；紫烟云配绿色托子；黑烟云配红色托子。烟云筒的个数每组多为三个，个别处也可为两个。

④ 卡子为金琢墨卡子或金琢墨加片金两种做法组合图案。由于花纹退晕层次较多，故卡子纹路的造型应相应加宽，但要仍能使底色有一定宽度，以使色彩鲜明、画题突出。

⑤ 找头花部位。金琢墨苏画很少在绿找头上画找头花，因找头花效果单调，所以金琢墨苏画多在这个部位画活泼生动的各种祥禽瑞兽和其他设计。兽的种类与形态不拘。祥禽以仙鹤为主，配以灵芝、竹叶水仙、寿桃等，名为"灵仙祝（竹）寿"。

⑥ 聚锦。聚锦画题同包袱，但变化的聚锦轮廓（聚锦壳）周围的装饰应精致、式样多变，为金琢墨做法。聚锦壳沥粉贴金。

⑦ 栀头边框沥粉贴金多画博古，三色格子内常做锦地，外边常加罩子，显得工整精细。栀头帮多石山青色，画灵仙竹寿或方格锦配汉瓦等图案。在栀头也有画建筑风景的（线法画，这里的线是一种形式，一种名称的总称，不是简单的画线），但因栀头体量小，线法画效果不协调。

⑧ 池子内画金鱼，烟云也退晕，轮廓线沥粉贴金。

（四）金线苏画

金线苏画为最常用的苏式彩画，有多种用金方式，目前分为三种：第一，箍头心内为片金图案，找头为片金卡子；第二，箍头心不贴金，找头为金卡子贴金；第三，箍头心内为颜色图案不贴金，找头为颜色卡子也不贴金。但金线苏画的箍头线、包袱线、聚金壳、池子线、枋头边框线均沥粉贴金。各部位的做法如下。

① 箍头大多为贯套箍头，个别情况用素箍头。箍头心内以回纹万字为主，一般不分倒里，以一色退晕而成，仅画出立体效果，称阴阳万字。连珠带画连珠或方格锦，方格锦软硬角均可。

② 包袱内画题不限，多采用一般表现方法，很少有金琢墨苏画的"窝金地"做法。各间包袱内容调换运用，对称开间，即两个次间画题对称。包袱内的山水包括墨山水、洋山水、浅法山水、花鸟等。

③ 烟云一般多为软云，两筒、三筒均可。在重要建筑的主要部位常搭配硬烟云，烟云层次为五至七层，常用的为五层。烟云与托子的配色方法同余琢墨苏画。

④ 卡子分片金卡子与颜色卡子两种，如果箍头心为片金花纹，则卡子为片金卡子；箍头心为颜色花纹，卡子为颜色卡子，也有片金卡子，即卡子做法高于箍头。如果找头是颜色卡子，箍头心必为颜色箍头或素箍头。颜色卡子多为攒退活做法。

⑤ 找头部分画黑叶子花，瑞兽祥禽任取一种，同一座建筑物不得同时用两种画题，现一般多画黑叶子花、牡丹、菊花、月季、水仙等，内容不限。

⑥ 聚锦画题同包袱。聚锦轮廓造型可稍加"念头"（聚锦轮廓的附加花纹），念头做法同金琢墨聚锦。

⑦ 枋头多画博古。在次要部位可画枋头花。博古一般不画锦格子。枋头帮可用石山青色衬底，也可用青色衬底，画藤箩花、竹叶梅。枋头花及竹叶梅多为作染画法。

（五）黄线苏画

各部位轮廓线与花纹线均不沥粉贴金，有时只沥粉但并不贴金而作黄线，即凡金线苏画沥粉贴金的部分，一律改用黄色线条。如箍头线、枋心线、聚锦线均用黄色代替金，由于该种做法较早时期施以墨线，所以又叫墨线苏画，现多用黄线，除用金外，各部位所画内容也多简化，但墨线苏画多做枋心式设计。

① 箍头心内多画回纹或锁链锦等，回纹单色，阴阳五道退晕切角而成，锁链锦简单粗糙少用，个别部位也可用素箍头，用什么依设计而定。

② 包袱内画题不限，但不画工艺复杂的画题，以普通山水（墨山水或洋山水）、花鸟两种画题最多。

③ 除包袱线不沥粉贴金外，退晕同金线苏画，一般为五层，烟云为软烟云，多为两筒。

④ 卡子色彩单调，绿底色多配红卡子，青底色多配绿卡子或香色卡子，卡子多单加晕，跟头粉攒退。

⑤ 找头部分多画黑叶子花，内容与表达方式同金线苏画。

⑥ 聚锦很少加念头，多直接画一个简单的轮廓，在其中画白活。

⑦ 垫板部分可加池子，也可不加池子。如加池子，里面内容同金线苏画，可不退烟云，为单线池子。不加池子就直接在红垫板上画花，如喇叭花、葫芦叶、葡萄等。

⑧ 枋头可画博古与枋头花，也可只画枋头花，前者博古画在较显要的位置。枋帮可用拆垛法画，画竹叶梅等花纹。

（六）海墁苏画

海墁彩画是较包袱式彩画更为自由的构图彩画，它除箍头、卡子外，在枋心和找头之间没有任何分界线和框边，作画的面积更为宽阔，故称为"海墁"。在构图格式上与前几种苏画有很大差别，其特点为：除保留箍头外，其余部分可皆尽省略，不进行构图，两个箍头之间通画一种内容。有时靠箍头保留有卡子图案。箍头多为素箍头，并且不加连珠带。如加卡子，卡子多单加粉。在两个箍头之间的大面积部位所画内容依色彩而定，一般檩枋为两种内容互相调换，即流云与黑叶子花。流云画在青色的部位，箍头为绿箍头；黑叶子花画在绿色的部位，箍头为青箍头。流云较工整，云朵由绿、红、黄等色彩组合。黑叶子花构图灵活，章法不限，一般由中间向两侧分枝。垫板部位红色不进行固定格式的构图，多画青色拆垛法。另外，在用色上两箍头之间的檩枋部位，也可改青、绿色为紫、香色，画题不变，为较低级的表现方法。栀头青色可画拆垛花卉，栀帮香色或紫色画三青竹叶梅，多不作染。

苏式彩画运用比较灵活，上述金琢墨苏画、金线苏画、黄线苏画、海墁苏画，均在构件上满涂颜色，绘制图案和图画，其中前三种格式基本相同，海墁苏画两箍头之间不进行段落划分。各种苏画各个部位常见做法也不固定，划分不十分明显，同一做法常见于两种苏画之上，互相借用。但上述规定借用时只能低等级的表现方式在适当场合借用高等级的表现方式，而高等级的彩画不能随便移用较低等级的表现方式，如栀头花，黄线苏画为作染画法，较精细，海墁苏画为拆垛画法较简单，海墁苏画可用作染法，但黄线苏画一般不能用拆垛法。对构件不进行全部构图的做法为掐箍头与掐箍头搭包袱两种。

（七）掐箍头

在梁枋的两端画箍头，两箍头之间不画彩画而涂红色，现多为氧化铁红油漆，这种做法称掐箍头。掐箍头的彩画包括箍头、副箍头、栀头、栀头帮、柱头。由于掐箍头、彩画部位少，所以选择做法要适当，一般按黄线苏画内容而定，也可略高些，甚至有时可在箍头线处贴金。箍头心内画阴阳万字或回纹，栀头多画博古，栀头帮画竹叶梅或藤箩等，栀头底色为香色、紫、石山青等色不限。掐箍头是苏画中最简化的画法。

（八）掐箍头搭包袱

在掐箍头的基础上，中间部位加包袱，包袱两侧至箍头之间仍然涂以较大面积的红油漆，这种彩画既包括图案，又包括包袱内的绘画两部分内容，构图较充实，形式较掐箍头灵活。箍头心内多画阴阳回纹或万字，栀头同金线苏画内容，多画博古，栀头帮画藤箩或竹叶梅，底色为香色或石山青。包袱是该彩画唯一重要的部位，由于旁边没有其他图案陪衬，故十分明显突出，所选内容与画题应相对考究，如果该类彩画用于游廊，在众多的画面中，至少应用三种画题间插运用，如用山水、花鸟、走兽三种画题，或山水、人物、花鸟三种画题间插运用，多者不限。包袱线退晕层次多为5层，不宜过多，包袱线与栀头边框线，可贴金也可做黄色，依据要求的高低而定。另外，在某些场合中，也有苏式彩画与和玺彩画相配，苏式彩画与旋子彩画相配的例子，主要用于园林的某些点景建筑上，彩画具有图案工整严谨、画面生动活泼、富有情趣的特点，别具风格。但运用时应当慎重，不能在群体建筑中普遍、大量运用。

（九）和玺加苏画

用和玺彩画的格式（段落划分线），在枋心、找头、盒子等体量较大的部位画苏画的内容，即在其中添上山水、人物、花鸟等画题，所以就没有必要考虑是什么和玺加苏画了。和玺加苏画的大线做法的贴金、退晕、色彩排列均同普通和玺，只有枋心等画画的部位改成白色或其他底色。

（十）大点金加苏画

处理方法同和玺加苏画，即用大点金彩画的格式，沿用旋子大线、旋花找头、大点金的贴金、退晕做法（包括金线大点金与墨线大点金两种），将其中枋心、盒子中的龙、锦等内容改成山水、人物、花鸟等内容；配色做法按大点金进行，只在绘画部位涂白色，此种彩画可在园林中偶尔会用，正规的殿宇不采用。否则会与建筑物的功能矛盾，运用时应慎重。在园林中除大点金加苏画外，尚有小点金甚至雅伍墨加苏画的例子，均将其枋心、盒子部位涂成白色。但实例很少，效果不如大点金加苏画得体。

因苏式彩画的特殊性和灵活性，在等级高低体现方面，并不是绝对按上述形式排列。和玺加苏画与大点金加苏画为后期出现的彩画形式，亦不可按高低等级排列。

四、其他部位的彩画图案

其他部分是指除梁、檩、额、枋等大木之外的构件，如挂檐板、斗栱、斗栱板、椽子端头、天花板等的构图，因其作图面小，构件比较有规律，故与上述彩画构图均不相同。

（一）斗栱及其斗栱板的图案

斗栱的设色，以柱头科为界，按青绿二色相间使用，当升、斗构件为青地者，栱、翘、昂构件为绿地；反之调换使用。各构件周边作线条，分金线和色线（墨线或黄线）两种，如图6-24所示。

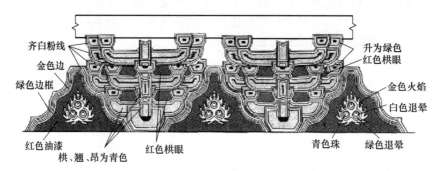

图 6-24　斗栱的设色及图案

金线斗栱与金线大点金以上彩画配合使用，色线斗栱与墨线大点金以下彩画配合使用。

（二）斗栱板的设色及图案

斗栱板一般固定为红地，绿色边框，内框线为金线，其他为色线。其图案多为火焰宝珠、坐龙、法轮草等，如图6-25所示。边框之内龙、凤、火焰为沥粉贴金，宝珠为颜料彩画，也可加色线。

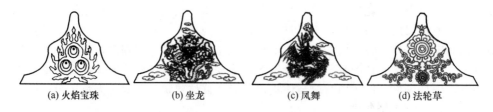

（a）火焰宝珠　　（b）坐龙　　（c）凤舞　　（d）法轮草

图 6-25　斗栱板的图案

（三）椽子端头的设色及图案

椽子端头是指直椽的檐口端头和飞椽的檐口端头，简称为檐椽头和飞椽头。图中阴影色为油漆，白色为沥粉贴金。

檐椽头一般为青地，图案多为寿字、龙眼、百花等；飞椽头一般为绿地，图案多为万字、栀花等，如图6-26所示。

（四）天花板的设色及图案

天花图案分为井口板图案和支条图案。井口线以内的为井口板图案；井口线以外的为支条图案，如图6-27所示。

| (a) 寿字 | (b) 龙眼 | (c) 百花 | (d) 万字 | (e) 栀花 |

图 6-26　椽子端头常用图案

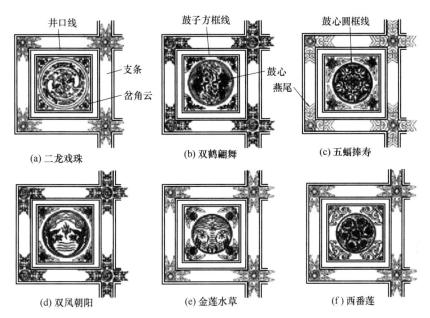

(a) 二龙戏珠　　　　　(b) 双鹤翩舞　　　　　(c) 五蝠捧寿

(d) 双凤朝阳　　　　　(e) 金莲水草　　　　　(f) 西番莲

图 6-27　常用天花板的图案

1. 井口板传统彩画

井口板的油漆彩画分为鼓子心和岔角云两部分。鼓子心是指井口板的中间部位图案，岔角云是指井口板四角部位的岔角花纹。

井口板的图案一般为方鼓子框线、圆鼓心。常用的圆鼓心图案有二龙戏珠、双凤朝阳、双鹤翩舞、五蝠捧寿、西番莲、金莲水草等。

井口板的设色，外层方鼓子框线一般为方光，色地为浅绿色；里层圆鼓心框线为圆光，一般为蓝色。

井口板传统彩画分为井口板金琢墨岔角云片金鼓子心彩画；井口板金琢墨岔角云做染鼓子心彩画；井口板烟琢墨岔角云片金鼓子心彩画；井口板烟琢墨岔角云做染及攒退鼓子心彩画；井口板方、圆鼓子心金线彩画等。

① 井口板金琢墨岔角云片金鼓子心彩画，是指井口板的彩画为金琢墨岔角云和片金鼓子心。即岔角图案和井口线为金琢墨（即很精细的沥粉贴金），鼓子内图案和鼓子框线为片金（即所有线条为沥粉贴金），其图案多为双龙、双凤。

② 井口板金琢墨岔角云做染鼓子心彩画，是指井口板的彩画为金琢墨岔角云和做染鼓子心。其中做染鼓子心是指鼓子内图案的轮廓线为较细的沥粉贴金，细金线之内染成花草所具有的颜色，其图案多为团鹤、花草。

③ 井口板烟琢墨岔角云片金鼓子心彩画，是指岔角图案和井口线为烟琢墨（即很精细的墨线），鼓子内图案和鼓子框线为片金（即所有线条为沥粉贴金）。

④ 井口板烟琢墨岔角云做染及攒退鼓子心彩画，是指岔角图案和井口线为烟琢墨（即很精细的墨线），鼓子内图案轮廓线为较细的沥粉贴金，细金线之内为彩色并齐白粉退晕。

⑤ 井口板方、圆鼓子心金线彩画，是指方、圆鼓子框线和鼓子心图案轮廓线为金线，其他线条为色线。

2. 支条传统彩画

支条彩画依其位置分为燕尾图案和支条井口线，如图6-27所示。支条的传统彩画分为支条金琢墨燕尾彩画、支条烟琢墨燕尾彩画、不贴金的支条燕尾彩画、刷支条井口线贴金、刷支条拉色井口线、天花新式金琢墨彩画等。

① 支条金琢墨燕尾彩画是指支条燕尾图案线为金琢墨线（即沥粉贴金的线条），其他为色漆。

② 支条烟琢墨燕尾彩画是指支条燕尾图案线为烟琢墨线（即边轮廓为很细金线），其他线条为墨色线。

③ 不贴金的支条燕尾彩画是指支条和燕尾图案线均为墨线和色漆。

④ 刷支条井口线贴金是指对支条井口线刷色漆贴金线。

⑤ 刷支条拉色井口线是指对支条井口线刷色漆。

3. 天花板的灯花图案

灯花是天花顶棚上专门配合悬吊灯具的一种彩画，如图6-28所示。灯花分为灯花金琢墨彩画、灯花局部贴金彩画、灯花沥粉无金彩画等。

① 灯花金琢墨彩画是指灯花图案的各主要线条均为沥粉贴金。

② 灯花局部贴金彩画是指灯花图案中的主要轮廓线、或花心、或点缀花纹等局部为沥粉贴金。

③ 灯花沥粉无金彩画是指对灯花图案只做沥粉而不贴金，使线条具有凸凹感的做法。

图 6-28　灯花

4. 挂檐板的图案

挂檐板即封檐板，常用图案为万字不到头、博古等，如图6-29所示。一般为沥粉贴金。

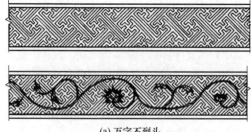 

(a) 万字不到头　　　　　　　　　　　　　　　　(b) 博古

图 6-29　挂檐板彩画图案

五、古建筑油漆彩画地仗现代做法

近年来，钢筋混凝土结构多应用于仿古建筑，为改进古建筑油漆地仗的材料配制方法，使用新型原材料配制新的油灰用于地仗。实践证明，它抓得牢，抗潮湿，抗酸碱，抗高温、高寒，适用于南北气候和各种结构，同时能比传统做法节约大量白面、血料、桐油，降低了工程造价，缩短了工期。改进后的地仗油灰配方如下。

（一）原材料

108胶、矿物胶、水泥、纤维素、煤油、生桐油、纱布、细砂纸、竹钉、小钉、砂轮石、线麻、夏布。

（二）原料配比说明

① 操底子油比例：生桐油20％～30％，煤油70％～80％（根据天气情况和所选木材不同调整）。

② 胶支浆配比：a.108胶25％，水75％；b.矿物胶按a配制后的1％。

③ 第一遍腻子比例：a.纤维素1％，水9％，108胶90％；b.再以a配置后的半成品为基准，加P.O32.5号水泥150％，矿物胶按5％。

④ 第二遍腻子比例：a.纤维素1.5％，水13.5％，108胶85％；b.再以a配置后的半成品为基准，加水泥160％，矿物胶水5％。

⑤ 第三遍腻子比例：a.纤维素2％，水18％，108胶80％；b.再以a配置后的半成品为基准，加水泥浆170％，矿物胶水4％。

⑥ 第四遍腻子比例：a.纤维素2.5％，水22.5％，108胶75％；b.再以a配置后的半成品为基准，加水泥150％，矿物胶水4％。

⑦ 一布四腻，四遍腻子比例同上，糊布用浆的比例：a纤维素1.5％，水13.5％，108胶85％；b.再以a配置后的半成品为基准，加水泥75％，矿物胶水8％。

⑧ 一麻四腻比例：四遍腻子比例同上。披麻用浆的比例：a纤维素1.5％，水13.5％，108胶85％；b.再以a配置后的半成品为基准，加水泥75％，矿物胶8％。

（三）调配方法说明

先把纤维素放入桶内，用开水泡，随倒随搅2h无疙瘩后，按比例倒入108胶搅匀；再放入矿物胶搅匀，放入水泥再搅拌无疙瘩即可使用。

（四）操作规程说明

此做法是在传统基础上加以改进的，工序做法简介如下。

（1）斩砍见木 把残存旧麻、灰、油皮砍去成麻面，要横着木纹砍，斧距之间距离为7.5～10mm，深为2～3mm，再用挠子挠，见白木，如砍新木件釜迹坡度要大一些。

（2）楦活 木裂缝在4mm以上应用木条施实钉牢，坑洼旋平，用胶粘牢，层皮活动处钉实，有松油、臭油、木有糟朽者砍去，用木掼实。

（3）撕缝 把木结构大小缝用铲刀撕成V字形，使缝两侧糟朽木全见新木，便于腻子抓得牢固，把柱顶石靠柱子处见新，叫做灰、木、石三结合。

（4）下竹钉 结构裂缝在3mm以上全要下竹钉，防止木性收缩。有的竹钉、竹片一头尖扁或方形，下时两头用扁形，中间用尖形；钉时先下两头，后下中间，同时先轻后重钉实。如有下不去的，用扁铲铲平，距离约为0.1mm。

（5）清理 把砍、挠、撕缝、活木、雨锈再细找一次，将灰土扫净，刷生油一遍，刷时要用调配好的底油，支油浆。

（6）提缝腻子 油浆干透后，用扫帚把浮土扫净，将调配好的腻子用铁板在有缝处横塞竖刮，必须塞实，有坑洼补找平，上下桩头、柱根、线口找刮，找成活。

（7）上通腻子 把捉缝腻子表面有疙瘩处用砂轮石磨掉扫净，用调好的腻子在圆处和平处先用皮子干操入架骨，再覆腻子，后过板子，板口用铁板子打找，棱角要齐整，厚度以高处为准，不超过 1mm。

（8）披麻　用梳好的线麻和调配好的浆，在第二遍通腻子上由上至下一节一节地刷，刷时要均匀，厚薄适当，再粘麻，粘时要横着木纹粘，随粘随用轧子压实，使浆浸透麻后压实，麻的厚度不透底腻，无麻包，无干麻为止（干后不磨麻）。

（9）压麻　麻干透后将调配好的腻子用皮子抹上，下操入骨，再覆腻子，后过板子，随着用铁板把板口、棱角找平，厚度以高处不超过 1mm 为准。

（10）轧线　老式框线是混线，传统轧子用竹子做，现在改为铁片，形状为三停三平，用调配好的腻子在框边轧，要轧直顺，其他门窗、隔扇堂花、云盘线、两炷香线、窝角线等再用不同的轧子轧。

（11）找细腻子　压麻腻子干透后，用砂轮石把浮疙瘩磨去，扫净。先把尖角、棱线口、上下柱头、柱根找齐整直顺，再把抱框、槛框、大边找成活。

（12）溜细灰　圆处把调配好的细腻子用皮子溜，先操后覆腻子，再描成活，厚度高处不超过 1.5mm，然后把线口修好，再用轧子轧第二遍腻子线。

（13）磨细腻子　传统做法是用澄江泥砖磨，现改用砂轮自磨，磨到九成活后，再用细灰细砂布磨，磨断斑、棱角、线路直顺整齐，扫净后操生油，过 2～3h 后把表面浮油擦去，避免挂甲（生油比例：生油 55%，煤油 45%），刷时要刷到干为止。

（14）上细腻子　生油干透后用砂布磨，扫净，把调配好的细腻子圆处用皮子溜，平处用铁板刮，全要靠骨腻子，干透后用细砂布或细砂纸磨光扫净，即可上各色油漆。做画活处不上细腻子，在生油地仗上即可做各种彩画。

① 如做糊布地仗，使用的浆同披麻浆、腻子各遍比例同上。糊布做法：先把布边用剪子剪去，再根据糊布的位置，刷上浆后粘布，用硬皮子糙，浸透后，再用麻轧子轧实，把四边擦净。四遍腻子做法同上。

② 做二麻五腻或二麻六腻做法材料同本节"五、（一）、（四）"的相关内容。如做单披灰木结构，要求平、圆、无缝，可做一道腻子。结构稍差点，做两道腻子，一般新旧结构做三道腻子均成活。遇特殊情况木件太粗，可做四遍腻子。

③ 如做椽头、连檐、瓦口，用 2～3 道腻子；如做椽望、门窗、隔扇，找补二道或三道腻子，材料做法均同上。

④ 如做花活，找刷肘腻子，使用材料同上，另加 30% 的水。

⑤ 如做匾抱柱时，地仗披麻，刻堆各种字，表面大漆或磨退，使用材料同本节"五、（一）、（四）"的相关内容。表面烫蜡及擦软蜡均适应。注意做单皮灰各遍以高处不超过 0.5mm 为准。

第七章 ◄◄◄◄◄

亭子和廊子

第一节　攒尖顶建筑（亭）

屋面坡度陡峭，数条垂脊向上交会于顶部，无正脊，上安置宝顶，所有角梁交会中心雷公柱上，这种建筑物的屋面在顶部交汇为一点，形成尖顶，称为攒尖建筑，也称亭子。

攒尖建筑在古建中大量存在。攒尖顶亦称斗尖，古典园林中常见的各种不同形式的亭子，如三角、四角、五角、六角、八角、圆亭等都属攒尖建筑。圆攒尖顶无垂脊，还有重檐攒尖、多重檐攒尖等，造型非常丰富。

在宫殿、坛庙中也有大量的攒尖建筑，如北京故宫的中和殿、交泰殿，北京国子监的辟雍，北海小西天的观音殿，都是四角攒尖宫殿式建筑。而天坛祈年殿、皇穹宇则是典型的圆形攒尖坛庙建筑。在全国其他地方的坛庙园林中，也有大量攒尖建筑。

亭子种类样式很多，现按不同类型介绍几种亭子的设计，其余类型可参照设计。

一、四角攒尖建筑

四角攒尖建筑的基础可参照本书第二章相关内容进行设计。

（一）单檐四角亭（以无斗栱小式为例）的传统做法

单檐四角亭构造比较简单，平面呈正方形，一般有四根柱。屋面有四坡，四坡屋面相交形成四条屋脊，四条脊在顶部交汇成一点，形成攒尖，攒尖处安装宝顶。其基本构造如下。

① 从柱础往上，四根柱，柱头安装四根箍头枋，围合成圈梁形式，使下架（柱头以下构架）形成圈梁式封闭结构，如图7-1所示。柱高按0.8～1.1倍的面宽。柱子长细比南北方有差异，北方为1/12～1/10；南方为1/20～1/18。

② 在柱头上各放置角云（角云又称花梁头）一件。角云的作用是承接檐檩，处于转角处的角云，上部做出十字檩椀。

③ 在箍头檐枋上面的相邻两个角云之间应安装垫板。梁架第二层结构如图7-2所示。

④ 角云和垫板之上是搭交檐檩。搭交檐檩相交处做卡腰榫，参见本书第三章第六节的相关内容。四根檩子卡在一起，形成上架（柱头以上构架）的第一层圈梁式围合结构，注意要山压檐，位置见图7-3。

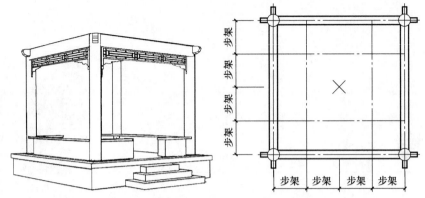

图 7-1　梁架第一层结构

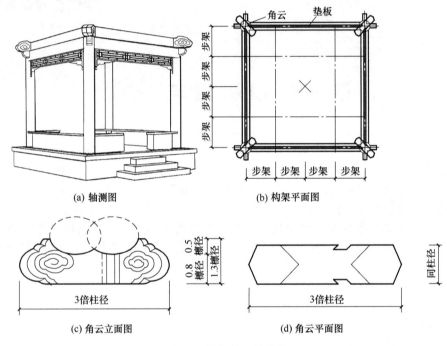

(a) 轴测图 　　　　　　　　　　(b) 构架平面图

(c) 角云立面图 　　　　　　　　(d) 角云平面图

图 7-2　梁架第二层结构

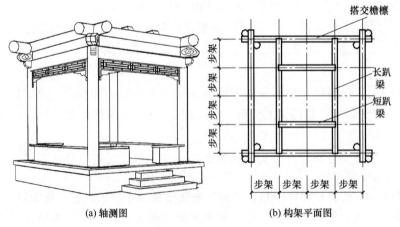

(a) 轴测图 　　　　　　　　　　(b) 构架平面图

图 7-3　梁架第三层结构

中国仿古建筑构造与设计

⑤ 亭子的檩枋布置要根据具体情况设置，有井口趴梁法和抹角梁法两种。在檐檩之上施趴梁或抹角梁主要是通过瓜柱或枋檩支撑上部的搭交金檩。这种借助于趴梁或抹角梁来承接檐檩以上木构件的方法，通常称之为趴梁法和抹角梁法。

a. 趴梁法。设计时要注意趴梁放置的方向。沿金檩平面中轴线，在进深方向施长趴梁，梁两端搭置在前后檐檩上；在面宽方向，施短趴梁，梁两端搭置在长趴梁上。这样，就在檐檩上面架起了一层井字形承接构架。其上再依次安装金枋、金檩等构件。施工图参看本书第四章第六节相关内容，井口长短趴梁节点如图7-4所示。

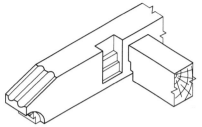

图7-4　长短趴梁节点

b. 抹角梁法的构造方法。在檐檩之上与面宽、进深各成45°的位置装抹角梁，抹角梁的中轴线要通过搭交金檩轴线的交点，四角共安装四根抹角梁，在檐檩以上构成方形承接构架，在这层构架上再安装金枋、金檩等，如图7-5所示。抹角梁和抹角梁碰头处按实际情况做成斜线，趴在檐檩上的阶梯榫也按照檐檩的方向成45°夹角。抹角梁法的构造做法如图7-5所示。

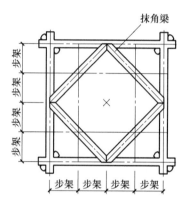
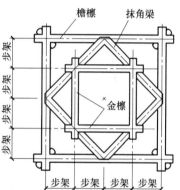

图7-5　抹角梁法的构造做法

⑥ 在亭子的四个转角，分别沿45°方向安装角梁，形成转角部位的骨干构架，其平面图如图7-6所示。大样图参看本书第四章第八节相关内容。

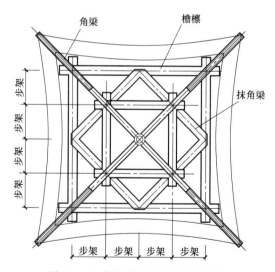

图7-6　四角亭抹角梁法构架平面图

⑦ 角梁以上安装由戗（续角梁），四根由戗共同交在雷公柱上，如图7-7所示。

⑧ 雷公柱是攒尖建筑顶部的骨干构件。雷公柱有以下两种做法。

a. 落在太平梁上的雷公柱（图7-8）。柱下设计榫卯结构，适用于较大型的攒尖建筑，由于这种建筑体量大，屋面荷载也大，不能只依靠由戗承担，所以加一根横梁即太平梁作为受力构件以确保安全。

b. 带垂头的雷公柱（图7-9）。雷公柱的荷载全部落在由戗上，雷公柱的下端就悬空了，可以做成莲花头形状，上面雕以仰复莲或风摆柳，这种做法适用于较小型的攒尖建筑。

雷公柱直径按檐柱径或1.5倍柱径，长按实际确定，上部的宝顶桩一般控制在宝顶中部偏上，断面随意，可以为圆形、多边形、方形均

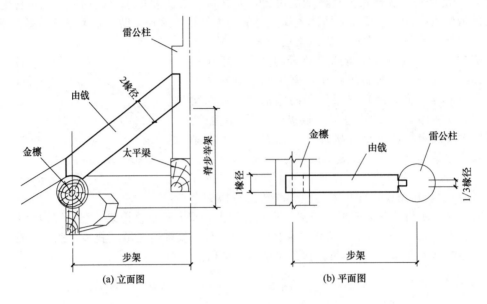

图 7-7　由戗

可，方形居多，宝顶桩的直径是雷公柱直径的 1/2，戗眼高度根据实际放样确定，卯眼上皮距宝顶桩底皮为由戗与雷公柱按举架相交的斜面。雷公柱下端的垂莲头最低处不要低于上金檩的下皮线，柱头花饰部分的长度一般为柱径的 1.5 倍。

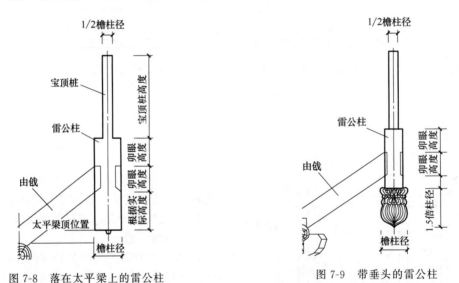

图 7-8　落在太平梁上的雷公柱　　　　　　图 7-9　带垂头的雷公柱

⑨ 四角亭屋面木基层做法与庑殿、歇山式建筑基本相同，即在檩子上面钉置椽子望板，正身部位钉正身檐椽、飞椽，转角部位钉翼角、翘飞椽。望板上面依次抹护板灰、做灰泥背、铺底盖瓦、调脊、安宝顶等。此处不细述。

单檐四角亭的立面图和剖面图如图 7-10 所示。

以上亭子的各个单体构件在设计时，参照硬山建筑的柱梁枋单体构件画法。

（二）单檐四角亭的现代做法

四角亭大多在园林景观中出现，多以传统建筑为依据进行模仿，尤以南方园林更为多见。下面以实例介绍其做法。

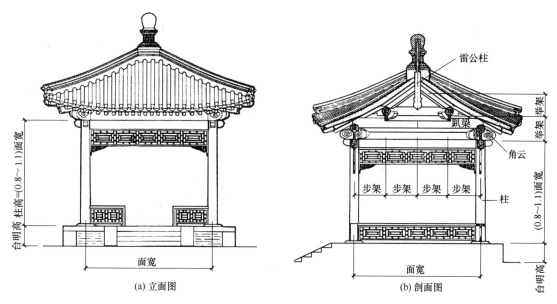

图 7-10　单檐四角亭

1. 平面图

某四角亭平面图、立面图、剖面图见图 7-11。

2. 基础

一般设计为柱下独立基础和条形基础，结构层次为：素土夯实，100 厚 C10 素混凝土垫层，钢筋混凝土独立基础或钢筋混凝土条形基础加地梁。下面介绍一种钢筋混凝土条形基础做法，如图 7-12 所示。

3. 柱

除按传统做法参照硬山建筑柱做法外，现在大多采用钢筋混凝土材料。参照歇山建筑的柱，只是柱高与面宽的比例按照 0.8～1.1 倍的面宽设计。断面配筋如图 7-13 所示。

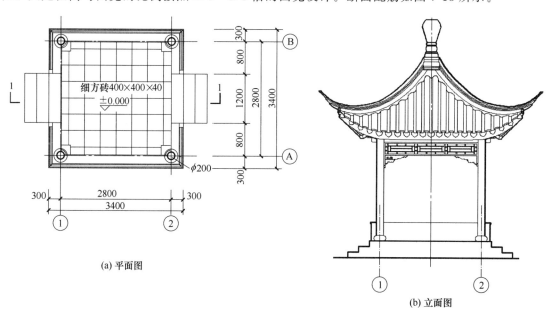

图 7-11

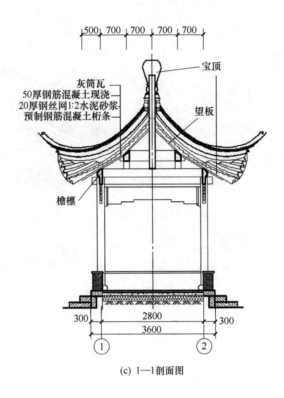

灰筒瓦
50厚钢筋混凝土现浇
20厚钢丝网1:2水泥砂浆
预制钢筋混凝土桁条

宝顶

望板

檐檩

300 2800 300
3600

① ②

(c) 1—1剖面图

图 7-11 单檐四角亭平、立、剖面图

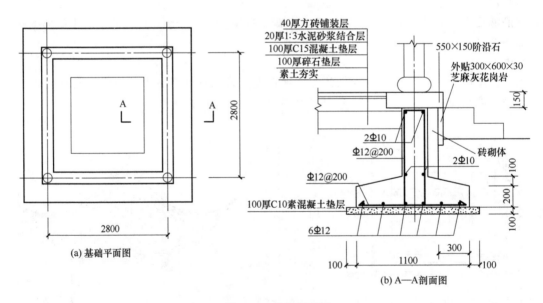

40厚方砖铺装层
20厚1:3水泥砂浆结合层
100厚C15混凝土垫层
100厚碎石垫层
素土夯实

550×150阶沿石

外贴300×600×30
芝麻灰花岗岩

150

2Φ10
Φ12@200

砖砌体

2Φ10

100

Φ12@200

200

100厚C10素混凝土垫层

100

6Φ12

300

100 1100 100

(a) 基础平面图

(b) A—A剖面图

图 7-12 基础剖面图

4. 屋架

屋架平面图如图 7-14 所示。

5. 梁架类构件

梁架类构件的结构图见图 7-15。

6. 宝顶

宝顶结构做法见图 7-16。

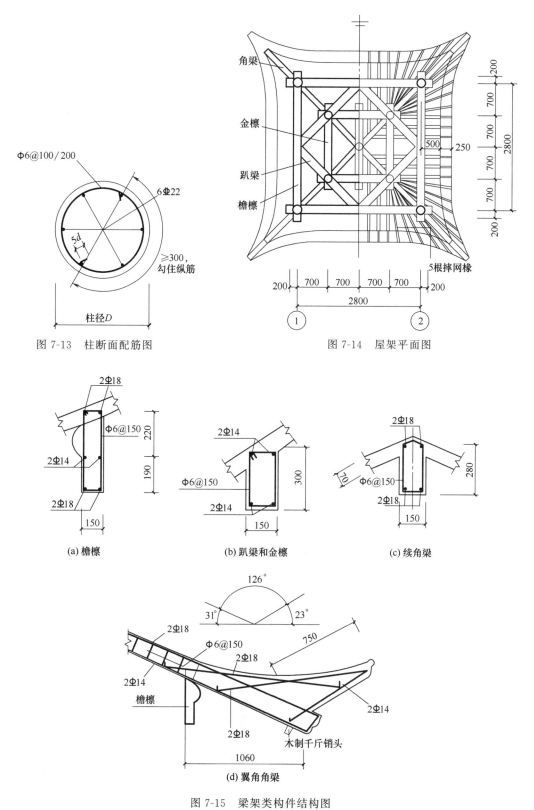

图 7-13　柱断面配筋图

图 7-14　屋架平面图

(a) 檐檩

(b) 趴梁和金檩

(c) 续角梁

(d) 翼角角梁

图 7-15　梁架类构件结构图

7. 屋面望板

屋面望板配筋如图 7-17 所示。

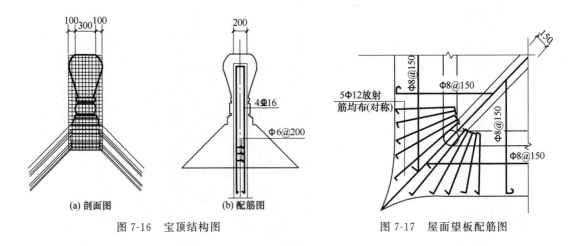

(a) 剖面图

图 7-16　宝顶结构图

(b) 配筋图

图 7-17　屋面望板配筋图

（三）重檐四角亭

重檐四角亭平面有一圈柱子和两圈柱子两种不同的柱网分布形式。柱网分布的不同，对亭子整体构架有很大影响。

1. 两圈柱重檐四角亭（双围柱重檐四角亭）

两圈柱子的重檐四角亭，平面共有 16 棵柱子，如果把外围的檐柱和其他构件去掉，剩下来的就是一个单檐四角亭。所以，双围柱重檐四角亭可以看做是一个单檐四角亭周围加上一圈廊檐所组成的。下层檐在檐柱柱头部分安装枋子，形成下层檐的围合框架。檐柱和金柱之间施抱头梁、穿插枋，角檐柱与金柱之间安斜抱头梁、斜穿插枋。抱头梁之间安垫板，垫板上安檐檩，转角处安装搭交檐檩，形成下层檐第二圈围合结构。下层檐的檐椽，外一端钉置在檐檩上，内一端钉在承椽枋上，承椽枋是安装在金柱之间的枋子，枋的高度位置按下层檐举架定，承椽枋外一侧剔凿椽椀以承接檐椽。在承椽枋与上层檐枋之间安装围脊板，围脊板的作用在于遮挡下层檐的围脊，围脊板的高度根据围脊的高度来确定。以上构件的设计参见本书第四章第十一节相关内容，此处不再赘述。

2. 一圈柱重檐四角亭（单围柱重檐四角亭）

单围柱重檐四角亭，在平面上只有外檐一圈檐柱，没有落地的金柱，这种柱网形式在扩大室内空间、提高空间利用率方面较之双围柱重檐四角亭有很大的优越性，如图 7-18 所示。

由于这种亭子没有金柱来支撑上层檐，需要解决在柱不落地的前提下上层构架及屋面的承

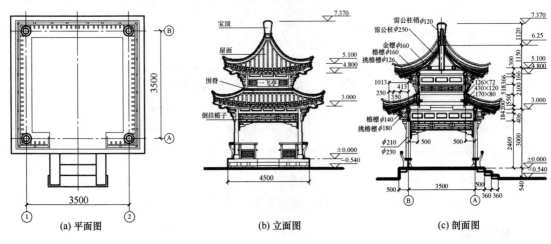

(a) 平面图　　　　　(b) 立面图　　　　　(c) 剖面图

图 7-18　重檐四角亭

载问题，这就使亭子的构造产生了变化。解决单围柱重檐四角亭上层檐的支承问题，通常有两种做法，即井字梁法和抹角梁法。

（1）井字梁法　井字梁作为承接上层檐的骨干构架，其上安墩斗、墩斗上立童柱，童柱上依次安装承椽枋、围脊板及檐枋等构件。童柱即为上层檐柱，柱头安角云，角云之间装垫板，垫板之上安装搭交檐檩，檐檩以上再安装趴梁或抹角梁，其上安装金枋、金檩、角梁、由戗、雷公柱等构件，方法同单檐四角亭，此处不再赘述。

（2）抹角梁法　通过安装抹角梁解决上层檐支承问题的方法，称为抹角梁法。此处所谓"抹角梁法"与单檐四角亭的"抹角梁法"不同，它是利用杠杆原理，以抹角梁为支点，以下层角梁为挑杆来悬挑整个上层构架。第一层木构件平面图如图7-19所示。

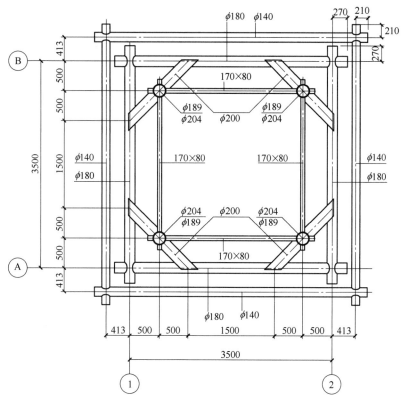

图 7-19　第一层木构件平面图

在下层檐的四角安装抹角梁。下层檐角梁的后尾搭置在抹角梁上，角梁后尾做透榫，插入四根悬空柱（上层檐柱），或把上层柱落在抹角梁上，悬空柱下端做垂柱头雕饰。四根柱之间依次安装花台枋、承椽枋、围脊板、围脊枋、围脊楣子、上层檐枋诸件。上层檐枋以上构造与单檐四角亭相同（上层檐以上不赘述）。第二层木构件平面图如图7-20所示。

底层屋面正身檐口和角梁大样图如图7-21所示。

上层屋面正身檐口和角梁大样图如图7-22所示。

其余结构及瓦石作均参见本书第四章第十六节和本章第一节相关内容。

二、六角攒尖建筑

（一）单檐六角亭（以无斗栱小式为例）

单檐六角亭平面有六根柱，呈正六边形。屋面有六坡，相交成六条脊，六条脊在顶部交汇为一点，攒尖处安装宝顶。其基本形式如图7-23所示。自下而上，单檐六角亭的基本构造如下。

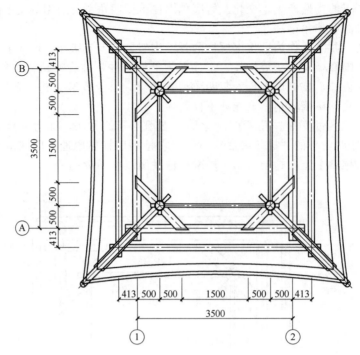

图 7-20　第二层木构件平面图

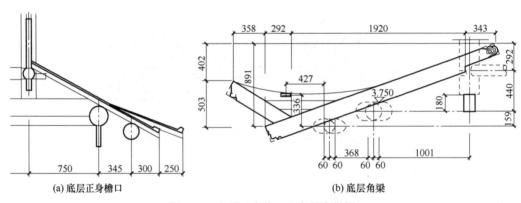

(a) 底层正身檐口

(b) 底层角梁

图 7-21　底层正身檐口和角梁大样图

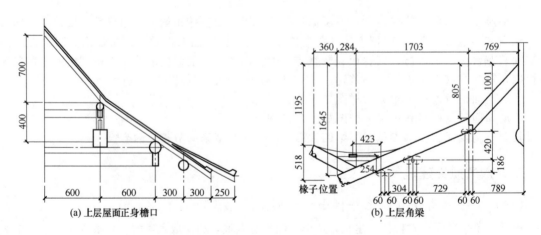

(a) 上层屋面正身檐口

(b) 上层角梁

图 7-22　上层屋面正身檐口和角梁大样图

(a) 立面图

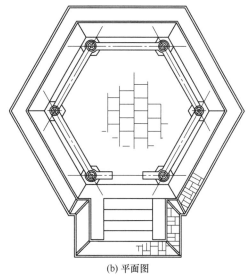

(b) 平面图

图 7-23　单檐六角亭

① 六根柱，柱头安装搭交的箍头枋，使柱头以下形成圈梁式围合结构，如图 7-24 所示。柱高按 1.5～2 倍面宽设计。柱子长细比南北方不太一致，北方为 1/12～1/10，南方为 1/20～1/18。

② 柱头以上安装角云、垫板、搭交檐檩，如图 7-25 所示。

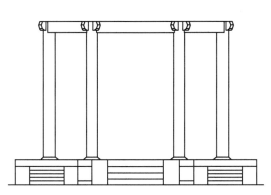

图 7-24　梁架第一层

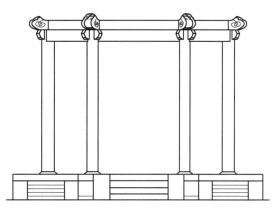

图 7-25　梁架第二层

③ 再往上就是檐檩，在檐檩上面，按金檩轴线位置确定趴梁的平面位置。通常是沿面宽方向的金檩轴线安置长趴梁，梁两端搭置在檐檩上；在进深方向安置短趴梁，梁两端搭置在长趴梁上。短趴梁的轴线在平面上应通过搭交金檩轴线的交点，以保证搭交金檩的节点落在趴梁上。长短趴梁在檐檩上面形成了承接上层构架的井字形梁架。井字形梁架如图 7-26 所示。

④ 再往上就是二层构架的趴梁以及老角梁，趴梁以上依次安装金枋、金檩。老角梁的构架平面图如图 7-27 所示。

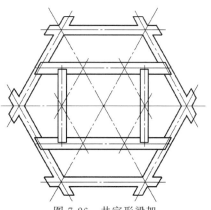

图 7-26　井字形梁架

六角亭的立面构架关系如图 7-28 所示。

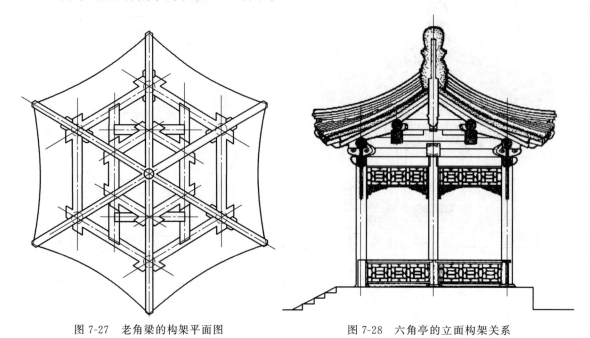

图 7-27　老角梁的构架平面图　　　　　　　图 7-28　六角亭的立面构架关系

搭交的箍头枋和檐檩由于不是直角搭接，其搭交方式如图 7-29 所示。

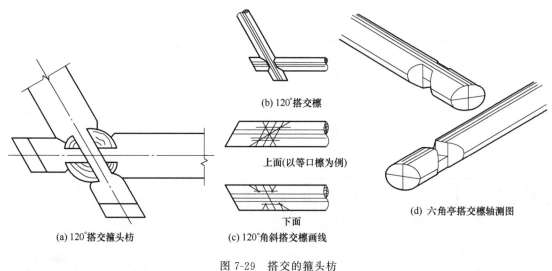

(a) 120°搭交箍头枋　　　(c) 120°角斜搭交檩画线

(b) 120°搭交檩

上面(以等口檩为例)

下面

(d) 六角亭搭交檩轴测图

图 7-29　搭交的箍头枋

角梁沿各角安装，角梁以上安装由戗，6 根由戗共同支撑雷公柱。雷公柱一般为悬空做法，较大形的六角攒尖建筑可在金檩上安装太平梁，雷公柱立于太平梁上，如图 7-30 所示。

单檐六角亭的其他构件做法参照四角亭等前述相似构件。此处不再赘述。

（二）重檐六角亭

重檐六角亭有一圈柱子和两圈柱子两种不同的柱网分布形式，由此形成两种不同的构造形式。

1. 两圈柱（双围柱）重檐六角亭

两圈柱子的重檐六角亭，平面分布 12 根柱，外围一圈檐柱，里围一圈金柱。金柱向上延

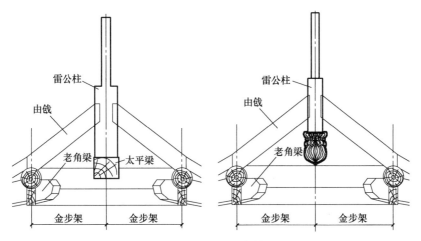

图 7-30　雷公柱大样

伸直通上层檐，作为上层檐的檐柱，如图 7-31 所示。这种由重檐金柱直接支承上层檐的做法，是最普通、最常见的一种构造方法，相当于在单檐六角亭外面再加出一层廊檐。它所采用的仍是双围柱重檐四角亭的构造模式。

　　双围柱重檐六角亭上层檐的构造与单檐六角亭相似，也是采取施用长、短趴梁的方法组成上层构架。下层檐构架与重檐四角亭的下檐构造有类似之处，在檐柱柱头位置安装搭交箍头檐枋，形成下层檐下架的围合结构。在檐柱和金柱之间施抱头梁、穿插枋，通过这件构件把两圈柱子连系成为一个整体，抱头梁之间安垫板，垫板上面安装搭交檐檩，形成下层檐上架部分的围合框架。搭交檩与金柱间安装插金角梁，角梁后尾做榫交于金柱，前端挑出于搭交檐檩之外。下层正身檐椽外端钉置于檐檩之上，内一端搭置于承椽枋之上。承椽枋以上装围脊板、围脊枋、围脊楣子和上层檐枋诸件。这种双围柱重檐六角亭尽管构造很合理，但由于金柱落地占据空间，影响室内空间利用率，作为公共园林建筑，这是美中不足的。

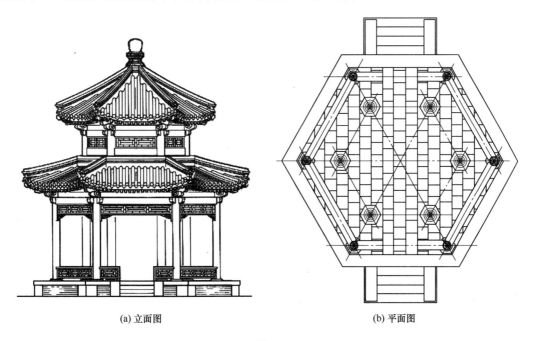

(a) 立面图　　　　　　　　　　　　　　(b) 平面图

图 7-31

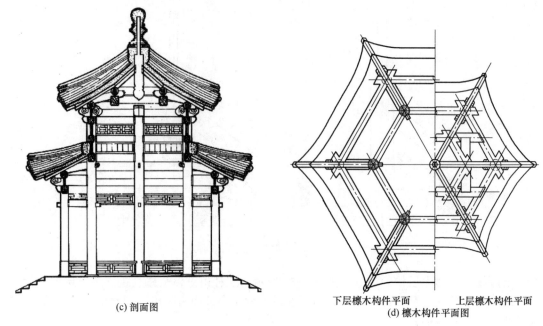

(c) 剖面图

下层檩木构件平面　　　上层檩木构件平面
(d) 檩木构件平面图

图 7-31　双围柱重檐六角亭

2. 一圈柱（单围柱）的重檐六角亭

单围柱重檐六角亭，平面分布 6 根柱，仅外围一圈檐柱，里围无金柱。它的基本构造是：

① 在柱头安装箍头檐枋（大式为额枋），柱头置角云；

② 角云之间装垫板（常为斗栱大式做法，这部分构件为平板枋和斗栱）；

③ 垫板以上安搭交檐檩（带斗栱大式做法为搭交挑檐桁、正心桁）；

④ 在檐檩上安装抹角梁。下层檐角梁外端扣搭在搭交檐檩上，内一端搭置在抹角梁上，并挑出于抹角梁之外，角梁后尾做透榫，穿入悬空柱下端的卯眼，悬挑上层檐柱。这种利用杠杆原理，以抹角梁为支点，角梁为挑杆悬挑上层全部构件的方法，即前面所谈到的抹角梁法。上层悬空柱间由若干道横枋相联系。这些枋子由下至上分别为：花台枋（带斗栱大式做法，溜金斗栱后尾落在此枋上，无斗栱小式做法可在此枋与承椽枋之间安置荷叶墩一类装饰构件作为隔架构件）；承椽枋；围脊板；围脊枋；围脊榻子；上层檐枋（大式做法为上檐额枋）等构件。上层檐枋以上在柱头部位安装角云，角云之间装垫板，垫板以上安搭交檐檩（如为带斗栱大式做法，这部分应为平板枋、斗栱、挑檐桁、正心桁诸件）。在檐檩以上安装趴梁，方法同单檐六角亭，趴梁上再装金枋、金檩、角梁、由戗、雷公柱等件。单围柱重檐六角亭如图 7-32 所示。

单围柱重檐六角亭，上层檐柱不落地，室内空间利用率高，构造巧妙合理。实物有北京中山公园松柏交翠亭、天津宁园重檐六角亭。

三、八角攒尖建筑

（一）单檐八角亭（以无斗栱小式为例）

单檐八角亭的构造与六角亭相似，平面有 8 根柱，柱头安装箍头檐枋，柱头上置角云，角云之间安垫板，垫板以上安装搭交檐檩。檐檩上面的长趴梁沿进深方向安放，这一点与前面介绍的单檐六角亭长趴梁放置位置不同；短趴梁则沿面宽方向安放，长短趴梁轴线的平面位置与金檩轴线的平面位置重合，这样可以保证金枋、金檩完全叠落在趴梁上。井字趴梁的内角，有时还加四根小抹角梁，以承接另外四根金檩。八角亭转角处安装角梁，角梁后尾装由戗支撑雷

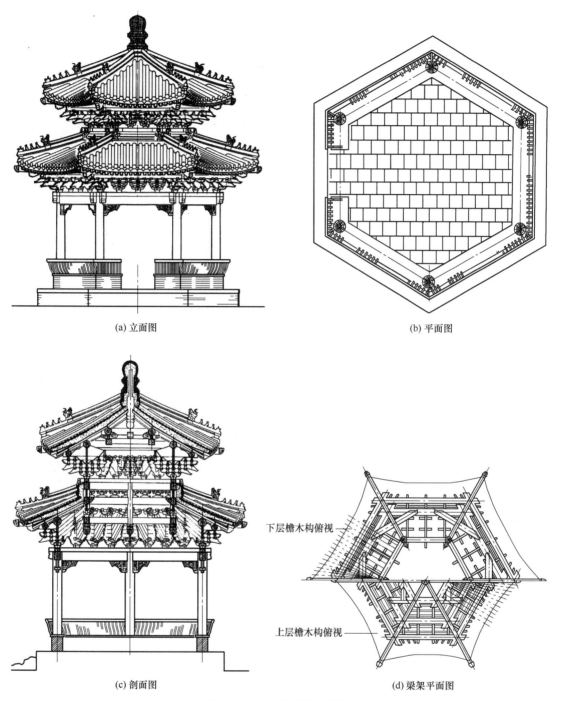

(a) 立面图

(b) 平面图

(c) 剖面图

(d) 梁架平面图

下层檐木构俯视

上层檐木构俯视

图 7-32　单围柱重檐六角亭

公柱，如图 7-33 所示。柱高按 1.8～2.5 倍面宽设计。柱子长细比南北方不太一致，北方为 1/12～1/10，南方为 1/20～1/18。

（二）重檐八角亭（以无斗栱小式为例）

重檐八角亭亦有单围柱和两围柱两种不同做法。

1. 两围柱重檐八角亭

两围柱重檐八角亭平面有两围柱，外围一圈檐柱，里围一圈金柱，金柱通达上层檐，又作

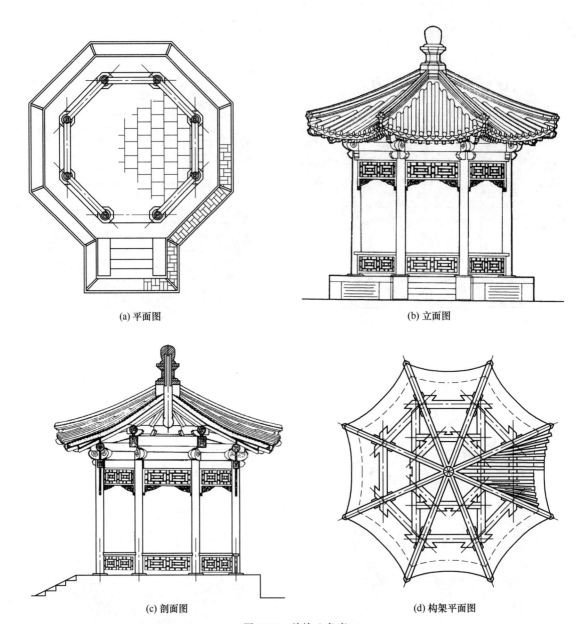

(a) 平面图   (b) 立面图

(c) 剖面图   (d) 构架平面图

图 7-33 单檐八角亭

为上檐的檐柱。这种亭子的构造与双围柱六角重檐亭完全相同，即：外檐柱柱头间安装箍头枋，檐、金柱之间的水平方向置穿插枋抱头梁，抱头梁之间安垫板，其上安装搭交檐檩。下层角梁前端扣在搭交檐檩之上，后尾作榫插入金柱。下层檐椽后尾交于承椽枋，承椽枋以下可装棋枋板、棋枋，承椽枋之上装围脊板和上层檐檐枋。如有围脊楣子者，在承椽枋之上应有围脊板、围脊枋、围脊楣子、上层檐枋，如图 7-34 所示。上层檐构造与单檐八角亭相同，此处不再赘述。两围柱重檐八角亭构造形式的亭子实例有雍和宫碑亭、景山寿皇殿碑亭等。

2. 单围柱重檐八角亭

重檐八角亭采用单围柱做法的实例很多，其基本构架是在下层檐檩子上安置井字趴梁，趴梁安置的角度及方法略同于单檐八角亭，要注意趴梁轴线须与上层檐檐檩轴线在平面上重合，以保证童柱（即上层檐柱）居中立于趴梁之上。井字趴梁内角安置小抹角梁。在柱位上安置墩斗，墩斗上面立童柱。在童柱之间由下至上分别安装承椽枋、围脊板、围脊枋、围脊楣子、上

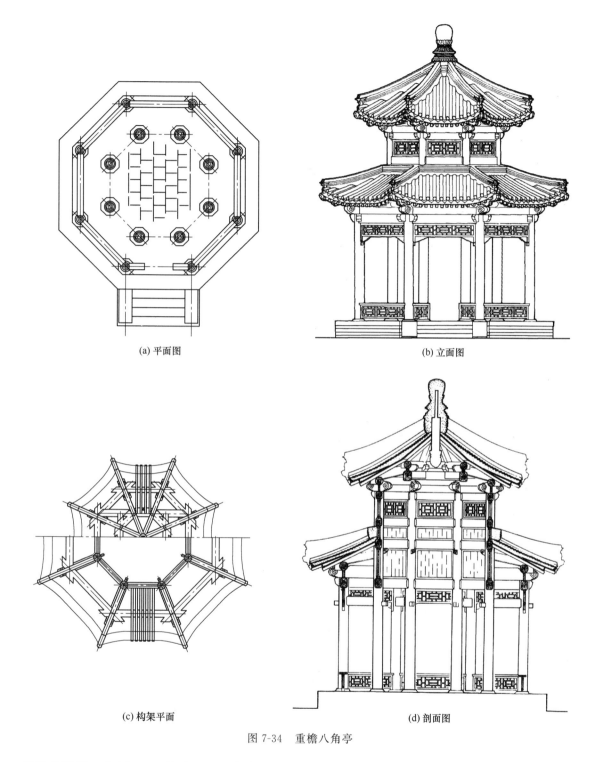

(a) 平面图

(b) 立面图

(c) 构架平面

(d) 剖面图

图 7-34　重檐八角亭

层檐枋诸件，如图 7-35 所示。上层檐构造同单檐八角亭。

四、五角攒尖建筑

五角攒尖建筑（以无斗栱小式为例）最常见的是五角亭，且以单檐五角亭居多，重檐者较为罕见。单檐五角亭的基本构造与四角、六角、八角亭几乎没有多大区别，唯有趴梁的构造方

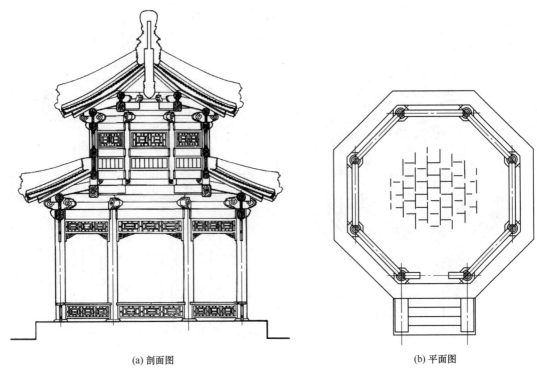

(a) 剖面图　　　　　　　　　　　　　　　(b) 平面图

图 7-35　单围柱重檐八角亭

式较为特殊。五角亭这种特殊角度的攒尖建筑，既不像四角亭那样容易设置抹角梁，也不似六角、八角亭那样容易设置井字趴梁。它所采用的趴梁形式是一种特殊形式。该趴梁由五根构造、形状完全相同的梁组合在一起，平面呈正五边形，每根梁的外一端搭置在檐檩上，内一端搭置在相邻的梁身上，每根梁平面的中轴线与金檩轴线重合。趴梁上面依次安装金枋、金檩，转角处安装角梁，角梁以上安由戗以支撑雷公柱，如图 7-36 所示。

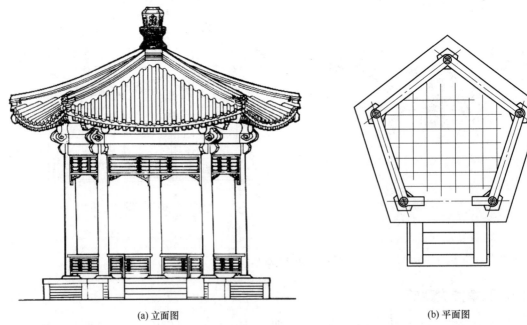

(a) 立面图　　　　　　　　　　　　　　　(b) 平面图

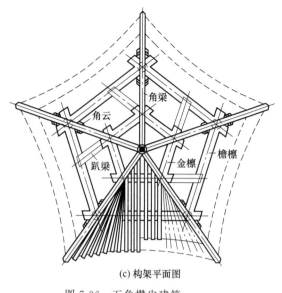

(c) 构架平面图

图 7-36 五角攒尖建筑

五、圆形攒尖建筑

（一）六柱圆亭

体量较小的圆形攒尖建筑，平面常用 6 根柱，称为六柱圆亭。它的基本构造自下而上依次为以下构件。首先是柱，柱头部位安装弧形檐枋。这种弧形檐枋不同于多角亭上的箍头枋，它的端头不做箍头榫，而是做燕尾榫与柱子相交。在柱头之上，装花梁头，花梁头的作用在于承接檐檩及安装垫板。檐檩之间由燕尾榫相连接。檐檩之上装趴梁，长短趴梁的位置与前边所述六角亭趴梁安放的位置正好相反。长趴梁沿进深方向安装，搭置在柱头位置的檐檩上，短趴梁沿面宽方向安装。按这个方位安置长短趴梁有两个原因：①圆亭没有角梁，檐檩相接处不做搭交榫，趴梁头扣在柱头位置上，不会出现六角亭那样三种节点互相矛盾，互相削弱的情况；②圆形建筑的檩、枋、垫板等构件均为弧形，弧形构件水平放置时，外侧重，在不加任何外力的情况下，构件自身已有一定的扭矩，如果将长趴梁压在檩子中段，使檐檩以上所有的荷载都加在弧形檩子上，必然增大扭矩，节点处就会被破坏，这是万万不可以的。只有使趴梁的端头压在柱头位置的檩子上，才能保证结构的合理和安全。这是在考虑圆形建筑构造时要特别注意的地方。确定长短趴梁的位置时还应注意，要保证每段金檩的节点都压在趴梁的轴线上。在趴梁之上、两段金檩交接处，还要放置檩椀，以承接金檩。檩椀形如檐柱上的花梁头，但可不做出麻叶云头状。在各檩椀间安装弧形金枋，其上安放金檩。檩椀与趴梁之间应有暗梢固定。在金檩之上，每两段檩子对接处使用由戗 1 根，6 根由戗支撑雷公柱。圆亭雷公柱的作用与其他多角亭相同，但由于由戗以下无角梁续接，仅凭 6 根由戗来支撑雷公柱之上的宝顶和瓦件是不够的，因此，凡圆亭，在雷公柱之下通常要加一根太平梁。太平梁两端搭置在上金檩上，做法同趴梁，使雷公柱下脚落在太平梁上，如图 7-37 所示。

（二）八柱圆亭

八柱圆亭是平面有 8 根柱子的圆形攒尖建筑。由于平面柱子数目较多，可用作体量稍大一点的亭子。八柱圆亭的基本构造与六柱亭相似，故不再重述。关于八柱圆亭长短趴梁的放置部位，仍要求长趴梁要压在柱头位置，短趴梁中轴线应以通过金檩交接点为宜。长趴梁的轴线通过柱中心，会使本来应落在趴梁轴线上的金檩节点落在长趴梁中轴线之外，为解决这个矛盾，可

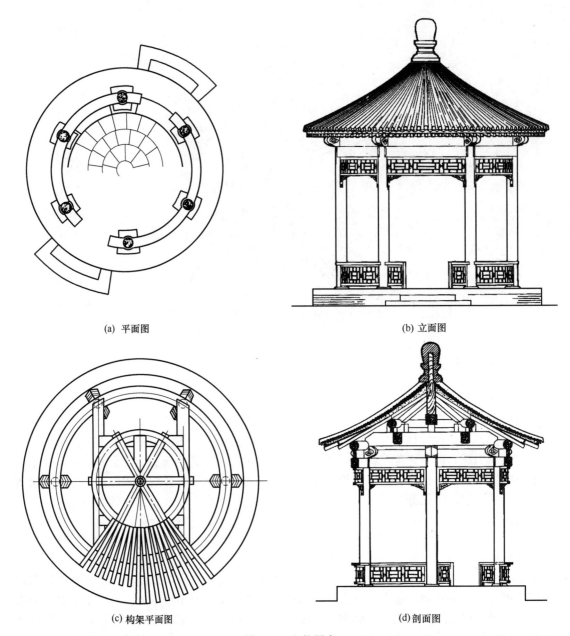

(a) 平面图　　　　　　　　　　　　　　　　　(b) 立面图

(c) 构架平面图　　　　　　　　　　　　　　　(d) 剖面图

图 7-37　六柱圆亭

在长趴梁外侧另加两根小趴梁，小趴梁内端搭置在长趴梁外侧，外一端扣在柱头位置的檐檩上，如图 7-38 所示。加上小趴梁以后，各段金檩的所有节点都可以落在趴梁上了。

（三）重檐圆亭

圆亭若为重檐，一般应有两圈柱子，外围一圈檐柱，里围一圈重檐金柱。相对应的檐、金柱之间由穿插枋、抱头梁相联系。外檐柱间由下向上依次装檐枋、垫板、檐檩（均为弧形）。下层檐椽内一端搭置在承椽枋上，承椽枋以上依次装围脊枋（或围脊板）、上层檐枋等构件，上层檐构造与单檐八柱圆亭构造相同，如图 7-39 所示。

重檐圆亭一般体量都较大，此种较大体量的圆形建筑，它每一圈的柱子数量都不应少于 8 根。这是由于圆亭体量愈大，每间构件愈长，构件的扭矩也就愈大，如果平面柱子过少，就会反而增大每间弧形构件的弧度和长度，对构件自身的稳定性及承载力都有影响。因此，除体量

(a) 立面图

(b) 平面图

(c) 构架图

(d) 剖面图

图 7-38　八柱圆亭

较小的圆亭外，一般都采取八柱形式。

圆形攒尖建筑与多角形攒尖建筑在构造方面有许多不同的特点，归纳起来大致有以下几点：

① 圆亭的枋、垫板、檩子为弧形，它们的中轴线或内外缘线都是圆周的一部分；

② 圆亭木构架一般没有角梁，屋面上也没有屋脊（个别除外），但由金步向上应设置由戗，以便安装板椽及支持雷公柱；

③ 圆亭的檐步架钉置单根椽子（包括飞椽），自金步以上钉板椽或连瓣椽；

④ 圆亭屋面是一个弧形面，因此，不能使用横望板，必须钉顺望板，连檐、瓦口也为弧形构件；

⑤ 特殊构造决定了圆亭柱子不能过少，一般为 6 根，个别情况下用 5 根，体量稍大一点

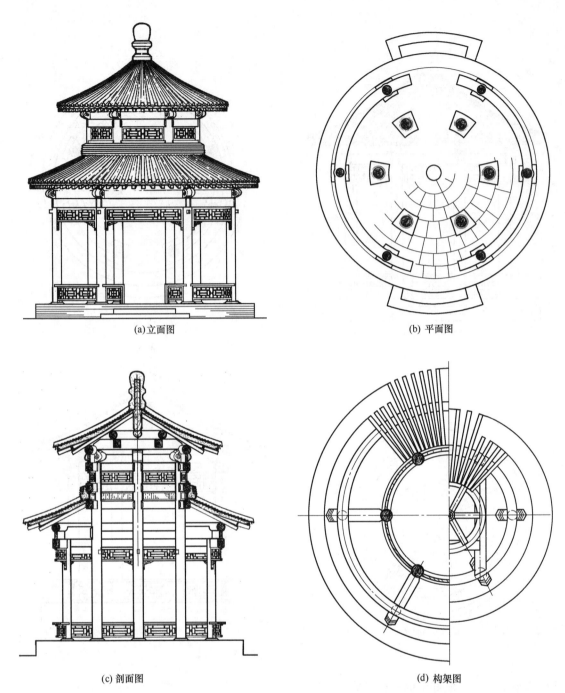

(a)立面图　　　　　　　　　　　(b) 平面图

(c) 剖面图　　　　　　　　　　　(d) 构架图

图 7-39　重檐圆亭

的则需有 8 根。在这一点上，它远不及多角亭的柱网分布灵活。

　　攒尖建筑类型很多，上面所举的四角、五角、六角、八角和圆形只是其中最基本的几种，了解了这几种形式的构造，对于其他（诸如双环、套方、天圆地方及其他复合式攒尖建筑）类型的构造，也就比较容易了解了。

六、复合式攒尖建筑——组合亭

　　组合亭指平面由两个或两个以上单体几何图形组合形成的亭，它的柱网平面通常比单体几何形状的亭要复杂，建筑立面也较一般亭子丰富得多，其木构造随亭子形式的变化而变化。常见的组合亭有双环亭、方胜亭、双五角亭、双六角亭、十字亭、天圆地方亭、天圆地方十字亭等。其中，方胜、双环、双六角、天圆地方、十字亭、天圆地方十字亭等组合亭造型优美，颇具特色。下面只介绍常见的组合亭。

（一）方胜亭

方胜亭又称套方亭，是两个正方亭沿对角线方向组合在一起形成的组合亭。它的一般组合方式是在正方亭相邻两边上各取中点，以连接这两点的斜线作为套方亭的公用边，如图7-40所示。它的构造基本遵循正四方亭的构造模式，但也有其特殊之点。从木构架平面图看，套方亭的公用边正好是它们共用的抹角梁所在的位置，这根公用的抹角梁在套方亭木构架中有很重要的作用，它是两座四角亭屋面交汇的位置，在这根公用抹角梁中点安装瓜柱，两座四角亭的两根由戗和两根凹角梁都交在这根瓜柱上，成为套方亭构造的关键部位。这个公用边在屋面上要做成天沟形式以利排水。屋面木基层以上依次苫背、瓷瓦、调脊、安装宝顶脊饰，构成丰富优美的组合屋面。

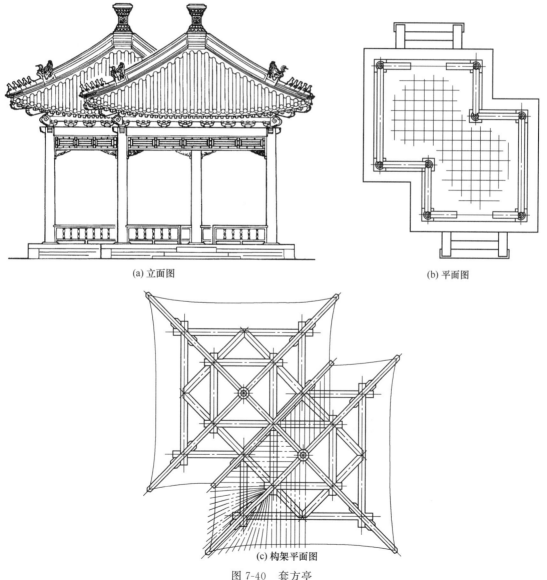

(a) 立面图

(b) 平面图

(c) 构架平面图

图7-40　套方亭

（二）双六角亭

双六角亭又称六角套亭，由两个正六角亭组成，它是以六角亭的一个边为公用边组合而成的。

双六角亭的构架组合，可采用一般六角攒尖亭的构造模式，即沿亭的面宽方向安置长趴梁，沿进深方向置短趴梁，以承接金檩及其以上构架。两亭公用边部分依次安装枋、垫板、檩子，与其他各面的构造一致。公用檩以上屋面做天沟以利排水，如图 7-41 所示。

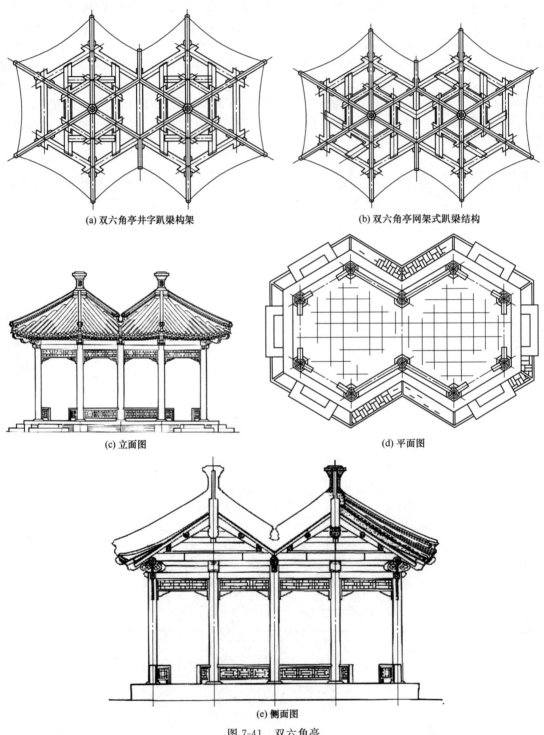

(a) 双六角亭井字趴梁构架

(b) 双六角亭网架式趴梁结构

(c) 立面图

(d) 平面图

(e) 侧面图

图 7-41 双六角亭

（三）双环亭

双环亭是将两个单体圆亭结合在一起形成的组合亭，一般由两个单体八柱圆亭组成，也可由两个单体六柱圆亭组成。组成双环亭的单体圆亭，既可以是单檐圆亭，也可以是重檐圆亭。由两个单檐圆亭组成双环亭时，两圆的交点应该正好是圆亭相邻两根柱子的中心点，造成两个单体圆亭共用两柱的平面形式。如果由两个重檐圆亭组成双环亭时，一般要保证上层檐形成两亭共用两柱的形式，这样，下层檐两个圆的交点就不可能再在柱子位置，而形成两组弧形构件的交叉，如图 7-42 所示。

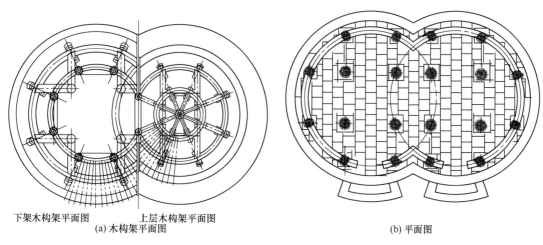

下架木构架平面图　　上层木构架平面图
(a) 木构架平面图

(b) 平面图

图 7-42　双环亭

另外还有天圆地方亭（图 7-43）、十字亭、天圆地方十字亭、组合亭等。

组合亭种类很多，除现实当中存在的实例外，还可以创造出多种其他形式，绝非仅只有前面列举的几种，只要组合方式得当、构造合理、造型优美且又实用，就不失为成功之作。

亭子构件尺寸权衡见表 7-1。

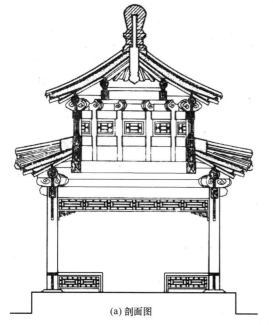

(a) 剖面图

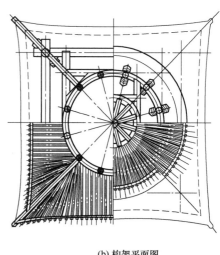

(b) 构架平面图

图 7-43

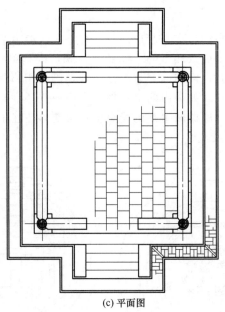

(c) 平面图

图 7-43 天圆地方亭

表 7-1 亭子构件尺寸权衡 单位：大式-斗口；小式-檐柱径

构件名称	长	宽	高	厚	直径	备 注
檐柱			70		5～6	大式柱高指有台明上皮
			10D～13D		1/13～1/10 柱高	至挑檐桁下皮尺寸
重檐金柱			按实际		6.2～7.2	
					1.2D	
垂柱			按实际		4～5	
					0.8D～D	
童柱			按实际		4～5	
					0.8D～D	
雷公柱	按实际				5～7	
					D～1.5D	
五架梁	四步架 加梁头 2 份		6～7	4.8～5.6		多见于歇山凉亭
			1.5D	1.1D		
三架梁	二步架加 梁头 2 份		5～6	4～4.5		多见于歇山凉亭
			1.2D～1.3D	0.9D		
随梁	按进深		3.6～4	3～3.2		多见于歇山凉亭
			D	0.6D～0.8D		
桃尖梁	廊步加斜加斗栱 出踩加 6 斗口		正心桁中至 耍头下皮	5～6		多见于大式重檐方亭
桃尖尖梁	正桃尖梁加斜		正心桁中至 耍头下皮	5～6		多见于大式重檐六、八 方亭
抱头梁	廊步架加 檩径 1 寸		1.4D	1.1D		
斜抱头梁	正抱头梁加斜		1.4D	1.1D		
长趴梁	按实际		6～6.5	4.8～5.2		
			1.3D～1.5D	1.05D～1.2D		
短趴梁	按实际		4.8～5.2	3.8D～4.2D		
			1.05D～1.2D	0.9D～1D		
抹角梁	按实际		6～6.5	4.8～5.2		
			1.3D～1.5D	1.05D～1.2D		
抹角随梁	按实际		4.8～5.2	3.8D～4.2D		多见于重檐大式碑亭

构件名称	长	宽	高	厚	直径	备注
多角形趴梁	按实际		6	5		
			1.4D	D		
井字梁	按进深加梁头2份		6～7	4.8～5.6		用于重檐方亭之一种
			1.5D	1.1D		
井字随梁	按进深		4～5	3～4.2		
			D～1.2D	0.8D～D		
太平梁			4.8～5.2	0.9D～D		
			1.05D～1.2D	0.9D～D		
额枋			5～6	4～4.8		
小额枋			3.5～4	3～3.2		
檐枋			D	0.8D		
金脊枋			2～4	1.25～3		
			0.4D～D	0.3D～0.8D		
穿插枋	廊步架加2柱径		3.5～4	3～3.2		
			0.8D～D	0.65D～0.8D		
挑檐桁					3	
正心桁					4～4.5	
檐、金桁(檩)					3.5～4.5	
					0.9D～D	
檐、金垫板	4			1		
	0.8D			0.25D		
由额垫板	2			1		
老、仔角梁			4～4.5	3		
			D	2/3D		
凹角梁			3	3		
			2/3D	2/3D		
檐椽、花架椽					1.5	
					1/3D	
飞椽			1.5	1.5		
			1/3D	1/3D		
大连檐		1.8		1.5		
		2/5D		1/3D		
小连檐		1.5		0.5		
		1/3D		1/10D		
横望板				0.3		
				1/15D		
顺望板				0.5		
				1.9D		多用于圆亭
墩斗	2倍童柱径	2倍童柱径	同童柱径			

七、屋面做法

攒尖建筑的屋面形式见图7-44。以上除圆亭外，其余均参看庑殿和歇山建筑的屋面设计方法。

圆亭的屋面与其他建筑屋面有所不同，其他屋面从最下端檐口至最高处屋脊每垄瓦都是一样宽，而圆亭却不同，它是下宽上窄。圆形攒尖建筑屋面只有宝顶，没有屋脊。

（一）宝顶

宝顶在攒尖屋面的顶端，也称绝脊，宝顶做法大体上分为须弥座上加宝珠的形式，即其下部为多层砖砌线脚，一般与须弥座做法相同，由上下枋、枭及束腰、圭角等构成，上部为圆形

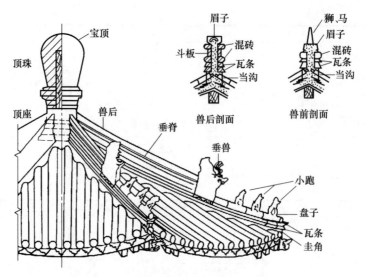

图 7-44　攒尖建筑的屋面形式及做法

中空的宝珠，内部包有雷公柱伸出屋面的通心木。偶尔也可做成其他形式，如在南方园林中，有些亭子攒尖顶端不做宝珠，而是安置一些如葫芦、宝瓶、仙鹤等砌筑装饰构件，形式更为丰富多样、生动活泼。常见的宝顶形式多可分为宝顶座和宝顶珠两部分，无论屋顶平面是什么形状，琉璃宝顶的顶座平面大多为圆形，顶珠也多为圆形，但也可做四方、六方或八方形等。小型的顶珠多为琉璃制品，大型的常为铜胎鎏金做法。比例尺寸如图 7-45 所示。攒尖屋面的宝顶还具有重要的防水和装饰作用。

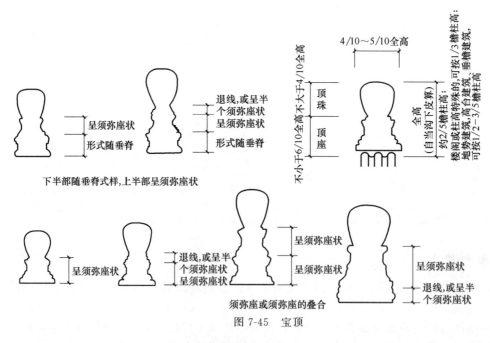

图 7-45　宝顶

攒尖建筑的宝顶与垂脊相交处，要用戗尖燕尾，如戗尖燕尾通脊、戗尖燕尾乘风连砖等。

当建筑的柱高在 9 尺以内时，宝顶总高一般可按 2/5 檐柱高定，如柱子很高，或楼阁建筑等，可按 1/3 檐柱高。山上建筑、高台建筑及重檐建筑的宝顶，应适当增加，一般可控制在 1/2～3/5 檐柱高。宝顶的总高、总宽及各部比例如图 7-46 所示。

（二）屋面

圆形屋面的瓦件要定制，因为从檐口至宝顶，随着向上升起，直径在不断变化，按每层瓦的长度对应的亭子屋面直径，再根据檐口赶排瓦垄数，确定每层瓦的上下头尺寸，屋面结构做法参照其他屋面做法。圆形屋面还有裹垄做法，用专用工具在瓦表面抹灰压实，或直接用泥胎抹出来。屋面形式见图 7-47。

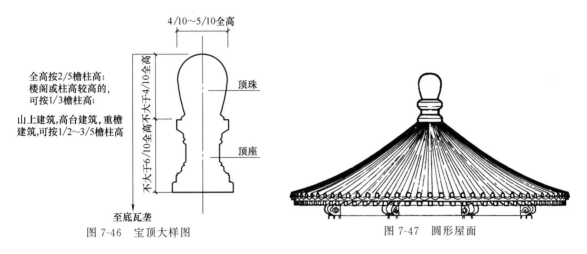

图 7-46　宝顶大样图　　　　　　　　　　　　　　图 7-47　圆形屋面

第二节　廊　　子

廊子也称游廊，是古建筑群中不可缺少的组成部分，无论在住宅、寺庙、园林建筑中都占有重要地位，尤其在园林建筑中，游廊更是主要的建筑内容之一。

一、传统做法

普通游廊的构造本来是极其简单的，但游廊的平面和立体空间组合方式多种多样，又使其局部构造变得复杂化。

游廊木构架部分是由梅花柱、梁、檩等构件基本组成，构架形式为卷棚式屋顶或尖山式屋顶，其中尖顶式木构架最简单，而卷棚式则更是融入了园林环境之中。根据所处地形，分为平地游廊和坡地叠落廊。

游廊的基本木构架由左右两根檐柱和一榀屋架组成一副排架，再由枋木、檩木和上下楣子，将若干副排架连接成为一个整体。

游廊在平面上有各种不同角度的转折，如 90°转折、120°转折、135°转折或任意角度的转折；两段游廊又有丁字形交叉和十字形交叉。在立面上，则又随地形变化而出现的各种不同形式的爬坡、转折。游廊作为联系各主要建筑物的辅助建筑，常串联于亭、堂、轩、榭之间，盘亘于峰峦沟壑之上，随山就势，迂回曲折。这种建筑上空间的变化，在设计时要尽量考虑施工的难易程度。

现对各种游廊的构造设计简介如下。

（一）一般游廊的构造

一般游廊多为四檩卷棚。其基本构造由下而上分别为以下构件。

① 梅花方柱，柱头处沿面宽方向设计枋子，以便连接柱子。柱高按 0.6～0.8 倍面宽设计。柱子长细比南北方不太一致，北方为 1/12～1/10，南方为 1/20～1/18。

② 柱头之上在进深方向支顶四架梁。梁头安装檐檩，檩与枋之间装垫板。

③ 四架梁之上安装瓜柱或柁墩支承顶梁（月梁）。

④ 顶梁上承双脊檩，脊檩之下附脊檩枋。

游廊平、立、剖面图如图7-48所示。屋面木基层钉檐椽、飞椽，顶步架钉罗锅椽，游廊常常数间，十数间乃至数十间连成一体，为增强游廊的稳定性，每隔三四间将柱子深埋地下，做法是将柱顶石中心打凿透眼，柱子下脚做出长榫（榫长为柱高的1/4～1/3，榫直径约为柱径的一半），这种榫叫做套顶榫。榫下脚落于基础之上，周围用水泥白灰灌浆。套顶榫做法多用于间数较多的长廊，间数少或多拐角、多丁字接头的游廊可不采用。

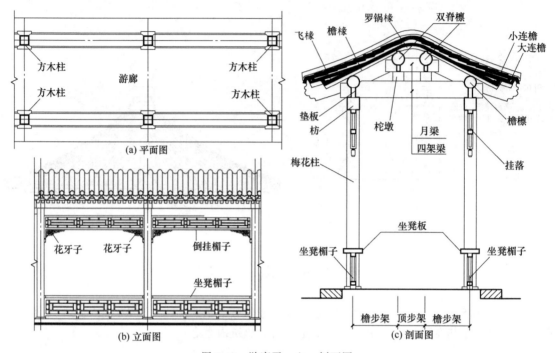

图 7-48 游廊平、立、剖面图

（二）转角、丁字、十字廊的构架处理

1. 游廊转角处的设计

（1）90°转角 90°转角游廊，转角处单独成为一间，平面4根柱，45°方向施递角梁一根，两侧各施插梁一根，插梁一端搭置在柱头上，另一端做榫插在递角梁上，各梁上分别装置顶梁，安装檐檩、脊檩，廊子的外转角装置角梁，内转角装置凹角梁，如图7-49所示。

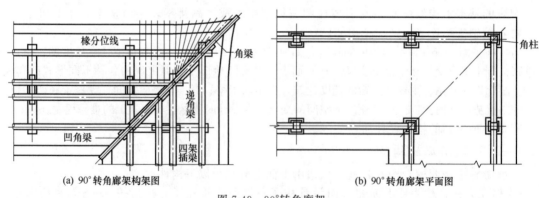

图 7-49 90°转角廊架

（2）120°或135°转角 120°转角又名六方转角，135°转角又名八方转角，这是游廊常见的转折角。这两种情况在转角处平面上只有两根柱，不单独成一间。斜角方向施递角梁一根，上置顶

梁，两侧檩木可做搭交榫相交，也可做合角榫相交。120°转角处可置角梁，钉翼角翘飞椽，135°转角处可置角梁，也可不置角梁，直接钉椽子。大于135°的转角均不置角梁（图7-50）。凡大于90°的转角处的柱子，断面都应随转折角度做成异形柱，且檩枋的端头要相应做成斜度。

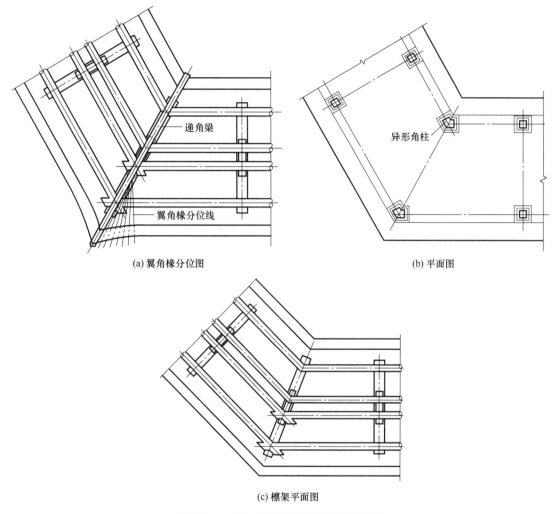

(a) 翼角椽分位图

(b) 平面图

(c) 檩架平面图

图 7-50   120°、135°转角廊平面及构架图

2. 游廊丁字形衔接的构架设计

游廊成丁字形衔接部分，衔接处单独成一间，平面4根柱，通常在丁字游廊主干道方向安置架梁，次道方向的檐檩与主干道一侧的檐檩做合角榫相交。次道一侧的脊檩向前延伸与主道脊檩做插榫呈丁字形相交。里转角部分安装凹角梁，两侧钉蜈蚣椽子（图7-51），这种衔接的廊子在平面尺度上有时由于模数的赶排等原因，也可在衔接处把主廊与次廊交界处的那段尺度设计成与次廊同宽。

3. 游廊十字形衔接处的构架

游廊十字形衔接相当于两个丁字廊对接在一起，可沿任意方向置梁架，接点处单独成为一间，檩木交接方式与丁字廊完全相同，如图7-52所示。

（三）爬山廊的构架设计

爬山廊分为两种，一种是迭落式爬山廊；另一种是斜爬山廊。

1. 迭落式爬山廊

迭落式爬山廊是爬山廊中最常见的一种，它的外形特点是若干间游廊像楼梯踏步一样，形

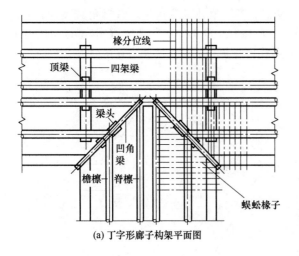

(a) 丁字形廊子构架平面图

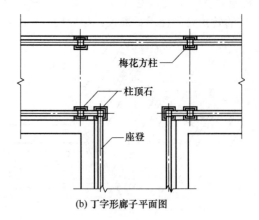

(b) 丁字形廊子平面图

图 7-51　丁字形廊子

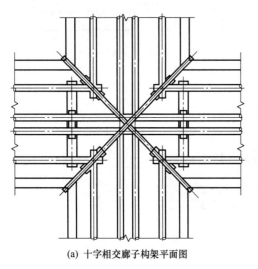

(a) 十字相交廊子构架平面图

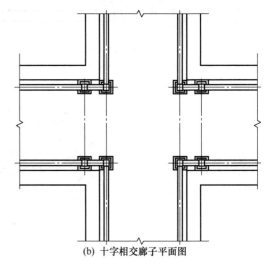

(b) 十字相交廊子平面图

图 7-52　十字相交廊子

成等差级数或等比级数的阶梯形排列，使游廊步步升高，如图 7-53 所示。

迭落式爬山廊在构造方面有许多不同于一般游廊的特点，主要有以下几点。

（1）木构架由水平连续式变为阶梯连续式　一般游廊相邻两间的檩木共同搭置在一缝梁架上，若干间连接为一个整体。迭落廊则是以间为单位，按标高变化水平错开，使相邻两间的檩木构件产生一定的水平高差。低跨间靠近高跨一端的檐檩、垫板、枋子端头做榫插在高跨一间的柱子上。进深方向在高跨柱间安装插梁以代顶梁，低跨的脊檩搭置在插梁上，脊檩外皮与插梁外皮平，在外侧钉象眼板遮挡檩头和插梁，板上可做油饰彩绘。

高跨间靠低跨一端的檩木，则搭置在四架梁、顶梁上并向外挑出，形成悬山式结构，外端挂博缝板，檩子挑出部分下面附燕尾枋，檐枋外端做箍头枋。

（2）廊内地面及台明的变化　为便于游人登临，在游廊的构架变为以间为单位的阶梯连续式后，廊内地面仍需保持连续爬坡的形式。每一间的地面都按两端高差做成斜坡，各间斜坡地面联成一体。地面两侧的台明仍应保持与上架檩木相平行的关系，以求建筑立面的协调一致，各间台明连接起来也形成阶梯状（台明实际变成为遮挡地面的矮墙），在台明上面安装坐凳楣子，檐枋下面装倒挂楣子。

这里需要注意的是，两节廊子交界处由于有高差，要综合考虑地形变化对低处廊子梁架的

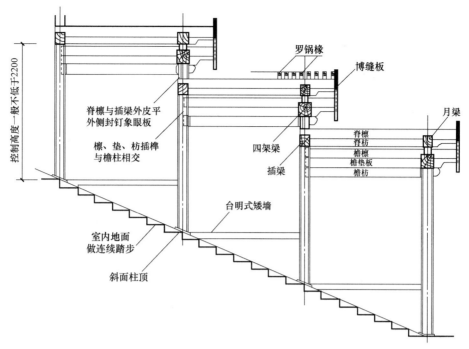

图 7-53　选落式爬山廊纵剖面图

地面与上节廊架的地坪之间的高度要符合人体尺度，一般要控制不低于 2200mm。

2. 斜坡爬山廊

斜坡爬山廊是一种沿斜坡地面建造的爬山廊，这种爬山廊每一间的木构件与斜坡地面是平行的，它是爬山廊的又一种基本形式。这种按一定坡度构成的梁架以及装修、台明等，也有许多与其他游廊不同的特点，主要有以下几方面。

（1）木构架断面形状和组合方式的改变　首先是柱根角度的变化，斜坡爬山廊的柱子与地面成一定的夹角，柱根须按地面斜度做成斜角，柱头也按同样角度做成斜角。置于柱头上面的四架梁、月梁等件，断面形状也由矩形变为菱形。檩、垫、枋、板诸件与柱梁的结合角度也随之改变。斜坡爬山廊柱子根部要做套顶榫，以增加构架的稳定性。

（2）台明、柱顶的变形处理　斜坡爬山廊的构架部分按地面爬坡的斜度改变组合角度后，台明、柱顶也随之变化，阶条石、埋头、陡板都要做同样处理，柱顶石的上面也要按台明的斜度做成斜面柱顶，如图 7-54 所示。

（3）木装修的变形处理　游廊的木装修包括坐凳楣子、栏杆、倒挂楣子及花牙子等。安装在斜坡爬山廊上的木装修要随木构架组合角度的变化改变自身形态。楣子的边抹棂条都要按爬坡的角度改变组合角度，以保证横棂条与横构件枋、檩等平行，竖棂条与竖构件柱子平行。制作这种变形的装修要放实样。安装在不同位置的花牙子，也要随夹角变化做变形处理，如图 7-55 所示。

（4）斜坡爬山廊的转角处理　斜坡爬山廊不仅在立面上逐渐改变高度，在平面上也有各种转折变化。

在平面上，爬山廊的转折变化有 90°、120°、135°以及大于 135°的任意角，在立面上，有平廊转折接斜廊、斜廊转折接平廊、斜廊转折接相同坡度的斜廊，以及斜廊转折接不同坡度的斜廊等各种情况，如图 7-56 所示。

① 平面成 90°的转折。爬山廊在平面上成 90°转折时，通常要将转角处一间做成水平廊，作为转折的过渡部分。无论是水平廊转折接爬山廊，爬山廊转折接水平廊，还是爬山廊转折接爬山廊，都需要有这个水平过渡部分。现以爬山廊 90°转折接爬山廊为例，看看转角处的几个构造特点。

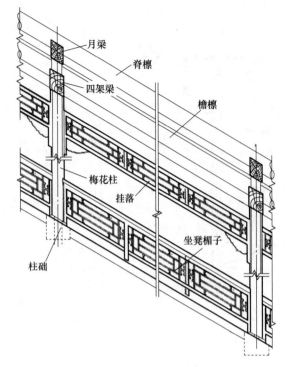

图 7-54 斜爬山廊纵剖面图

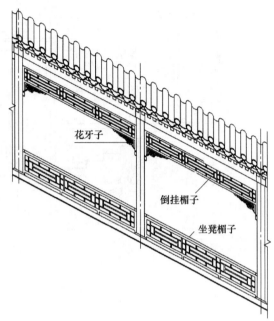

图 7-55 斜爬山廊立面图

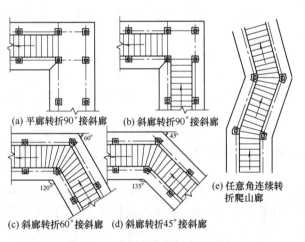

(a) 平廊转折90°接斜廊　(b) 斜廊转折90°接斜廊

(c) 斜廊转折60°接斜廊　(d) 斜廊转折45°接斜廊

(e) 任意角连续转折爬山廊

图 7-56 不同坡度的斜廊平面图

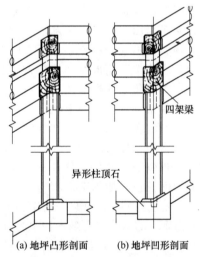

(a) 地坪凸形剖面　　(b) 地坪凹形剖面

图 7-57 柱子和梁架剖面图

　　a. 转角处梁、柱的折角变化。图7-57为爬山廊90°转折接爬山廊的外转角处的柱子和梁架剖面图。从图中我们可以看到这样几个特殊之点：其一，廊子折角处的柱子，其柱头和柱脚既非直角也非斜角，而是以柱中线为界，一半为斜角，一半为直角的异形柱脚；其二，搭置在柱头上的四架梁、月梁的断面也随柱头的形状做成折角，使梁的断面成为以中线为界，半边矩形半边菱形的折角断面。这是节点处构件交接所需要的。

　　节点处柱梁两侧的檩、垫板、枋子诸件，是与柱、梁按不同角度结合在一起的。两侧的构件不论来自什么角度，都必须交到这一架梁的中轴线上，才能使节点处互相交圈，这正是所谓"大木不离中"的原则，这条原则是普遍适用的。除梁等构件以外，柱脚下面的柱顶石，也须做成折角形状以保证台明交圈。

b. 内转角的特殊构造及其技术处理。在90°转角连续爬山廊的内转角部分，由于转角两侧构件的空间高度变化，使本来很简单的构造变得很复杂。这种变化主要反映在凹角梁，以及内转角两侧的檐椽、飞椽等构件的空间关系上。爬山廊内转角角柱两侧的枋子、垫板、檩子不是按90°水平转角结合在一起，而是呈一种"斜坡向上→接90°转角→接斜坡向上"这样一种空间组合方式。两侧檩、枋各件在各个点的标高都不相同，尽管各构件或构件延长线的搭接点都交于柱子中轴线的同一点，但挑出的凹角梁及其两侧的蚂蚱椽的出头部分，就交不到一个共同点上了，这样就出现了内转角檐口不交圈的现象。根据研究和推导，可以总结出这样的规律：当游廊为水平转角时，内转角两侧檐口高差为0，如图7-58所示。两段檐口线相交于一点。当转角廊变为爬山时，内转角两侧檐口线在交汇处出现高差，檐口线不能交于一点，高差的大小与廊子坡度的大小成正比，即：坡度越陡，两檐口高差越大。同时，高差的大小还与廊子转角的大小有关，在坡度不变的情况下，廊子转折的角度越大，内转角檐口线的高差就越大，反之则越小。当转折角度为0°时，高差也等于0。

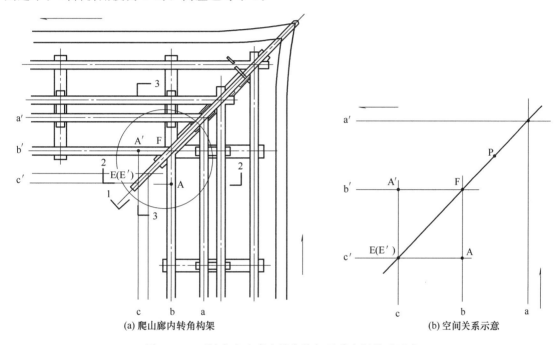

图 7-58　90°转角爬山廊内转角构架及其空间关系示意

　　解决爬山廊内转角檐口交圈问题，可以采取如下措施：第一，改变凹角梁的形状，沿廊子爬坡的方向旋转老角梁底面，使底面的倾斜角与爬坡的夹角相等，使角梁前端的断面变为菱形（后部断面仍为矩形），如图7-59所示。仔角梁也做同样处理。这样可使角梁上皮与两侧连檐的倾斜角度一致，同时，还缩小了与两侧檐口线的高差。第二，适当增加角梁高度，以保证角梁和高跨一侧的檐口交圈，所增高度需通过放实样或计算来确定。第三，加衬头木增高低跨一侧檐口高度。衬头木的长度以等于内转角低跨一间的檐檩之长为宜；衬头木高可以在装好角梁后，通过测量蚂蚱椽与檐檩之间高差大小来确定。由于仔角梁头增大了断面，邻近角梁的飞椽头部也需略做翘起，以保证飞椽与仔角梁交圈，如图7-60所示。第四，转角处的台明处理。连续转折爬山廊里转角的台明，同檐口部分一样，也会出现两侧台明外沿存在高差不能交圈的问题。在通常情况下，这部分台明以内角平分线为界线，将上下两段台明分为两部分（分界的起点为内角柱的中心点），两部分之间形成垂直高差，低跨的台明撞在高跨的台明上，如图7-60所示。

　　② 平面成120°、135°的转折。120°、135°（包括大于120°的任意角在内）的爬山廊与90°

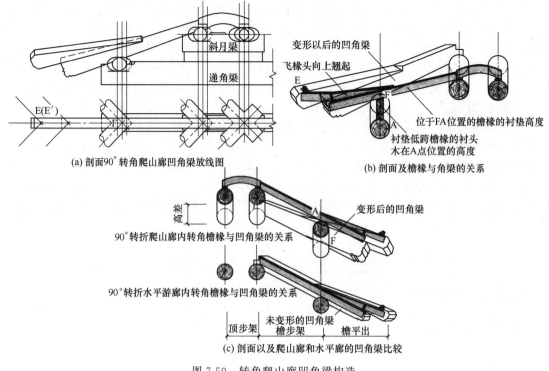

斜月梁

递角梁

E(E′)

F

(a) 剖面90°转角爬山廊凹角梁放线图

变形以后的凹角梁

飞椽头向上翘起

E

F

A

位于FA位置的檐椽的衬垫高度

衬垫低跨檐椽的衬头
木在A点位置的高度

(b) 剖面及檐椽与角梁的关系

高差

变形后的凹角梁

A

F

90°转折爬山廊内转角檐椽与凹角梁的关系

90°转折水平游廊内转角檐椽与凹角梁的关系

顶步架

未变形的凹角梁

檐步架

檐平出

(c) 剖面以及爬山廊和水平廊的凹角梁比较

图 7-59　转角爬山廊凹角梁构造

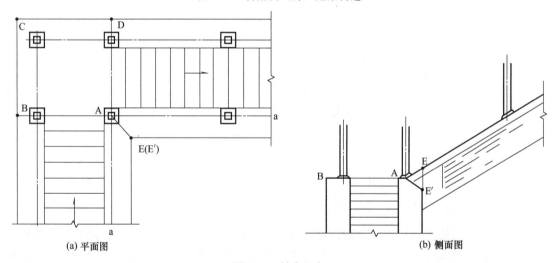

C　　　D

B　　A

E(E′)

a

a

(a) 平面图

B

A

E

E′

(b) 侧面图

图 7-60　转角细部

角爬山廊在平面上的主要区别是转角处没有单独的水平过渡部分，上下两段爬山廊直接连接在一起，因而又出现了许多与上述情况不同的特点。

　　a. 台明、地面的变化。图 7-56 中列举了 120°、135°以及大于 120°的任意角转折爬山廊平面。从图中可以看到，爬山廊的转折部分，其内外两侧开间的大小是不相等的。我们知道，不论爬山廊怎样爬坡、转折，它的每一缝梁架都是与水平面平行的。就是说，支顶每缝梁架的两棵柱子，柱根（或柱头）的标高是相同的。在这种情况下，由于内外侧开间不同，两侧台明与地面的夹角就不会相同，两侧台明不平行，廊内地面就会出现扭曲现象。扭曲面的大小与爬坡角度及转折角度的大小成正比。

　　b. 木构架的变化和技术处理措施。木构架的变化与台明及地面的变化是相对应的。台明地面出现扭曲后，上架檩、枋诸件也以同样的角度随之发生扭曲。椽子、飞头等也都会发生同样变化。除此之外，转角处的柱子断面及梁头形状也要随廊子的转折角度而变化（图 7-61）。如果相邻两间爬山廊的坡度不同，则梁底、柱头、柱脚及台明都要做出折角。这种转折爬山廊转角部分一般不装角梁，不做冲出和翘起的翼角，上檐口做成折角。椽子通常做平行排列，为保证内外侧椽档大小一致，有时也可在外转角处加几根散射排列的椽子（图 7-62）。各间木装修制作也要分别放样，对位安装。

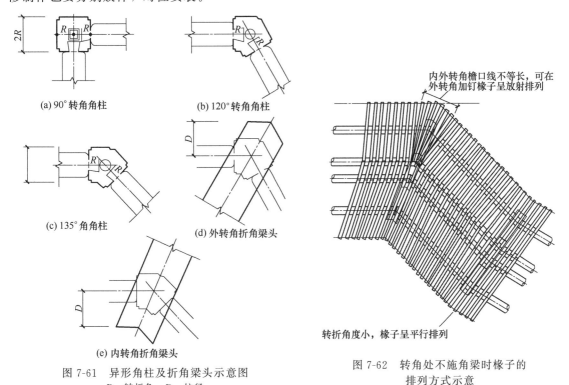

(a) 90°转角角柱

(b) 120°转角角柱

(c) 135°角角柱

(d) 外转角折角梁头

(e) 内转角折角梁头

图 7-61　异形角柱及折角梁头示意图
R—转折角；D—柱径

内外转角檐口线不等长，可在
外转角加钉椽子呈放射排列

转折角度小，椽子呈平行排列

图 7-62　转角处不施角梁时椽子的
排列方式示意

遇有大坡度爬山廊时（一般坡度在 30°以上即可视为大坡度），还需增加套顶柱的数量，以防廊身整体沿坡度向下倾斜。廊子爬坡角度增大后，坐凳楣子失去了供游人乘坐休息的功能，可改为扶手栏杆，以供游人登临时攀扶。爬山廊的柱根部根据实地情况也可做成平柱顶，廊内踏步的踏面和踢面要根据坡度来定，要注意廊柱的柱距除按上架的比例尺度外，还要考虑到踏步踏面的模数。

爬山廊种类很多，变化灵活，需要掌握内在变化规律，才能在设计施工中应用自如。

二、现代做法

现代做法大多采用钢筋混凝土。其建筑图中，除挂落、坐凳楣子、花牙子见本章第三节介绍外，其余均参照前几章所述。

第三节　挂落与坐凳

一、挂落

（一）挂落与花牙子的传统设计

1. 挂落

挂落也称倒挂楣子，主要由边框、棂条以及花牙子等构件组成，楣子高（上下横边外皮尺寸）一尺至一尺半不等，临期酌定，如图 7-63 所示。边框断面为 4cm×5cm 或 4.5cm×6cm，

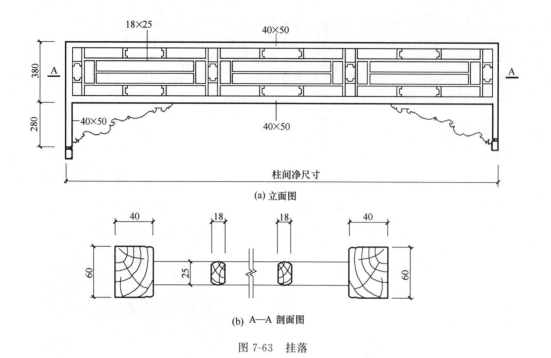

(a) 立面图

(b) A—A 剖面图

图 7-63 挂落

小面为看面，大面为进深。棂条断面同一般装修棂条，为六、八分（1.8cm×2.5cm）。

2. 花牙子

花牙子是一种轻型雀替，是安装在楣子立边与横边交角处的装饰件，通常做双面透雕，常见的花纹图案有草龙、番草、松竹梅、牡丹、葫芦花、福寿、卷草、葫芦、梅竹、葵花、夔龙等，如图 7-64 所示。

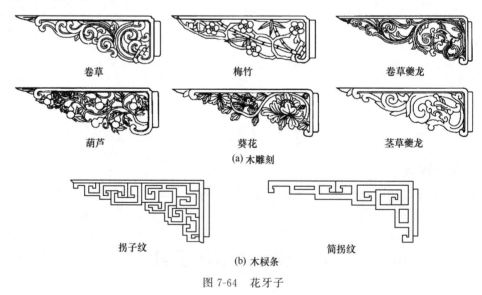

卷草　　　梅竹　　　卷草夔龙

葫芦　　　葵花　　　茎草夔龙

(a) 木雕刻

拐子纹　　　简拐纹

(b) 木棂条

图 7-64 花牙子

一般用料厚度多在 4cm 以内，长高尺寸稍小于一般雀替。有木板雕刻型和棂条拼接型两种，都为半榫连接。

（二）现代做法

① 挂落的现代处理手法是采用预制钢筋混凝土，主体采用 C25 混凝土，一级钢筋居中放置，如图 7-65 所示。

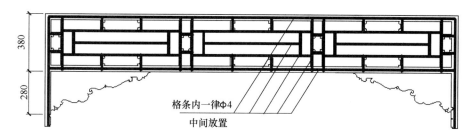

格条内一律Φ4
中间放置

图 7-65　倒挂楣子结构图

② 花牙子的现代处理手法同样是采用钢筋混凝土预制件，也可用其他材料制作，如铝合金等，尤其廊子、亭子比较低矮时，人们近距离接触经常会造成损坏，采用铝合金这种做法就显得比较好了。

二、坐凳

（一）坐凳楣子传统设计

坐凳楣子安装在檐下柱间，除有丰富立面的功能外，还可供人坐下休息。楣子的棂条花格形式同一般装修，常见者有步步锦、灯笼框、冰裂纹等，主要由坐凳面、边框、棂条等构件组成，如图 7-66 所示。

坐凳楣子的尺度设计如下。坐凳面厚度在一寸半至二寸不等，坐凳楣子边框与棂条尺寸同倒挂楣子，坐凳楣子通高一般为 50～55cm。

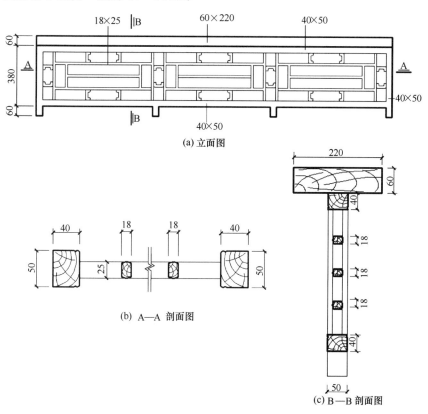

(a) 立面图

(b) A—A 剖面图

(c) B—B 剖面图

图 7-66　坐凳楣子

（二）现代做法

采用预制钢筋混凝土，混凝土等级为 C25，一级钢筋居中放置，坐凳板可现浇，如图 7-67 所示。

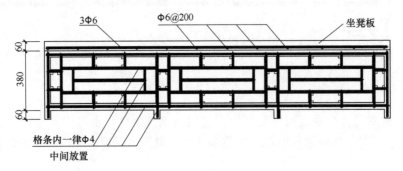

图 7-67　坐凳楣子结构

第八章 ◀◀◀◀◀◀

垂花门、牌楼

第一节 垂 花 门

垂花门作为一种具有独特功能的古典园林建筑，在我国传统的住宅、府邸、园林、寺观以及宫殿建筑群中都有它的踪影，所以，它在中国古建筑中占有相当重要的位置。

在居住建筑中，作为内外院分隔的二道门建筑小品，开在建筑群的内墙垣上，在北京典型的二、三进院落的中小型四合院中，它位于倒座与正房之间，两侧与看面墙相连接，将院子分隔为内宅和外宅，一般布置在中轴线上，两侧与内院院墙连接。在前面有厅房的较大型四合院中，垂花门也可位于过厅与正房之间。总之，在传统住宅建筑中，它是联系分隔内外宅特殊的建筑物。

在园林建筑中，垂花门的设置也很普遍，除作为园中之园的入口外，还常常用于垣墙之间作为随墙门，设置于游廊通道口时又以廊罩形式出现，有划分景区、隔景、障景等作用。垂花门做法的样式很多，有独立柱担山式、单卷棚式，以及前悬山后卷棚的一殿一卷式垂花门等。其中，独立柱担山式垂花门的构造是最简单的，一排中柱与横梁成十字形相交，形成前后左右对称的挑担形式，故称独立柱担山式或独立柱担梁式垂花门。单卷棚式垂花门是卷棚屋顶前后两排檐柱形成廊间，檐柱宽度一般与连通的游廊进深相同，又称廊罩式垂花门。一殿一卷式垂花门是前后由独立柱式与单卷棚式组合而成。

一、传统做法

垂花门种类很多，下面介绍几种常见的垂花门。

（一）独立柱担梁式垂花门

这是垂花门中构造最简洁的一种，它只有一排柱，梁与柱十字相交，挑出于柱的前后两侧，梁头两端各承担一根檐檩，梁头下端各悬一根垂莲柱。从侧立面看，整座垂花门似一个挑夫挑着一副担子，所以，人们形象地称它为"二郎担山"式垂花门。

独立柱担梁式垂花门（图 8-1）多见于园林之中，作为墙垣上的花门，在古典皇家园林及大型私家园林中不乏其例。它的构造特点是两面完全对称，柱子深埋。柱子与梁的构造方式有两种，一种是柱子直通脊部支承脊檩，为安装担梁，沿进深方向的柱中刻通口，在担梁中部做腰子榫与柱子形成十字形交在一起；另一种是柱子支顶担梁，柱头不通达脊部。两种构造各有利弊，第一种应用广泛，较为常见。在垂花门两柱间装槛框，安门扉，门开启时可联络景区，

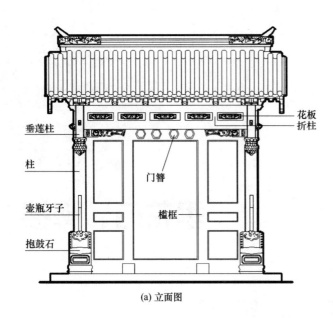
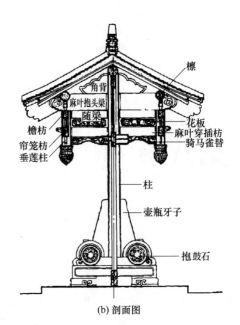

(a) 立面图   (b) 剖面图

图 8-1 独立柱担梁式垂花门

关闭时则可分隔空间，并有一定的防卫作用。其具体尺度如下。

(1) 面阔 面阔一般为 $(14\sim15)D$（一般面宽为 $3\sim3.5\mathrm{m}$），其中 D 为柱径，下同。

(2) 柱高 柱高指由台明上皮至麻叶抱头梁底皮高度一般取 $(13\sim14)D$，如图 8-2 所示。

(3) 柱径 $D\sim1.3D$（见方）。

(4) 担梁（麻叶抱头梁） 长按通进深加梁自身高 2 份；高为 $1.4D$；厚为 $1.1D$，如图 8-3 所示。

(5) 随梁 长随进深；高取 $0.75D$；厚取 $0.5D$（麻叶抱头梁下）。

(6) 麻叶穿插枋 用于垂花门麻叶抱头梁之下，拉结前后檐柱，并挑出于前檐柱（或钻金柱）之外，悬挑垂柱之枋，称为麻叶穿插枋。长取二步架加麻叶梁头 2 份；高为 $0.8D$；厚为 $0.5D$，如图 8-4 所示。

(7) 帘笼枋 高取 $0.75D$；厚取 $0.4D$，如图 8-5 所示。

(8) 罩面枋（尺寸同帘笼枋） 高取 $0.75D$；厚取 $0.4D$（用于绦环板下）。

(9) 折柱 宽取 $0.3D$；高取 $0.75D$ 或酌定；厚取 $0.3D$。

(10) 绦环板（花板） 高取 $0.75D$ 或酌定；厚取 $0.1D$。

(11) 雀替 长 1/4 净面宽；高取 $0.75D$ 或酌定；厚 $0.3D$。建筑图参见本书第四章第十四节相关内容。

(12) 骑马雀替 长按净垂步长外加榫；厚取 $0.3D$，如图 8-6 所示。

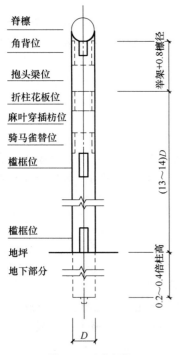

图 8-2 垂花门柱

(13) 垂莲柱 总长为 $(4.5\sim5)D$ 或 1/3 柱高 [其中柱上身长 $(3\sim3.25)D$；柱头长 $(1.5\sim1.75)D$]；直径：柱上身 $0.7D$；柱头为 $1.1D$，如图 8-7 所示。

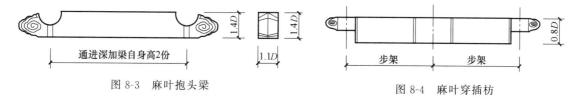

图 8-3 麻叶抱头梁

通进深加梁自身高2份

图 8-4 麻叶穿插枋

步架　步架

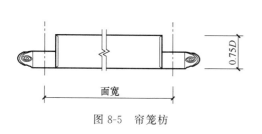

图 8-5 帘笼枋

面宽

按实际净空

同正身

图 8-6 骑马雀替

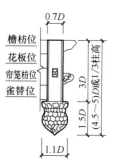

檐枋位
花板位
帘笼枋位
雀替位

图 8-7 垂柱、垂头

（14）檩、脊檩、天沟檩　长按面宽加出梢；径取 0.9D。参见本书第三章第六节相关内容。

（15）脊枋、天沟枋　长取面宽；高取 0.4D；厚取 0.3D。

（16）燕尾枋　长取出梢；高按平水；厚取 0.25D。参见本书第三章第九节相关内容。

（17）垫板　长按面宽；高取 0.8D 或 0.64D；厚取 0.25D。

（18）前檐随檩枋　长按面宽；高取 0.3 倍檩径；厚取 0.25 檩径。

（19）随檩枋下荷叶墩　宽取 0.8 檩径；高取 0.7 檩径；厚取 0.3 檩径。

（20）月梁　长按顶部梁加出头（2 倍檩径）；高取 0.8 麻叶抱头梁高；厚取 0.8 麻叶抱头梁厚，具体参见本书第四章第四节相关内容。

（21）角背　长按檐步架；高取梁背上皮至脊檩底平；厚取 0.4D；具体参见本书第四章第三节相关内容。

（22）椽、飞椽　高取 6～7 倍椽径；厚取 0.3D。

（23）博风板　宽取 0.35D；厚取 0.8～1 倍椽径，具体参见本书第三章第一节相关内容。

（24）下槛、中槛、上槛　长按面宽；厚取 0.3D；高分别为：下槛为（0.8～1）D、中槛为 0.7D、下槛为 0.5D，具体参见本书第五章第一节相关内容。

（25）抱框　高取 0.7D；厚取 0.3D，具体参见本书第五章第一节相关内容。

（26）门簪　长取 1/7 门口宽；径取 0.56D（门簪长指簪头长，不含榫长），具体参见本书第五章第一节相关内容。

（二）一殿一卷式垂花门

一殿一卷式垂花门是垂花门在寺观、园林景观中最常见的一种形式。它的构造是由一个大屋脊悬山和一个卷棚悬山屋面组合而成的，一般把大屋脊悬山式放在外侧即正立面，从背立面看则为卷棚悬山。它的构造如下。

① 一殿一卷垂花门平面有 4 根落地柱，前排为前檐柱，后排为后檐柱。后檐柱支顶麻叶抱头梁的后端，前檐柱柱头刻口子，将梁的对应部位刻腰子榫，落在口子内，梁头挑出，挑出长度为一步架外加麻叶梁头尺寸。

② 在麻叶抱头梁之下，有麻叶穿插枋，它是连系前后檐柱的辅助构件。麻叶穿插枋前端

穿出于前檐柱之外,并向外挑出,挑出长度同麻叶抱头梁,有悬挑垂莲柱的作用。与独立单梁式的不同见图 8-8。

麻叶穿插枋之长与垂花门构架有关。如为独立柱担梁式垂花门,则长为二步架加麻叶梁头2 份,如为一殿一卷或四柱单卷棚垂花门,则进深加垂步架,再加麻叶梁头 1 份、后檐柱径 1 份为全长。

麻叶穿插枋后端略同穿插枋,因柱为方形,所以不做抱肩,而做直肩。檐柱前端向外悬挑部分,是由柱子卯眼内穿出去的,所以,前檐柱与垂柱之间枋子的两腮部分,在设计时可按照扒腮思路分层设计断面,注明用钉子钉、粘在原处,枋子两端设计时要可虑安装工序,做大进小出榫,前端悬挑垂柱的榫子出头部分雕出麻叶云头形状,如图 8-8 所示。

穿插枋的设计要考虑到施工工序,可按图 8-8 示意图考虑夹腮处理,以便安装。

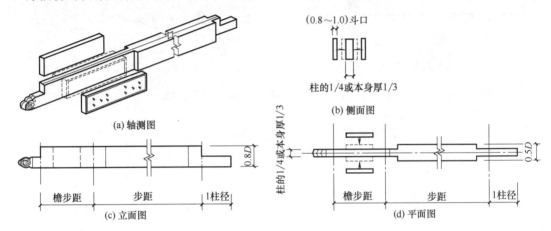

图 8-8　麻叶穿插枋

③ 在麻叶抱头梁与麻叶穿插枋之间的空隙处,分别装象眼板和透雕花板。麻叶抱头梁之上有 6 根桁檩,分别为前檐檩、后檐檩、天沟檩、单双脊檩。

④ 在面宽方向,前檐檩之下为随檩枋、荷叶墩。垂莲柱间由帘笼枋,罩面枋相连系,二枋之间为折柱、花板。罩面枋下为花罩或雀替,后檐檐檩之下为垫板、檐枋。

⑤ 一殿一卷式垂花门一般在前檐柱间安槛框,装攒边门(又名棋盘门),在后檐柱间安屏门。屏门只起遮挡视线,分隔空间作用,平时不开启,遇有婚、丧、嫁、娶等大事时才打开。一殿一卷式垂花门如图 8-9 所示。

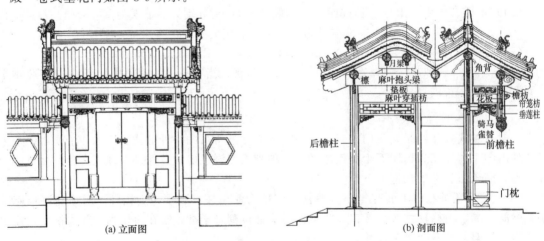

图 8-9　一殿一卷式垂花门

一殿一卷式垂花门常与抄手游廊相连接，游廊的柱高、体量均小于垂花门，屋面延伸至垂花门梢檩博缝之下，二者屋面高低错落，更显出游廊之轻巧，也突出了垂花门的显赫地位。

此种形式的建筑构件大样图可参照硬山、悬山、卷棚以及垂花门的建筑图进行绘制。

（三）五檩（或六檩）单卷棚垂花门

此种垂花门在功能、适用范围方面与一殿一卷垂花门相似，但建筑的外部观感与其内部构架设置有所不同。

① 单卷棚垂花门在平面上也有 4 根落地柱，第一层的檩条梁架放置在前后檐柱上，构成一座独立式卷棚屋面。

② 它的后檐柱直接支顶麻叶抱头梁后端，前檐柱柱头刻通口，麻叶抱头梁相应部位做腰子榫，落在口子内，柱头伸出梁背之上，直接支顶麻叶抱头梁上的三架（或四架）梁。这种直接通达于金檩的柱子，叫做钻金柱。

③ 三架（或四架）梁的内一端落在麻叶梁梁背的瓜柱（或柁墩）上。三架梁之上为脊瓜柱、角背等构件，如为四架梁，其上还应有顶梁（月梁），顶梁上面承双脊檩。

④ 单卷棚垂花门麻叶抱头梁以下构造与一殿一卷垂花门相同，在麻叶抱头梁之下，有麻叶穿插枋贯穿于前后檐柱，起拉结连系前后檐柱的作用，前端穿出于前檐柱之外悬挑垂莲柱。

⑤ 垂花门的前檐和后檐面宽方向构件均与一殿一卷垂花门相同。前檐柱间安装攒边门供开启和出入；后檐柱间安装屏门以遮挡视线，划分空间，如图 8-10 所示。此种形式的建筑构件大样图可参照硬、悬山及垂花门的建筑图进行绘制。

（四）四檩廊罩式垂花门

这种垂花门多见于园林之中，常与游廊串联在一起，作为横穿游廊的通道口。其面宽按一般垂花门或根据实际需要而定，前后柱间距离与游廊进深相同。这种垂花门采取四檩卷棚的形式，它的基本构架如下。

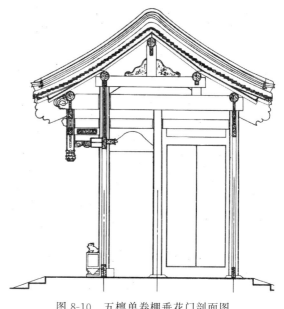

图 8-10　五檩单卷棚垂花门剖面图

① 由下而上，平面有四根柱，进深方向，在柱间安麻叶穿插枋，分别向前后两个方向挑出，挑出长度按实际情况酌定（一般为 45～70cm）。

② 柱头上支顶麻叶抱头梁，梁两端分别向外挑出，挑出长度同麻叶穿插枋。

③ 麻叶抱头梁下面可安装随梁，也可不加随梁。

④ 在麻叶抱头梁两端置檐檩，下面装垂莲柱，垂柱头多为方形，上雕刻四季花草等图案。

⑤ 麻叶抱头梁上置月梁，由瓜柱、角背等件承托，月梁上装双脊檩。

⑥ 在面宽方向，垂柱间安装檐枋，枋下装倒挂楣子。檐枋上安荷叶墩，托随檩枋，其上安檐檩。垂花门的脊檩之下一般只安装随檩枋，不安垫板，与游廊构件相一致。在面宽方向柱头间还应有跨空枋起连系拉结作用。

由于两侧的游廊直接与垂花门相接，因而在确定廊罩式垂花门柱高时，要保证游廊的双脊檩能够交在麻叶抱头梁的侧面，并且保证游廊的屋面要能伸入垂花门梢檩博缝板以下。图8-11为四檩廊罩式垂花门剖面图。此种形式的建筑构件大样图可参照硬山、悬山、卷棚以及垂花门的建筑图进行绘制。

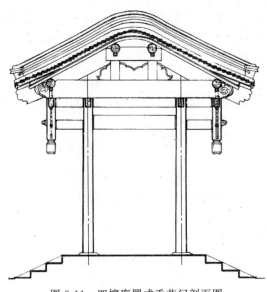

图 8-11 四檩廊罩式垂花门剖面图

垂花门种类很多，除以上介绍的四种最常见的形式以外，还有不少特殊形式，各地区也有不少地方手法，很值得借鉴。清工部《工程做法则例》卷二十一所载的是一座三开间独立柱担梁式垂花门，檐下置一斗三升斗栱。现存北京西黄寺垂花门，建于乾隆年间，基本是按清工部《工程做法则例》的标准设计建造的，有很重要的参考价值。垂花门有带斗栱和无斗栱之区别，为了有关设计人员在设计中应用方便，现参照清工部《工程做法则例》、梁思成的《营造算例》，并根据有关实测资料总结如下：面阔为 14～15 倍柱径时，一般在设计时多采用 3～3.5m；进深则分为两种情况，在一殿一卷垂花门中（指垂柱中至后檐柱中尺寸）为 16～17 倍柱径，在独立柱垂花门中（指前后垂柱中到中尺寸）为 7～8 倍柱径，柱高则为 13～14 倍柱径（柱高指由台明上皮至麻叶抱头梁底皮高度）。垂花门构件尺寸可参见表 8-1。

表 8-1 垂花门构件尺寸权衡

构件名称	长	宽	高	厚	直径	备注
独立柱（中柱）					D～$1.3D$（见方）	用于独立柱垂花门
前檐柱			按后檐柱高加举		D（见方）	用于一殿一卷或单卷棚垂花门
后檐柱					D（见方）	用于一殿一卷或单卷棚垂花门
钻金柱			按后檐柱高加举		D（见方）	用于单卷棚垂花门
担梁（麻叶抱头梁）	通进深加梁自身高 2 份		$1.4D$	$1.1D$		用于独立柱垂花门
麻叶抱头梁	通进深加前后出头		$1.4D$	$1.1D$		
随梁	随进深		$0.75D$	$0.5D$		用于麻叶抱头梁下
麻叶穿插枋	进深加两端出头		$0.8D$	$0.5D$		
帘笼枋（檐枋）			$0.75D$	$0.4D$		
罩面枋			$0.75D$	$0.4D$		用于绦环板下
折柱		$0.3D$	$0.75D$ 或酌定	$0.3D$		
绦环板（花板）			$0.75D$ 或酌定	$0.1D$		
雀替	1/4 净面宽		$0.75D$ 或酌定	$0.3D$		
骑马雀替	净垂步长外加榫			$0.3D$		
垂莲柱	总长(4.5～5)D 或 1/3 柱高	(3～3.25)D（柱上身长）(1.5～1.75)D（柱头长）			柱上身 $0.7D$ 柱头 $1.1D$	
檩、脊檩、天沟檩	面宽加出梢				$0.9D$	
脊枋、天沟枋	按面宽		$0.4D$	$0.3D$		

构件名称	长	宽	高	厚	直径	备注
燕尾枋	按出梢		按平水	0.25D		
垫板	按面宽		0.8D 或 0.64D	0.25D		
前檐随檩枋	按面宽		0.3 檩径	0.25 檩径		
随檩枋下荷叶墩		0.8 檩径	0.7 檩径	0.3 檩径		
月梁	顶部梁加出头(2 倍檩径)		0.8 倍麻叶抱头梁高	0.8 麻叶抱头梁厚		
角背	檐步架		梁背上皮至脊檩底平	0.4D		用于一殿一卷或独立式垂花门
椽、飞椽			0.35D	0.3D		
博风板		6～7 倍椽径		0.8～1 倍椽径		
滚墩石、抱鼓石	5/6 进深	(1.6～1.8)D	1/3 门口净高			用于独立柱垂花门
门枕石	2 倍宽加下槛厚	自身高加二寸	0.7 倍下槛高			
下槛	按面宽		(0.8～1)D	0.3D		
中槛	按面宽		0.7D	0.3D		
上槛	按面宽		0.5D	0.3D		
抱框			0.7D	0.3D		
门簪	1/7 门口宽				0.56D	门簪长指簪头长,不含榫长
壶瓶牙子	1/3 自身高		(4～5)D	0.25D		

注：D 为一殿一卷重花门柱径。

二、现代做法

由于该建筑的尺度较小，大多采用传统做法，少数把柱子及梁枋类用钢筋混凝土，其余用木材，钢筋混凝土的结构参照表 8-1 的尺寸以及前面介绍有关的柱子梁枋结构配筋进行设计，此处不再赘述。

第二节　牌　楼

牌楼又称牌坊，是古建筑的一个特殊类别。它是一种既具有景区标牌作用，又具有屋顶装饰作用的排架结构，被广泛用于街道起讫点，园林、寺庙、陵墓和桥梁等出入口，是突出建筑群体和景区的一种标志性装饰建筑，如北京雍和宫昭泰门牌楼、北京颐和园排云门牌楼等都是很有欣赏价值的建筑。

牌楼的种类很多，按建筑材料划分，可分为木质、石质、琉璃、木石混合、木砖混合等数种；按建筑造型分，则可分为柱不出头和柱出头两大类。

一、传统做法

（一）柱出头式木牌楼

柱出头式木牌楼分为：二柱单间一楼、二柱冲天带跨楼、四柱三间三楼、六柱五间五楼等数种。四柱三间三楼以及二柱冲天带跨楼这两种是最具代表性的。

1. 四柱三间三楼柱出头牌楼

（1）平面　呈一字形，四根柱，中间两根中柱，两侧各一根边柱，每根柱根部均由夹杆石围护，夹杆石宽（见方）为柱径的 2 倍。

（2）立面　夹杆石明高约为 1.8 倍自身宽，自夹杆石上皮至次间小额枋下皮，为夹杆石明高一份至一份半，具体尺寸根据实际需要酌定。柱出头牌楼如图 8-12 所示。

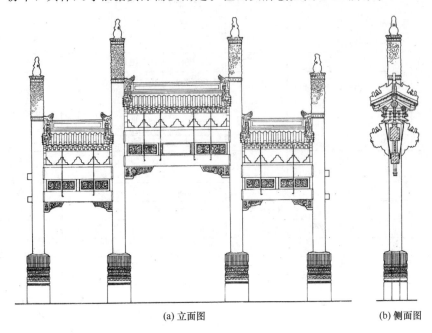

(a) 立面图　　　　　　(b) 侧面图

图 8-12　柱出头牌楼

各个构件的图纸可依据表 8-2 的尺度和前面所述的柱、梁、枋及节点大样绘制。

（3）构件间相互关系　小额枋以上为折柱花板，再上为次间大额枋。大额枋之上为平板枋，上面安装斗栱檐楼。次间大额枋上皮与明间小额枋下皮平。明间小额枋下的雀替，系与次间大额枋由一木做成，沿面宽方向穿过中柱延伸至明间，作为明间与次间的连系拉扯构件，起着至关重要的作用。明间小额枋上面为折柱花板，再上为明间大额枋，大额枋以上为平板枋，其上安装斗栱檐楼。

柱出头牌楼檐楼有悬山顶和庑殿顶两种。上覆筒板瓦，调正脊、垂脊，安吻兽。柱子出头之长应以云冠下皮与正脊吻兽上皮相平为准（云冠自身高通常为柱径的 2~3 倍）。

（4）尺度控制　柱出头牌楼所施斗栱的斗口，一般为一寸五分（或一寸六分），最大不得超过两寸。明楼与次楼斗栱出踩相同或次楼减一踩。明、次楼面宽的比例通常为 1：0.8，或按斗栱攒数定。一般要求明楼斗栱用双数（空当居中），次楼不限。

2. 二柱带跨楼柱出头牌楼

（1）平面　二柱带跨楼柱出头牌楼平面呈一字形，两根落地柱，外包夹杆石（参见本节"四柱三间三楼柱出头牌楼"相关内容，下同）。

（2）立面　其他构件自柱头开始，由下向上依次为：小额枋、折柱花板、大额板、斗栱、檐楼，如图 8-13 所示。

（3）柱以上构件之间相互关系及尺度控制　小额枋两端挑出于明柱两侧作为跨楼的大额枋，做法类似于垂花门中的麻叶穿插枋。其下面的折柱花板及小额枋与明间雀替由一木做成，从明柱穿过与小额枋挑出的部分共同悬挑跨楼。为增加挑杆的悬挑能力，明间雀替要适当加长，达到明间净面阔的 1/3。在跨楼外一端，安装悬空柱，柱子上覆云冠，下做垂莲柱头。在跨楼小额枋下面，安装骑马雀替。由于受悬挑杆件断面限制，夹楼面阔不宜过大，通常置两攒平身斗栱。跨楼斗栱出踩可与明楼相同，也可减一踩。跨楼边柱柱径应小于中柱柱径，一般为中柱径的 2/3。

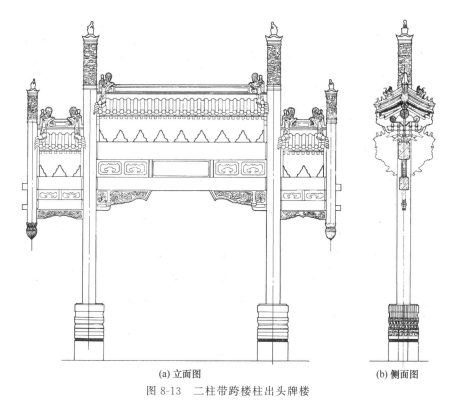

(a) 立面图 (b) 侧面图

图 8-13　二柱带跨楼柱出头牌楼

各个构件的图纸可依据表 8-2 的尺度和前面所述的柱、梁、枋及节点大样绘制。

（二）柱不出头式木牌楼

柱不出头式木牌楼分为二柱一间一楼、二柱一间三楼、四柱三间三楼、四柱三间七楼、四柱三间九楼等多种形式，其中四柱三间三楼、四柱三间七楼两种最有代表性，应用较多。

1. 四柱三间三楼柱不出头牌楼

（1）平面　四柱三间三楼柱不出头牌楼平面呈一字形，有四根柱。斗栱斗口通常为 1.5 寸（4.8cm）。明楼斗栱一般取偶数，空当坐中，次楼不限。明、次间面宽比例约为 10∶8 或按斗栱攒数定。

（2）立面　从立面观有四根柱，外包加杆石。次间构件自下而上依次为夹杆石、边柱、雀替、小额枋、折柱花板、大额枋、平板枋、斗栱、檐楼，如图 8-14 所示。

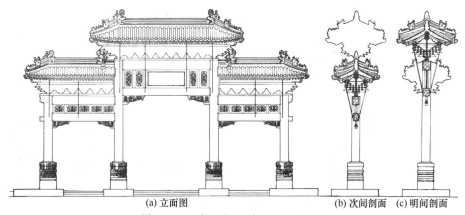

(a) 立面图 (b) 次间剖面 (c) 明间剖面

图 8-14　四柱三间三楼柱不出头牌楼

各个构件的图纸可依据表 8-2 的尺度和前面所述的柱、梁、枋及节点大样绘制。

（3）柱及以上构件的相互关系及控制尺度　明间构件与次间相同，明次间构件间的关系是：次间大额枋上皮与明间小额枋下皮平，明间小额枋下面的雀替与次间大额枋是由一木做成，穿过中柱与明间小额枋叠交在一起，成为明次间的水平连系构件。明间小额枋之上为折柱花板、匾额，再上一层为明间大额枋。

牌楼斗栱多采用七踩、九踩或十一踩。明间正楼多采用庑殿顶，次楼外侧采用庑殿顶，内一侧采用悬山顶。这种牌楼屋顶也有采用歇山或悬山式的，但较为少见。

2. 四柱三间七楼柱不出头牌楼

这种牌楼是最常见、造型也最优美的一种牌楼，很有代表性。

（1）平面　这种牌楼平面呈一字形，有四根柱，檐楼斗栱斗口通常为 1.5～1.6 寸；明楼斗栱数目的设计原则是空当居中，取偶数，次楼可减一攒。明间正中为明楼，次间正中为次楼，明、次楼均由高栱柱、单额枋支承，高栱柱及单额枋空当内安装匾额及花板。明、次楼之间为横跨明、次间的夹楼，次楼外侧为边楼。

明间面宽由明楼、夹楼宽度定。通常明楼置平身科斗栱四攒（计五当）、夹楼置平身科斗栱三攒（计四当）。次楼置平身科斗栱三攒（计四当），边楼置平身科斗栱一攒（计二当），其中，夹楼横跨明次两楼，各占 2 攒当。这样，明间、次间面阔计算即为：

明间面阔＝明楼五攒当＋夹楼四攒当＋高栱柱宽1份、坠山花博缝板厚2份＋1斗口❶

次间面阔＝次楼四攒当＋夹楼两攒当＋边楼两攒当＋

高栱柱宽1份、坠山花博缝板厚2份＋1斗口❶

按照如上公式推算的结果，明间仅比次间宽一攒当（11斗口），主次不太分明。如欲突出明间明楼，可适当调整各楼斗栱攒当尺寸。通常的做法是保持边、夹楼攒当尺寸不变，略减次楼攒当尺寸，将减掉的值加在明楼，使明楼攒当适当加大。或次、边、夹楼的攒当尺寸都不变，仅适当增大明楼的攒当尺寸。调整的结果使明、次间比例大致为 1：0.88 左右即可。四柱七楼牌楼如图 8-15 所示。

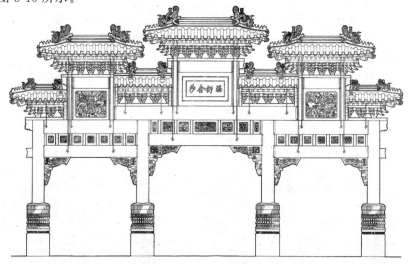

图 8-15　四柱七楼牌楼

（2）立面　从立面图看有四根柱，外包加杆石。次间构件自下而上依次为夹杆石、边柱、雀替、小额枋、折柱花板、大额枋、平板枋、斗栱、折柱、花板、大挺钩、檐楼等。

（3）柱及以上构件的相互关系及控制尺度　四柱三间七楼牌楼的木构架从图 8-15 中不难看出，与前面所述牌楼有所不同。四根柱等高，龙门枋直接压在两根明柱上且横跨明间，端头延伸至次间与高栱柱外皮相接触，与次间大额枋内端头上皮相叠，它是连系明、次间的主要构

---

❶ 1斗口为贴坠山花板斗栱所加的厚度。

件，明楼、夹楼坐落其上。龙门枋之下为折柱花板，再下面为明间小额枋。次间大额枋与明间折柱花板等高，次间折柱花板与明间小额枋等高，次间小额枋上皮与明间小额枋下皮平，次间小额枋内一侧做透榫穿过中柱并做成雀替形状，叠于明间小额枋之下，作为明间雀替，下面托以栱子、云墩等构件。次间小额枋之下同样安装云墩雀替。

四柱三间七楼牌楼由夹杆石上皮至次间小额枋下皮的高度，约为夹杆石明高的1～1.2倍。明间小额枋比次间小额枋提高额枋自身高一份。明间面阔（柱子中至中尺寸）与净高之比约为10：8或10：8.5。由明间小额枋下皮至明楼正脊上皮和小额枋下皮至地面的高度比约为6：5或7：6。

各个构件的图纸可依据表8-1的尺度和前面所述的柱、梁、枋及节点大样绘制。

（三）木牌楼的主要构造特点和关键部位的技术处理

尽管木牌楼形式多种多样，构造也不尽相同，但有许多共同的构造特点。木牌楼的绝大多数平面都是呈一字形的，无依无傍，但能数百年不倾不败，关键因为对它采取了一定的技术措施。这些构造特点和技术措施归纳起来，大致有以下几个方面。

1. 柱子、基础深埋

柱子和基础深埋是木牌楼稳定矗立的重要因素。据刘敦桢先生《牌楼算例》"木牌楼"一节载：柱子由地坪"往下加夹杆埋头，系按（夹杆）明高八扣，又加套顶一份，又加管脚榫一份，按管脚顶厚折半。"按《牌楼算例》这个规定，以实测的雍和宫牌楼为例，柱子埋入地下部分的长度应当是1950mm×0.8+480mm+240mm=2280mm。这个长度接近于柱子地坪以上部分的一半（大约为0.44倍柱子地坪以上部分长度）。在柱顶石以下，有砖砌磉墩若干层，其下有灰土垫层若干步，再下面用素土夯实，加打地丁（柏木桩）。牌楼坐落于这样稳固的基础上，兼有柱子及夹杆石一并埋置相当深度，使牌楼整体具备了很好的竖向稳定性，其具体做法如图8-16所示。

2. 夹杆石的应用

夹杆石是牌楼特有的构件，它在牌楼整体稳定方面起着很重要的作用，应用夹杆石有以下几点好处：

① 用石头围护柱子，可使木柱埋入地下部分避免直接与土壤接触，延长木柱的寿命；

② 夹杆石与柱根部分形成一个整体，共同坐落在柱顶石上，增大了柱脚与柱顶石的接触面，也就是说，阻力臂增加了，从而刚性加大，有利于增强柱子的稳定性；

③ 夹杆石高出地坪以上，还可以保护地面以上柱根免受雨水侵蚀，同时加大了外露部分的断面，增强了它抵抗水平外力的能力。

3. 灯笼榫的特殊构造和作用

在牌楼柱子（或高栱柱）顶端做出一根长榫伸出柱头之外，这就是灯笼榫，它是木牌楼特有的一种构造。长出的这个榫要与柱子用一根木材做成，其宽、厚等于或略大于斗栱的坐斗。它占据角科坐斗位置，下端代替坐斗，向上一直延伸至正心桁下皮，并在顶端做出桁椀。中部与斗栱构件相交叉的部分，刻制十字形卯口，使正心栱、正心枋、翘、昂、耍头、撑头木等件由口内穿过，通过这根长榫将角科斗栱与柱子有机地结合在一起。灯笼榫又称通天斗，即坐斗延伸通天的意思。运用灯笼榫，改善了牌楼上下架构件之间的连系，增强构件的整体刚度，如图8-17所示。

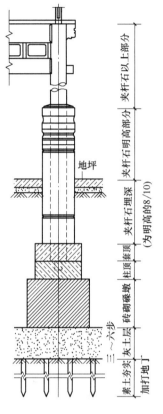

图8-16　基础深埋

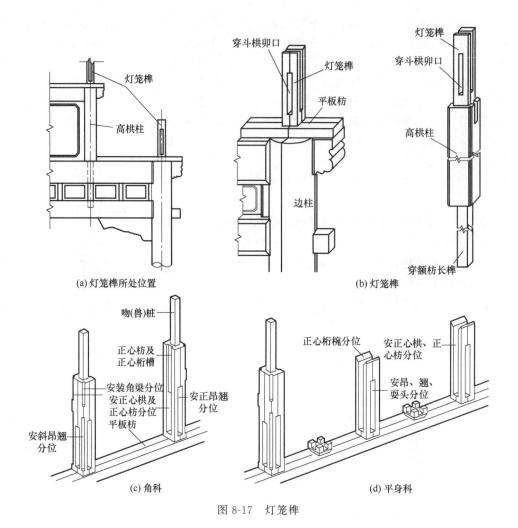

(a) 灯笼榫所处位置   (b) 灯笼榫

(c) 角科   (d) 平身科

图 8-17　灯笼榫

　　牌楼高栱柱除上端做灯笼榫以联络斗栱之外，下脚还需做出长榫，其榫之长需穿透大额枋（或龙门枋），带出花板间的折柱，并插入小额枋内，插入深度为小额枋自身高的 1/3～1/2。

　　灯笼榫的采用，不仅限于角科，平身科部位也可以采用。遇牌楼檐楼开间较大，仅凭角科灯笼榫不足以固定联络上下架构件时，还可在平身科斗栱位置设置灯笼榫，其做法同角科，上端达于正心桁下皮，下端穿透大额枋，带出折柱，插入小额枋内。注意，悬山顶的柱出头牌柱，因檐楼无角科斗栱，灯笼榫只能用在平身科斗栱部位（参见图 8-17）。

4. 檐楼

　　檐楼与歇山、庑殿建筑类似，但牌楼的屋面与它们相比，进深很小，所以构造还有许多差异，檐楼的平、立面如图 8-18 所示。

5. 戗杆支撑

　　牌楼给人一个直观印象就是头重脚轻，所以古代匠人采取了以下办法加强稳固性，即，凡木牌楼皆有戗杆支撑。《牌楼算例》[刘敦桢.《刘敦桢文集（一）》.北京：中国建筑工业出版社，1982] 规定："戗木俱在中、边柱头安，或一二斜、或一四加斜，必须度其地势，每戗木一根，用戗风斗一件。"戗木的作用在于增强牌楼的稳定性，使之免于倾倒，它是纯木结构牌楼不可缺少的构件。尽管很不美观，但却不可不备。在近代，有些古典牌楼经重修后，将骨干构架改为钢筋混凝土构件，已无需使用戗杆，其余未经改造的纯木构牌楼，都有戗杆支撑。

6. 大挺钩的使用

　　牌楼下架有戗杆支撑之外，上架的明、次、边、夹诸楼的断面是一个近似扇形结构，靠一

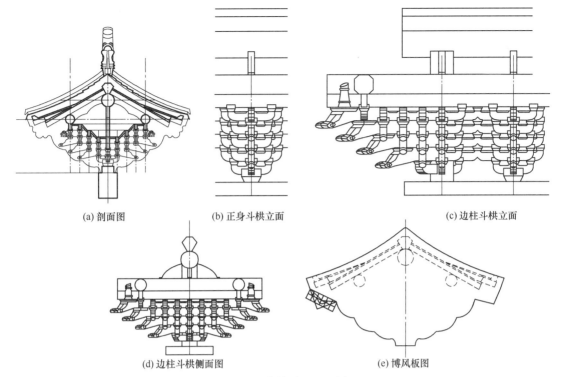

(a) 剖面图　　　　　(b) 正身斗栱立面　　　　　(c) 边柱斗栱立面

(d) 边柱斗栱侧面图　　　　　(e) 博风板图

图 8-18　檐楼平、立面图

个点支撑上面的荷载是根本不可能的，为了增加整体刚度，设计时要在正、次楼间每面设置 4根、每座用 8根、边夹楼每面设置 2根，每座 4根。大挺钩直径约一寸，用圆钢制作，每根挺钩配屈戌一对，上端支顶于挑檐桁，下端支撑在每间的大、小额枋（或龙门枋）上，使檐楼与牌楼主要骨架之间形成三角形支撑。它在辅助灯笼榫、稳定檐楼方面是不可缺少的构件，曾被冠以"霸王杆"的美名，这就说明了它的重要作用。但对牌楼外形美观有所影响。

7. 各间之间构件勾连搭接，增强整体性

如前所述，四柱七楼牌楼明间龙门枋向两次间延伸，与次间大额枋内一端叠交在一起；次间小额枋内一侧做长榫并带出明间雀替，穿过明柱与明间小额枋相叠交。这些措施，都在于使各间构件加强连系，从而增强牌楼结构的整体性。

8. 玲珑剔透，减轻风荷载

古建木牌楼，斗栱之间不装垫栱板，在各间柱、枋之间，凡不起承载作用的部分均施以透雕镂空花板，整座建筑玲珑剔透，这点很重要，它不仅是建筑装饰所要求的，也是结构所要求的。镂空面积大，可以减小风荷载对牌楼的推力。我国传统木牌楼庄重华丽，硕大而又轻巧，高耸而不感沉重，达到了结构和建筑外形的高度统一与完善。

（四）牌楼的权衡制度

关于牌楼方面的技术资料，目前只有刘敦桢先生的《牌楼算例》内容比较丰富。为了设计人员的方便，现根据刘敦桢先生《牌楼算例》所载内容及其他有关资料，将牌楼各构件间比例关系和尺寸权衡列于表 8-2 中，以供参考。

表 8-2　木牌楼构件尺寸权衡　　　　　　　　　　　单位：斗口

构件名称	长	宽	高	厚	径	备注
柱					10	适用于各种牌楼
跨楼垂柱					7	
小额枋			9	7		

构件名称	长	宽	高	厚	径	备注
大额枋			11	9		
龙门枋			12	9.5		
折柱	2.5		同大(小)额枋	0.6 下额枋厚		
小花板			同折柱高	1/3 折柱厚		
明楼(正楼)		1/2 明间面宽,若为小数加若干凑整尺寸(以营造尺为单位)				《牌楼算例》定四柱七楼牌楼明间面阔为 17 尺
次楼		1/2 明间面宽,若为小数加若干凑整尺寸(以营造尺为单位)				《牌楼算例》定四柱七楼牌楼明间面阔为 15 尺
边楼		次间面宽减次楼一份,高栱柱见方一份,所余折半即可				
夹楼		明间面阔减明楼面阔一份,高栱柱一份,所余折半,加边楼一份即可				夹楼中应与明柱中线相对
高栱柱			次楼面阔八扣,加单额枋一份,平板枋高一份,灯笼榫高一份,再加大额枋高一份,花板高一份,小额枋高 0.5 份	6 斗口(见方)		
单额枋			8	6		
挑檐桁					3	
正心桁					4.5	
角梁			4.5	3		
椽子、飞椽					1.5	
坠山花板	斗栱拽架加两侧平出檐加椽径一份		自平板枋上皮至扶脊木上皮	1.5 椽径		
飞头出檐	明楼六寸,边夹楼 5 寸,次楼或随明楼,或随边夹楼					斗栱斗口为 1.6 寸时按此出檐,飞椽加老檐平出之和不得超出斗栱出踩
雀替	净面阔的 1/4	同小额枋		3/10 柱径		
戗木					2/3 柱径或酌减	
挺钩					按长度的 3/100	径一般不超过 1.5 寸
平板枋		3		2		
灯笼榫					3 斗口见方或酌减	

注:清式木牌楼斗栱斗口通常为 1.5~1.6 寸。

二、现代做法

现代做法基本多为钢筋混凝土柱、枋,斗栱和屋面还是沿用传统做法,这里以四柱三楼牌楼为例介绍钢筋混凝土部分。四柱三楼牌楼平、立、侧面如图 8-19 所示。

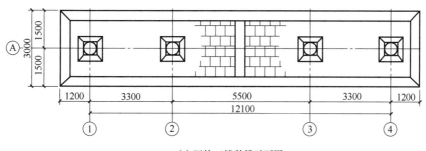

(a) 四柱三楼牌楼平面图

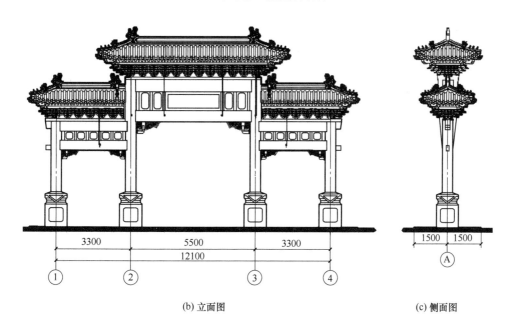

(b) 立面图 (c) 侧面图

图 8-19 四柱三楼牌楼平、立、侧面图

（一）基 础

四柱三楼牌楼柱及基础结构如图 8-20 所示。

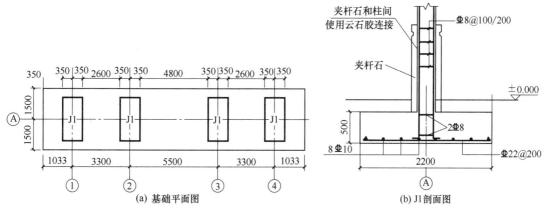

(a) 基础平面图 (b) J1 剖面图

图 8-20 四柱三楼牌楼柱及基础结构

（二）梁架结构

梁架结构图如图 8-21 所示。

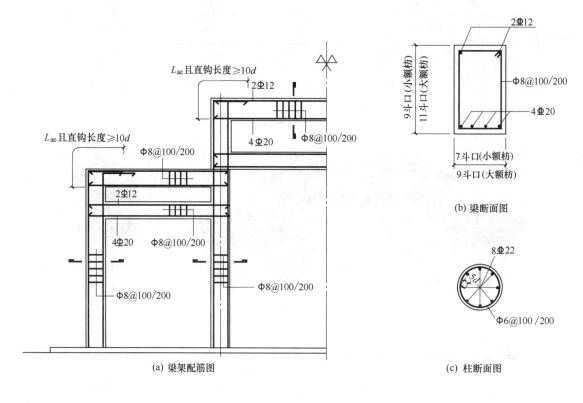

图 8-21　梁架结构图

（三）其他结构

屋顶、外装饰等其他结构均按传统建筑做法。

第三节　瓦、石作部分

一、瓦作部分

牌楼屋面与硬山、悬山、卷棚、庑殿屋面基本相似，只是体量偏小，所以在设计时均可参照硬山、悬山、卷棚、庑殿等建筑的瓦石作部分，瓦件一般要比它们小一号。

二、石作部分

1. 滚墩石、抱鼓石

长为 5/6 进深；宽为（1.6～1.8）D；高为 1/3 门口净高。滚墩石、抱鼓石如图 8-22 所示。

2. 门枕石

长按 2 倍宽加下槛厚；宽为自身高加二寸；厚为 0.7 倍下槛高。具体参见歇山建筑做法。

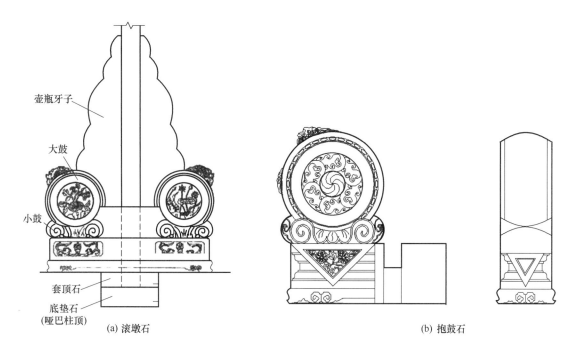

（a）滚墩石   （b）抱鼓石

图 8-22　滚墩石、抱鼓石

3. 壶瓶牙子

宽为 1/3 自身高；高为（4～5）D；厚为 0.25D。

垂花门石构件尺寸权衡见表 8-3。

表 8-3　垂花门石构件尺寸权衡

构件名称	长	宽	高	厚	径	备注
滚墩石、抱鼓石	5/6 进深	（1.6～1.8）D	高 1/3 门口净高			
门枕石	2 倍宽加下槛厚	自身高加 2 寸		0.25D		
壶瓶牙子		1/3 自身高	（4～5）D	0.25D		

参 考 文 献

[1] 马炳坚. 中国古建筑木作营造技术. 北京：科学出版社，1991.

[2] 刘大可. 中国古建筑瓦石营法. 北京：中国建筑工业出版社，2009.

[3] 田永复. 中国仿古建筑设计. 北京：化学工业出版社，2008.